微積分

王心德、李正雄、張高華　編著

全華圖書股份有限公司

推薦序

《微積分》是英國物理學家艾薩克·牛頓爵士(Sir Isaac Newton)和德國數學家哥特佛萊德·萊布尼茲(Gottfried WilhelmLeibniz)為了要思考在極限狀態下，各種事物的因果變化與關係而發明，舉凡物理、天文、化學、工程、地質、生物及社會科學等領域，皆無法擺脫微積分的應用，並造就了近幾世紀來的科學進步與技術發達，因此，微積分成為大專校院必修的基礎學科，有其必要性。

《微積分》與人類生活密切相關，卻被很多人視為畏途、敬而遠之，實為可惜。為了讓讀者以輕鬆愉快的方式學習微積分，本書作者特別用心在解題步驟的說明，搭配圖表解析，擺脫教條式的背誦與演繹，以淺顯易懂的方式，為讀者解惑，讓微積分不再生硬、艱澀難懂，並於每個章節後附上大量的習題範例，協助讀者從理解、思考、練習到解題的過程中，獲得成就感及學習樂趣，進而喜歡它、活用它，讓微積分不再是個學習危機。

綜觀坊間出版的《微積分》書籍何其多，惟真正能符合教師授課及讀者自學需求的書籍卻極少。本書作者運用豐富的教學經驗，輔以自身學習微積分之歷程，同時，多方參考坊間書籍，去蕪存菁，改善使用上之缺點，協助教師授課時更加得心應手，並可作為讀者課餘自習及準備考試使用，是一本學習微積分的最佳教材。

《微積分》是一門探究宇宙真理的學問，並以此為基石，解決各種科學問題，也能訓練邏輯思考能力，是值得好好學習的一門學科。本書順利付梓，乃讀者之福，感謝作者的用心，好書值得珍藏，爰為作序，並真心推薦。

國立高雄科技大學
校長　楊慶煜　謹識
2019 年 1 月

序言

微積分光英文著作就有很多版本，而中文版更是不計其數。作者在學生時代很怕數學，尤其微積分自認為學不好，但很可笑，我在任教期間有機會教微積分。我也用了很多中文版本，但都感覺每個版本各有它的優點與缺點，不是題目太艱深，就是內容不是說明地很完整。本書就是根據這些缺點加以改善。

微積分顧名思義乃由微分與積分組合。微分應用於變化率、斜率及最佳化，而積分應用在求曲線弧長、曲線間的面積，立體的體積、表面積。

本書共分 10 章，第 0 章為學微積分的預備知識，第 1 章極限與連續，第 2 章導函數，第 3 章導函數的應用，第 4 章不定積分，第 5 章定積分與瑕積分，第 6 章定積分的應用，第 7 章數列與級數，第 8 章偏導函數，第 9 章重積分。

若承蒙惠用本書，授課教授可依需求調整授課的章節，本書雖然細心校正，但錯誤之處在所難免，也請各位前輩不吝給予指正。

再次強調本書的特色是淺顯易懂，例題解答之解題過程都完整。可作為授課、自習之最佳良著。

作者群：王心德、李正雄、張高華

2019 年 1 月謹識於國立高雄科技大學

目錄

第 0 章　預備知識

第 1 章　極限與連續

第 2 章　導函數

第 3 章　導函數的應用

目錄

第 6 章　定積分的應用

第 7 章　數列與級數

第 8 章　偏導函數

目錄

預備知識

0-1 函數(Function)

0-2 常用的函數(Common Used Function)

0-3 函數的合成、一對一與反函數
(Combinations, One to One, Inverse of Function)

0-4 直線的斜率、變率及其方程式(Slope Rate and Equation of Line)

0-5 指數與對數函數(Exponential, Logarithmic Functions)

函數是一種對應關係，而對應關係有一對一及多對一 2 種，只是函數不能有一對多的情況發生，如圖，每一垂直線只會和函數 $f(x)$至多一個交點。

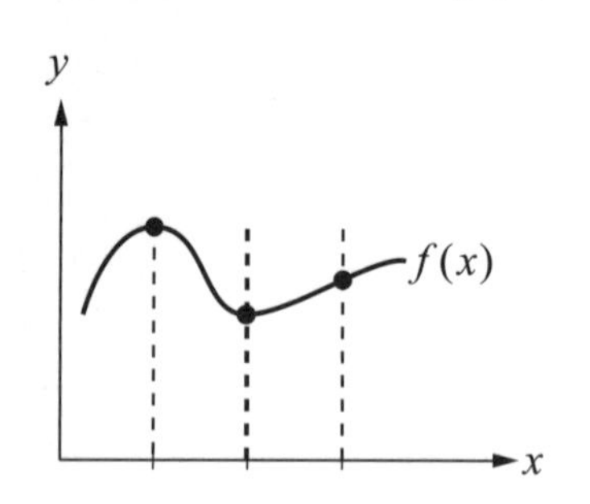

0-1 函數(Function)

函數的定義：函數 $y=f(x)$，若集合 D_f中任一元素 x，恰有集合 R_f中任一元素 y 與之對應，則稱此對應為 x 映到 y 的函數。

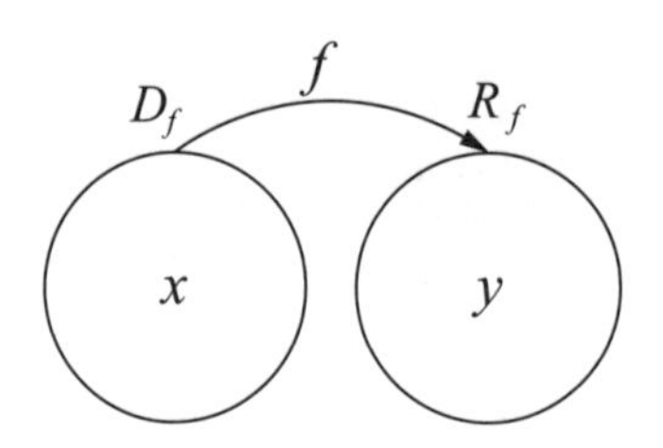

D_f：函數 f 的定義域，使 $f(x)$有意義之實數 x 的集合，即 $x\in D_f$。

R_f：函數 f 的值域，使 $f(x)$所有函數值的集合，即 $R_f=\{f(x)\mid x\in D_f\}=\{y\mid y\in R_f\}$。

$y=f(x)$

D_f：定義域

R_f：值域

$x\in D_f$，x 自變數

$y\in R_f$，y 應變數

註：函數有多對一與一對一。

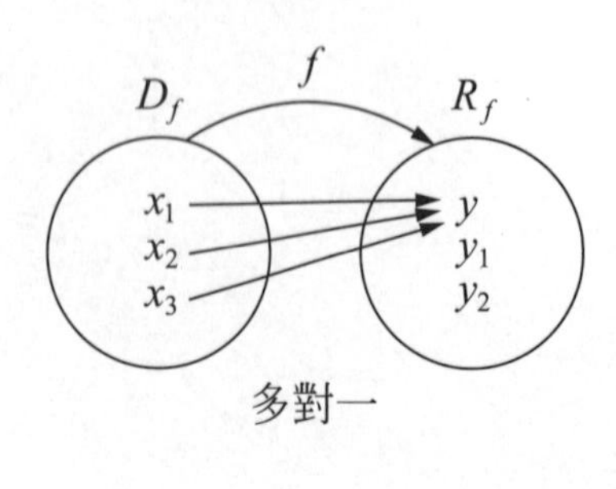

多對一

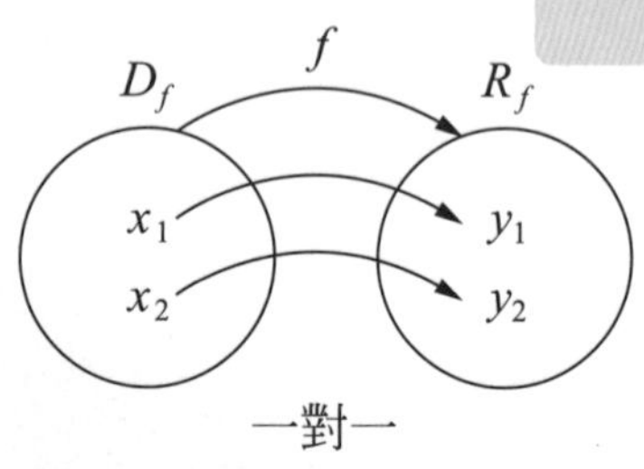

一對一

例題 1

判斷下列對應何者是函數？

(1)

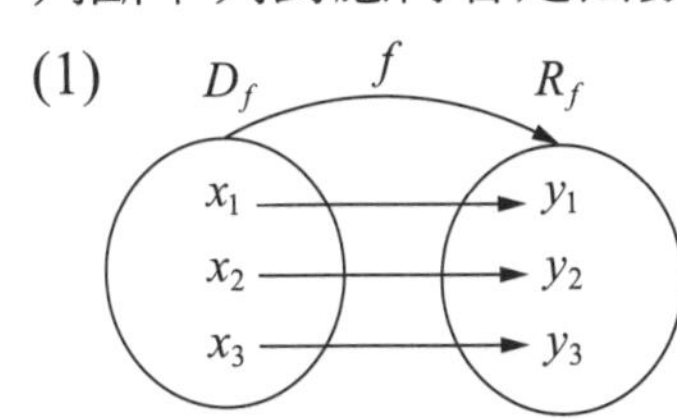

(2)

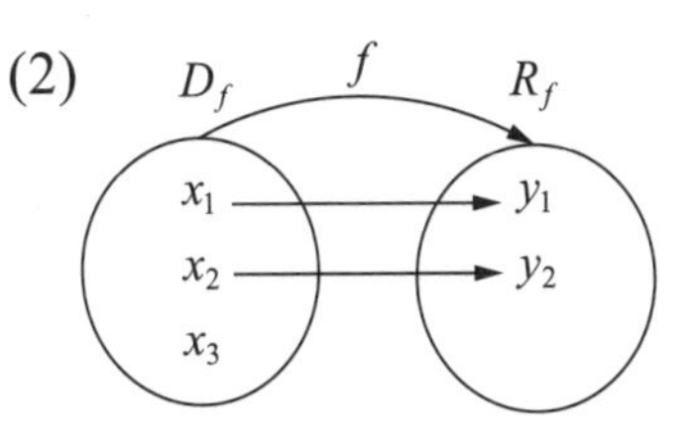

(3)

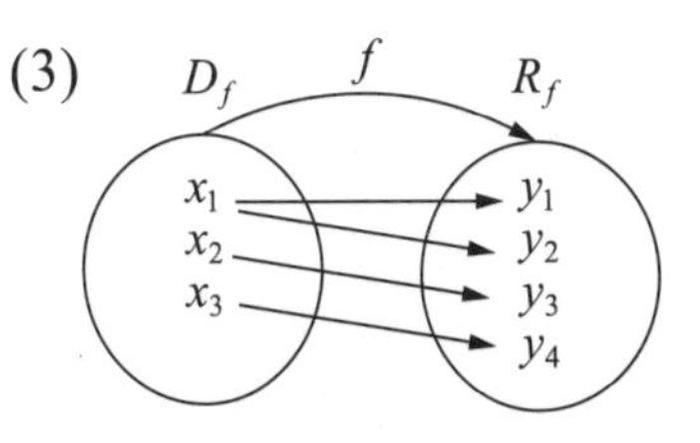

(4)

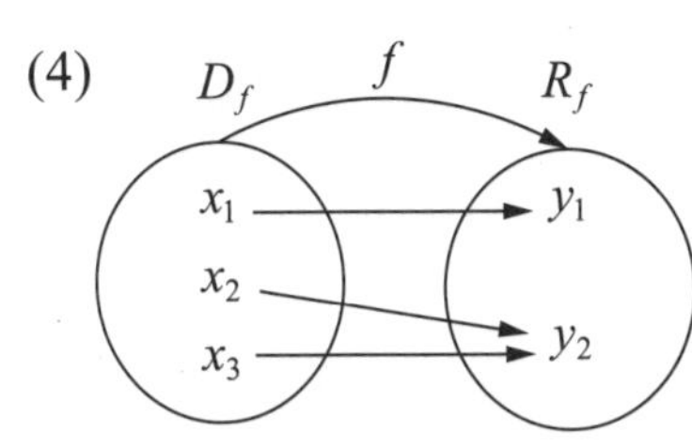

(5)

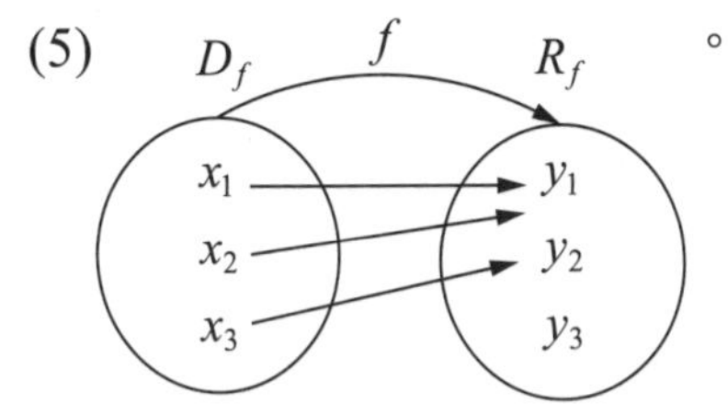

。

解 函數：(1)(4)(5)。(1)是一對一。(4)二對一。(5)二對一，值域多餘 y_3。

非函數：(2)(3)。(2)雖一對一，定義域多餘 x_3。(3)一對二。

例題 2

求下列函數的 D_f 與 R_f？

(1) $f(x)=x^2$，$x\in \mathrm{R}$。

(2) $f(x)=\dfrac{1}{x}$。

(3) $f(x)=\sqrt{x^2-1}$。

解 (1) 已知 $x\in\mathrm{R}$，故 $D_f=\mathrm{R}$，$\because x^2\geq 0$，$\therefore f(x)\geq 0$，故 $R_f=\mathrm{R}^+\cup\{0\}=[0,\infty)$。

(2) $\because x\neq 0$ 才使 $f(x)$ 有意義，$\therefore D_f=\{x\mid x\in\mathrm{R}, x\neq 0\}=\mathrm{R}-\{0\}$，

至於求 R_f，令 $\dfrac{1}{x}=y$，則 $x=\dfrac{1}{y}$，$y\neq 0$，故 $R_f=\{y\mid y\in\mathrm{R}, y\neq 0\}=\mathrm{R}-\{0\}$。

(3) ① $x^2-1\geq 0\Rightarrow (x-1)(x+1)\geq 0\Rightarrow x\in(-\infty,-1]\cup[1,\infty)$，

故 $D_f=\mathrm{R}-(-1,1)$。

②又 $\because \sqrt{x^2-1}\geq 0$，$\therefore R_f=[0,\infty)$。

0-2 常用的函數(Common Used Function)

常用的函數介紹在微積分常用的函數有

1. **常數函數**：$f(x)=c$，c 為常數，圖形為水平線。

2. **多項式函數**：$f(x)=a_n x^n + a_{n-1}x^{n-1}+\cdots+a_1 x + a_0$，$n\in \mathbb{N}$。

   (1) 若 $n=1$，即 $f(x)=a_1 x + a_0$，$a_1\neq 0$，線性函數，圖形為直線。

   (2) 若 $n=2$，即 $f(x)=a_2 x^2 + a_1 x + a_0$，$a_2\neq 0$，二次函數，圖形為拋物線。

3. **有理式函數**：$f(x)=\dfrac{p(x)}{q(x)}$，$p(x)$、$q(x)$為多項式函數，且 $q(x)\neq 0$。

   例：$f(x)=\dfrac{x^2+x+3}{x^2-x-6}$，$x\in \mathbb{R}-\{-2,3\}$。($\{-2,3\}$表集合只有$-2$、3 兩個元素)

4. **分段函數(條件函數)**：為 2 個或以上定義在不同區間。

   例：$f(x)=\begin{cases}-2 & , x<0\\ 0 & , x=0\\ x+1 & , x>0\end{cases}$。

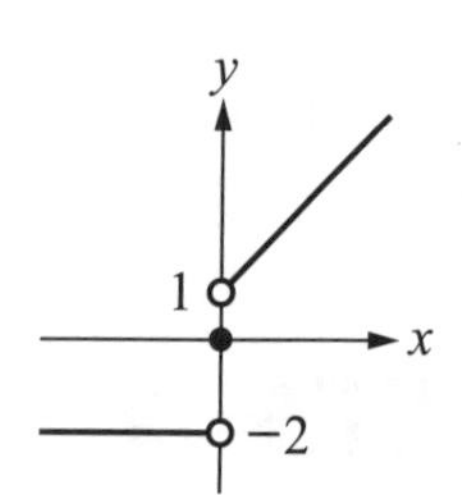

5. **絕對值函數**：

   例：$|x|=\begin{cases}x & , x\geq 0\\ -x & , x<0\end{cases}$。

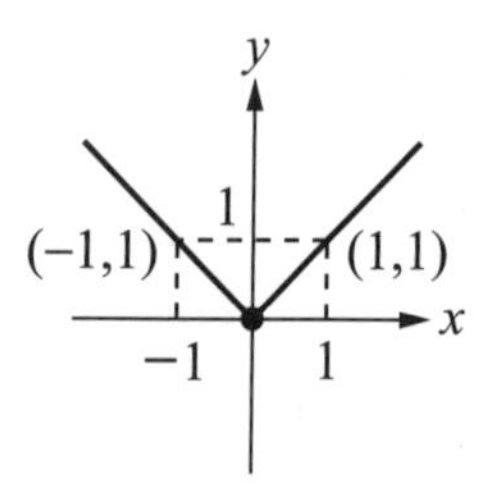

6. **高斯函數**：[ ]稱為高斯符號，$[x]$表不大於 x 的最大整數，即$[x]\leq x$，而$[x]$為整數。

   $f(x)=[x]$，$D_f=\mathbb{R}$，$R_f=\mathbb{Z}$ (整數)。

   例：$[3.2]=3$，$3<3.2$；$[-3.2]=-4$，$-4<-3.2$。

$$[x]=\begin{cases}\quad\vdots \\ 2 &, 2\le x<3 \\ 1 &, 1\le x<2 \\ 0 &, 0\le x<1 \\ -1 &, -1\le x<0 \\ -2 &, -2\le x<-1 \\ \quad\vdots\end{cases}$$

，$[x]$之圖形如圖所示。

① $x-1<[x]\le x$。

② $[x]\le x<[x]+1$。

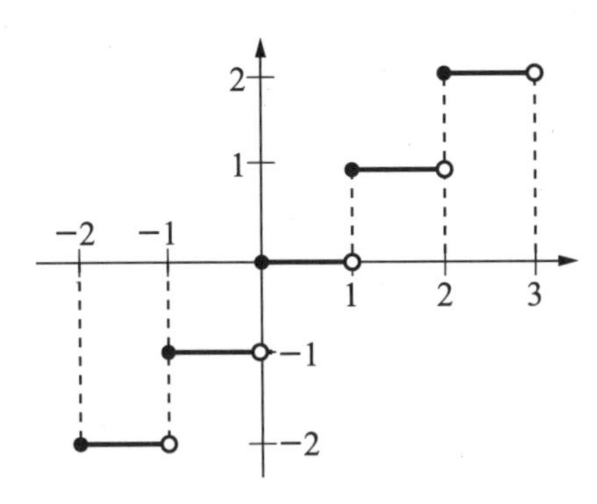

例題 1

高斯函數 $f(x)=[x]$，求下列之值爲何？

(1) $f(1.5)$ (2) $f(0.8)$ (3) $f(-2.3)$ (4) $f(-3)$。

解 (1) $f(1.5)=[1.5]=1$。(2) $f(0.8)=[0.8]=0$。(3) $f(-2.3)=[-2.3]=-3$。
(4) $f(-3)=[-3]=-3$。

例題 2

$$f(x)=\begin{cases}5 &, x<-2 \\ 2x-1 &, -2\le x<3 \\ \sqrt{x} &, x\ge 3\end{cases}$$

，求下列之值爲何？

(1) $x=-4$ (2) $x=0$ (3) $x=2$ (4) $x=3$。

解 (1) $x=-4$，$-4<-2$，$\therefore f(-4)=5$。
(2) $x=0$，$-2\le 0<3$，$\therefore f(0)=2\times 0-1=-1$。
(3) $x=2$，$-2\le 2<3$，$\therefore f(2)=2\times 2-1=3$。
(4) $x=3$，$3\ge 3$，$\therefore f(3)=\sqrt{3}$。

7. 三角函數：

(1) 角的介紹：

直角坐標有 4 個象限，$\cos\theta$、$\sin\theta$ 在這 4 個象限的正、負
第一象限++；第二象限−+
第三象限−−；第四象限+−

① 廣義的角：以 x 軸正向為 O 的開始，順時針方向角度為負，逆時針方向角度為正。

(a) 每一象限角 $90° = \frac{\pi}{2}$。

(b) 「度」度量與「弳」度量之關係：

2π 弳(rad) = 360°；

π 弳(rad) = 180°；

$1° = \frac{1}{180}$ 弳；

$1 弳 = \left(\frac{180}{\pi}\right)^{\circ} \doteqdot 57.3°$。

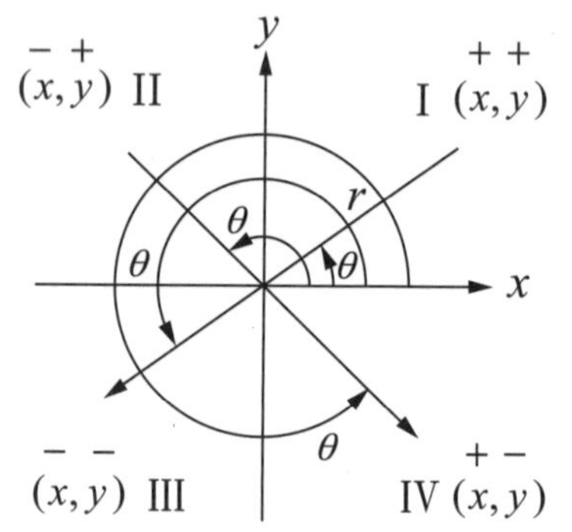

② 若 $r = 1$，$x = r\cos\theta = \cos\theta$，$y = r\sin\theta = \sin\theta$。

(2) 三角函數：(當 x 為銳角，即 0°≤ x < 90°)

① $\sin x = \frac{對邊}{斜邊} \xrightarrow{倒數關係} \csc x = \frac{斜邊}{對邊}$。

② $\cos x = \frac{鄰邊}{斜邊} \xrightarrow{倒數關係} \sec x = \frac{斜邊}{鄰邊}$。

③ $\tan x = \frac{對邊}{鄰邊} \xrightarrow{倒數關係} \cot x = \frac{鄰邊}{對邊}$。

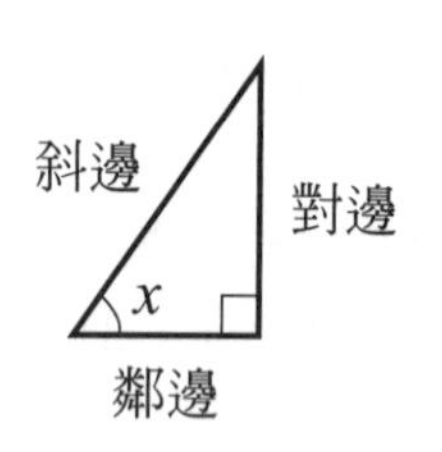

④ $\tan x = \frac{\sin x}{\cos x}$、$\cot x = \frac{1}{\tan x} = \frac{\cos x}{\sin x}$、$\sec x = \frac{1}{\cos x}$、$\csc x = \frac{1}{\sin x}$。

(3) 特殊三角形：

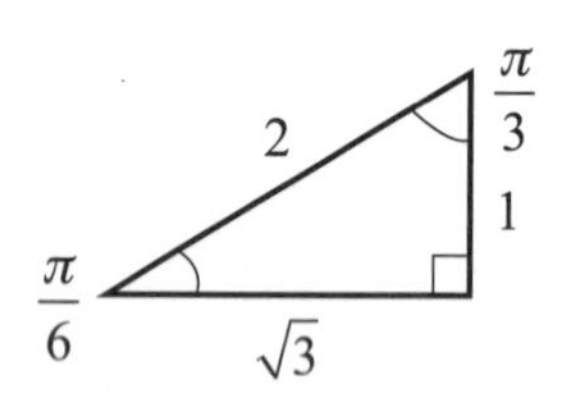

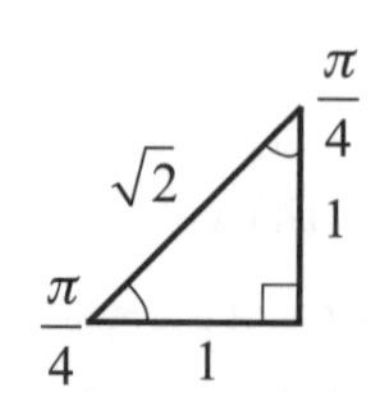

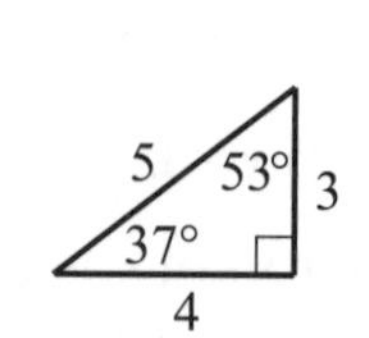

8. 常用三角函數公式：

(1) $\cos^2 x + \sin^2 x = 1$。

(2) $\sin(-x) = -\sin x$、$\cos(-x) = \cos x$。

(3) 補角：

$\sin(\pi + x) = -\sin x$、$\sin(\pi - x) = \sin x$、$\cos(\pi + x) = -\cos x$、

$\cos(\pi - x) = -\cos x$。

(4) 餘角：

$\sin\left(\frac{\pi}{2} + x\right) = \cos x$、$\sin\left(\frac{\pi}{2} - x\right) = \cos x$、$\cos\left(\frac{\pi}{2} + x\right) = -\sin x$、

$\cos\left(\frac{\pi}{2} - x\right) = \sin x$。

(5) 複角：

$\sin(\alpha + \beta) = \sin\alpha\cos\beta + \cos\alpha\sin\beta$；

$\sin(\alpha - \beta) = \sin\alpha\cos\beta - \cos\alpha\sin\beta$；

$\cos(\alpha + \beta) = \cos\alpha\cos\beta - \sin\alpha\sin\beta$；

$\cos(\alpha - \beta) = \cos\alpha\cos\beta + \sin\alpha\sin\beta$。

(6) 倍角：

$\sin 2\alpha = 2\sin\alpha\cos\alpha$、$\cos 2\alpha = \cos^2\alpha - \sin^2\alpha$ 。

(7) 半角：

$\sin\frac{\alpha}{2} = \pm\sqrt{\frac{1-\cos\alpha}{2}}$ 、$\cos\frac{\alpha}{2} = \pm\sqrt{\frac{1+\cos\alpha}{2}}$ 。

(8) 積化和差：

$\sin\alpha \cdot \cos\beta = \frac{1}{2}[\sin(\alpha+\beta) + \sin(\alpha-\beta)]$；

$\sin\alpha \cdot \sin\beta = \frac{-1}{2}[\cos(\alpha+\beta) - \cos(\alpha-\beta)]$；

$\cos\alpha \cdot \cos\beta = \frac{1}{2}[\cos(\alpha+\beta) + \cos(\alpha-\beta)]$。

應用複角公式，可求得積化和差。

例題 3

求 $\sin\alpha\cdot\cos\beta=\frac{1}{2}[\sin(\alpha+\beta)+\sin(\alpha-\beta)]$。

解 (1) 已知 $\sin(\alpha+\beta)=\sin\alpha\cdot\cos\beta+\cos\alpha\cdot\sin\beta\cdots\cdots$①

及 $\sin(\alpha-\beta)=\sin\alpha\cdot\cos\beta-\cos\alpha\cdot\sin\beta\cdots\cdots$②

(2) ①+② $\sin(\alpha+\beta)+\sin(\alpha-\beta)=2\sin\alpha\cdot\cos\beta$。

(3) $\therefore\sin\alpha\cdot\cos\beta=\frac{1}{2}[\sin(\alpha+\beta)+\sin(\alpha-\beta)]$。

例題 4

求 $\sin\alpha\cdot\sin\beta=\frac{-1}{2}[\cos(\alpha+\beta)-\cos(\alpha-\beta)]$。

解 (1) 已知 $\cos(\alpha+\beta)=\cos\alpha\cdot\cos\beta-\sin\alpha\cdot\sin\beta\cdots\cdots$①

及 $\cos(\alpha-\beta)=\cos\alpha\cdot\cos\beta+\sin\alpha\cdot\sin\beta\cdots\cdots$②

(2) ①−② $\cos(\alpha+\beta)-\cos(\alpha-\beta)=-2\sin\alpha\cdot\sin\beta$。

(3) $\therefore\sin\alpha\cdot\sin\beta=\frac{-1}{2}[\cos(\alpha+\beta)-\cos(\alpha-\beta)]$。

例題 5

求 $\cos\alpha\cdot\cos\beta=\frac{1}{2}[\cos(\alpha+\beta)+\cos(\alpha-\beta)]$。

解 (1) 已知 $\cos(\alpha+\beta)=\cos\alpha\cdot\cos\beta-\sin\alpha\cdot\sin\beta\cdots\cdots$①

及 $\cos(\alpha-\beta)=\cos\alpha\cdot\cos\beta+\sin\alpha\cdot\sin\beta\cdots\cdots$②

(2) ①+② $\cos(\alpha+\beta)+\cos(\alpha-\beta)=2\cos\alpha\cdot\cos\beta$。

(3) $\therefore\cos\alpha\cdot\cos\beta=\frac{1}{2}[\cos(\alpha+\beta)+\cos(\alpha-\beta)]$。

例題 6

求(1) $\sin\frac{\pi}{3}$　(2) $\tan\frac{5}{4}\pi$　(3) $\cos\frac{7\pi}{6}$　(4) $\sec\frac{5\pi}{6}$　(5) $\sin(-\frac{3}{2}\pi)$。

解 (1) $\because \frac{\pi}{3}=60°$特別角，$\sin\frac{\pi}{3}=\frac{\sqrt{3}}{2}$。

(2) $\because \frac{5}{4}\pi=\pi+\frac{\pi}{4}$，而$\frac{\pi}{4}=45°$特別角，

$\tan\frac{5}{4}\pi=\tan(\pi+\frac{\pi}{4})=\tan\frac{\pi}{4}=1$。

(3) $\because \frac{7}{6}\pi=\pi+\frac{\pi}{6}$，而$\frac{\pi}{6}=30°$特別角，

$\cos\frac{7\pi}{6}=\cos\left(\pi+\frac{\pi}{6}\right)=-\cos\frac{\pi}{6}=-\frac{\sqrt{3}}{2}$。

(4) $\because \frac{5}{6}\pi=\pi-\frac{\pi}{6}$，且$\sec\theta=\frac{1}{\cos\theta}$，

$\therefore \sec\frac{5}{6}\pi=\frac{1}{\cos\frac{5}{6}\pi}=\frac{1}{\cos\left(\pi-\frac{\pi}{6}\right)}=\frac{1}{-\cos\frac{\pi}{6}}=-\frac{1}{\frac{\sqrt{3}}{2}}=-\frac{2}{\sqrt{3}}=-\frac{2\sqrt{3}}{3}$。

(5) $\sin(-\theta)=-\sin\theta$，$\frac{3}{2}\pi=\pi+\frac{\pi}{2}$，

$\sin\left(-\frac{3}{2}\pi\right)=-\sin\left(\pi+\frac{\pi}{2}\right)=\sin\frac{\pi}{2}=1$。

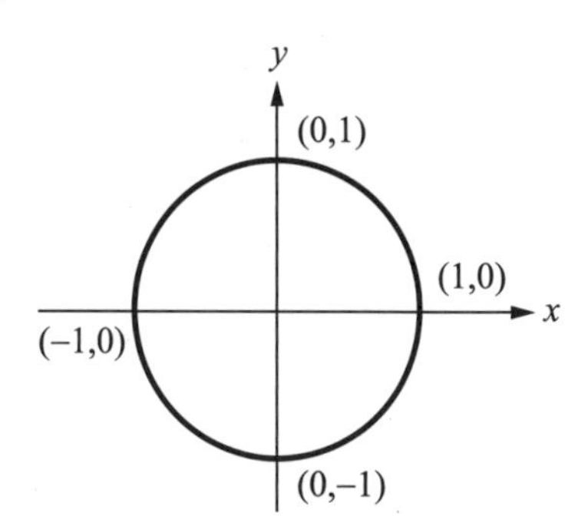

例題 7

(1) $\sin 75°$　(2) $\cos 22.5°$　(3) 若 $\cos\theta+\sin\theta=\frac{1}{3}$，求 $\sin 2\theta$。

解 (1) $75° = 30° + 45°$，

$$\therefore \sin 75° = \sin(30° + 45°) = \sin 30°\cos 45° + \cos 30°\sin 45°$$
$$=\left(\frac{1}{2}\right)\left(\frac{1}{\sqrt{2}}\right)+\left(\frac{\sqrt{3}}{2}\times\frac{1}{\sqrt{2}}\right)$$
$$=\left(\frac{1}{2}\right)\left(\frac{\sqrt{2}}{2}\right)+\left(\frac{\sqrt{3}}{2}\times\frac{\sqrt{2}}{2}\right)$$
$$=\frac{\sqrt{2}}{4}+\frac{\sqrt{6}}{4}=\frac{\sqrt{2}+\sqrt{6}}{4}$$ 。

> 複角公式
>
> $\sin(\alpha+\beta)=\sin\alpha\cos\beta+\cos\alpha\sin\beta$。
>
> 半角公式 $\cos\frac{\theta}{2}=\pm\sqrt{\frac{1+\cos\theta}{2}}$ 。

(2) $22.5°=\frac{45°}{2}$，

$$\therefore \cos 22.5°=\cos\left(\frac{45°}{2}\right)=\sqrt{\frac{1+\cos 45°}{2}}=\sqrt{\frac{1+\frac{\sqrt{2}}{2}}{2}}=\frac{\sqrt{2+\sqrt{2}}}{2}$$ 。

(3) 對 $\cos\theta+\sin\theta=\frac{1}{3}$ 之兩邊平方，

$$(\cos\theta+\sin\theta)^2=\frac{1}{9}$$
$$\Rightarrow \cos^2+\sin^2\theta+2\sin\theta\cos\theta=\frac{1}{9}$$
$$\Rightarrow 2\sin\theta\cos\theta=\frac{1}{9}-1\Rightarrow \sin 2\theta=-\frac{8}{9}$$ 。

> $\cos^2\theta+\sin^2\theta=1$
>
> $\sin 2\theta=2\sin\theta\cos\theta$

9. 六個三角函數的圖形：

(1) 奇函數：函數圖對稱原點，如圖(一)。

(2) 偶函數：函數圖對稱 y 軸，如圖(二)。

(3) 週期：由原點出發再回到原點，稱為一週期，如圖(三)。

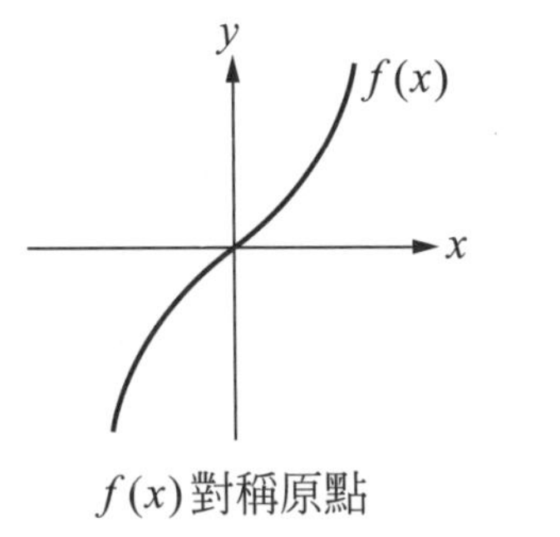

$f(x)$對稱原點

圖(一)

$f(x)$對稱 y 軸

圖(二)

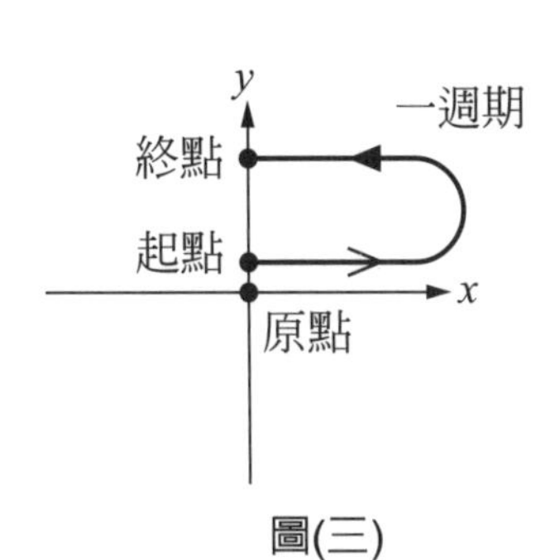

圖(三)

① $y=f(x)=\sin x$，

$D_f=\mathbb{R}$，若一對一，

$D_f=\left[-\dfrac{\pi}{2}, \dfrac{\pi}{2}\right]$，$R_f=[-1, 1]$，

週期 2π，奇函數(對稱原點)，

$\sin(-x)=-\sin x$。

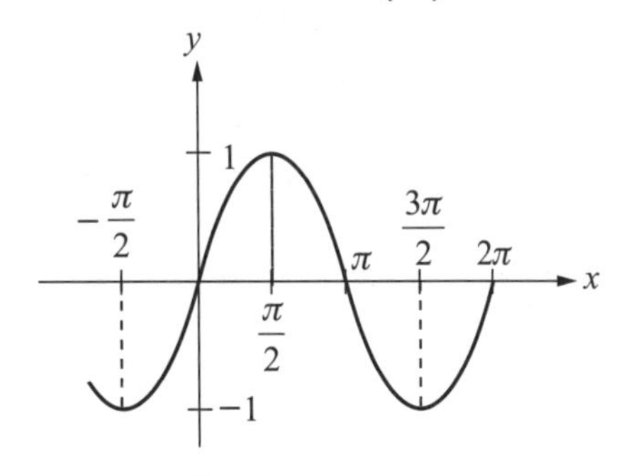

② $y=f(x)=\cos x$，

$D_f=\mathbb{R}$，若一對一，

$D_f=[0, \pi]$，$R_f=[-1, 1]$，

週期 2π，偶函數(對稱 y 軸)，

$\cos(-x)=\cos x$。

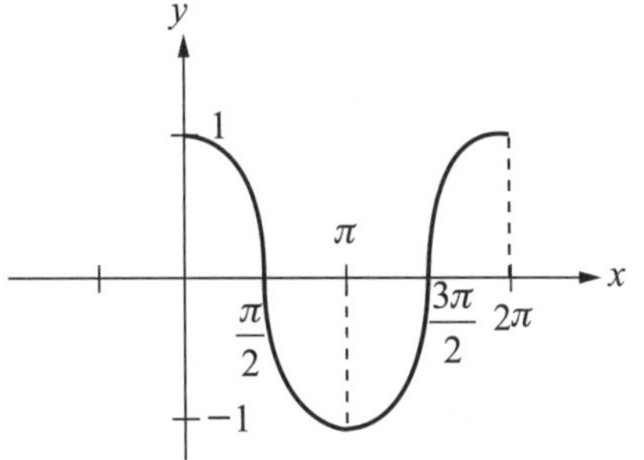

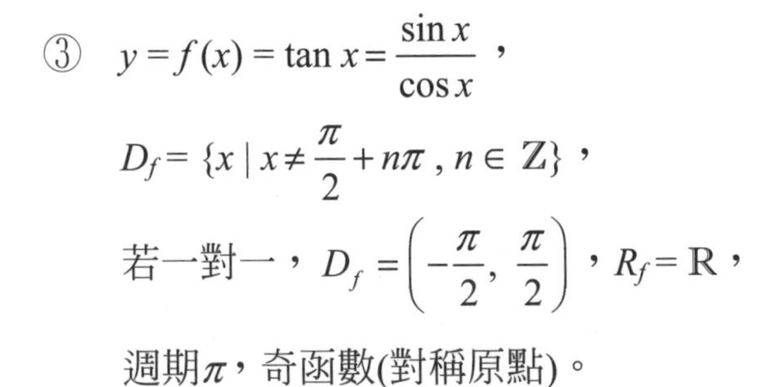

③ $y=f(x)=\tan x=\dfrac{\sin x}{\cos x}$，

$D_f=\{x \mid x\neq\dfrac{\pi}{2}+n\pi , n\in \mathbb{Z}\}$，

若一對一，$D_f=\left(-\dfrac{\pi}{2}, \dfrac{\pi}{2}\right)$，$R_f=\mathbb{R}$，

週期π，奇函數(對稱原點)。

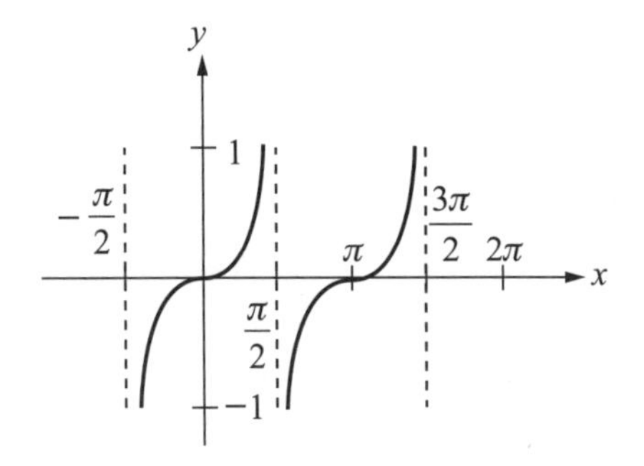

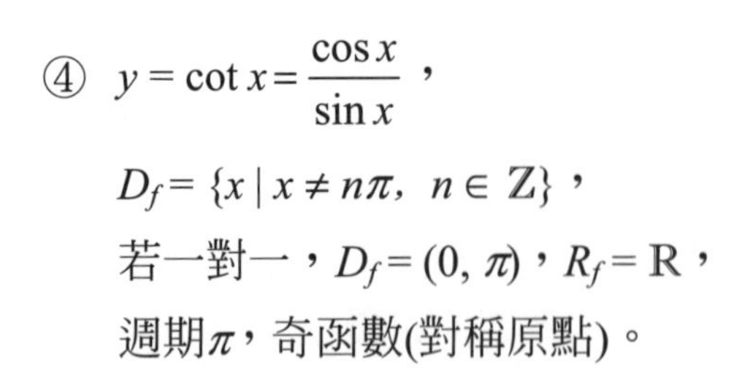

④ $y=\cot x=\dfrac{\cos x}{\sin x}$，

$D_f=\{x \mid x\neq n\pi,\ n\in \mathbb{Z}\}$，

若一對一，$D_f=(0,\pi)$，$R_f=\mathbb{R}$，

週期π，奇函數(對稱原點)。

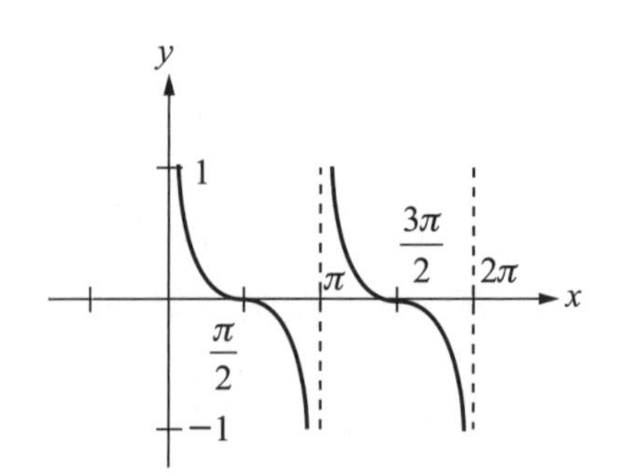

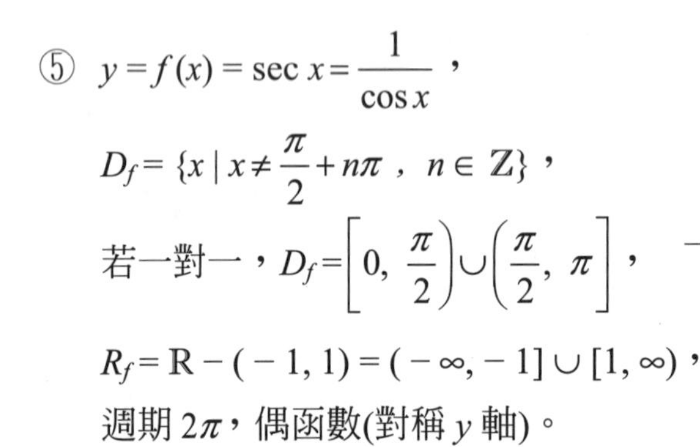

⑤ $y=f(x)=\sec x=\dfrac{1}{\cos x}$，

$D_f=\{x \mid x\neq \dfrac{\pi}{2}+n\pi\ ,\ n\in \mathbb{Z}\}$，

若一對一，$D_f=\left[0,\ \dfrac{\pi}{2}\right)\cup\left(\dfrac{\pi}{2},\ \pi\right]$，

$R_f=\mathbb{R}-(-1,1)=(-\infty,-1]\cup[1,\infty)$，

週期 2π，偶函數(對稱 y 軸)。

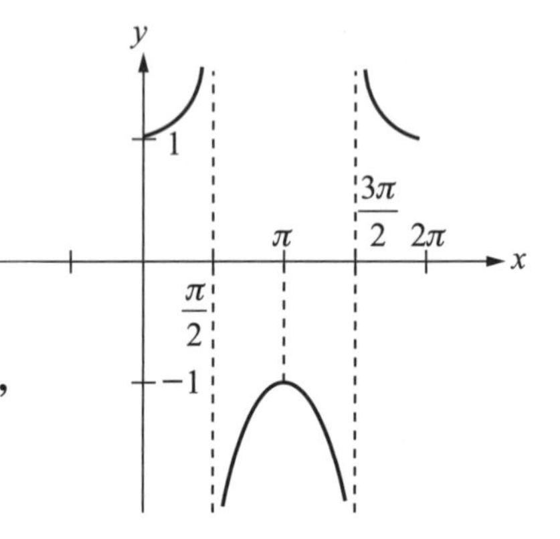

⑥ $y=f(x)=\csc x=\dfrac{1}{\sin x}$，

$D_f=\{x \mid x\neq n\pi\ ,\ n\in \mathbb{Z}\}$，

若一對一，$D_f=\left[-\dfrac{\pi}{2},\ 0\right)\cup\left(0,\ \dfrac{\pi}{2}\right]$，

$R_f=\mathbb{R}-(-1,1)=(-\infty,-1]\cup[1,\infty)$，

週期 2π，奇函數(對稱原點)。

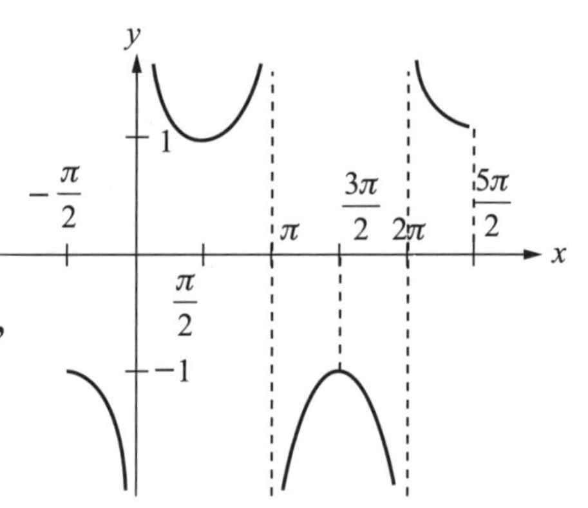

(4) 一般函數的圖形：

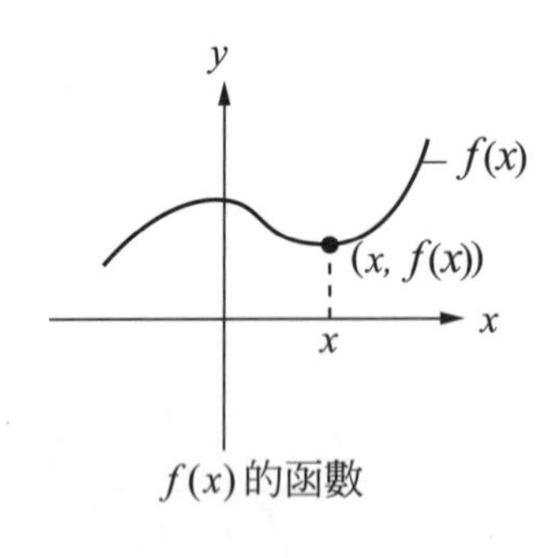

$f(x)$的函數

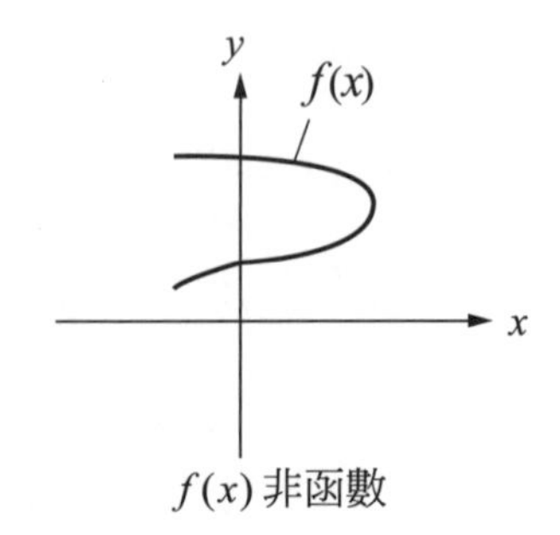

$f(x)$非函數

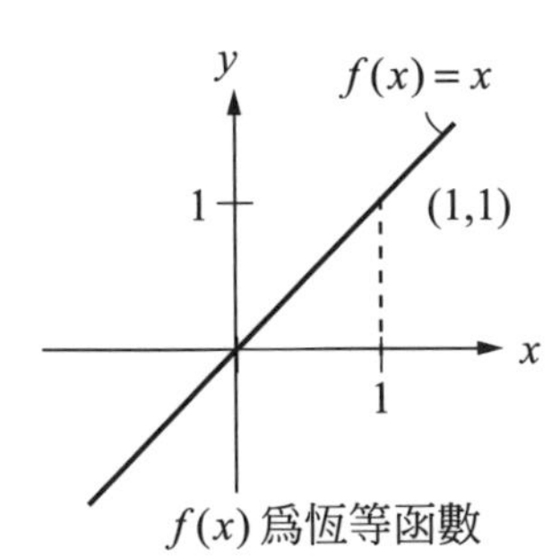

$f(x)$ 爲恆等函數

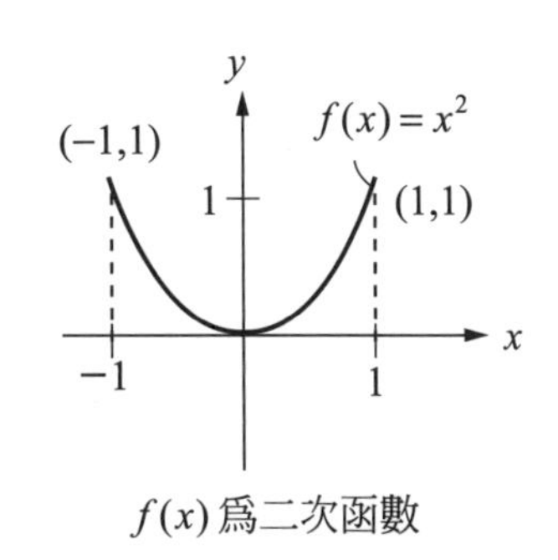

$f(x)$ 爲二次函數

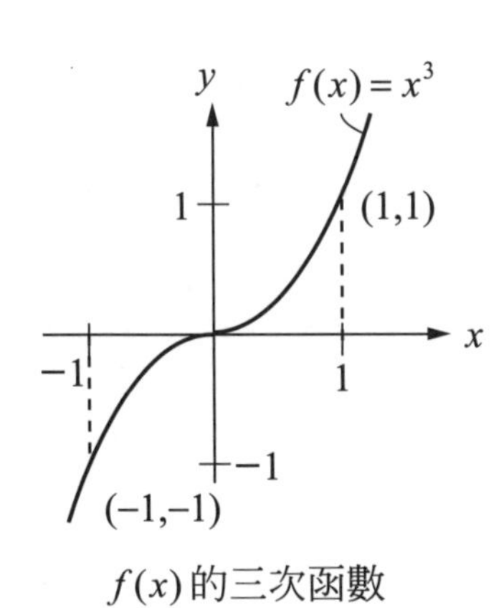

$f(x)$ 的三次函數

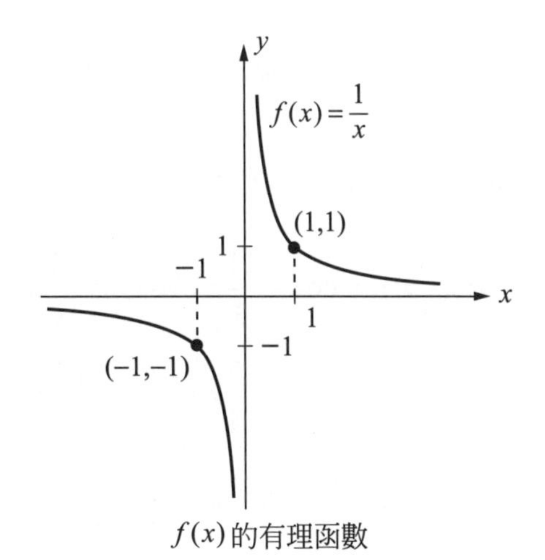

$f(x)$ 的有理函數

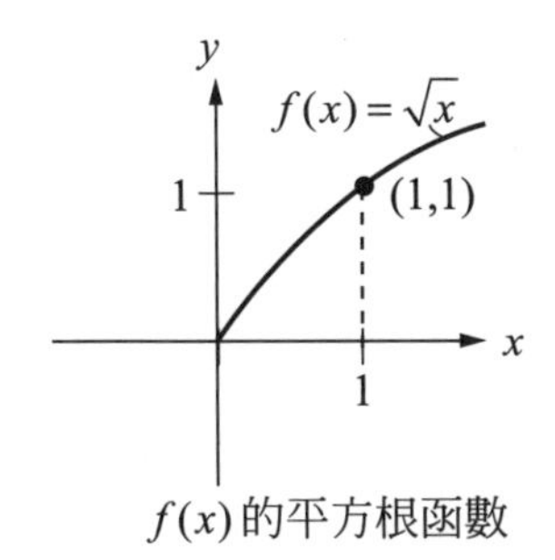

$f(x)$ 的平方根函數

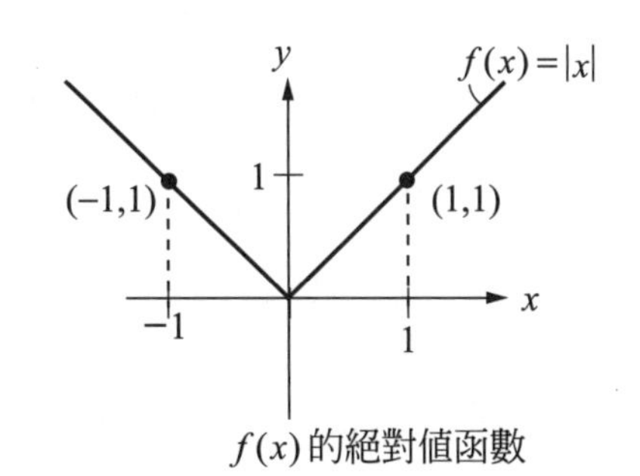

$f(x)$ 的絕對值函數

習題

1. $f(x)=\sqrt{x^2-x}$，求 D_f與 R_f。

2. $f(x)=\dfrac{\sqrt{x}-1}{x-2}$，求 D_f與 R_f。

3. $f(x)=\dfrac{1}{1+\sqrt{x}}$，求 D_f與 R_f。

4. $f(x)=x-[x]$，求 D_f與 R_f。

5. $\cot\theta=\dfrac{5}{12}$，θ 為銳角，求 θ 的其他三角函數值。

6. $\tan\theta=\dfrac{4}{3}$，$\cos\theta<0$，求 $\sin\theta$ 與 $\cos\theta$。

7. 求 $\sin(\dfrac{5}{4}\pi)$、$\cos(-\dfrac{11}{3}\pi)$ 與 $\tan(-\dfrac{7}{6}\pi)$。

8. 求 $\cot(\dfrac{11}{6}\pi)$、$\sec(-\dfrac{7}{4}\pi)$ 與 $\csc(\dfrac{19}{3}\pi)$。

9. 利用半角公式求 $\sin 15°$、$\cos 15°$。

簡答

1. $D_f=(-\infty,0]\cup[1,\infty)$ 或 $D_f=\mathrm{R}-(0,1)$；$R_f=R^+\cup\{0\}$

2. $D_f=[0,2)\cup(2,\infty)$ 或 $D_f=\mathrm{R}^+\cup\{0\}-\{2\}$；$R_f=\mathrm{R}$

3. $D_f=[0,\infty)$；$R_f=(0,1]$

4. $D_f=\mathrm{R}$；$R_f=[0,1)$

5. $\therefore \sin\theta=\dfrac{12}{13}$，$\cos\theta=\dfrac{5}{13}$，$\tan\theta=\dfrac{12}{5}$，
   $\sec\theta=\dfrac{13}{5}$，$\csc\theta=\dfrac{13}{12}$

6. $\sin\theta = -\frac{4}{5}$，$\cos\theta = -\frac{3}{5}$

7. $\sin(\frac{5}{4}\pi) = -\frac{\sqrt{2}}{2}$，$\cos(-\frac{11}{3}\pi) = \frac{1}{2}$，$\tan(-\frac{7}{6}\pi) = -\frac{\sqrt{3}}{3}$

8. $\cot(\frac{11}{6}\pi) = -\sqrt{3}$，$\sec(-\frac{7}{4}\pi) = \sqrt{2}$，$\csc(\frac{19}{3}\pi) = \frac{2}{\sqrt{3}}$

9. $\sin 15^\circ = \frac{\sqrt{6}-\sqrt{2}}{4}$、$\cos 15^\circ = \frac{\sqrt{6}+\sqrt{2}}{4}$

0-3 函數的合成、一對一與反函數(Combinations, One to One, Inverse of Function)

函數的合成

1. 函數的合成：

設 $y=f(x)$與 $y=g(x)$分別的定義域 D_f、D_g 與值域 R_f、R_g。

(1) 若 $R_g \subset D_f$，則$(f \circ g)(x)=f(g(x))$，

$D_{f \circ g}=D_g$，$R_{f \circ g} \subset R_f$。

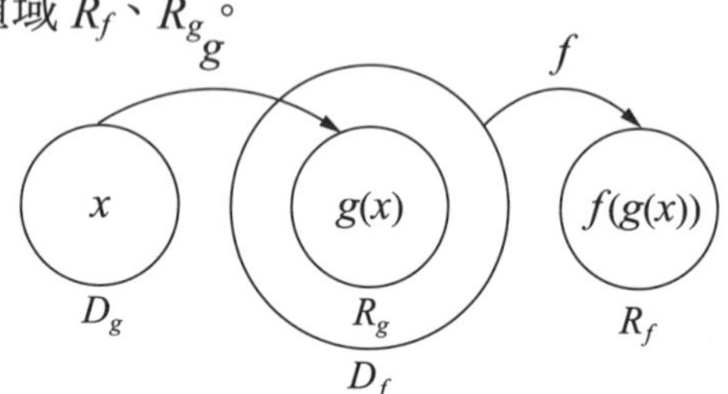

(2) 若 $R_f \subset D_g$，則$(g \circ f)(x)=g(f(x))$，

$D_{g \circ f}=D_f$，$R_{g \circ f} \subset R_g$。

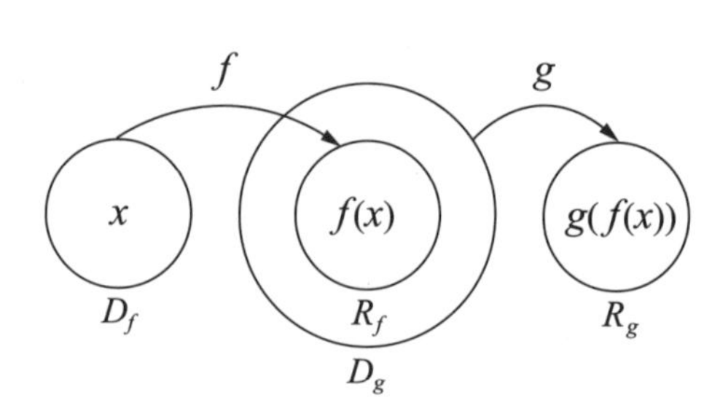

例題 1

$f(x)=x+1$，$g(x)=2x+3$，求(1) $f(g(x))$ (2) $g(f(x))$。

解 $D_f=\mathrm{R}$，$R_f=\mathrm{R}$，$D_g=\mathrm{R}$，$R_g=\mathrm{R}$。

(1) $\because R_g \subset D_f \Rightarrow \mathrm{R} \subset \mathrm{R}$，

$\therefore f(g(x))=f(2x+3)=(2x+3)+1$

$=2x+4$，

$D_{f \circ g}=D_g=\mathrm{R}$，$R_{f \circ g} \subset R_f=\mathrm{R}$。

(2) $\because R_f \subset D_g \Rightarrow \mathrm{R} \subset \mathrm{R}$，

$\therefore g(f(x))=g(x+1)=2(x+1)+3=2x+5$，

$D_{g \circ f}=D_f=\mathrm{R}$，$R_{g \circ f} \subset R_g=\mathrm{R}$。

> ① 確定 D_f、R_f、D_g、R_g。
>
> ② 若 $f(g(x))$ 成立，則 $R_g \subset D_f$。
>
> ③ 若 $g(f(x))$ 成立，則 $R_f \subset D_g$。

例題 2

$f(x) = 2x^3$，$g(x) = x^2 + 2$，求

(1) $f(g(x))$　(2) $g(f(x))$。

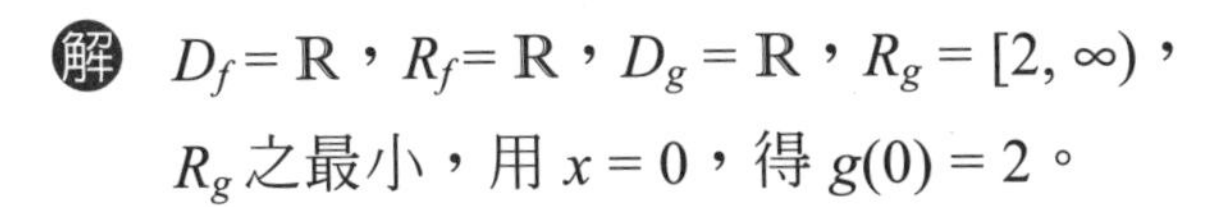

解 $D_f = \mathbb{R}$，$R_f = \mathbb{R}$，$D_g = \mathbb{R}$，$R_g = [2, \infty)$，

R_g 之最小，用 $x = 0$，得 $g(0) = 2$。

(1) $R_g \subset D_f \Rightarrow [2, \infty) \subset \mathbb{R}$，

$\therefore f(g(x)) = f(x^2 + 2) = 2(x^2 + 2)^3$，

$D_{f \circ g} = D_g = \mathbb{R}$，$R_{f \circ g} \subset R_f$ 即 $[16, \infty) \subset \mathbb{R}$。

(2) $R_f \subset D_g \Rightarrow \mathbb{R} \subset \mathbb{R}$，

$\therefore g(f(x)) = g(2x^3) = (2x^3)^2 + 2 = 4x^6 + 2$，

$D_{g \circ f} = D_f = \mathbb{R}$，$R_{g \circ f} \subset R_g = [2, \infty) \subset \mathbb{R}$。

① 確立 D_f，R_f，D_g，R_g。

② 若 $f(g(x))$成立，則 $R_g \subset D_f$。

③ 若 $g(f(x))$成立，則 $R_f \subset D_g$。

例題 3

$f(x) = x + 1$，$x \in [0, 3]$，$g(x) = 2x - 4$，$x \in [1, 5]$，求(1) $f(g(x))$　(2) $g(f(x))$。

解 $D_f = [0, 3]$，$R_f = [1, 4]$，$D_g = [1, 5]$，$R_g = [-2, 6]$。

(1) 若 $f(g(x))$成立，則 $R_g \subset D_f$，$\because R_g = [-2, 6] \not\subset D_f = [0, 3]$，

$\therefore R_g = [-2, 6]$改為 $R_g = [0, 3]$，

$g(x) = 2x - 4$，$R_g = [0, 3]$，$2x - 4 = 0 \Rightarrow x = 2$，$2x - 4 = 3 \Rightarrow x = \frac{7}{2}$，

$D_f = [0, 3]$，$R_f = [1, 4]$，$D_g = [2, \frac{7}{2}]$，$R_g = [0, 3]$，

$f(g(x)) = f(2x - 4) = (2x - 4) + 1 = 2x - 3$，$D_{f \circ g} = D_g = [2, \frac{7}{2}]$；

$x = 2$，$f(g(x)) = 2x - 3 = 2 \times 2 - 3 = 1$，

$x = \frac{7}{2}$，$f(g(x)) = 2x - 3 = 2 \times \frac{7}{2} - 3 = 4$，

故 $R_{f \circ g} = [1, 4] \subset R_f = [1, 4]$。

(2)若 $g(f(x))$成立，則 $R_f \subset D_g$，$R_f = [1, 4] \subset [1, 5]$，

$g(f(x)) = g(x+1) = 2(x+1) - 4 = 2x - 2$，$D_{g \circ f} = D_f = [0, 3]$；

$x = 0$，$g(f(x)) = 2x - 2 = 2 \times 0 - 2 = -2$，

$x = 3$，$g(f(x)) = 2x - 2 = 2 \times 3 - 2 = 4$，

$\therefore R_{g \circ f} = [-2, 4] \subset R_g = [-2, 6]$。

一對一函數

1. 一對一函數：

函數 $y = f(x)$，若 x_1、$x_2 \in D_f$，且 $x_1 \neq x_2 \Rightarrow f(x_1) \neq f(x_2)$或 $f(x_1) = f(x_2) \Rightarrow x_1 = x_2$，則稱 $f(x)$爲一對一函數，如圖所示。

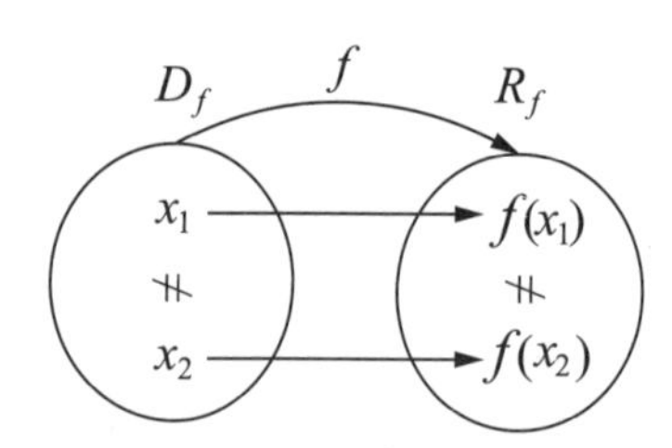

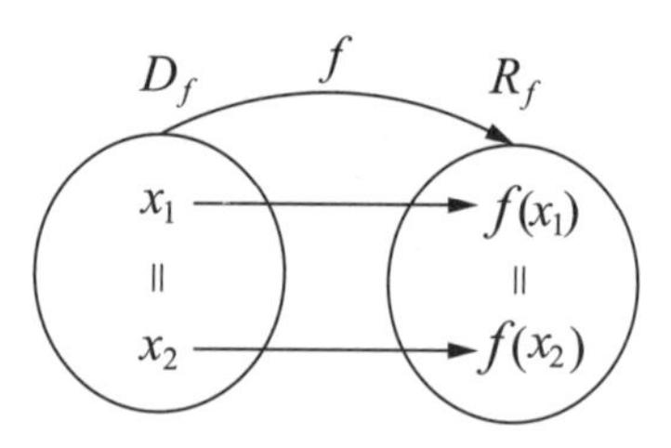

例題 4

下列何者爲一對一函數？

(1) $f(x) = 2x + 1$，$x \in \mathrm{R}$

(2) $f(x) = x^2$，$x \in \mathrm{R}$

(3) $f(x) = \sqrt{x}$，$x \geq 0$

(4) $f(x) = 4$，$x \in \mathrm{R}$

(5) $f(x) = \dfrac{1}{x}$，$x \neq 0$

(6) $f(x) = (x+1)^2$，$x \in \mathrm{R}$。

解 (1) $f(x) = 2x + 1$，若 $x_1 \neq x_2$，則 $f(x_1) = 2x_1 + 1 \neq f(x_2) = 2x_2 + 1$，$\therefore$一對一。

(2) $f(x) = x^2$，若 $x_1 \neq x_2$，則 $f(x_1) = {x_1}^2$ 與 $f(x_2) = {x_2}^2$ 可相等可不相等，$\therefore$非一對一。

(3) $f(x) = \sqrt{x}$，若 $x_1 \neq x_2$，則 $f(x_1) = \sqrt{x_1} \neq f(x_2) = \sqrt{x_2}$，$\therefore$一對一。

(4) $f(x) = 4$，若 $x_1 \neq x_2$，則 $f(x_1) = 4 = f(x_2) = 4$，$\therefore$非一對一。

(5) $f(x)=\dfrac{1}{x}$，若 $x_1 \neq x_2$，則 $f(x_1)=\dfrac{1}{x_1} \neq f(x_2)=\dfrac{1}{x_2}$，∴一對一。

(6) $f(x)=(x+1)^2$，若 $x_1 \neq x_2$，則 $f(x_1)=(x_1+1)^2$ 與 $f(x_2+1)^2$ 可相等可不相等，∴非一對一。

反函數

反函數的觀念

① 若 $f(x)$ 與 $g(x)$ 互爲反函數，則 $f(x)=g^{-1}(x)$ 或 $g(x)=f^{-1}(x)$。

② $D_{f^{-1}}=R_f$；$R_{f^{-1}}=D_f$。

③ 只有一對一函數才有反函數。

1. 反函數：

$f(x)$ 與 $g(x)$ 爲 2 個函數，若 $f(g(x))=x$ 或 $g(f(x))=x$，則 $g(x)$ 與 $f(x)$ 互爲反函數。若 $g(x)$ 爲 $f(x)$ 的反函數，則以 $g(x)=f^{-1}(x)$ 表示之。故 $f(g(x))=f(f^{-1}(x))=x$ 及 $g(f(x))=f^{-1}(f(x))=x$。

$f(g(x))=f(f^{-1}(x))$ 的圖示

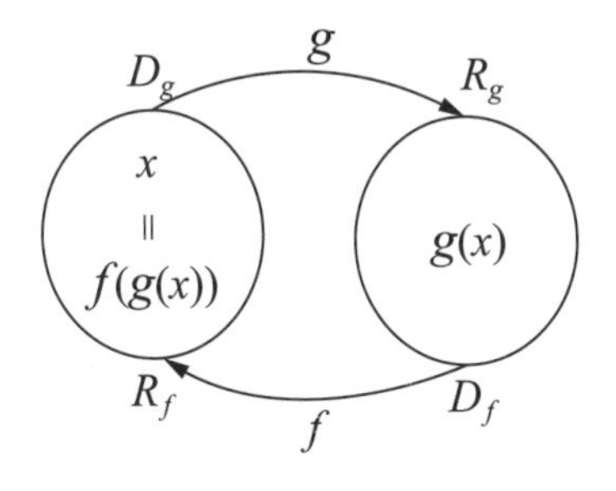

或

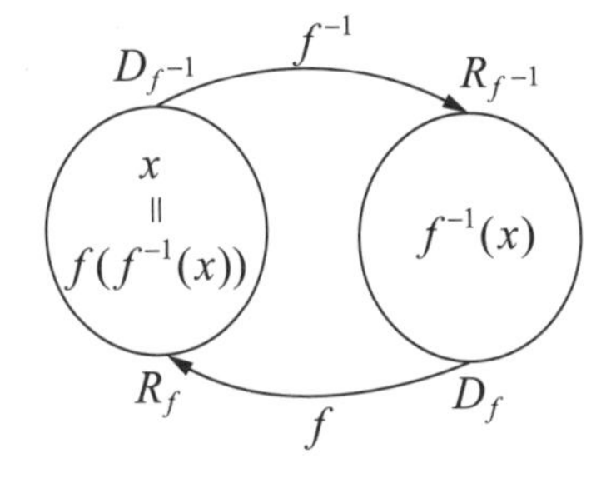

$g(f(x))=g(g^{-1}(x))$ 的圖示

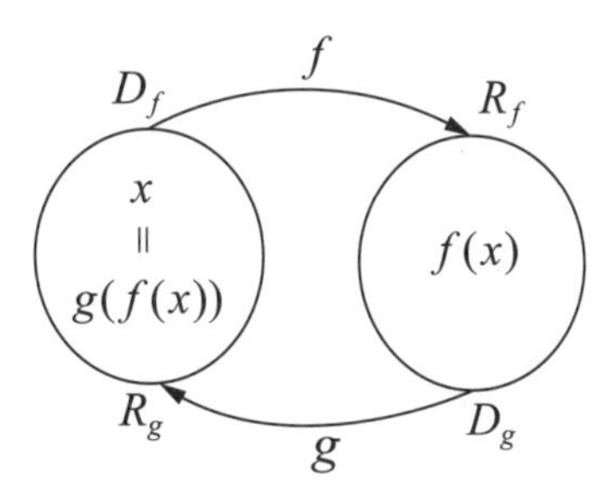

或

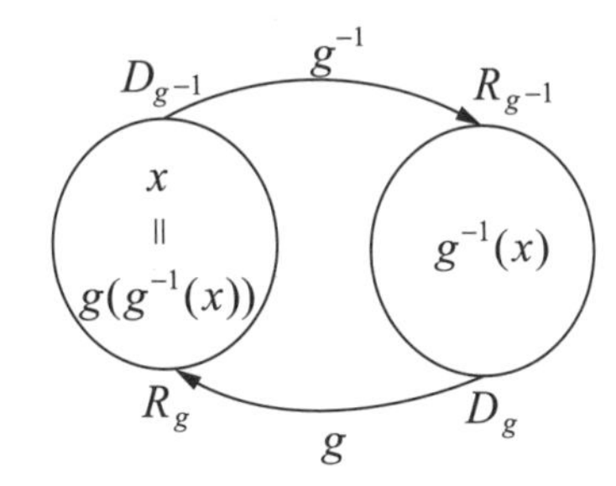

例題 5

證明 $f(x)=2x^3-1$ 與 $g(x)=\sqrt[3]{\frac{x+1}{2}}$ 互為反函數。

解 $f(x)=2x^3-1$ 之 $D_f=\mathbb{R}$，$R_f=\mathbb{R}$，

$g(x)=\sqrt[3]{\frac{x+1}{2}}$ 之 $D_g=\mathbb{R}$，$R_g=\mathbb{R}$，

$f(g(x))$，$x\in D_g$，$R_g\subset D_f$，

$g(f(x))$，$x\in D_f$，$R_f\subset D_g$，

$$f(g(x))=f\left(\sqrt[3]{\frac{x+1}{2}}\right)=2\left(\frac{x+1}{2}\right)-1，$$

$$=x+1-1=x，$$

$$g(f(x))=g(2x^3-1)=\sqrt[3]{\frac{2x^3-1+1}{2}}=\sqrt[3]{x^3}=x，$$

$\therefore f(x)$ 與 $g(x)$ 互為反函數。

① 確立 D_f，R_f，D_g，R_g。

② 求 $(f\circ g)(x)$ 與 $(g\circ f)(x)$。

③ 若 $f(g(x))=x$ 與 $g(f(x))=x$ 成立。

④ 表示 $f(x)$ 與 $g(x)$ 互為反函數。

例題 6

$f(x)=2x+3$，求 $f^{-1}(x)$。

解 $f(f^{-1}(x))=x\Rightarrow 2f^{-1}(x)+3=x\Rightarrow f^{-1}(x)=\frac{x-3}{2}$。

利用 $f(f^{-1}(x))=x$

例題 7

$g(x)=\frac{1}{x}$，$x\neq 0$，求 $g^{-1}(x)$。

解 $g(g^{-1}(x))=x\Rightarrow \frac{1}{g^{-1}(x)}=x\Rightarrow g^{-1}(x)=\frac{1}{x}$。

利用 $g(g^{-1}(x))=x$

2. 反三角函數

(1) $y=\sin^{-1}x$

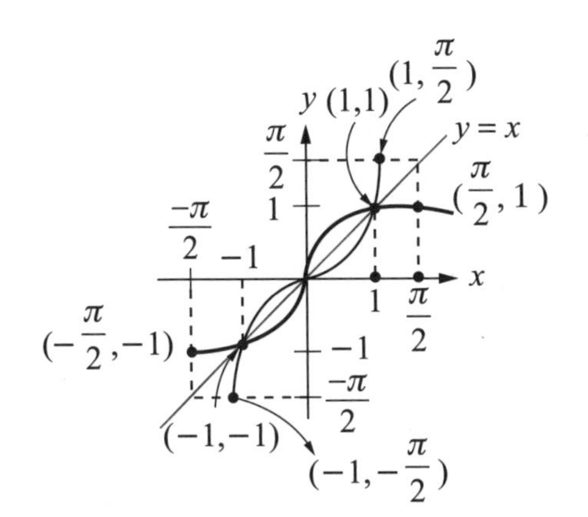

粗線：$\sin x$

細線：$\sin^{-1}x$

$$D_f=[\frac{-\pi}{2},\ \frac{\pi}{2}]=R_{f^{-1}}$$

$$R_f=[-1,\ 1]=D_{f^{-1}}$$

對稱線：$y=x$

(2) $y=\cos^{-1}x$

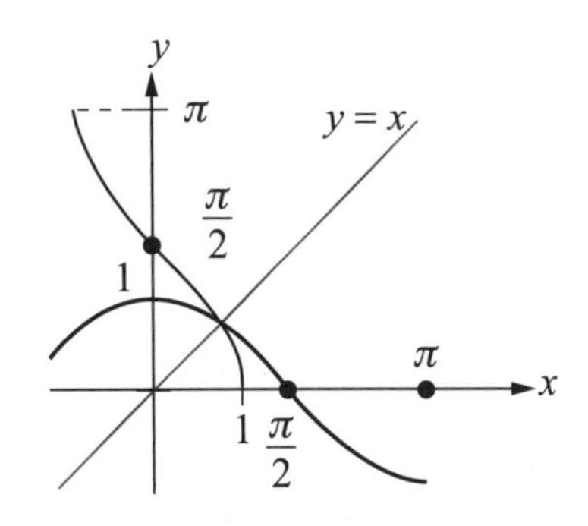

粗線：$\cos x$

細線：$\cos^{-1}x$

$$D_f=[0,\ \pi]=R_{f^{-1}}$$

$$R_f=[-1,\ 1]=D_{f^{-1}}$$

對稱線：$y=x$

(3) $y=\tan^{-1}x$

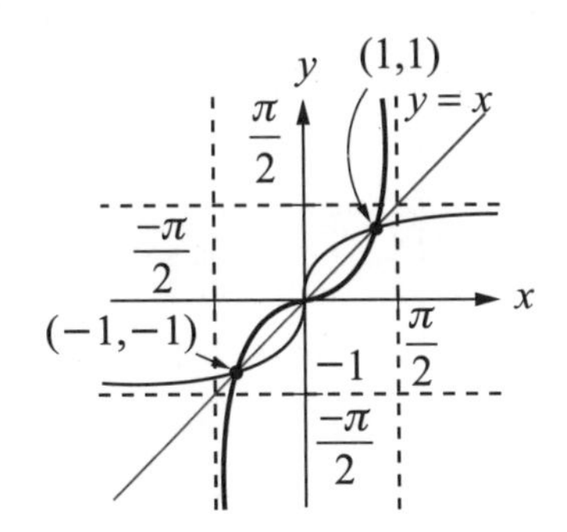

粗線：$\tan x$

細線：$\tan^{-1}x$

$$D_f=(\frac{-\pi}{2},\ \frac{\pi}{2})=R_{f^{-1}}$$

$$R_f=R=D_{f^{-1}}$$

對稱線：$y=x$

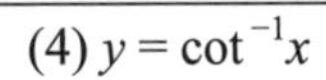

(4) $y=\cot^{-1}x$

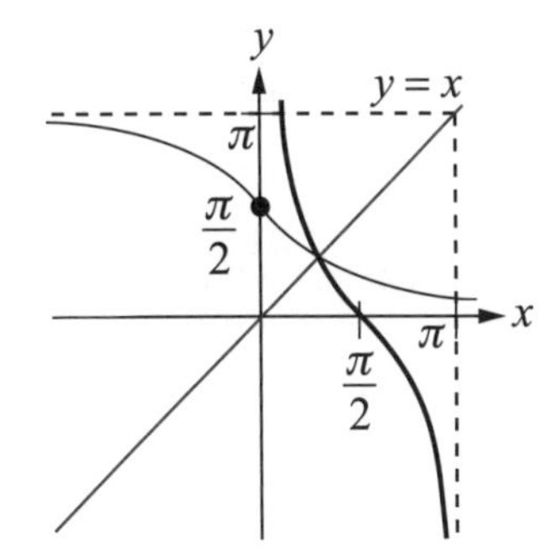

粗線：$\cot x$

細線：$\cot^{-1}x$

$$D_f=(0,\ \pi)=R_{f^{-1}}$$

$$R_f=\mathrm{R}=D_{f^{-1}}$$

對稱線：$y=x$

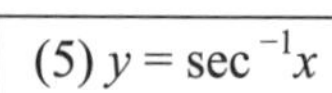

(5) $y=\sec^{-1}x$

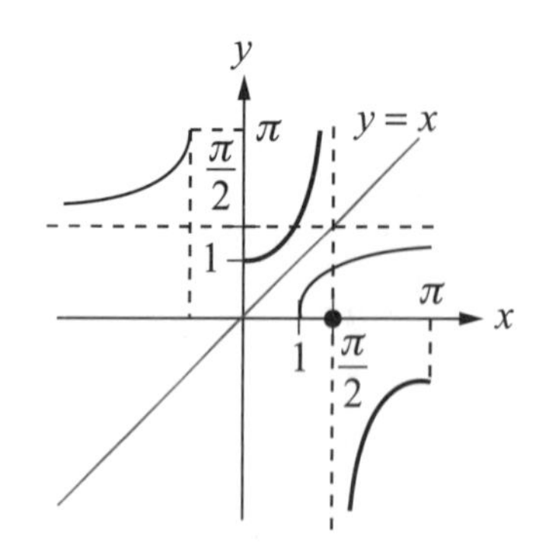

粗線：$\sec x$

細線：$\sec^{-1}x$

$$D_f=[0,\ \frac{\pi}{2})\cup(\frac{\pi}{2},\ \pi]=R_{f^{-1}}$$

$$R_f=(-\infty,\ -1]\cup[1,\ \infty)=D_{f^{-1}}$$

對稱線：$y=x$

(6) $y=\csc^{-1}x$

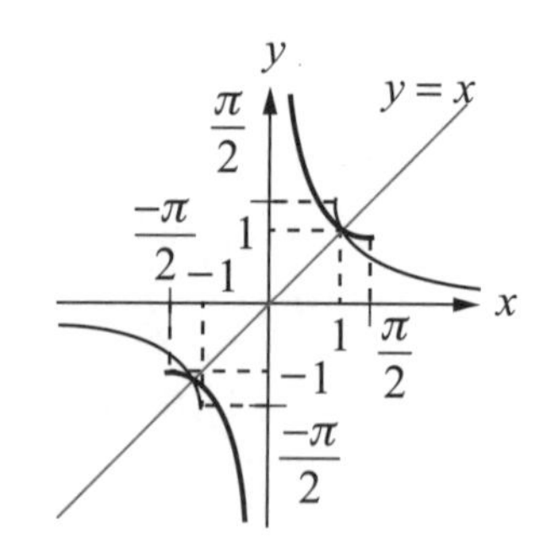

粗線：$\csc x$

細線：$\csc^{-1}x$

$$D_f=[-\frac{\pi}{2},\ 0)\cup(0,\ \frac{\pi}{2}]=R_{f^{-1}}$$

$$R_f=(-\infty,\ -1]\cup[1,\ \infty)=D_{f^{-1}}$$

對稱線：$y=x$

反三角函數的定義

函數	定義域	值域
$y=\sin^{-1}x \leftrightarrow \sin y=x$	$-1\le x\le 1$	$-\frac{\pi}{2}\le y\le\frac{\pi}{2}$
$y=\cos^{-1}x \leftrightarrow \cos y=x$	$-1\le x\le 1$	$0\le y\le\pi$
$y=\tan^{-1}x \leftrightarrow \tan y=x$	$-\infty<x<\infty$	$-\frac{\pi}{2}<y<\frac{\pi}{2}$
$y=\cot^{-1}x \leftrightarrow \cot y=x$	$-\infty<x<\infty$	$0<y<\pi$
$y=\sec^{-1}x \leftrightarrow \sec y=x$	$\lvert x\rvert\ge 1$	$0\le y\le\pi,\ y\ne\frac{\pi}{2}$
$y=\csc^{-1}x \leftrightarrow \csc y=x$	$\lvert x\rvert\ge 1$	$-\frac{\pi}{2}\le y\le\frac{\pi}{2},\ y\ne 0$

例題 8

(1) $\sin^{-1}(\frac{1}{2})$ (2) $\cos^{-1}(0)$ (3) $\tan^{-1}(\sqrt{3})$ (4) $\sin^{-1}(-\frac{1}{2})$ (5) $\cos^{-1}(\frac{\sqrt{3}}{2})$

(6) $\tan^{-1}(-1)$ (7) $\sec^{-1}(-2)$ 。

解 (1) $\sin^{-1}(\frac{1}{2})$，令 $\sin^{-1}(\frac{1}{2})=y \Rightarrow \sin\sin^{-1}\frac{1}{2}=\sin y \Rightarrow \sin y=\frac{1}{2}$，$\therefore y=\frac{\pi}{6}$ 。

(2) $\cos^{-1}0$，令 $\cos^{-1}0=y \Rightarrow \cos\cos^{-1}0=\cos y \Rightarrow \cos y=0$，$\therefore y=\frac{\pi}{2}$ 。

(3) $\tan^{-1}(\sqrt{3})$， $y=\tan^{-1}x \leftrightarrow \tan y=x$，

令 $\tan^{-1}(\sqrt{3})=y \Rightarrow \tan\tan^{-1}(\sqrt{3})=\tan y \Rightarrow \tan y=\sqrt{3}$，$\therefore y=\frac{\pi}{3}$ 。

(4) $\sin^{-1}(-\frac{1}{2})$，令 $\sin^{-1}(-\frac{1}{2})=y \Rightarrow \sin\sin^{-1}(-\frac{1}{2})=\sin y \Rightarrow \sin y=-\frac{1}{2}$，$\therefore y=-\frac{\pi}{6}$ 。

(5) $\cos^{-1}(\frac{\sqrt{3}}{2})$， $y=\cos^{-1}x \leftrightarrow \cos y=x$，

令 $\cos^{-1}(\frac{\sqrt{3}}{2})=y \Rightarrow \cos\cos^{-1}(\frac{\sqrt{3}}{2})=\cos y \Rightarrow \cos y=\frac{\sqrt{3}}{2}$，$\therefore y=\frac{\pi}{6}$ 。

(6) $\tan^{-1}(-1)$， $y=\tan^{-1}x \leftrightarrow \tan y=x$，

令 $\tan^{-1}(-1)=y \Rightarrow \tan\tan^{-1}(-1)=\tan y \Rightarrow \tan y=-1$，$\therefore y=-\frac{\pi}{4}$ 。

(7) $\sec^{-1}(-2)$， $y=\sec^{-1}x \leftrightarrow \sec y=x$，令 $\sec^{-1}(-2)=y \Rightarrow \sec\sec^{-1}(-2)=\sec y$

$\Rightarrow \sec y=-2 \Rightarrow \frac{1}{\cos y}=-2 \Rightarrow \cos y=-\frac{1}{2}$，$\therefore y=\frac{2}{3}\pi$ 。

例題 9

$\tan^{-1}(2x-3)=\frac{\pi}{4}$，求 x。

解 $\tan^{-1}(2x-3)=\frac{\pi}{4} \Rightarrow \tan\tan^{-1}(2x-3)=\tan\frac{\pi}{4} \Rightarrow 2x-3=1 \Rightarrow x=2$ 。

例題 10

$y=\sin^{-1}x$，$0\le y\le\dfrac{\pi}{2}$，求 $\cos y$。

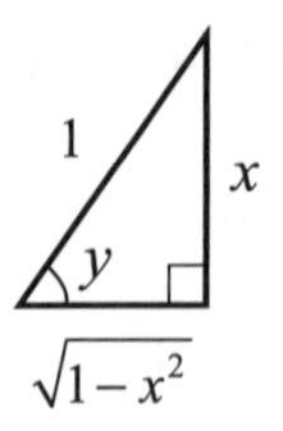

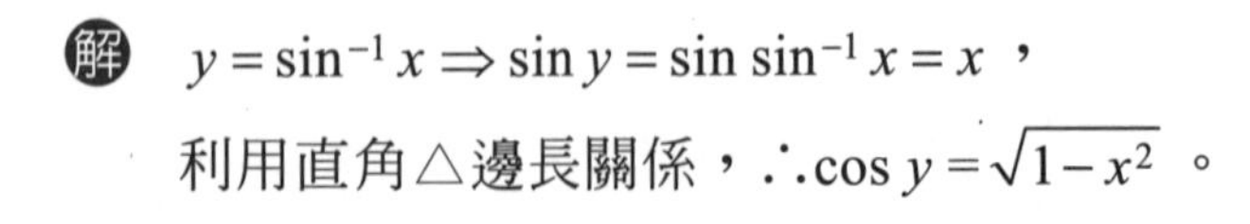

解 $y=\sin^{-1}x \Rightarrow \sin y=\sin\sin^{-1}x=x$，

利用直角△邊長關係，$\therefore \cos y=\sqrt{1-x^2}$。

例題 11

$y=\sec^{-1}(\dfrac{\sqrt{5}}{2})$，$0\le y\le\dfrac{\pi}{2}$，求 $\tan y$。

解 $y=\sec^{-1}(\dfrac{\sqrt{5}}{2})$，$\sec y=\sec\sec^{-1}(\dfrac{\sqrt{5}}{2})=\dfrac{\sqrt{5}}{2}$，

利用直角Δ邊長關係，$\therefore \tan y=\dfrac{1}{2}$。

習題

1. 設 $f(x)=(x-1)^2$ 與 $g(x)=2x-1$。

   (1) 找出函數 f、g 的 D_f、R_f、D_g、R_g。

   (2) 求 $f(g(x))$ 及 $g(f(x))$ 及 $D_{f\circ g}$、$R_{f\circ g}$、$D_{g\circ f}$、$R_{g\circ f}$。

2. 設 $f(x)=x^2+1$，$g(x)=x-2$，求

   (1) ① $f\circ g(x)$　② $f\circ g(2)$　③ $f\circ g(0)$　④ $f\circ g(-2)$。

   (2) ① $g\circ f(x)$　② $g\circ f(2)$　③ $g\circ f(0)$　④ $g\circ f(-2)$。

3. 設 $f(x)=3x-5$、$g(x)=\sqrt{x}$、$h(x)=|x|$、$k(x)=x^3$，則下列各函數可由上述 f、g、h、k 四個函數中的哪兩個函數合成？

   (1) $P_1(x)=\sqrt{3x-5}$　(2) $P_2(x)=|3x-5|$　(3) $P_3(x)=(3x-5)^3$。

4. 下列哪些函數是一對一函數？

   (1) $f(x)=2x+1$　(2) $g(x)=3^x$　(3) $h(x)=\log_3 x$　(4) $p(x)=x^2$　(5) $q(x)=[x]$。

   註：一對一函數的定義：f 為一函數，

   ①若 $x_1\neq x_2$，則 $f(x_1)\neq f(x_2)$，②若 $f(x_1)=f(x_2)$，則 $x_1=x_2$。

5. 函數 $f(x)=x^2+1$，$x\geq 0$，求其反函數 f^{-1}。

6. $f(x)=x^2-3$，$x\leq 0$，求 f^{-1}。

簡答

1. (1) $D_f=\mathbb{R}$、$R_f=[0,\infty)$、

   $D_g=\mathbb{R}$、$R_g=\mathbb{R}$

   (2) $D_{f\circ g}=D_f=\mathbb{R}$、$R_{f\circ g}=R_f=[1,\infty)$、

   $D_{g\circ f}=D_f=\mathbb{R}$、$R_{g\circ f}=R_g=\mathbb{R}$

2. (1) ① x^2-4x+5 ；

② 1 ；

③ 5 ；

④ 17

(2) ① x^2-1 ；

② 3 ；

③ -1 ；

④ 3 。

3. (1) f、g (2) f、h (3) f、k

4. (1)(2)(3)

5. $f^{-1}(x)=\sqrt{x-1}$ ， $x\geq 1$

6. $f^{-1}(x)=-\sqrt{x+3}$ ， $x\geq -3$

0-4 直線的斜率、變率及其方程式(Slope Rate and Equation of Line)

座標平面上任意兩點可決定一直線，設直線 L 在平面上為非垂直線，在 L 上選兩個不同的點，就可以得到 L 線的斜率。

如(a)圖直線斜率即是 $\dfrac{\Delta y}{\Delta x}$ 的比率，無單位。

如(b)圖直線斜率即是 $\dfrac{\Delta s}{\Delta t}$ 的變率，位置對時間的變率即速率。

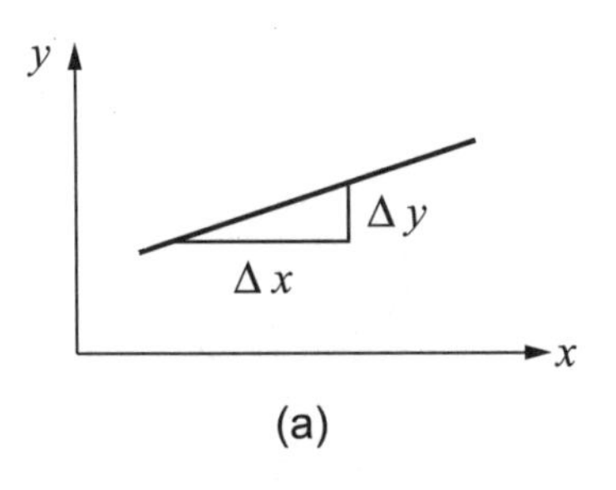

(a)

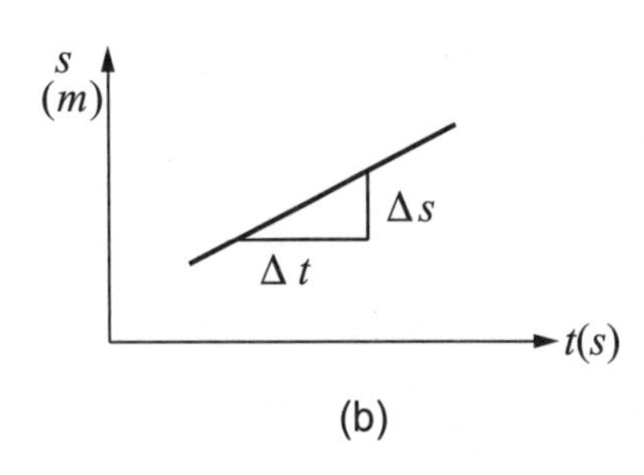

(b)

1. **斜率**：已知兩點(x_1, y_1)與(x_2, y_2)，過此 2 點之直線斜率，$m=\dfrac{y_1-y_2}{x_1-x_2}=\dfrac{y_2-y_1}{x_2-x_1}$，其

   方程式 $y-y_1=m(x-x_1)$或 $y-y_2=m(x-x_2)$ (兩點式)。

   (1) 水平線斜率為 0。

   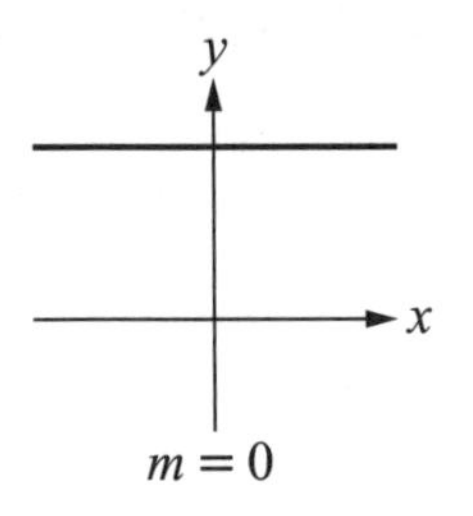

   (2) 鉛直線斜率不存在。

   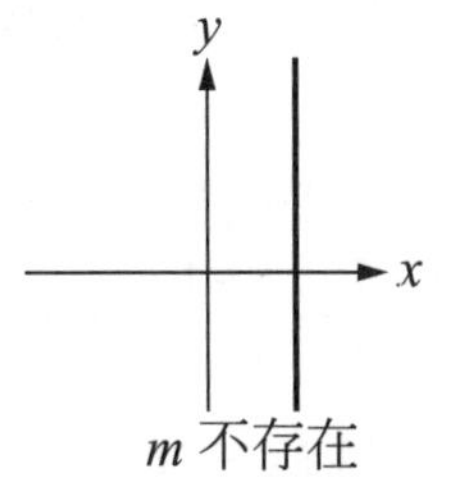

   (3) 由左上向右下的直線斜率為負。

   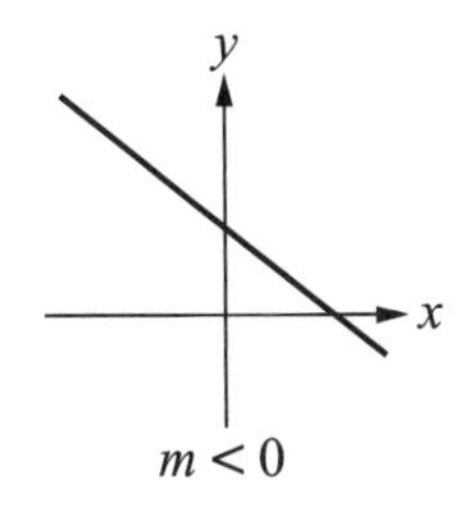

   (4) 由左下向右上的直線斜率為正。

   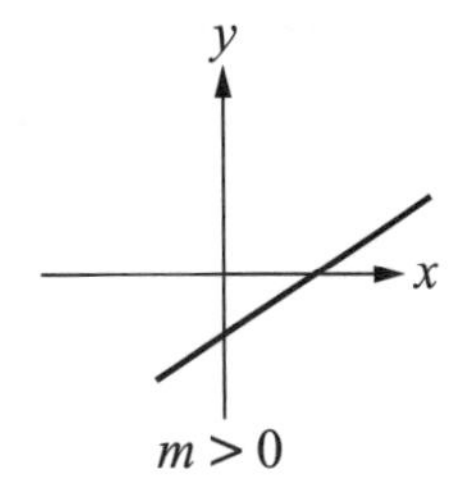

2. 直線方程式：

(1) 水平線：$y=a$。 (2) 鉛直線：$x=b$。 (3) 斜線：$y=mx+c$。

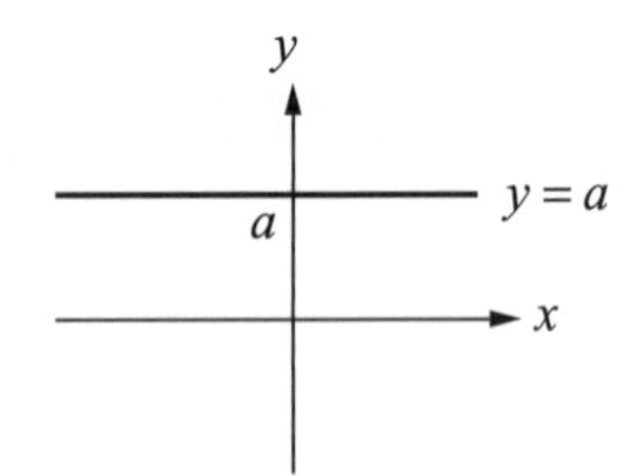

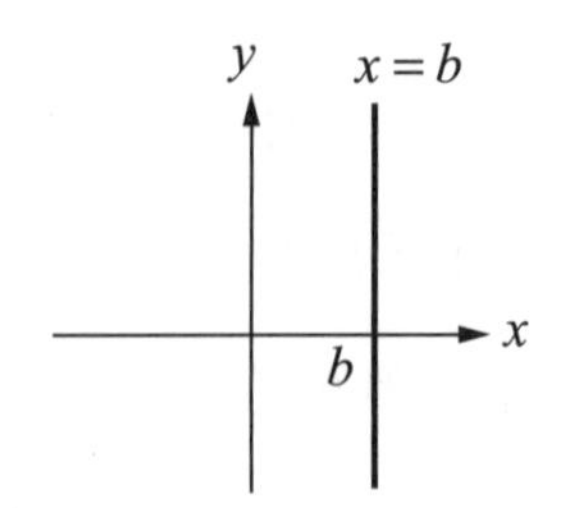

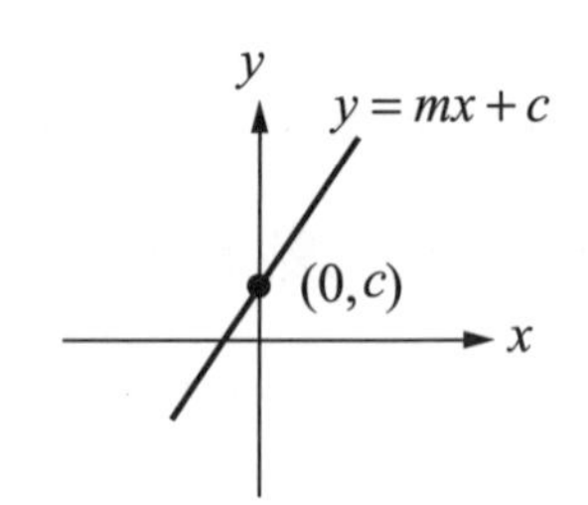

3. 直線的斜截式：$y=mx+c$ 表 y 軸的截距$(0, c)$，斜率 m。

若 L_1、L_2 兩直線，斜率分別爲 m_1、m_2，若 $L_1 // L_2$，則 $m_1 = m_2$；若 $L_1 \perp L_2$，則 $m_1 \cdot m_2 = -1$。

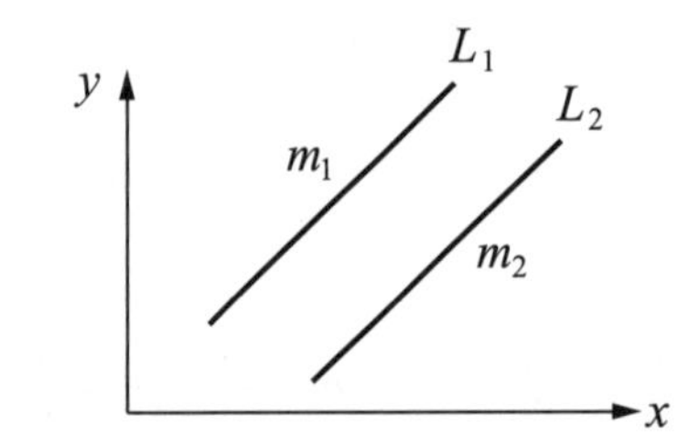

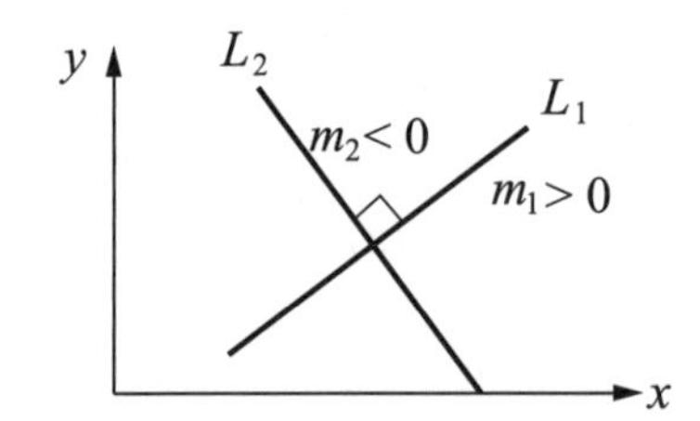

例題 1

求(1)過 $P(1, 1)$與 $Q(2,5)$的直線方程式；(2)斜率 2，過點$(3, 1)$的直線方程式。

解 (1) 過 $P(1, 1)$與 $Q(2,5)$的直線方程式，利用兩點式可求得直線斜率

$m=\dfrac{1-5}{1-2}=\dfrac{5-1}{2-1}=4$，

$y-5=(4)(x-2)\Rightarrow 4x-y-3=0$，

或 $y-1=(4)(x-1)\Rightarrow 4x-y-3=0$。

(2) 斜率 2，過點$(3, 1)$，利用點斜式 $y-y_1=m(x-x_1)$，

$m=2$，$y-1=(2)(x-3)\Rightarrow 2x-y-5=0$。

例題 2

寫出下列直線方程式的斜率(m)。

(1) $y=3x+1$，$\therefore m=3$。

(2) $2x+5y=3$，$y=-\frac{2}{5}x+\frac{3}{5}$，$\therefore m=-\frac{2}{5}$。

(3) $x=5$，$\therefore m$ 不存在。

(4) $y=3$，$\therefore m=0$。

把 $ax+by+c=0$

改為 $y=mx+d$

例題 3

(1) 求過點(− 1, 3)與 $y=2x+4$ 平行的直線。

(2) 求過點(− 1, 3)與 $y=2x+4$ 垂直的直線。

解 (1) $y=2x+4$ 的斜率 $m_1=2$，$\because$ 過點(− 1, 3)的直線與 $y=2x+4$ 平行，

$\therefore$ 其斜率 $m_2=2$，由點斜式得知，

$y-3=(2)(x-(-1))\Rightarrow 2x-y+5=0$。

(2) $y=2x+4$ 的斜率 $m_1=2$，

$\because$ 過點(− 1, 3) 的直線與 $y=2x+4$ 垂直，

$\therefore$ 其斜率 $m_2\cdot m_1=-1$ 得 $m_2=\frac{-1}{2}$，

由點斜式知，

$y-3=(-\frac{1}{2})(x-(-1))\Rightarrow x+2y-5=0$。

性質：點到直線的最近距離，

設點 $P(a_0,b_0)$，

直線 L：$ax+by+c=0$，

則 P 點到 L 的最近距離為

$d(P,L)=\frac{|a\cdot a_0+b\cdot b_0+c|}{\sqrt{a^2+b^2}}$。

由圖知，P 點到直線有許多路線，其中由 P 至 L 垂直距離的路徑最短。

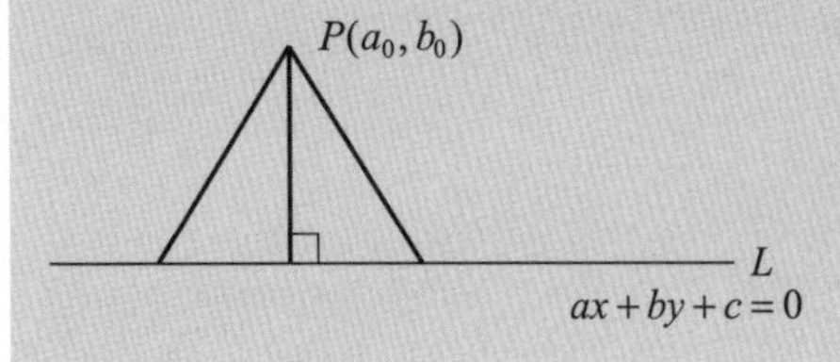

例題 4

已知 $P(-1,2)$，直線 L：$3x+4y+2=0$，$d(P,L)$。

解 $d(P,L)=\dfrac{|a\cdot a_0+b\cdot b_0+c|}{\sqrt{a^2+b^2}}$

$=\dfrac{|(3)(-1)+(4)(2)+2|}{\sqrt{3^2+4^2}}=\dfrac{|7|}{\sqrt{25}}=\dfrac{7}{5}$。

$$d(P,L)=\frac{|a\cdot a_0+b\cdot b_0+c|}{\sqrt{a^2+b^2}}$$

習題

1. 求下列的直線方程式：

   (1) $m=-\frac{3}{2}$，點$(-2,1)$。

   (2) $m=\frac{4}{3}$，y截距為-2。

   (3) 過點$(2,-3)$，與點$(-4,1)$。

   (4) x截距為3，y截距為-4。

2. 求過點$(3,-4)$且與直線$3x-2y-6=0$平行與垂直的直線方程式。

3. 求過直線$3x-2y-4=0$及$2x-y-3=0$的交點，且過$(3,-2)$的直線方程式。

簡答

1. (1) $3x+2y+4=0$

   (2) $4x-3y-6=0$

   (3) $2x+3y+5=0$

   (4) $4x-3y-12=0$

2. 平行的直線方程式為：$3x-2y-17=0$、垂直的直線方程式為：$2x+3y+6=0$

3. $3x+y-7=0$

0-5 指數與對數函數(Exponential, Logarithmic Functions)

指數函數與對數函數互為反函數，在常用函數中的重要性可與三角函數並列，尤其是其圖形更應該牢記。

指數函數與其圖形

1. 指數的運算規則：

設 $a>0$、$b>0$，x、y 均為實數，n 為自然數(N)，則

(1) $a^0=1$。　(2) $a^x a^y=a^{x+y}$。　(3) $(a^x)^y=a^{xy}$。

(4) $(ab)^x=a^x b^x$。　(5) $\dfrac{a^x}{a^y}=a^{x-y}$。　(6) $(\dfrac{a}{b})^x=\dfrac{a^x}{b^x}$。

(7) $a^{-x}=\dfrac{1}{a^x}$。　(8) $a^{\frac{1}{n}}=\sqrt[n]{a}$。

例題 1

求下列各值：

(1) $27^{\frac{2}{3}}$　(2) $(\frac{16}{9})^{-\frac{1}{4}}$　(3) $125^{-\frac{2}{3}}$　(4) $[(\sqrt{7})^{\frac{1}{3}}]^{-6}$。

解

(1) $27^{\frac{2}{3}}=(3^3)^{\frac{2}{3}}=3^2=9$。

(2) $(\dfrac{16}{9})^{-\frac{1}{4}}=(\dfrac{4^2}{3^2})^{-\frac{1}{4}}=(\dfrac{4}{3})^{-\frac{1}{2}}=\dfrac{(2^2)^{-\frac{1}{2}}}{3^{-\frac{1}{2}}}=\dfrac{2^{-1}}{3^{-\frac{1}{2}}}=\dfrac{3^{\frac{1}{2}}}{2}=\dfrac{\sqrt{3}}{2}$。

(3) $125^{-\frac{2}{3}}=(5^3)^{-\frac{2}{3}}=(5)^{-2}=\dfrac{1}{5^2}=\dfrac{1}{25}$。

(4) $[(\sqrt{7})^{\frac{1}{3}}]^{-6}=(7^{\frac{1}{2}})^{-2}=7^{-1}=\dfrac{1}{7}$。

例題 2

化簡下列各值：

(1) $[a^3(a^{-1})^5]^2$ (2) $5^3[(4^2)^{\frac{3}{4}}]^2$ (3) $4^{x-3}=64$ (4) $8^{\frac{2}{3}}$ (5) $4^{-\frac{3}{2}}$ (6) $2^3\cdot 4^2$

(7) $\dfrac{16}{\sqrt[3]{8}}$ (8) $\dfrac{\sqrt{2}}{\sqrt[3]{2}}$ 。

解 (1) $[a^3(a^{-1})^5]^2=a^6(a^{-1})^{10}=a^{-4}=\dfrac{1}{a^4}$ 。

(2) $5^3[(4^2)^{\frac{3}{4}}]^2=5^3(4^2)^{\frac{3}{2}}=5^3(4^3)=(5\times 4)^3=20^3$ 。

(3) $4^{x-3}=64\Rightarrow 4^{x-3}=4^3\Rightarrow x-3=3\Rightarrow x=6$ 。

(4) $8^{\frac{2}{3}}=(2^3)^{\frac{2}{3}}=2^2=4$ 。

(5) $4^{-\frac{3}{2}}=(2^2)^{-\frac{3}{2}}=2^{-3}=\dfrac{1}{2^3}=\dfrac{1}{8}$ 。

(6) $2^3\cdot 4^2=2^3\cdot(2^2)^2=2^3\cdot 2^4=2^7$ 。

(7) $\dfrac{16}{\sqrt[3]{8}}=\dfrac{16}{(2^3)^{\frac{1}{3}}}=\dfrac{16}{2}=8$ 。

(8) $\dfrac{\sqrt{2}}{\sqrt[3]{2}}=\dfrac{2^{\frac{1}{2}}}{2^{\frac{1}{3}}}=2^{(\frac{1}{2}-\frac{1}{3})}=2^{\frac{1}{6}}=\sqrt[6]{2}$ 。

2. 指數函數的圖形：

定義：當 $a>0$、$a\neq 1$，f：$x\to a^x$ 所決定的函數，稱爲以 a 爲底的指數函數，記爲 $f(x)=a^x$。

指數函數 $y=a^x>0$ ($a>0$，$a\neq 1$)的圖形的性質整理如下：

$y=a^x$	
$a>1$	$0<a<1$
(1) 圖形 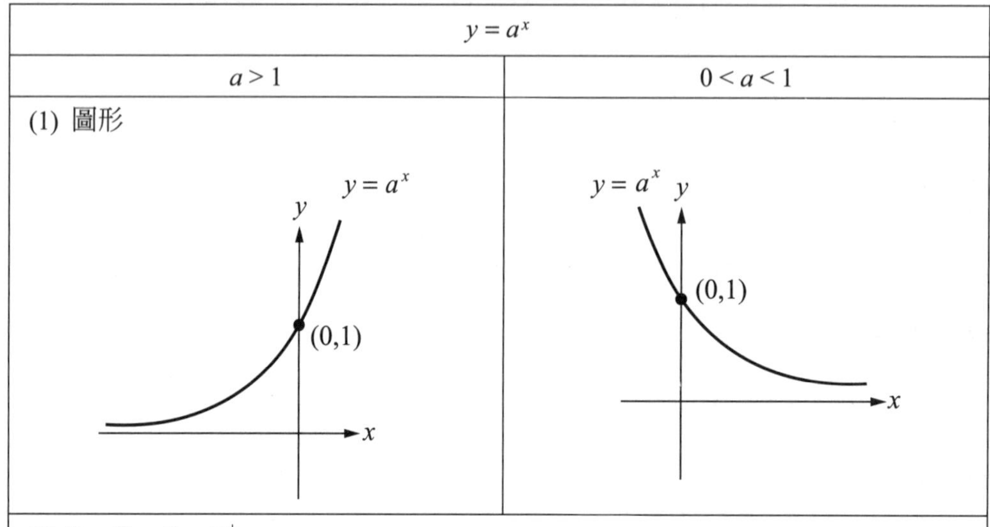	
(2) $D_f=\mathbb{R}$，$R_f=R^+$。 (3) 圖形恆過點(0, 1) ($a^0=1$)。 (4) $y=a^x$，$a>1$ 與 $y=a^x$，$0<a<1$ 的圖形對稱 y 軸。	

對數函數與其圖形

1. 對數的運算性質：

$a>0$、$a\neq 1$、$b>0$，方程式 $a^x=b$ 的唯一解以記號 $\log_a b$ 表示，讀作以 a 爲底 b 的對數，a 爲對數的底數，b 爲對數的眞數，故

(1) $\log_a b$ 有意義 $\Leftrightarrow a>0$、$a\neq 1$、$b>0$。

(2) 指數與對數的轉換關係式：$a^x=b\Leftrightarrow \log_a a^x=\log_a b\Leftrightarrow x=\log_a b$ ($a>0$、$a\neq 1$、$b>0$、$x\in\mathbb{R}$)。

(3) $\log_a 1=0$ 、 $\log_a a=1$ ($\because a^0=1$ 、 $a^1=a$)。

2. 對數的運算規則：

設 $a>0$，$a\neq 1$，$b>0$，$b\neq 1$，$M>0$，$N>0$，$x\in \mathbb{R}$，則：

(1) $\log_a a^x = x$ 。

(2) $a^{\log_a M} = M$ 。

(3) $\log_{10} x = \log x$ (常用對數)。

(4) $\log_a MN = \log_a M + \log_a N$ 。

(5) $\log_e x = \ln x$ (自然對數)。

(6) $\log_a \dfrac{M}{N} = \log_a M - \log_a N$ 。

(7) $\log_a M^x = x\log_a M$ 。

(8) $\log_a M = \dfrac{\log_b M}{\log_b a}$ (換底公式)。

例題 3

求下列各式的值：

(1) $\log_3 243$　(2) $25^{\log_5 7}$　(3) $\log_5 75 + \log_5 45 - \log_5 27$　(4) $\log_{32} 8$　(5) $\log_{10} 100$

(6) $\log_{\frac{1}{2}} 32$　(7) $\log_3 \dfrac{1}{27}$　(8) $\ln e$　(9) $\ln 1$　(10) $\log_4 1$ 。

解

(1) $\log_3 243 \Rightarrow \log_3 3^5 = 5$ 。

(2) $25^{\log_5 7} \Rightarrow (5^2)^{\log_5 7} = 5^{\log_5 7^2} = 7^2$ 。

(3) $\log_5 75 + \log_5 45 - \log_5 27 \Rightarrow \log_5 \dfrac{75\times 45}{27} = \log_5(125) = \log_5 5^3 = 3$ 。

(4) $\log_{32} 8 \Rightarrow \dfrac{\log_2 2^3}{\log_2 2^5} = \dfrac{3}{5}$ 。

(5) $\log_{10} 100 \Rightarrow \log_{10} 10^2 = 2$ 。

(6) $\log_{\frac{1}{2}} 32 \Rightarrow \dfrac{\log_2 32}{\log_2 \dfrac{1}{2}} = \dfrac{\log_2 2^5}{\log_2 2^{-1}} = -5$ 。

(7) $\log_3 \frac{1}{27} \Rightarrow \log_3 3^{-3} = -3$ 。

(8) $\ln e \Rightarrow \log_e e = 1$ 。

(9) $\ln 1 \Rightarrow \log_e 1 = \log_e e^0 = 0$ 。

(10) $\log_4 1 \Rightarrow \log_4 4^0 = 0$ 。

3. 對數函數與其圖形：

定義：設 $a>0$，$a \neq 1$，且 $x>0$，則對應關係 f: $x \to \log_a$ 所決定的函數稱爲以 a 爲底的對數函數，記爲 $f(x)=\log_a x$ 。

指數函數 $y=a^x$ 與對數函數 $y=\log_a x$ 的關係，

設 $y=f(x)=a^x$ ； $y=g(x)=\log_a x$ ，

$\because f(g(x))=f(\log_a x)=a^{\log_a x}=x$ ，且 $g(f(x))=g(a^x)=\log_a a^x=x$ ，

$\therefore$ 指數函數 $f(x)=a^x$ 與對數函數 $g(x)=\log_a x$ 互爲反函數，而它們的圖形對稱於直線 $y=x$ 。

對數函數 $y=\log_a x$ ，$(a>0$，$a \neq 1$，$x>0)$ 的圖形性質整理如下：

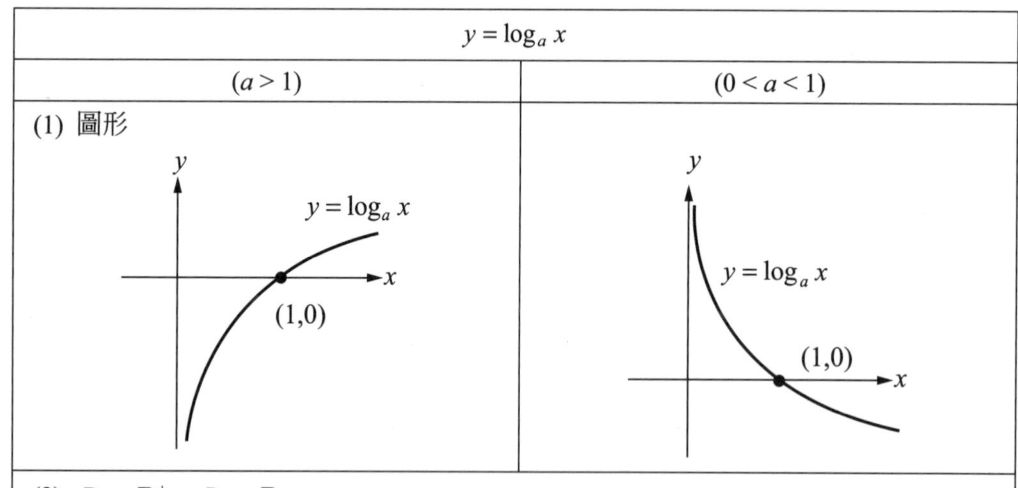

$y=\log_a x$	
$(a>1)$	$(0<a<1)$
(1) 圖形	
(2) $D_f=\mathrm{R}^+$，$R_f=\mathrm{R}$ 。	
(3) 圖形恆過點(1, 0) ($\log_a 1=0$)。	
(4) $y=\log_a x, a>1$ 與 $y=\log_a x, 0<a<1$ 的圖形對稱 x 軸。	

對數函數 $y=\log_a x$ 與指數函數 $y=a^x$ 互爲反函數，其圖形如下：

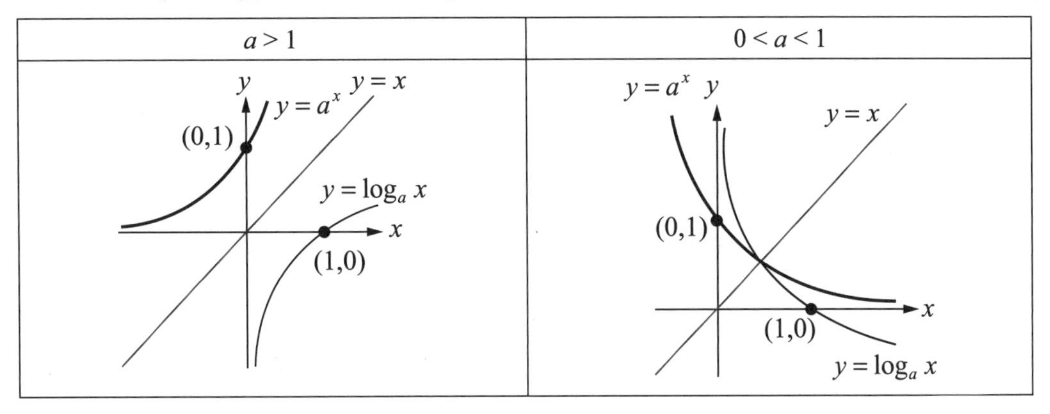

例題 4

化簡 $\log 4-\log 5+2\log\sqrt{125}$ 。

解 $\log 4-\log 5+2\log\sqrt{125}=\log\frac{4}{5}+\log(\sqrt{125})^2=\log\frac{4}{5}+\log 125$

$=\log(\frac{4}{5}\times 125)=\log 100=\log 10^2=2$ 。

例題 5

若 $\log 2=0.301$ 、 $\log 3=0.4771$ ，求(1) $\log 48$ (2) $\log_2 3$ (3) $\log\frac{2}{3}$ 。

解 (1) $\log 48=\log(16\times 3)=\log 16+\log 3=\log 2^4+\log 3=4\log 2+\log 3$

$=4\times 0.301+0.4771=1.6811$ 。

(2) $\log_2 3=\frac{\log 3}{\log 2}=\frac{0.4771}{0.301}=1.585$ 。

(3) $\log\frac{2}{3}=\log 2-\log 3=0.301-0.4771=-0.1761$ 。

例題 6

若$10^{0.301}=2$、$10^{0.4771}=3$，則$10^{x}=12$，求x。

解 $10^{x}=12\Rightarrow \log 10^{x}=\log 12\Rightarrow x=\log(3\times 4)=\log 3+\log 2^{2}=\log 3+2\log 2$，

$\because 10^{0.301}=2\Rightarrow \log 10^{0.301}=\log 2\Rightarrow 0.301=\log 2$，

$10^{0.4771}=3\Rightarrow \log 10^{0.4771}=\log 3\Rightarrow 0.4771=\log 3$，

故$x=\log 3+2\log 2=0.4771+2\times 0.301=1.0791$。

習題

1. 求下列各值

(1) $9^{-3}\div 27^{-2}\times 3^{5}$　(2) $9^{-\frac{3}{2}}\times 243^{\frac{4}{5}}\times(\frac{1}{81})^{-\frac{1}{4}}$

(3) $[(125)^{-2}\times(\frac{1}{25})^{-4}]^{2}\times[6-(-3)^{0}]^{-2}$　(4) $(2^{0}+2+2^{2})^{2}\times(\frac{1}{343})^{-2}\times(3\times 2^{4}+1)^{-3}$。

2. 設 $2^{x}=4^{y}=8^{z}=64$，x，y，z 均爲有理數，求 $x^{2}+y^{2}+z^{2}$ 的值。

3. 求下列各式的值

(1) $\log_{3}27\sqrt{3}$　(2) $\log_{27}\frac{1}{3}$　(3) $5^{\log_{5}7}$　(4) $\log_{10}\frac{2}{3}+\log_{10}150$　(5) $\log_{6}72-\log_{6}2$

(6) $\log_{10}4-\log_{10}5+2\log_{10}\sqrt{125}$　(7) $\log_{2}\frac{3}{25}+2\log_{2}\frac{5}{6}-\log_{2}\frac{2}{3}$。

簡答

1. (1) 243
   (2) 9
   (3) 25
   (4) 49
2. 49
3. (1) $\frac{7}{2}$
   (2) $\frac{-1}{3}$
   (3) 7
   (4) 2
   (5) 2
   (6) 2
   (7) -3

1 極限與連續

1-1　函數極限的概念(Concept)

1-2　極限的求法(How to Find Limit)

1-3　漸近線(Asymptote)

1-4　連續(Continuity)

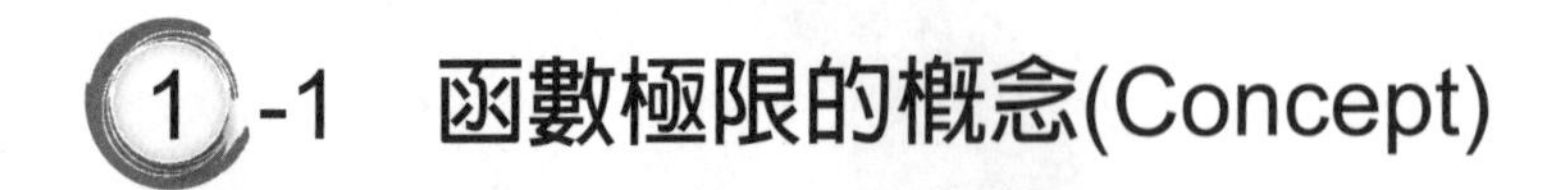

1-1 函數極限的概念(Concept)

在微積分，極限是一個很重要的觀念，一般人對極限的意義都不是十分了解，其實在老祖宗就已有此概念，如「日取一半，取之不竭」就是極限概念，我們可以先從直觀了解極限含意。

直觀的極限

所謂直觀就是畫出函數圖形，然後用趨近於某一值的附近數值直接代入函數。

例題 1

觀察函數 $f(x)=x+1$ 在 x 趨近 0 時的極限。

x	-0.1	-0.01	-0.001	0.001	0.01	0.1
$f(x)$	0.9	0.99	0.999	1.001	1.01	1.1

當 x 趨近 0 時 $f(x)$會趨近 1，故 $\lim\limits_{x\to 0} f(x)=\lim\limits_{x\to 0}(x+1)=1$

設 x 爲變量，c 爲常數。

符號	幾何意義	圖形
$x\to c$	變量 x 的值由 c 的左右兩側趨近 c，但 $x\neq c$，即 $\lvert x-c\rvert$ 趨近於 0，但不爲 0。	$x\to c\leftarrow x$ x c x
$x\to c^-$	變量 x 的值由 c 的左側趨近 c，但 $x\neq c$，即 $x<c$，且$\lvert x-c\rvert$ 趨近於 0，但不爲 0。	$x\to c^-$ x x
$x\to c^+$	變量 x 的值由 c 的右側趨近 c，但 $x\neq c$，即 $x>c$，且$\lvert x-c\rvert$ 趨近於 0，但不爲 0。	$c^+\leftarrow x$ x x

註：$x\to c^-$：左極限；$x\to c^+$：右極限，皆稱爲單邊極限。

在討論函數 f 在 $x=c$ 的極限時，會考慮當 x 由 c 的左右兩方趨近 c，函數 $f(x)$ 會趨近於一個固定值 L，也就是說當 $x \to c$ 時，$f(x)$的極限值為 L，記為 $\lim\limits_{x\to c} f(x)=L$。

$\lim\limits_{x\to c^-} f(x)=L$，且 $\lim\limits_{x\to c^+} f(x)=L \Leftrightarrow \lim\limits_{x\to c} f(x)=L$。

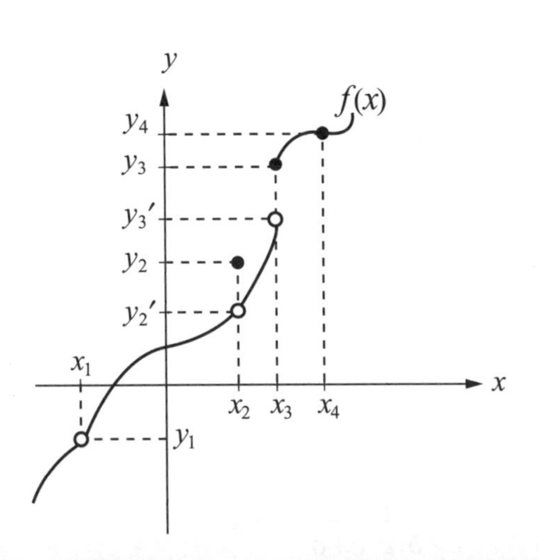

x 坐標	右極限	左極限	極限值	函數值
x_1	$\lim\limits_{x\to x_1^+} f(x)=y_1$	$\lim\limits_{x\to x_1^-} f(x)=y_1$	$\lim\limits_{x\to x_1} f(x)=y_1$	$f(x_1)$ 不存在
x_2	$\lim\limits_{x\to x_2^+} f(x)=y_2'$	$\lim\limits_{x\to x_2^-} f(x)=y_2'$	$\lim\limits_{x\to x_2} f(x)=y_2'$	$f(x_2)=y_2$
x_3	$\lim\limits_{x\to x_3^+} f(x)=y_3$	$\lim\limits_{x\to x_3^-} f(x)=y_3'$	$\lim\limits_{x\to x_3} f(x)$ 不存在	$f(x_3)=y_3$
x_4	$\lim\limits_{x\to x_4^+} f(x)=y_4$	$\lim\limits_{x\to x_4^-} f(x)=y_4$	$\lim\limits_{x\to x_4} f(x)=y_4$	$f(x_4)=y_4$

表格的說明：

x_1：$f(x)$圖形由 x_1 的右左側趨近得 y_1，所以 $f(x)$在 x_1 的極限值 y_1，但函數值不存在。

x_2：$f(x)$圖形由 x_2 的右左側趨近得 y_2'，所以 $f(x)$在 x_2 的極限值 y_2'，但函數值是 y_2。

x_3：$f(x)$圖形由 x_3 的右側趨近得 y_3，左側趨近得 y_3'，所以 $f(x)$在 x_3 的極限值不存在，但函數值是 y_3。

x_4：$f(x)$圖形由 x_4 的右左側趨近得 y_4，所以 $f(x)$在 x_4 的極限值 y_4，而函數值也是 y_4。

例題 2

$f(x)=2x+1$，求 $\lim\limits_{x\to 1^+} f(x)$、$\lim\limits_{x\to 1^-} f(x)$。

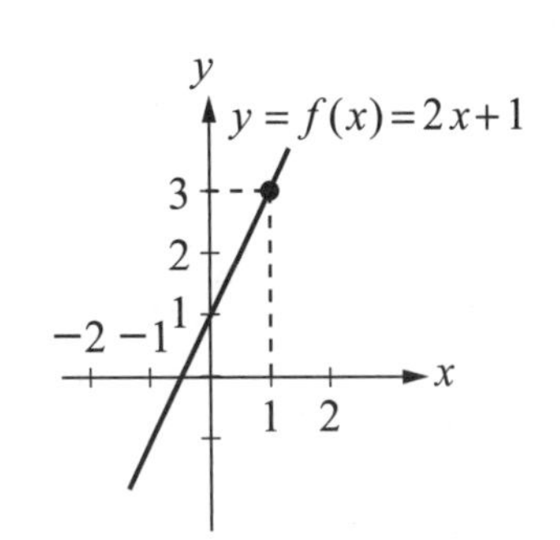

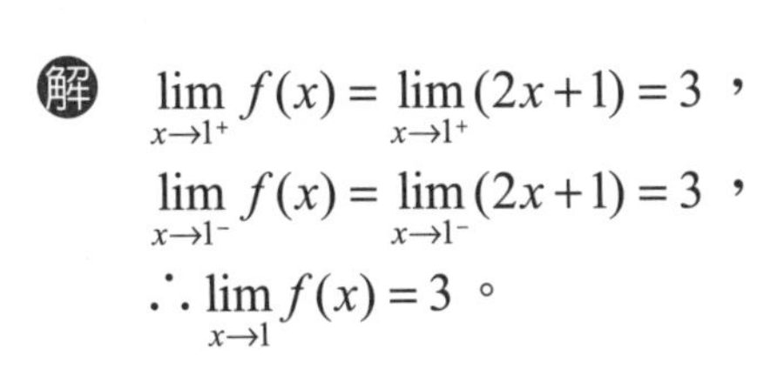
解 $\lim\limits_{x\to 1^+} f(x)=\lim\limits_{x\to 1^+}(2x+1)=3$，

$\lim\limits_{x\to 1^-} f(x)=\lim\limits_{x\to 1^-}(2x+1)=3$，

$\therefore \lim\limits_{x\to 1} f(x)=3$。

函數極限的定義

$\lim_{x\to c} f(x)=L$，只是直觀上的說法，事實上數學對極限的定義如下：

設 f 爲定義在開區間 I 上的函數，記爲 $\lim_{x\to c} f(x)=L$，對任一正數 $\varepsilon>0$，可找出一個正數 $\delta>0$，ε 、δ 皆爲很小的正數，使得對所有 $x\in \mathrm{I}$，且滿足 $0<|x-c|<\delta$ 時，則有 $|f(x)-L|<\varepsilon$ 成立，如圖所示。

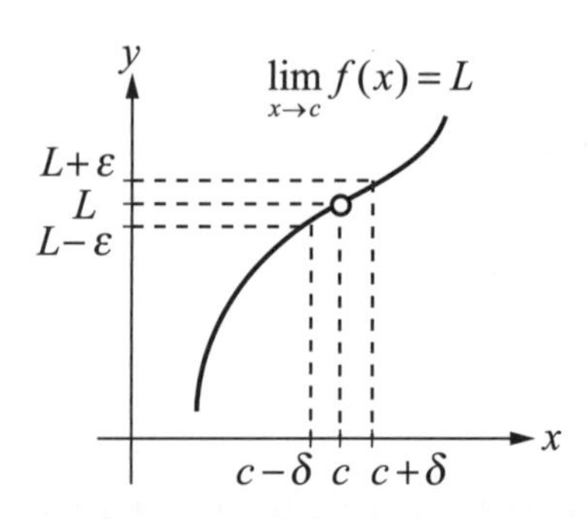

例題 3

已知函數 $f(x)=3x+1$ 在 $x\to 1$ 時的極限爲 $\lim_{x\to 1} f(x)=\lim_{x\to 1}(3x+1)=4$，給予正數。

(1) $\varepsilon=0.1$。

(2) $\varepsilon=0.01$，請分別找一個正數 δ，使得只要 $0<|x-1|<\delta$ 成立，就保證 $|f(x)-4|<\varepsilon$。

解 (1) $|f(x)-4|=|(3x+1)-4|<\varepsilon=0.1\Rightarrow 3|x-1|<0.1\Rightarrow|x-1|<\frac{0.1}{3}=\frac{1}{30}$，

故給予 $\varepsilon=0.1$，取 $\delta=\frac{1}{30}$，即可使得 $0<|x-1|<\frac{1}{30}$ 成立時，滿足 $|f(x)-4|<0.1$。

(2) $|f(x)-4|=|(3x+1)-4|<\varepsilon=0.01\Rightarrow 3|x-1|<0.01$

$\Rightarrow|x-1|<\frac{0.01}{3}=\frac{1}{300}$，故給予 $\varepsilon=0.01$，取 $\delta=\frac{1}{300}$，

即可使得 $0<|x-1|<\frac{1}{300}$ 成立時，滿足 $|f(x)-4|<0.01$。

例題 4

用極限定義證明 $\lim\limits_{x\to 4}(2x-5)=3$。

解 設任一正數$\varepsilon>0$，使 $|2x-5-3|<\varepsilon \Rightarrow 2|x-4|<\varepsilon \Rightarrow |x-4|<\dfrac{\varepsilon}{2}$，

知一正數$\varepsilon>0$，取$\delta=\dfrac{\varepsilon}{2}>0$，例如若 $\varepsilon=\dfrac{1}{3}$，取$\delta=\dfrac{1}{2}\times\dfrac{1}{3}=\dfrac{1}{6}$；

若$\varepsilon=\dfrac{1}{10}$，取$\delta=\dfrac{1}{2}\times\dfrac{1}{10}=\dfrac{1}{20}$，可滿足 $0<|x-4|<\delta$ 成立時，

$|2x-5-3|<\varepsilon$ 亦成立，故由極限定義知 $\lim\limits_{x\to 4}(2x-5)=3$ 得證。

註：例題 3 說明當函數 $f(x)$在 $x\to c$ 的極限存在，由給定一個$\varepsilon>0$ 可找到δ。
例題 4 證明極限存在，必須由$\varepsilon>0$，可保證找到所對應之正數δ。

函數極限的性質

「極限唯一性」與「極限的四則運算」介紹如下：

設 a 為常數，函數 f 與 g 在 $x=c$ 的極限值都存在，且 $\lim\limits_{x\to c}f(x)=A$、$\lim\limits_{x\to c}g(x)=B$，

A、A'、B、c、k 亦為常數：

1. 若 $\lim\limits_{x\to c}f(x)=A$，且 $\lim\limits_{x\to c}f(x)=A'$，則 $A=A'$（極限的唯一性）。
2. $\lim\limits_{x\to c}a=a$。
3. $\lim\limits_{x\to c}x=c$。
4. $\lim\limits_{x\to c}[f(x)\pm g(x)]=\lim\limits_{x\to c}f(x)\pm\lim\limits_{x\to c}g(x)=A\pm B$。
5. $\lim\limits_{x\to c}kf(x)=k\lim\limits_{x\to c}f(x)=kA$。
6. $\lim\limits_{x\to c}[f(x)\cdot g(x)]=\lim\limits_{x\to c}f(x)\cdot\lim\limits_{x\to c}g(x)=AB$。
7. $\lim\limits_{x\to c}\dfrac{f(x)}{g(x)}=\dfrac{\lim\limits_{x\to c}f(x)}{\lim\limits_{x\to c}g(x)}=\dfrac{A}{B}$，$B\neq 0$。

例題 5

求 $\lim\limits_{x \to 1} 5$ 。

解 $\lim\limits_{x \to 1} 5 = 5$ 。

例題 6

求 $\lim\limits_{x \to 2} x$ 。

解 $\lim\limits_{x \to 2} x = 2$ 。

例題 7

$f(x) = 2x + 1$，$g(x) = x - 1$，求

(1) $\lim\limits_{x \to 1}[f(x)+g(x)]$ (2) $\lim\limits_{x \to 1}[f(x)-g(x)]$ (3) $\lim\limits_{x \to 1} 2f(x)$ (4) $\lim\limits_{x \to 1}[f(x)\times g(x)]$

(5) $\lim\limits_{x \to 2} \dfrac{f(x)}{g(x)}$ 。

解 (1) $\lim\limits_{x \to 1}[f(x)+g(x)] = \lim\limits_{x \to 1}[(2x+1)+(x-1)] = \lim\limits_{x \to 1} 3x = 3$ 。

(2) $\lim\limits_{x \to 1}[f(x)-g(x)] = \lim\limits_{x \to 1}[(2x+1)-(x-1)] = \lim\limits_{x \to 1}(x+2) = 3$ 。

(3) $\lim\limits_{x \to 1} 2f(x) = 2\lim\limits_{x \to 1} f(x) = 2\lim\limits_{x \to 1}(2x+1) = 2\times 3 = 6$ 。

(4) $\lim\limits_{x \to 1}[f(x)\times g(x)] = \lim\limits_{x \to 1}[(2x+1)\times(x-1)] = \lim\limits_{x \to 1}(2x+1)\times\lim\limits_{x \to 1}(x-1) = 3\times 0 = 0$ 。

(5) $\lim\limits_{x \to 2}\dfrac{f(x)}{g(x)} = \dfrac{\lim\limits_{x \to 2} f(x)}{\lim\limits_{x \to 2} g(x)} = \dfrac{\lim\limits_{x \to 2}(2x+1)}{\lim\limits_{x \to 2}(x-1)} = \dfrac{5}{1} = 5$ 。

1-2 極限的求法(How to Find Limit)

求極限值最簡單的方法就是直接代入 $f(x)$，但是不可能任意 $f(x)$ 都可直接代，故依極限題型，需要用其它方法如下：

1. $\lim\limits_{x\to c} f(x)$，$f(x)$為多項式或有理函數，求極限：

(1) 以 c 代入 $f(x)$ ($x \to c, x \neq c$) $\Rightarrow \lim\limits_{x\to c} f(x) = f(c)$ （$f(x)$的極限值等於 $f(x)$的函數值）。

(2) 用 $\begin{cases} ①因式分解 \\ ②有理化 \end{cases}$ 求極限。

① 因式分解：$a^2 - b^2 = (a+b)(a-b)$

$a^3 + b^3 = (a+b)(a^2 - ab + b^2)$

$a^3 - b^3 = (a-b)(a^2 + ab + b^2)$。

② 有理化：$(\sqrt{a}+\sqrt{b})(\sqrt{a}-\sqrt{b}) = (\sqrt{a})^2 - (\sqrt{b})^2 = a-b$

$(\sqrt[3]{a}+\sqrt[3]{b})(\sqrt[3]{a^2}-\sqrt[3]{ab}+\sqrt[3]{b^2}) = (\sqrt[3]{a})^3 + (\sqrt[3]{b})^3 = a+b$

$(\sqrt[3]{a}-\sqrt[3]{b})(\sqrt[3]{a^2}+\sqrt[3]{ab}+\sqrt[3]{b^2}) = (\sqrt[3]{a})^3 - (\sqrt[3]{b})^3 = a-b$ 。

例題 1

$f(x) = x^3 + 2x^2 - x - 1$，求 $\lim\limits_{x\to 1} f(x)$ 。

解 $\lim\limits_{x\to 1} f(x) = \lim\limits_{x\to 1}(x^3+2x^2-x-1) = (1)^3+2(1)^2-(1)-1 = 1$ 。

例題 2

(1) $f(x) = \dfrac{\sqrt{3x-5}-1}{\sqrt[3]{3x+2}-2}$，求 $\lim\limits_{x\to 2} f(x)$ 。

(2) $f(x) = \dfrac{x^2-1}{\sqrt{x}-1}$，求 $\lim\limits_{x\to 1} f(x)$ 。

解 (1) $\lim\limits_{x\to 2} f(x)=\lim\limits_{x\to 2}\dfrac{\sqrt{3x-5}-1}{\sqrt[3]{3x+2}-2}$，

$\because ((3x+2)^{\frac{1}{3}})^3-2^3=((3x+2)^{\frac{1}{3}}-2)(((3x+2)^{\frac{1}{3}})^2+2(3x+2)^{\frac{1}{3}}+4)$，

$$\text{原式}=\lim_{x\to 2}\frac{(\sqrt{3x-5}-1)(\sqrt{3x-5}+1)(\sqrt[3]{(3x+2)^2}+2\sqrt[3]{3x+2}+4)}{(\sqrt[3]{3x+2}-2)(\sqrt[3]{(3x+2)^2}+2\sqrt[3]{3x+2}+4)(\sqrt{3x-5}+1)}$$

$$=\lim_{x\to 2}\frac{(3x-6)(\sqrt[3]{(3x+2)^2}+2\sqrt[3]{3x+2}+4)}{(3x+2-8)(\sqrt{3x-5}+1)}$$

$$=\lim_{x\to 2}\frac{\sqrt[3]{(3x+2)^2}+2\sqrt[3]{3x+2}+4}{\sqrt{3x-5}+1}=\frac{4+4+4}{1+1}=6\text{ 。}$$

(2) $\lim\limits_{x\to 1}\dfrac{x^2-1}{\sqrt{x}-1}$，

$$\text{原式}=\lim_{x\to 1}\frac{(x+1)(x-1)(\sqrt{x}+1)}{(\sqrt{x}-1)(\sqrt{x}+1)}=\lim_{x\to 1}(x+1)(\sqrt{x}+1)=(2)(2)=4\text{ 。}$$

2. 由左、右極限求極限：

(1) 若 $\lim\limits_{x\to c^+} f(x)=\lim\limits_{x\to c^-} f(x)=L \Leftrightarrow \lim\limits_{x\to c} f(x)=L$ 。

(2) 若 $\lim\limits_{x\to c^+} f(x)\neq\lim\limits_{x\to c^-} f(x)$，則 $\lim\limits_{x\to c} f(x)$ 不存在。

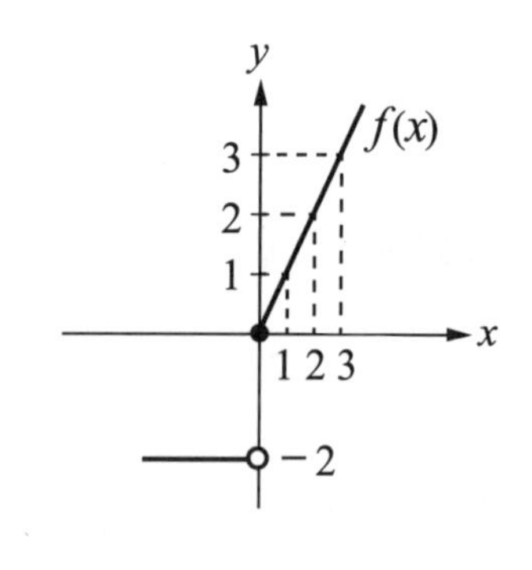

註：下列函數「在敘述處」的極限需處理，用單邊極限：

① 分段函數：在「分段點」處。

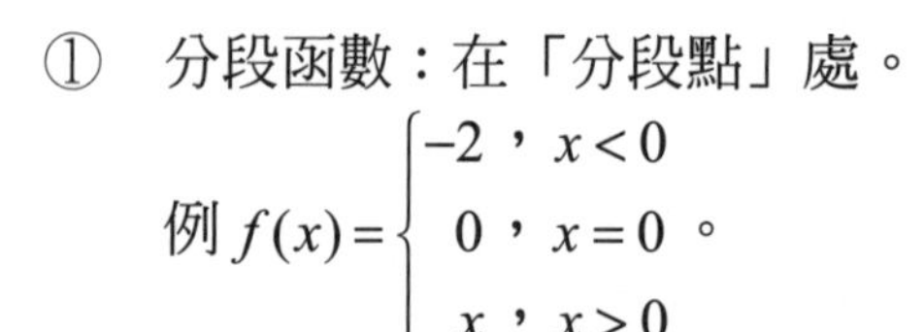

例 $f(x)=\begin{cases}-2\text{，}x<0\\ 0\text{，}x=0\\ x\text{，}x>0\end{cases}$ 。

② 絕對值函數：(a)若 $|x|=x$，則 $x\geq 0$，

(b)若 $|x|=-x$，則 $x<0$。

例 $f(x)=|x|=\begin{cases}x\text{，}x\geq 0\\ -x\text{，}x<0\end{cases}$ 。

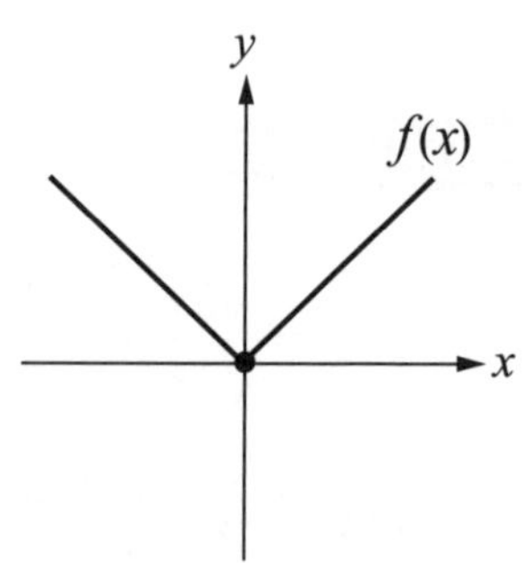

③ 高斯函數$[x]$：在整數點處。

$$f(x)=[x]=\begin{cases}\vdots \\ 1，1\le x<2 \\ 0，0\le x<1 \\ -1，-1\le x<0 \\ -2，-2\le x<-1 \\ \vdots\end{cases}$$

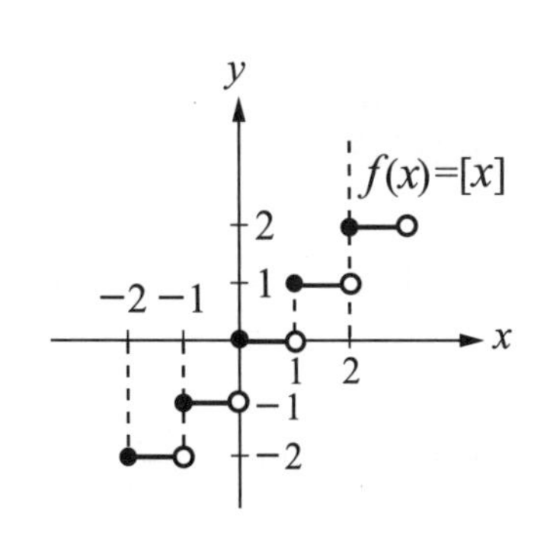

例題 3

$$f(x)=\begin{cases}x^2-1 & ,x\le 1 \\ 3x+1 & ,1<x\le 5 \\ -5 & ,x>5\end{cases}$$，求(1) $\lim\limits_{x\to 1} f(x)$　(2) $\lim\limits_{x\to 5} f(x)$　(3) $\lim\limits_{x\to 3} f(x)$。

解 1、5 爲分段點，須求單邊極限，而 3 非分段點，直接代入

(1) $\lim\limits_{x\to 1^+} f(x)=\lim\limits_{x\to 1^+}(3x+1)=3\times 1+1=4$，

$\lim\limits_{x\to 1^-} f(x)=\lim\limits_{x\to 1^-}(x^2-1)=1^2-1=0$，

$\therefore \lim\limits_{x\to 1} f(x)$不存在。

(2) $\lim\limits_{x\to 5^+} f(x)=\lim\limits_{x\to 5^+}(-5)=-5$，

$\lim\limits_{x\to 5^-} f(x)=\lim\limits_{x\to 5^-}(3x+1)=3\times 5+1=16$，

$\therefore \lim\limits_{x\to 5} f(x)$不存在。

(3) $\lim\limits_{x\to 3} f(x)=\lim\limits_{x\to 3}(3x+1)=3\times 3+1=10$。

例題 4

(1) $\lim\limits_{x\to 2^+}\dfrac{|x-2|}{x-2}$ (2) $\lim\limits_{x\to 2^-}\dfrac{|x-2|}{x-2}$ (3) $\lim\limits_{x\to 2}\dfrac{|x-2|}{x-2}$ 。

解 (1) $\lim\limits_{x\to 2^+}\dfrac{|x-2|}{x-2}=\lim\limits_{x\to 2^+}\dfrac{x-2}{x-2}=\lim\limits_{x\to 2^+}1=1$ 。

(2) $\lim\limits_{x\to 2^-}\dfrac{|x-2|}{x-2}=\lim\limits_{x\to 2^-}\dfrac{-(x-2)}{x-2}=\lim\limits_{x\to 2^-}(-1)=-1$ 。

(3) $\lim\limits_{x\to 2}\dfrac{|x-2|}{x-2}$，由(1)(2)知，$\lim\limits_{x\to 2}\dfrac{|x-2|}{x-2}$ 不存在。

例題 5

(1) $\lim\limits_{x\to 5}x[5-x]$ (2) $\lim\limits_{x\to 3}(2-[-x])$ (3) $\lim\limits_{x\to 2}[x+[x]]$ 。

解 (1) $\lim\limits_{x\to 5^+}x[5-x]=(5)(-1)=-5$，$\lim\limits_{x\to 5^-}x[5-x]=(5)(0)=0$，

$\therefore \lim\limits_{x\to 5}x[5-x]$ 不存在。

(2) $\lim\limits_{x\to 3^+}(2-[-x])=2-\lim\limits_{x\to 3^+}[-x]=2-(-4)=6$，

$\lim\limits_{x\to 3^-}(2-[-x])=2-\lim\limits_{x\to 3^-}[-x]=2-(-3)=5$，$\therefore \lim\limits_{x\to 3}(2-[-x])$ 不存在。

(3) $\lim\limits_{x\to 2^+}[x+[x]]=\lim\limits_{x\to 2^+}[x+2]=4$，$\lim\limits_{x\to 2^-}[x+[x]]=\lim\limits_{x\to 2^-}[x+1]=2$，

$\therefore \lim\limits_{x\to 2}[x+[x]]$ 不存在。

3. 由三角函數求極限：

公式：(1) $\lim\limits_{\theta\to 0}\sin\theta=0$ 、 $\lim\limits_{\theta\to 0}\cos\theta=1$ 。

(2) $\lim\limits_{\theta \to 0} \dfrac{\sin\theta}{\theta} = \lim\limits_{\theta \to 0} \dfrac{\theta}{\sin\theta} = 1$。

證明：

① 當 $\theta > 0$，圖中扇形 OAB，半徑 $\overline{OA} = \overline{OB} = r$，

且線段 $\overline{BC} \le \overset{\frown}{AB} \le$ 線段 $\overline{AD}$，

$\Rightarrow r\sin\theta \le r\theta \le r\tan\theta$

$\Rightarrow \sin\theta \le \theta \le \tan\theta$

$\Rightarrow 1 \le \dfrac{\theta}{\sin\theta} \le \dfrac{1}{\cos\theta}$，

$\because \lim\limits_{\theta \to 0^+} 1 = 1 = \lim\limits_{\theta \to 0^+} \dfrac{1}{\cos\theta}$ (故夾擠定理知，$\lim\limits_{\theta \to 0^+} \dfrac{\theta}{\sin\theta} = 1$)

② 當 $\theta < 0$，令 $\alpha = -\theta$，

$\lim\limits_{\theta \to 0^-} \dfrac{\theta}{\sin\theta} = \lim\limits_{\alpha \to 0^+} \dfrac{-\alpha}{\sin(-\alpha)} = \lim\limits_{\alpha \to 0^+} \dfrac{\alpha}{\sin\alpha} = 1$，故 $\lim\limits_{\theta \to 0} \dfrac{\theta}{\sin\theta} = 1$。

(3) $\lim\limits_{\theta \to 0} \dfrac{1-\cos\theta}{\theta} = 0$。

例題 6

(1) $\lim\limits_{\theta \to 0} \dfrac{1-\cos\theta}{\theta^2}$　(2) $\lim\limits_{\theta \to 0} \dfrac{\sin 5\theta}{3\theta}$　(3) $\lim\limits_{\theta \to 0} \dfrac{\sin 3\theta}{\sin 6\theta}$。

解 (1) $\lim\limits_{\theta \to 0} \dfrac{1-\cos\theta}{\theta^2}$，

原式 $= \lim\limits_{\theta \to 0} \dfrac{1-\cos^2\theta}{\theta^2(1+\cos\theta)} = \lim\limits_{\theta \to 0} (\dfrac{\sin^2\theta}{\theta^2} \times \dfrac{1}{1+\cos\theta})$

$= \lim\limits_{\theta \to 0} \dfrac{\sin^2\theta}{\theta^2} \times \lim\limits_{\theta \to 0} \dfrac{1}{1+\cos\theta} = 1 \times \dfrac{1}{2} = \dfrac{1}{2}$。

(2) $\lim\limits_{\theta \to 0} \dfrac{\sin 5\theta}{3\theta}$，

原式 $= \lim\limits_{\theta \to 0} (\dfrac{\sin 5\theta}{5\theta} \times \dfrac{5\theta}{3\theta}) = \lim\limits_{\theta \to 0} \dfrac{\sin 5\theta}{5\theta} \times \lim\limits_{\theta \to 0} \dfrac{5\theta}{3\theta} = 1 \times \dfrac{5}{3} = \dfrac{5}{3}$。

(3) $\lim\limits_{\theta\to 0}\dfrac{\sin 3\theta}{\sin 6\theta}$，

原式$=\lim\limits_{\theta\to 0}(\dfrac{\sin 3\theta}{3\theta}\times\dfrac{6\theta}{\sin 6\theta}\times\dfrac{3\theta}{6\theta})=\lim\limits_{\theta\to 0}\dfrac{\sin 3\theta}{3\theta}\times\lim\limits_{\theta\to 0}\dfrac{6\theta}{\sin 6\theta}\times\dfrac{1}{2}=1\times 1\times\dfrac{1}{2}=\dfrac{1}{2}$。

4. 由無窮極限求極限：

(1) 若 $f(x)=\dfrac{S(x)}{R(x)}$，$S(x)$、$R(x)$爲多項式，比較 $S(x)$與 $R(x)$的次方：

① $S(x)$的次方 $>R(x)$的次方，即 $f(x)$爲假分數，故 $\lim\limits_{x\to\pm\infty}f(x)$ 不存在。

② $S(x)$的次方 $<R(x)$的次方即 $f(x)$爲眞分式，故 $\lim\limits_{x\to\pm\infty}f(x)=0$。

③ $S(x)$的次方等於 $R(x)$的次方得 $\lim\limits_{x\to\pm\infty}f(x)=\dfrac{S(x)\text{最高次方的係數}}{R(x)\text{最高次方的係數}}$。

(2) $\lim\limits_{n\to\infty}x^n=\begin{cases}0 & ,|x|<1\Rightarrow -1<x<1\\ \text{不存在} & ,|x|>1\Rightarrow x>1\text{或}x<-1\end{cases}$。

(3) $\lim\limits_{x\to\infty}(1+\dfrac{1}{x})^x=\lim\limits_{x\to 0^+}(1+x)^{\frac{1}{x}}=e$。

例題 7

求下列極限

(1) $\lim\limits_{x\to\infty}\dfrac{3x^2+2x-1}{2x^2-3x+4}$ (2) $\lim\limits_{x\to\infty}\dfrac{3x^3+2x-1}{3x^2-3x+4}$ (3) $\lim\limits_{x\to\infty}\dfrac{\sqrt[3]{x}+1}{\sqrt{x}+2}$ (4) $\lim\limits_{x\to\infty}(1+\dfrac{3}{x})^{5x}$。

解 (1) $\lim\limits_{x\to\infty}\dfrac{3x^2+2x-1}{2x^2-3x+4}=\lim\limits_{x\to\infty}\dfrac{3+\frac{2}{x}-\frac{1}{x^2}}{2-\frac{3}{x}+\frac{4}{x^2}}=\dfrac{3}{2}$。

(2) $\lim\limits_{x\to\infty}\dfrac{3x^3+2x-1}{3x^2-3x+4}=\lim\limits_{x\to\infty}\dfrac{3+\frac{2}{x^2}-\frac{1}{x^3}}{\frac{3}{x}-\frac{3}{x^2}+\frac{4}{x^3}}=$不存在。

(3) $\lim\limits_{x\to\infty}\dfrac{\sqrt[3]{x}+1}{\sqrt{x}+2}$，原式$=\lim\limits_{x\to\infty}\dfrac{x^{\frac{1}{3}}+1}{x^{\frac{1}{2}}+2}=\lim\limits_{x\to\infty}\dfrac{\frac{1}{x^{\frac{1}{6}}}+\frac{1}{x^{\frac{1}{2}}}}{1+\frac{2}{x^{\frac{1}{2}}}}=0$。

(4) $\lim_{x\to\infty}(1+\frac{3}{x})^{5x}$，原式$=\lim_{x\to\infty}[(1+\frac{3}{x})^{\frac{x}{3}}]^{15}=e^{15}$。

5. 由夾擠定理求極限：

對所有 $x\in(c-\delta, c+\delta)$, $\delta>0$ 的正數，若 $h(x)\le f(x)\le g(x)$，且 $\lim_{x\to c}h(x)=\lim_{x\to c}g(x)=L$，則 $\lim_{x\to c}f(x)=L$，如圖所示。

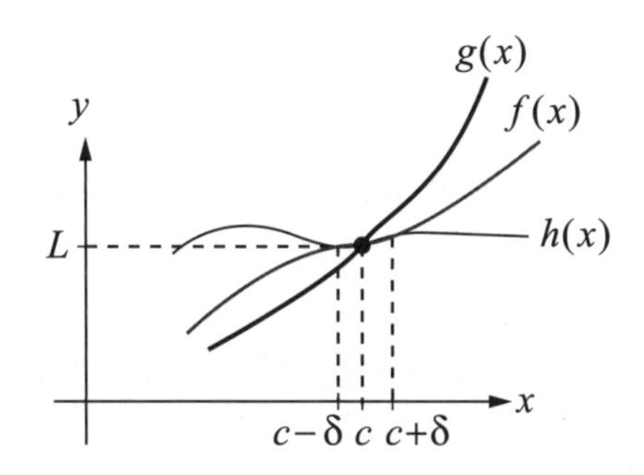

註：① $-1\le\sin x\le 1$、$-1\le\cos x\le 1$。

② $x-1<[x]\le x$、$[x]\le x<[x]+1$。

③ $\lim_{x\to 0}\frac{\sin x}{x}=\lim_{x\to 0}\frac{x}{\sin x}=1$。

④ $\lim_{x\to 0}\frac{1-\cos x}{x}=0$。 ⑤ $\lim_{x\to 0}(1+x)^{\frac{1}{x}}=e$。

⑥ $\lim_{x\to\infty}(1+\frac{1}{x})^{x}=e$。

例題 8

(1) $\lim\limits_{x\to\infty}\dfrac{1-[x]}{2x+3}$　(2) $\lim\limits_{x\to\infty}\dfrac{[x^2]}{x^2}$　(3) $\lim\limits_{x\to\infty}(x-[x])$　(4) $\lim\limits_{x\to 0}x\sin x$ 。

解 (1) $\lim\limits_{x\to\infty}\dfrac{1-[x]}{2x+3}$，原式 $=\lim\limits_{x\to\infty}\dfrac{\frac{1}{x}-\frac{[x]}{x}}{2+\frac{3}{x}}$，$\because x-1<[x]\le x\Rightarrow 1-\dfrac{1}{x}<\dfrac{[x]}{x}\le 1$，

且 $\lim\limits_{x\to\infty}(1-\dfrac{1}{x})=\lim\limits_{x\to\infty}1=1$，由夾擠定理知 $\lim\limits_{x\to\infty}\dfrac{[x]}{x}=1$，$\therefore \lim\limits_{x\to\infty}\dfrac{\frac{1}{x}-\frac{[x]}{x}}{2+\frac{3}{x}}=\dfrac{-1}{2}$ 。

(2) $\lim\limits_{x\to\infty}\dfrac{[x^2]}{x^2}$，$x^2-1<[x^2]\le x^2\Rightarrow 1-\dfrac{1}{x^2}<\dfrac{[x^2]}{x^2}\le 1$，$\lim\limits_{x\to\infty}(1-\dfrac{1}{x^2})=\lim\limits_{x\to\infty}1=1$，

由夾擠定理知 $\lim\limits_{x\to\infty}\dfrac{[x^2]}{x^2}=1$ 。

(3) $\lim\limits_{x\to\infty}(x-[x])$，$x-1<[x]\le x\Rightarrow -(x-1)>-[x]\ge -x\Rightarrow x-(x-1)>x-[x]\ge x-x$

$\Rightarrow 1>x-[x]\ge 0$，$\lim\limits_{x\to\infty}1=1$，$\lim\limits_{x\to\infty}0=0$，$\therefore \lim\limits_{x\to\infty}(x-[x])$ 不存在。

(4) $\lim\limits_{x\to 0}x\sin x$，$\because -1\le \sin x\le 1$，

若 $x>0$，$-x\le x\sin x\le x$，$\lim\limits_{x\to 0^+}(-x)=\lim\limits_{x\to 0^+}x=0$，$\therefore \lim\limits_{x\to 0^+}x\sin x=0$，

若 $x<0$，$x\ge x\sin x\ge -x$，$\lim\limits_{x\to 0^-}(x)=\lim\limits_{x\to 0^-}(-x)=0$，$\therefore \lim\limits_{x\to 0^-}x\sin x=0$，

$\therefore \lim\limits_{x\to 0}x\sin x=0$ 。

註：極限不存在的條件。

① x 由 c 的左、右邊趨近於 c 時，$f(x)$的左、右極限值不相等。

② $x\to c$ 時，$f(x)$的極限值無限大。

③ $f(x)$的極限值在兩個值之間的振盪。

習題

1. $f(x)=\dfrac{x^2-4}{x-2}$，求 $\lim\limits_{x\to 1}f(x)$ 及 $\lim\limits_{x\to 2}f(x)$。

2. $f(x)=\begin{cases}1 & ,x\text{是有理數}\\ 0 & ,x\text{是無理數}\end{cases}$，求 $\lim\limits_{x\to 3}f(x)$ 及 $\lim\limits_{x\to \sqrt{2}}f(x)$。

3. $f(x)=\begin{cases}2x & ,x<0\\ x & ,0\le x<1\\ x+1 & ,x\ge 1\end{cases}$，求(1) $\lim\limits_{x\to 0^-}f(x)$ (2) $\lim\limits_{x\to 0^+}f(x)$ (3) $\lim\limits_{x\to 0}f(x)$ (4) $f(0)$

   (5) $\lim\limits_{x\to 1^-}f(x)$ (6) $\lim\limits_{x\to 1^+}f(x)$ (7) $\lim\limits_{x\to 1}f(x)$ (8) $f(1)$。

4. $f(x)=x-[x]$，求(1) $\lim\limits_{x\to 3^-}f(x)$ (2) $\lim\limits_{x\to 3^+}f(x)$ (3) $\lim\limits_{x\to 3}f(x)$。

5. 求下列各極限

   (1) $\lim\limits_{x\to 3}\left(\dfrac{x-4}{x-3}+\dfrac{2}{x^2-4x+3}\right)$

   (2) $\lim\limits_{x\to 3}\dfrac{x^3-6x^2+11x-6}{x^2-2x-3}$

   (3) $\lim\limits_{x\to 0}\dfrac{(2+x)^2-4}{x}$

   (4) $\lim\limits_{x\to 3}\dfrac{[x]}{x}$

   (5) $\lim\limits_{x\to 0}[x]$。

6. 求下列的極限

   (1) $\lim\limits_{x\to 1}\dfrac{3x^2-4x+1}{x-1}$

   (2) $\lim\limits_{x\to 1^-}\dfrac{1}{[x]-1}$

   (3) $\lim\limits_{x\to 1^+}\dfrac{1}{[x]-1}$

   (4) $\lim\limits_{x\to 1}\dfrac{1}{[x]-1}$。

簡答

1. 3，4

2. 1，0

3. (1) 0
   (2) 0
   (3) 0
   (4) 0
   (5) 1
   (6) 2
   (7) 不存在
   (8) 2

4. (1) 1
   (2) 0
   (3) 不存在

5. (1) $\frac{1}{2}$
   (2) $\frac{1}{2}$
   (3) 4
   (4) 不存在
   (5) 不存在

6. (1) 2
   (2) -1
   (3) ∞
   (4) 不存在

1-3 漸近線(Asymptote)

當開始正式在作函數圖形，需要用到漸近線，分為

1. 水平漸近線：

若 $\lim_{x\to\infty} f(x)=l$，且 $\lim_{x\to-\infty} f(x)=m$，則稱 $y=l$ 與 $y=m$ 為 $f(x)$的水平漸近線。

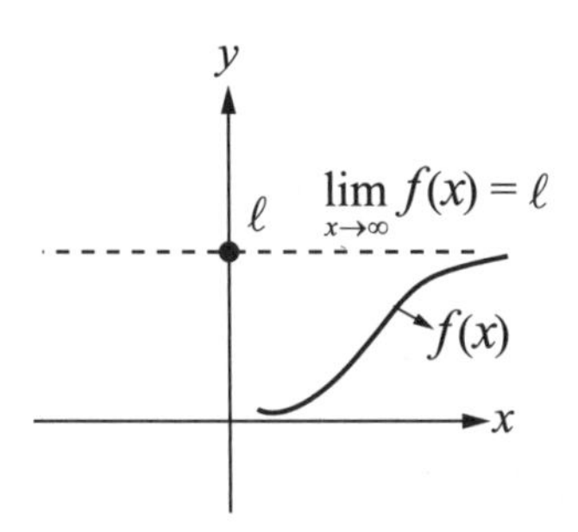

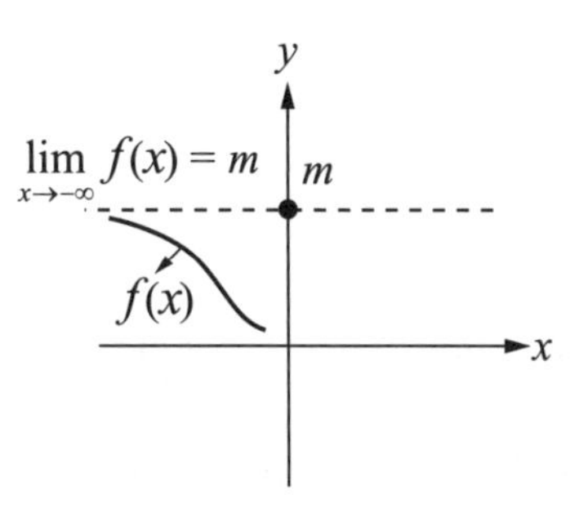

2. 垂直漸近線：

若 $\lim_{x\to c^+} f(x)=\pm\infty$ 或 $\lim_{x\to c^-} f(x)=\pm\infty$，等 4 種情況之一成立，則稱 $x=c$ 為 $f(x)$的垂直漸近線。

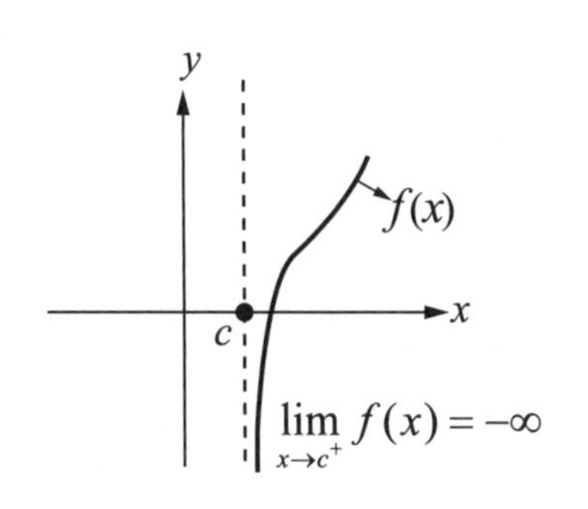

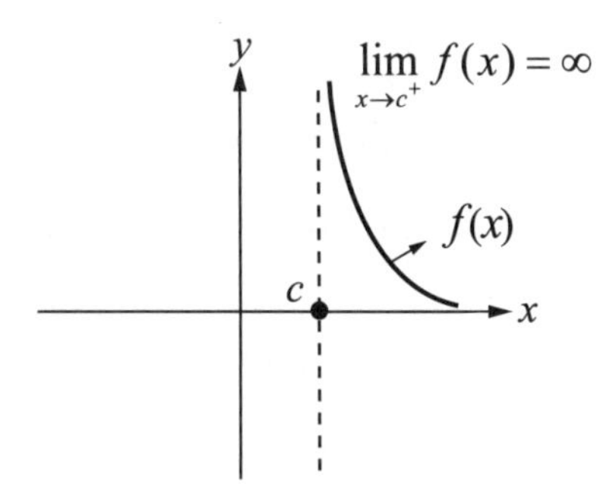

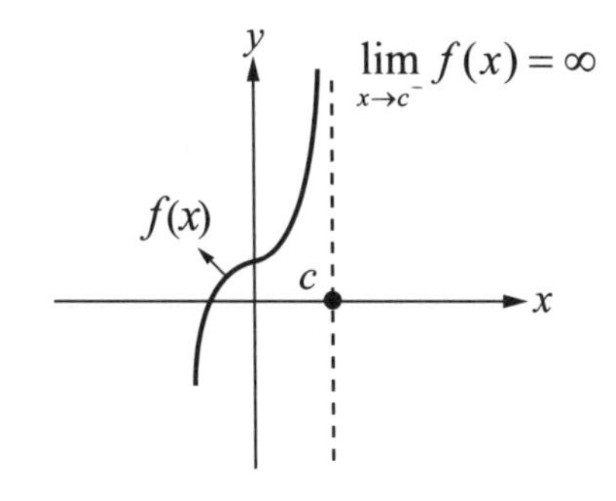

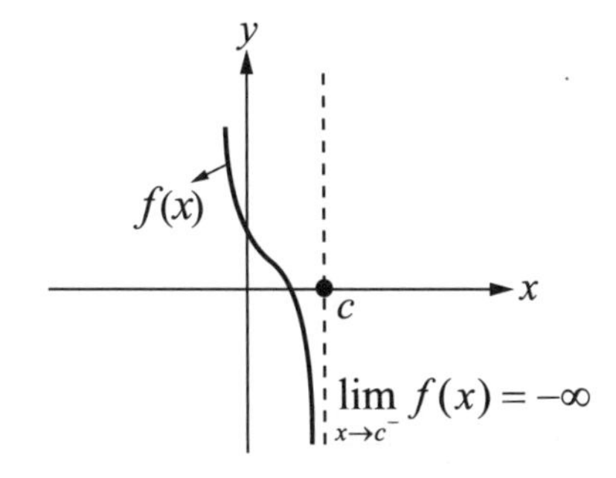

3. **斜漸近線：**

若 $\lim_{x\to\pm\infty}[f(x)-(mx+b)]=0$，則稱 $y=mx+b$ 爲 $f(x)$的斜漸近線$(m\neq 0)$。

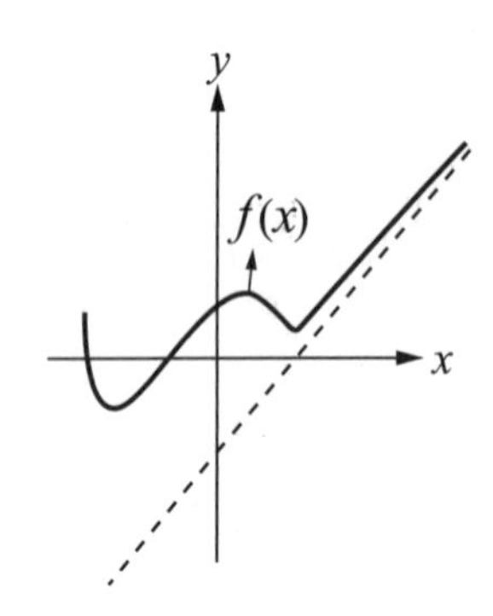

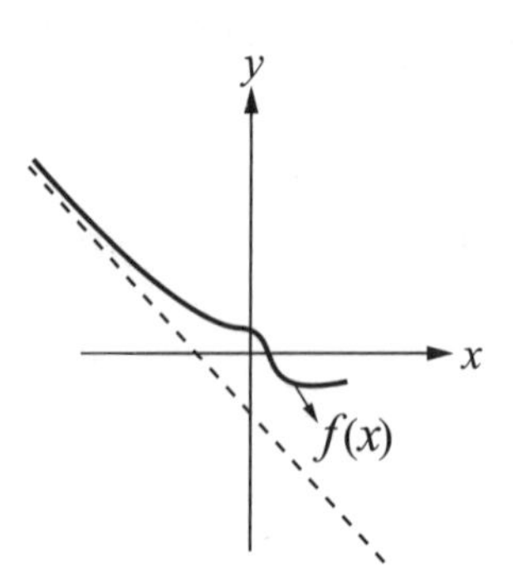

註：① $m=\lim_{x\to\pm\infty}\dfrac{f(x)}{x}$，$b=\lim_{x\to\pm\infty}[f(x)-mx]$。

證明：由圖知，當 $x\to\infty$，$\overline{PQ}\to 0$，$\lim_{x\to\infty}\overline{PQ}=0$，

$\lim_{x\to\infty}[f(x)-(mx+b)]=0\Rightarrow\lim_{x\to\infty}x[\dfrac{f(x)}{x}-m-\dfrac{b}{x}]=0$，

$\because\lim_{x\to\infty}\dfrac{b}{x}=0$，$\therefore\lim_{x\to\infty}[\dfrac{f(x)}{x}-m]=0\Rightarrow\lim_{x\to\infty}\dfrac{f(x)}{x}-\lim_{x\to\infty}m=0$，

$\because\lim_{x\to\infty}m=m$，$\therefore m=\lim_{x\to\infty}\dfrac{f(x)}{x}$，

$\lim_{x\to\infty}[f(x)-(mx+b)]=0\Rightarrow\lim_{x\to\infty}[f(x)-mx]-(\lim_{x\to\infty}b)=0$，

$\because\lim_{x\to\infty}b=b$，$\therefore b=\lim_{x\to\infty}[f(x)-mx]$。

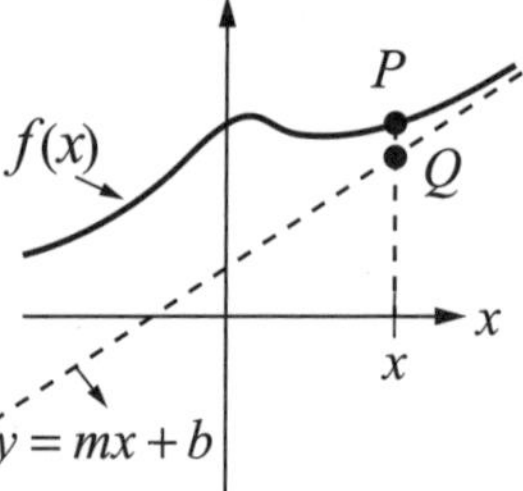

② 把 $y=f(x)$化成 $(mx+b)+\dfrac{Q(x)}{P(x)}$ 型式，$\dfrac{Q(x)}{P(x)}$ 爲眞分式，

$\therefore y=mx+b$ 爲斜漸近線。

例題 1

求下列 $f(x)$的漸近線：

(1) $f(x)=\dfrac{2x^2+1}{x-1}$ (2) $f(x)=\sqrt{x^2+1}$ (3) $f(x)=x\sin(\dfrac{1}{x})$ (4) $f(x)=x^2e^{\frac{1}{x}}$

(5) $f(x)=\dfrac{2x^2-3x+6}{x+1}$。

解 (1) $f(x)=\dfrac{2x^2+1}{x-1}$

① 水平漸近線，

$$\lim_{x\to\pm\infty}\frac{2x^2+1}{x-1}=\lim_{x\to\pm\infty}\frac{2+\frac{1}{x^2}}{\frac{1}{x}-\frac{1}{x^2}}=\infty$$ ，∴無水平漸近線。

② 垂直漸近線，

$$\lim_{x\to 1}\frac{2x^2+1}{x-1}=\lim_{x\to 1}((2x+2)+\frac{3}{x-1})$$
$$=\lim_{x\to 1}2(x+1)+\lim_{x\to 1}\frac{3}{x-1}=\pm\infty$$ ，

∴$x=1$ 爲垂直漸近線。

$$\begin{array}{r|l} & 2x+2 \\ \hline x-1 & 2x^2\quad\quad +1 \\ & 2x^2-2x \\ \hline & \quad 2x+1 \\ & \quad 2x-2 \\ \hline & \quad\quad +3 \end{array}$$

③ 斜漸近線 $y=mx+b$，

$$m=\lim_{x\to\pm\infty}\frac{f(x)}{x}=\lim_{x\to\pm\infty}\frac{2x^2+1}{x(x-1)}=\lim_{x\to\pm\infty}\frac{2x^2+1}{x^2-x}=\lim_{x\to\pm\infty}\frac{2+\frac{1}{x^2}}{1-\frac{1}{x}}=2$$ ，

$$b=\lim_{x\to\pm\infty}(f(x)-mx)=\lim_{x\to\pm\infty}(\frac{2x^2+1}{x-1}-2x)=\lim_{x\to\pm\infty}\frac{2x^2+1-2x^2+2x}{x-1}$$
$$=\lim_{x\to\pm\infty}\frac{2x+1}{x-1}=\lim_{x\to\pm\infty}\frac{2+\frac{1}{x}}{1-\frac{1}{x}}=2$$ ，

∴斜漸近線 $y=2x+2$。

(2) $f(x)=\sqrt{x^2+1}$

① 水平漸近線，$\lim_{x\to\pm\infty}\sqrt{x^2+1}=\infty$，∴無水平漸近線。

② 垂直漸近線，$\lim_{x\to a}\sqrt{x^2+1}=\sqrt{a^2+1}$，∴無垂直漸近線。

③ 斜漸近線 $y = mx + b$，$m = \lim_{x\to\pm\infty} \frac{f(x)}{x} = \lim_{x\to\pm\infty} \frac{\sqrt{x^2+1}}{x} = \lim_{x\to\pm\infty} \frac{|x|\sqrt{1+\frac{1}{x^2}}}{x}$，

若 $x \to +\infty$，$\lim_{x\to+\infty} \frac{x\sqrt{1+\frac{1}{x^2}}}{x} = \lim_{x\to+\infty} \sqrt{1+\frac{1}{x^2}} = 1$，

若 $x \to -\infty$，$\lim_{x\to-\infty} \frac{-x\sqrt{1+\frac{1}{x^2}}}{x} = \lim_{x\to-\infty} (-\sqrt{1+\frac{1}{x^2}}) = -1$，故 $m = \pm 1$，

$m = 1$，$b = \lim_{x\to\infty}(f(x) - mx) = \lim_{x\to\infty}(\sqrt{x^2+1} - x)$

$$= \lim_{x\to\infty}(\sqrt{x^2+1} - x)\frac{\sqrt{x^2+1}+x}{\sqrt{x^2+1}+x} = \lim_{x\to\infty} \frac{x^2+1-x^2}{\sqrt{x^2+1}+x} = 0$$

$m = -1$，$b = \lim_{x\to-\infty}(f(x) - mx) = \lim_{x\to-\infty}(\sqrt{x^2+1} + x)$

$$= \lim_{x\to-\infty}(\sqrt{x^2+1} + x)\frac{\sqrt{x^2+1}-x}{\sqrt{x^2+1}-x} = \lim_{x\to-\infty} \frac{x^2+1-x^2}{\sqrt{x^2+1}-x} = 0$$

故有斜漸近線 $y = x$ 與 $y = -x$。

(3) $f(x) = x\sin(\frac{1}{x})$

① 水平漸近線，

$\lim_{x\to\pm\infty} x\sin(\frac{1}{x}) = \lim_{x\to\pm\infty} \frac{\sin\frac{1}{x}}{\frac{1}{x}} = \lim_{t\to 0} \frac{\sin t}{t} = 1$，$\therefore y = 1$ 爲水平漸近線。

② 垂直漸近線，$\lim_{x\to 0} x\sin(\frac{1}{x})$，$|\sin\frac{1}{x}| \le 1 \Rightarrow -1 \le \sin\frac{1}{x} \le 1 \Rightarrow -x \le x\sin\frac{1}{x} \le x$，

$\lim_{x\to 0}(-x) = \lim_{x\to 0} x = 0$，$\therefore \lim_{x\to 0} x\sin\frac{1}{x} = 0$，$\therefore f(x)$無垂直漸近線。

③ 斜漸近線 $y = mx + b$，

$m = \lim_{x\to\pm\infty} \frac{f(x)}{x} = \lim_{x\to\pm\infty} \frac{x\sin\frac{1}{x}}{x} = \lim_{x\to\pm\infty} \sin\frac{1}{x} = 0$，$\therefore f(x)$無斜漸近線。

(4) $f(x)=x^2e^{\frac{1}{x}}$

① 水平漸近線，$\lim\limits_{x\to\pm\infty} x^2e^{\frac{1}{x}}=\infty$，∴無水平漸近線。

② 垂直漸近線，

$$\lim_{x\to 0}x^2e^{\frac{1}{x}}=\lim_{x\to 0}\frac{e^{\frac{1}{x}}}{\frac{1}{x^2}}=\lim_{x\to 0}\frac{\frac{-1}{x^2}\times e^{\frac{1}{x}}}{\frac{-2}{x^3}}=\lim_{x\to 0}\frac{\frac{1}{2}e^{\frac{1}{x}}}{\frac{1}{x}}=\frac{1}{2}\lim_{x\to 0}\frac{\frac{-1}{x^2}\cdot e^{\frac{1}{x}}}{-\frac{1}{x^2}}=\frac{1}{2}\lim_{x\to 0}e^{\frac{1}{x}}=\infty，$$

∴$x=0$ 為 $f(x)$的垂直漸近線。

③ 斜漸近線 $y=mx+b$，

$$m=\lim_{x\to\pm\infty}\frac{f(x)}{x}=\lim_{x\to\pm\infty}\frac{x^2e^{\frac{1}{x}}}{x}=\lim_{x\to\pm\infty}xe^{\frac{1}{x}}=\pm\infty，∴無斜漸近線。$$

(5) $f(x)=\dfrac{2x^2-3x+6}{x+1}$

① 水平漸近線，$\lim\limits_{x\to\pm\infty}\dfrac{2x^2-3x+6}{x+1}=\infty$，∴無水平漸近線。

② 垂直漸近線，$\lim\limits_{x\to -1}\dfrac{2x^2-3x+6}{x+1}=\infty$，∴$x=-1$ 為垂直漸近線。

③ 斜漸近線 $y=mx+b$，

$$m=\lim_{x\to\pm\infty}\frac{f(x)}{x}=\lim_{x\to\pm\infty}\frac{2x^2-3x+6}{x^2+x}=\lim_{x\to\pm\infty}\frac{2-\frac{3}{x}+\frac{6}{x^2}}{1+\frac{1}{x}}=2，$$

$$b=\lim_{x\to\pm\infty}[f(x)-mx]=\lim_{x\to\pm\infty}(\frac{2x^2-3x+6}{x+1}-2x)=\lim_{x\to\pm\infty}\frac{-5x+6}{x+1}=-5，$$

∴斜漸近線 $y=2x-5$。

習題

求 $f(x)$ 的漸近線：

1. $f(x)=\dfrac{1}{(x-3)^2}$。2. $f(x)=\dfrac{x+1}{x}$。3. $f(x)=\dfrac{x^2}{x^2-9}$。

4. $f(x)=(2+x)+\dfrac{2\sqrt{x}}{1+\sqrt{x}}$。5. $f(x)=\dfrac{4x^3-x+6}{x^2+1}$。6. $f(x)=x\sin(\dfrac{1}{x})$。

7. $f(x)=x^2e^{\frac{1}{x}}$。8. $f(x)=\sqrt{x^2+1}$。

簡答

1. 水平漸近線 $y=0$，垂直漸近線 $x=3$，無斜漸近線。
2. 水平漸近線 $y=1$，垂直漸近線 $x=0$，無斜漸近線。
3. 水平漸近線 $y=1$，$x=3$ 及 $x=-3$ 爲垂直漸近線，無斜漸近線。
4. 無水平漸近線，無垂直漸近線，斜漸近線 $y=x+4$。
5. 無水平漸近線，無垂直漸近線，斜漸近線：$y=4x$。
6. $y=1$ 爲水平漸近線，無垂直漸近線，無斜漸近線。
7. 無水平漸近線，$x=0$ 垂直漸近線，無斜漸近線。
8. 無水平漸近線，無垂直漸近線，斜漸近線 $y=x$。

1-4 連續(Continuity)

函數連續，指函數圖形是連續不斷點，如圖所示，$f(x)$函數在點 c_1 的左極限爲ℓ，而右極限爲 m，故圖形無法連續，在 c_2 圖形有空洞，極限雖存在，但函數值不存在這也是不連續。

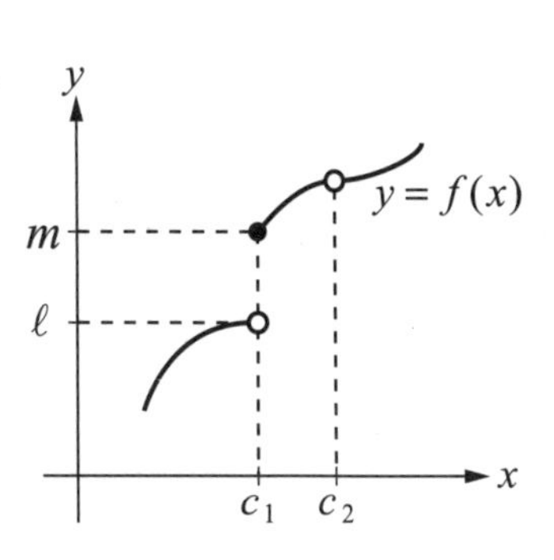

連續

連續的定義：函數$f(x)$的 D_f，點 $c \in D_f$ ，$\lim\limits_{x \to c} f(x) = f(c)$，則稱 $f(x)$在 $x = c$ 爲連續（稱爲一點連續），當 $f(x)$在 D_f內的每一點均連續時，稱爲區間連續或連續函數。

若函數 $f(x)$滿足以下 3 個條件：

1. 函數 $f(x)$在 $x = c$ 處有定義，即 $c \in D_f$。
2. $\lim\limits_{x \to c} f(x)$ 存在。
3. $\lim\limits_{x \to c} f(x) = f(c)$（即函數 $f(x)$在 $x = c$ 處的極限值等於函數值），則稱函數 $f(x)$在 $x = c$ 處連續。

例題 1

$f(x) = [2x]$，問 $f(x)$在何處連續。

解 $D_f = \mathrm{R}$，$R_f = \mathrm{Z}$，Z 爲整數，$f(x) = [2x]$爲高斯函數，

$[2x]$爲整數點，故$[2x]$的不連續是在所有整數點，其餘均連續。

例題 2

$f(x)=|x-[x]-0.5|$，$x\in \mathrm{R}$，問$f(x)$在何處連續。

解 $D_f=\mathrm{R}$，$R_f=[0,\infty)$，$\because f(x)=[x]$知在非整數點為連續，Z（整數），
$\mathrm{Z}-1<[x]\le \mathrm{Z}$，$\lim\limits_{x\to \mathrm{Z}^-}|\mathrm{Z}-(\mathrm{Z}-1)-0.5|=\lim\limits_{x\to \mathrm{Z}^-}|0.5|=0.5$，
$\lim\limits_{x\to \mathrm{Z}^+}|\mathrm{Z}-\mathrm{Z}-0.5|=\lim\limits_{x\to \mathrm{Z}^+}|-0.5|=0.5$，且$f(\mathrm{Z})=|\mathrm{Z}-\mathrm{Z}-0.5|=0.5$
$\therefore$函數在整數點連續，故$f(x)$在所有 R 均連續。

例題 3

(1) 決定函數 $f(x)=\begin{cases}x+1 & ,x\ge 1\\ x^2+1 & ,x<1\end{cases}$ 在 $x=1$ 處是否連續。

(2) 決定函數 $f(x)=\dfrac{x^2-4}{x-2}$ 在 $x=2$ 處是否連續。

解 (1) $f(x)=\begin{cases}x+1 & ,x\ge 1\\ x^2+1 & ,x<1\end{cases}$。

① $1\in D_f$。

② $\lim\limits_{x\to 1^+}f(x)=\lim\limits_{x\to 1^+}(x+1)=2$，$\lim\limits_{x\to 1^-}f(x)=\lim\limits_{x\to 1^-}(x^2+1)=2$，$\lim\limits_{x\to 1}f(x)=2$。

③ $f(1)=(1)+1=2=\lim\limits_{x\to 1}f(x)$，$\therefore f(x)$在 $x=1$ 處是連續。

(2) $f(x)=\dfrac{x^2-4}{x-2}$，

$2\notin D_f$，$\therefore f(x)$在 $x=2$ 處不連續。

例題 4

設函數 $f(x)=\sqrt{4-x^2}$，試討論函數 $f(x)$的連續性。

解 $\because 4-x^2\geq 0 \Rightarrow x^2\leq 4 \Rightarrow -2\leq x\leq 2$，$\therefore D_f=[-2,2]$，令 $c\in[-2,2]$，
$\lim\limits_{x\to c} f(x)=\sqrt{4-c^2}$，故 $f(x)$在$[-2, 2]$上連續，$\lim\limits_{x\to -2^+} f(x)=\sqrt{4-(-2)^2}=0$，
$f(-2)=\sqrt{4-(-2)^2}=0$ 及 $\lim\limits_{x\to 2^-} f(x)=\sqrt{4-(2)^2}=0$，$f(2)=\sqrt{4-2^2}=0$，
故 $f(x)$在$[-2, 2]$上連續。

例題 5

討論下列函數的連續區間。

(1) $f(x)=\dfrac{1}{x}$，$x\neq 0$　(2) $f(x)=[x]$　(3) $f(x)=\sqrt{x}$，$x\geq 0$。

解 (1) $f(x)=\dfrac{1}{x}$，$x\neq 0$，$\because 0\notin D_f$，且 $f(0)$不存在，$\therefore f(x)$在 $x=0$ 處不連續，其餘爲連續。

(2) $f(x)=[x]$，$[x]$的不連續是所有整數點，$\therefore f(x)$的連續區間爲$\{x\mid x\in\mathrm{R}, x\notin\mathrm{Z}\}$。

(3) $f(x)=\sqrt{x}$，$x\geq 0$，$0\in D_f$，且 $f(0)=0$ 存在，$\lim\limits_{x\to 0} f(x)=0$ 存在，
$\lim\limits_{x\to 0} f(x)=f(0)=0$，$\therefore f(x)$爲連續函數。

中間值定理與勘根定理

1. 中間值定理：

設函數 $f(x)$在$[c, d]$爲連續，且 k 爲介於 $f(c)$與 $f(d)$之間的任一數，則在$[c, d]$上可找到一點 s，使得 $f(s)=k$。

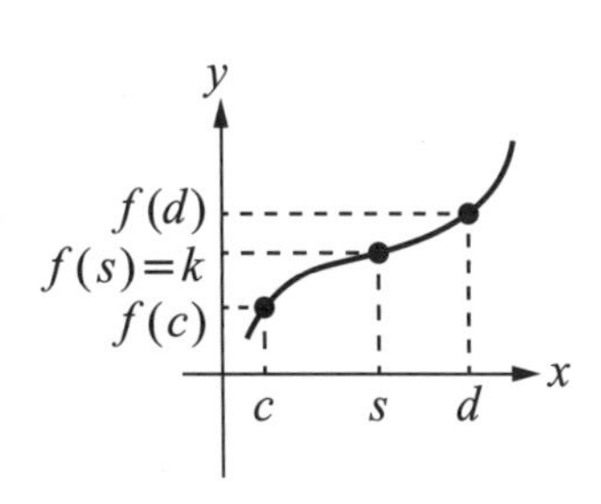

例題 6

設 $f(x)=x^2-2x-1$，在[0, 4]滿足中間值 c 即 $c\in(0,4)$，使 $f(c)=2$，求 c 值。

解 設 $a=0$，$b=4$，$f(0)=0^2-2(0)-1=-1$，$f(4)=4^2-2\times4-1=7$，$f(0)\neq f(4)$，
而 $f(c)=2$ 即 $-1<2<7$，故 $c\in(0,4)$使 $f(c)=2$。
$f(c)=c^2-2c-1=2\Rightarrow c^2-2c-3=0\Rightarrow(c-3)(c+1)=0\Rightarrow c=3$ 及 -1(不合)。

2. 勘根定理：

設函數 $f(x)$在$[c,d]$連續，且 $f(c)\cdot f(d)<0$，
則存在一點 $k\in(c,d)$，使得 $f(k)=0$。

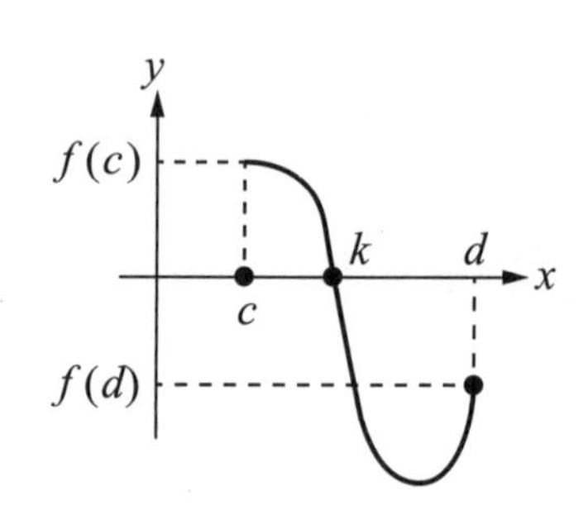

例題 7

證明 $x^3+3x+1=0$，在$(-1,0)$間有一根。

解 令 $f(x)=x^3+3x+1$，$f(-1)=(-1)^3+3(-1)+1=-3$，
$f(0)=0^3+3\times0+1=1$，
$f(-1)\cdot f(0)=-3<0$，故由勘根定理知 $f(x)$在$(-1,0)$有一根。

習題

1. $f(x)=\begin{cases}\dfrac{x^2-1}{x-1} & ,x\neq 1\\ a & ,x=1\end{cases}$ 若 $f(x)$ 在 $x=1$ 是連續，求 a。

2. $f(x)=\begin{cases}\dfrac{1}{x} & ,x<1, x\neq 0\\ 4x-1 & ,1\leq x<3\\ 7 & ,x=3\\ x^2+2 & ,x>3\end{cases}$ 判斷下列各點是否連續？

   (1) $x=0$　(2) $x=1$　(3) $x=3$　(4) $x=5$。

3. 試求下列各函數在 $x=0$ 處是否連續？

   (1) $f(x)=|x|$。

   (2) $f(x)=\dfrac{|x|}{x}$。

4. $f(x)=[x]$，試求

   (1) $f(x)$在 $x=1.5$ 處是否連續。

   (2) $f(x)$在 $x=1$ 處是否連續。

5. $f(x)=\begin{cases}\dfrac{x^2+ax+b}{x-2} & ,x\neq 2\\ 5 & ,x=2\end{cases}$，在 $x=2$ 處連續，求

   (1) $\lim\limits_{x\to 2}\dfrac{x^2+ax+b}{x-2}$。

   (2) a、b 之值。

6. 求 a, b 的值使得 $f(x)=\begin{cases}2 & ,x\leq 1\\ ax+b & ,1<x<2\\ 7 & ,x\geq 2\end{cases}$ 的每一點都連續。

簡答

1. $a=2$

2. (1)否 (2)否 (3)否 (4)是

3. (1)是 (2)否

4. (1)是 (2)否

5. (1) 5

   (2) $a=1$，$b=-6$

6. $a=5$，$b=-3$

導函數

2-1 導數、導函數（Derivative）

導數

1. 導數：

導數在 $f(x)$圖形某一點之切線的斜率，如 $f(x)$ 在 $x=a$ 處的導數，由圖知是 $f(x)$圖形求通過 P 點的切線斜率，從 $x=a$ 變化至 $x=a+\Delta x$，在 y 方向產生了變化量，$\Delta y=f(a+\Delta x)-f(a)$，當$\Delta x\to 0$，點 Q 沿 $f(x)$圖形趨近點 P，而 P、Q 兩點的線 L（割線）就趨近直線 L_a（切線），L_a 的斜率 $m=\lim\limits_{\Delta x\to 0}\dfrac{\Delta y}{\Delta x}=\lim\limits_{\Delta x\to 0}\dfrac{f(a+\Delta x)-f(a)}{\Delta x}$。

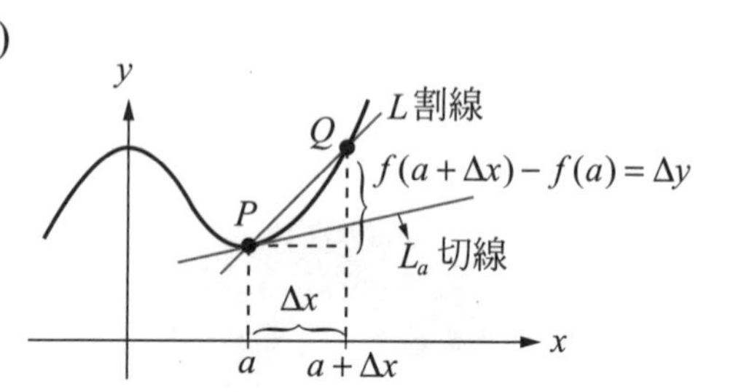

定義：若 $a\in D_f$，且極限 $\lim\limits_{\Delta x\to 0}\dfrac{f(a+\Delta x)-f(a)}{\Delta x}$ 存在，則稱 $f(x)$在 $x=a$ 處可導，其極限值稱爲 $f(x)$在 $x=a$ 的導數，記作 $f'(a)$，$Df(a)$，$\left.\dfrac{df(x)}{dx}\right|_{x=a}$，$f(x)$對 $x=a$ 的導數 $f'(a)=\lim\limits_{\Delta x\to 0}\dfrac{f(a+\Delta x)-f(a)}{\Delta x}$，還有另一種寫法，令 $x=a+\Delta x$，當 $\Delta x\to 0$ 時 $x\to a$，得 $f'(a)=\lim\limits_{x\to a}\dfrac{f(x)-f(a)}{x-a}$，則

$$f'(a)=\lim_{\Delta x\to 0}\frac{f(a+\Delta x)-f(a)}{\Delta x}=\lim_{x\to a}\frac{f(x)-f(a)}{x-a}\text{。}$$

例題 1

$f(x)=\begin{cases} x^2\sin\dfrac{1}{x} & ,x\neq 0 \\ 0 & ,x=0\end{cases}$，用導數定義求 $f'(0)$。

解 $f'(0)=\lim\limits_{x\to 0}\dfrac{f(x)-f(0)}{x-0}=\lim\limits_{x\to 0}\dfrac{x^2\sin\frac{1}{x}}{x}=\lim\limits_{x\to 0}x\sin\dfrac{1}{x}$，

$\because -1\le\sin\dfrac{1}{x}\le 1\Rightarrow -x\le x\sin\dfrac{1}{x}\le x$，

若 $x>0$，$-x\le x\sin\frac{1}{x}\le x$，$\lim\limits_{x\to 0^+}(-x)=\lim\limits_{x\to 0^+}x=0$，$\therefore \lim\limits_{x\to 0^+}x\sin\frac{1}{x}=0$，

若 $x<0$，$x\le x\sin\frac{1}{x}\le -x$，$\lim\limits_{x\to 0^-}(x)=\lim\limits_{x\to 0^-}(-x)=0$，$\therefore \lim\limits_{x\to 0^-}x\sin\frac{1}{x}=0$，

$\therefore f'(0)=0$。

例題 2

$f(x)=|x|$，用導數定義求 $f(x)$ 在 $x=0$ 的導數。

解 $f(x)=|x|=\begin{cases} x & ,x\ge 0 \\ -x & ,x<0 \end{cases}$，

$f'(0)=\lim\limits_{x\to 0}\frac{f(x)-f(0)}{x-0}=\lim\limits_{x\to 0}\frac{|x|}{x}$，

$\lim\limits_{x\to 0^+}\frac{|x|}{x}=\lim\limits_{x\to 0^+}\frac{x}{x}=1$，$\lim\limits_{x\to 0^-}\frac{|x|}{x}=\lim\limits_{x\to 0^-}\frac{-x}{x}=-1$，$\therefore$ $f(x)$ 在 $x=0$ 不可導。

例題 3

$f(x)=\frac{1}{x^3}$，用導數定義求 $f'(2)$。

解 $f'(2)=\lim\limits_{x\to 2}\frac{f(x)-f(2)}{x-2}=\frac{\frac{1}{x^3}-\frac{1}{8}}{x-2}=\lim\limits_{x\to 2}\frac{8-x^3}{8x^3(x-2)}=\lim\limits_{x\to 2}\frac{-(x-2)(x^2+2x+4)}{8x^3(x-2)}$

$=\lim\limits_{x\to 2}\frac{-(x^2+2x+4)}{8x^3}=-\frac{3}{16}$。

導函數

1. 導函數：

導數是 $f(x)$ 對 $x=a$ 所求結果為一值，亦即 $f(x)$ 在 $x=a$ 的切線斜率，而 $f(x)$ 對自變數 x 所求的結果為一函數，稱為導函數。導函數的符號記為 $f'(x)$、$\frac{d}{dx}f(x)$、$D_x f(x)$。

例題 4

$f(x)=\sqrt{x}$，以定義求 $f'(x)$。

解 $\forall x\geq 0$，

$$f'(x)=\lim_{\Delta x\to 0}\frac{f(x+\Delta x)-f(x)}{\Delta x}=\lim_{\Delta x\to 0}\frac{\sqrt{x+\Delta x}-\sqrt{x}}{\Delta x}=\lim_{\Delta x\to 0}\frac{x+\Delta x-x}{\Delta x(\sqrt{x+\Delta x}+\sqrt{x})}$$

$$=\lim_{\Delta x\to 0}\frac{1}{\sqrt{x+\Delta x}+\sqrt{x}}=\frac{1}{2\sqrt{x}}\text{。}$$

2-2 導函數的法則(Rule of Derivative)

若由導數定義法求導函數是一件很煩的工作。現介紹導函數的規則就可在求導函數的過程簡單多了。

1. 基本導函數規則：

(1) $\frac{d}{dx}a=0$，a 為常數。

(2) $\frac{d}{dx}x^n=nx^{n-1}$，$n\in\mathbb{R}$。

(3) $\frac{d}{dx}[h(x)\pm R(x)]=\frac{d}{dx}h(x)\pm\frac{d}{dx}R(x)$。

(4) $\frac{d}{dx}[h(x)R(x)]=R(x)\frac{d}{dx}h(x)+h(x)\frac{d}{dx}R(x)$。

(5) $\frac{d}{dx}[\frac{h(x)}{R(x)}]=\frac{R(x)\frac{d}{dx}h(x)-h(x)\frac{d}{dx}R(x)}{R^2(x)}$。

2. 三角函數的導函數：

(1) $\frac{d}{dx}\sin x=\cos x$。

(2) $\frac{d}{dx}\cos x=-\sin x$。

(3) $\frac{d}{dx}\tan x=\sec^2 x$。

(4) $\dfrac{d}{dx}\cot x=-\csc^2 x$ 。

(5) $\dfrac{d}{dx}\sec x=\sec x\tan x$ 。

(6) $\dfrac{d}{dx}\csc x=-\csc x\cot x$ 。

3. 反三角函數的導函數：

(1) $\dfrac{d}{dx}\sin^{-1}x=\dfrac{1}{\sqrt{1-x^2}}$ ，$|x|<1$ 。

(2) $\dfrac{d}{dx}\cos^{-1}x=\dfrac{-1}{\sqrt{1-x^2}}$ ，$|x|<1$ 。

(3) $\dfrac{d}{dx}\tan^{-1}x=\dfrac{1}{1+x^2}$ ，$x\in \mathrm{R}$ 。

(4) $\dfrac{d}{dx}\cot^{-1}x=\dfrac{-1}{1+x^2}$ ，$x\in \mathrm{R}$ 。

(5) $\dfrac{d}{dx}\sec^{-1}x=\dfrac{1}{|x|\sqrt{x^2-1}}$ ，$|x|>1$ 。

(6) $\dfrac{d}{dx}\csc^{-1}x=\dfrac{-1}{|x|\sqrt{x^2-1}}$ ，$|x|>1$ 。

4. 指數與對數導函數：

(1) $\dfrac{d}{dx}e^x=e^x$ ，$x\in \mathrm{R}$ 。

(2) $\dfrac{d}{dx}a^x=a^x\ln a$ ，$x\in \mathrm{R}$ 。

(3) $\dfrac{d}{dx}\ln|x|=\dfrac{1}{x}$ ，$x\in \mathrm{R}$ 。

(4) $\dfrac{d}{dx}\log_a|x|=\dfrac{1}{x\ln a}$ ，$x\in \mathrm{R}$ 。

5. 連鎖律：

連鎖律用於處理合成函數$(f\circ g)(x)=f(g(x))$或$(g\circ f)(x)=g(f(x))$。

連鎖律：設 f、g 兩函數均可微分，則 $D_x f(g(x))=D_g f(g(x))\cdot D_x g(x)$

$$\text{或}\ \frac{d}{dx}f(g(x))=\frac{df(g(x))}{dg(x)}\times\frac{dg(x)}{dx}\ 。$$

若 $y=f(u)$、$u=g(x)$，合成得 $y=f(g(x))$，$Df(g(x))=f'(u)\,g'(x)$可改寫另一形式 $\frac{dy}{dx}=\frac{dy}{du}\times\frac{du}{dx}$。連鎖律也可以解決「相關變率」，亦即多個變數同時對時間有所變化，而變數之間又彼此有互動關係。

註：$D_x=D$。

例題 1

$f(x)=3x^4-5x^3-2x^2+6x-7$，求 $f'(x)$。

解 $f'(x)=D(3x^4)-D(5x^3)-D(2x^2)+D(6x)-D(7)$

$\quad =12x^3-15x^2-4x+6$。

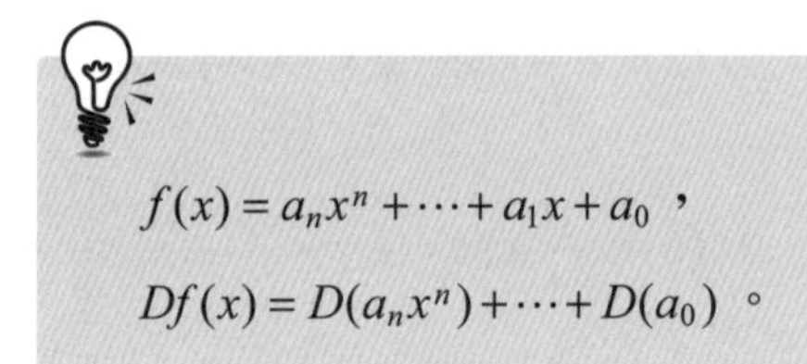
$f(x)=a_nx^n+\cdots+a_1x+a_0$，
$Df(x)=D(a_nx^n)+\cdots+D(a_0)$。

例題 2

$f(x)=(x^2+x+1)(3x^2-2x+5)$，求 $f'(0)$。

解 $f'(x)=(2x+1)(3x^2-2x+5)+(x^2+x+1)(6x-2)$，

$f'(0)=(1)(5)+(1)(-2)=3$。

$D(f(x)g(x))=(Df(x))g(x)+f(x)(Dg(x))$。

例題 3

求 $D(x^2+x+1)^{10}$。

解 $D(x^2+x+1)^{10}=10(x^2+x+1)^9D(x^2+x+1)$

$\quad =10(x^2+x+1)^9(2x+1)$。

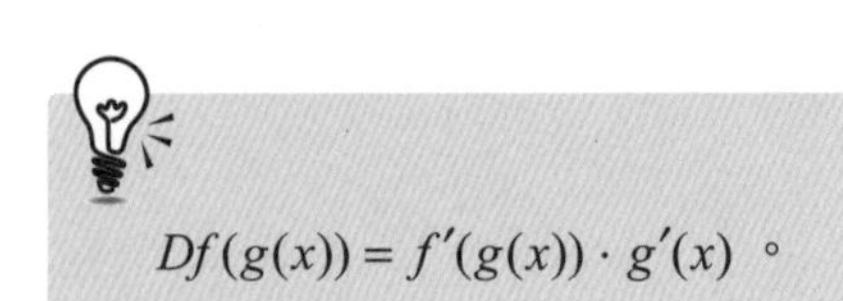
$Df(g(x))=f'(g(x))\cdot g'(x)$。

例題 4

$f(x)=\dfrac{(2x+1)(x^2+2)}{x^2+1}$，求 $f'(1)$。

解 $f'(x)=\dfrac{(x^2+1)[(2)(x^2+2)+(2x+1)(2x)]-(2x+1)(x^2+2)(2x)}{(x^2+1)^2}$，

$f'(1)=\dfrac{(2)(6+6)-18}{2^2}$

$=\dfrac{24-18}{4}=\dfrac{6}{4}=\dfrac{3}{2}$。

1. $D\dfrac{f(x)}{g(x)}=\dfrac{g(x)Df(x)-f(x)Dg(x)}{g^2(x)}$。
2. $D(f(x)g(x))=(Df(x))g(x)+f(x)Dg(x)$。

例題 5

求 $D(\dfrac{(2x+1)^3}{(3-2x)^4})$。

解 $D\dfrac{(2x+1)^3}{(3-2x)^4}=\dfrac{(3-2x)^4\cdot 3(2x+1)^2\cdot 2-(2x+1)^3\cdot 4(3-2x)^3\cdot(-2)}{(3-2x)^8}$

$=\dfrac{(3-2x)^3(2x+1)^2[6(3-2x)+8(2x+1)]}{(3-2x)^8}$

$=\dfrac{2(2x+1)^2(2x+13)}{(3-2x)^5}$。

1. $D\dfrac{f(x)}{g(x)}=\dfrac{g(x)Df(x)-f(x)Dg(x)}{g^2(x)}$。
2. $D(f(g(x))=D_g f(g(x))\cdot Dg(x)$。

例題 6

$f(x)=\sqrt{3+\sqrt{x+1}}$，求 $f'(0)$。

解 $f'(x)=D[3+(x+1)^{\frac{1}{2}}]^{\frac{1}{2}}=\dfrac{1}{2}[3+(x+1)^{\frac{1}{2}}]^{-\frac{1}{2}}\cdot(0+\dfrac{1}{2}(x+1)^{-\frac{1}{2}}\cdot 1)$

$=\dfrac{1}{2\sqrt{3+\sqrt{x+1}}}\times\dfrac{1}{2\sqrt{x+1}}$，

$f'(0)=\dfrac{1}{2\sqrt{3+\sqrt{1}}}\times\dfrac{1}{2\sqrt{1}}=\dfrac{1}{4}\times\dfrac{1}{2}=\dfrac{1}{8}$。

1. $Df(g(x))=f'(g(x))g'(x)$。
2. $D(f(x)+g(x))=Df(x)+Dg(x)$。

例題 7

小石頭掉入平靜水面，產生了同心圓的波紋，若最外圓的半徑以每秒 3cm 的速率增加，試問當半徑爲 5cm，此圓的面積對時間 t 的變化率爲多少？

解 A 爲圓面積，r 爲半徑，

則 $A=\pi r^2$，已知 $\dfrac{dr}{dt}=3\text{cm/s}$，

$$\therefore \frac{dA}{dt}=\frac{dA}{dr}\times\frac{dr}{dt}=(2\pi r)(\frac{dr}{dt})$$

$$=2\pi(5)(3)=30\pi\ \text{cm}^2/\text{s}$$ 。

1. 建立圓面積函數。
2. 利用連鎖律 $\dfrac{dA}{dt}=\dfrac{dA}{dr}\times\dfrac{dr}{dt}$ 。

例題 8

某人身高 180 cm，離路燈高 3m 有 x 遠，今以每秒 0.5 m 的速度向路燈走去，問此人身影長度 S 的變化率爲何？

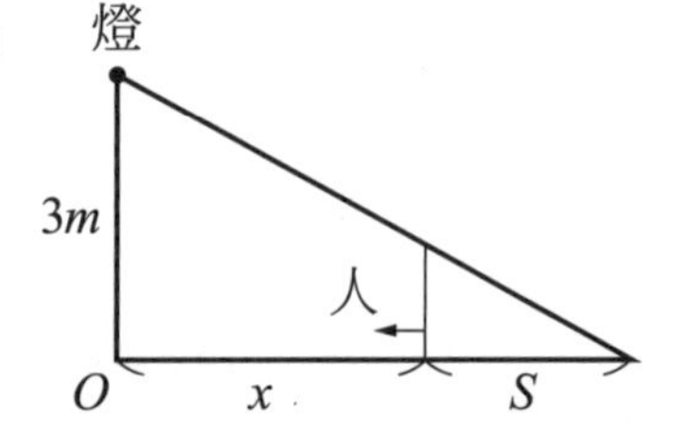

解 x：人與路燈的距離，S：影子長，

$$\frac{3}{1.8}=\frac{S+x}{S}\Rightarrow S=\frac{3}{2}x$$，

已知 $\dfrac{dx}{dt}=-0.5\text{ m/s}$（向路燈），

$$\frac{ds}{dt}=\frac{ds}{dx}\times\frac{dx}{dt}=(\frac{3}{2})(-\frac{1}{2})=-\frac{3}{4}\text{m/s}$$，

故影子的變化率爲每秒 $\dfrac{3}{4}$m 遞減。

1. 求影子長(S)與人與路燈的距離(x)的關係。
2. $\dfrac{ds}{dt}=\dfrac{ds}{dx}\times\dfrac{dx}{dt}$ 。

例題 9

$f(x)=\sqrt[3]{x^3+\sqrt{2x+1}}$，求 $f'(0)$。

若 $y=f(x)$，$u=g(x)$合成

$f(g(x))=f(u)$。

$$Df(g(x))=\frac{df(u)}{du}\times\frac{du}{dx}$$

$$=f'(u)g'(x)$$ 。

解

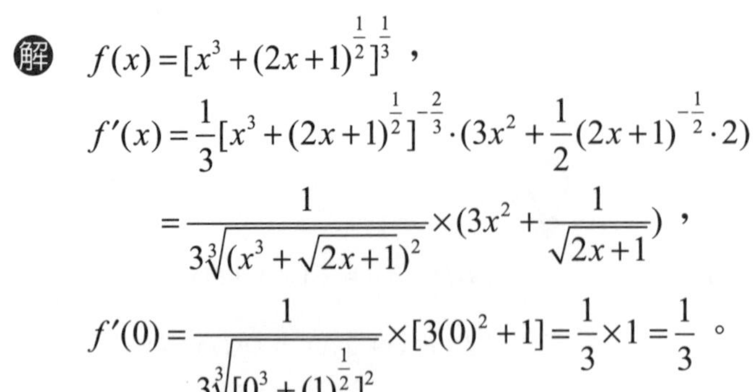

$$f(x)=[x^3+(2x+1)^{\frac{1}{2}}]^{\frac{1}{3}}$$，

$$f'(x)=\frac{1}{3}[x^3+(2x+1)^{\frac{1}{2}}]^{-\frac{2}{3}}\cdot(3x^2+\frac{1}{2}(2x+1)^{-\frac{1}{2}}\cdot 2)$$

$$=\frac{1}{3\sqrt[3]{(x^3+\sqrt{2x+1})^2}}\times(3x^2+\frac{1}{\sqrt{2x+1}})$$，

$$f'(0)=\frac{1}{3\sqrt[3]{[0^3+(1)^{\frac{1}{2}}]^2}}\times[3(0)^2+1]=\frac{1}{3}\times 1=\frac{1}{3}$$ 。

例題 10

求 $D\sec^3(\tan^2 x)$。

解 $D\sec^3(\tan^2 x)$

$= 3\sec^2(\tan^2 x)\cdot D\sec(\tan^2 x)$

$= 3\sec^2(\tan^2 x)\cdot \sec(\tan^2 x)\cdot \tan(\tan^2 x)\cdot D\tan^2 x$

$= 3\sec^3(\tan^2 x)\cdot \tan(\tan^2 x)\cdot 2\tan x\cdot \sec^2 x$

$= 6\sec^3(\tan^2 x)\cdot \tan(\tan^2 x)\cdot \tan x\cdot \sec^2 x$。

1. $\frac{d}{dx}\sec x = \sec x\tan x$。
2. $\frac{d}{dx}\tan x = \sec^2 x$。
3. 連鎖律。

例題 11

求 $D\tan^{-1}(\sqrt{1+x^2}-x)$。

解 $$D\tan^{-1}(\sqrt{1+x^2}-x) = \frac{1}{1+(\sqrt{1+x^2}-x)^2}D(\sqrt{1+x^2}-x)$$

$$= \frac{1}{1+(\sqrt{1+x^2}-x)^2}\times\left(\frac{2x}{2\sqrt{1+x^2}}-1\right)$$

$$= \frac{1}{1+(\sqrt{1+x^2}-x)^2}\times\frac{2x-2\sqrt{1+x^2}}{2\sqrt{1+x^2}}$$

$$= \frac{1}{1+(\sqrt{1+x^2}-x)^2}\times\frac{x-\sqrt{1+x^2}}{\sqrt{1+x^2}}$$

$$= \frac{x-\sqrt{1+x^2}}{\sqrt{1+x^2}[1+(\sqrt{1+x^2}-x)^2]}$$ 。

例題 12

求 $D(\tan^3 x\sec^4 x)$。

解 $D(\tan^3 x\sec^4 x)$

$= 3\tan^2 x\cdot\sec^2 x\cdot\sec^4 x$

$\quad +4\tan^3 x\cdot\sec^3 x\cdot\sec x\cdot\tan x$

$= 3\tan^2 x\cdot\sec^6 x + 4\tan^4 x\cdot\sec^4 x$。

1. $D\tan x = \sec^2 x$。
2. $D\sec x = \sec x\tan x$。
3. $D(f(x)g(x)) = f'(x)g(x)+f(x)g'(x)$。

例題 13

求 $D(x^3\tan^{-1}x)$。

1. $Dx^n = nx^{n-1}$。
2. $D\tan^{-1}x = \dfrac{1}{1+x^2}$。
3. $D(f(x)g(x)) = f'(x)g(x)+f(x)g'(x)$。

解 $$D(x^3\tan^{-1}x) = 3x^2\tan^{-1}x + x^3\cdot\frac{1}{1+x^2}$$
$$= 3x^2\tan^{-1}x + \frac{x^3}{1+x^2}\text{。}$$

例題 14

求 $D\ln|x|$，$x\neq 0$。

1. $\ln x$，$x>0$，$\ln|x|$，$x\neq 0$。
2. $x>0$，$D\ln x = \dfrac{1}{x}$。
3. $x<0$，$D\ln|x| = \dfrac{1}{x}$。

解 $x>0$，$D\ln|x| = D\ln x = \dfrac{1}{x}$，

$x<0$，$D\ln|x| = D\ln(-x) = \dfrac{1}{-x}\cdot(-1) = \dfrac{1}{x}$，

$\therefore D\ln|x| = \dfrac{1}{x}$，$x\neq 0$。

例題 15

求 $D\ln\sqrt{\dfrac{1+\sin x}{1-\sin x}}$。

1. $D\ln x = \dfrac{1}{x}$。
2. $Df(g(x)) = f'(g(x))\cdot g'(x)$。
3. $D\dfrac{f}{g} = \dfrac{g\cdot f' - f\cdot g'}{g^2}$。
4. $D\sin x = \cos x$。

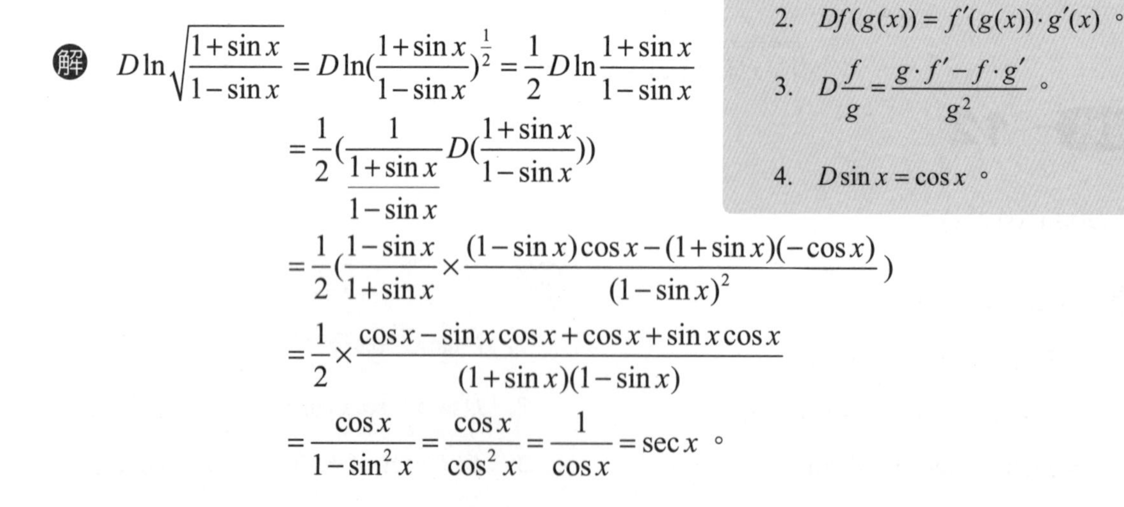

解 $$D\ln\sqrt{\frac{1+\sin x}{1-\sin x}} = D\ln\left(\frac{1+\sin x}{1-\sin x}\right)^{\frac{1}{2}} = \frac{1}{2}D\ln\frac{1+\sin x}{1-\sin x}$$
$$= \frac{1}{2}\left(\frac{1}{\frac{1+\sin x}{1-\sin x}}D\left(\frac{1+\sin x}{1-\sin x}\right)\right)$$
$$= \frac{1}{2}\left(\frac{1-\sin x}{1+\sin x}\times\frac{(1-\sin x)\cos x-(1+\sin x)(-\cos x)}{(1-\sin x)^2}\right)$$
$$= \frac{1}{2}\times\frac{\cos x-\sin x\cos x+\cos x+\sin x\cos x}{(1+\sin x)(1-\sin x)}$$
$$= \frac{\cos x}{1-\sin^2 x} = \frac{\cos x}{\cos^2 x} = \frac{1}{\cos x} = \sec x\text{。}$$

例題 16

求 $D(e^{x^2}+2^{e^x}+x^{e^2})$。

1. $D(f+g+h)=Df+Dg+Dh$。
2. $De^x=e^x$。
3. $Da^x=a^x\ln a$。
4. 連鎖律。

解 $D(e^{x^2}+2e^x+x^{e^2})=De^{x^2}+D2^{e^x}+Dx^{e^2}$，

$De^{x^2}=e^{x^2}\cdot 2x\cdot 1=2xe^{x^2}$，

$D2^{e^x}=2^{e^x}\cdot\ln 2\cdot De^x=2^{e^x}e^x\ln 2$，

$Dx^{e^2}=e^2x^{e^2-1}$，

$\therefore D(e^{x^2}+2e^x+x^{e^2})=(2xe^{x^2})+(2^{e^x}e^x\ln 2)+e^2x^{e^2-1}$。

例題 17

求 $D(e^{e^x}+2^{2^x}+e^{\ln x^2})$。

1. $D(f+g+h)=Df+Dg+Dh$。
2. $De^x=e^x$。
3. $Da^x=a^x\ln a$。
4. 連鎖律。

解 $D(e^{e^x}+2^{2^x}+e^{\ln x^2})=De^{e^x}+D2^{2^x}+De^{\ln x^2}$，

$De^{e^x}=e^{e^x}\cdot De^x=e^xe^{e^x}$，

$D2^{2^x}=2^{2^x}\cdot\ln 2\cdot D2^x=2^{2^x}\cdot\ln 2\cdot 2^x\ln 2$

$=2^{2^x}\cdot 2^x\cdot(\ln 2)^2$，

$De^{\ln x^2}=Dx^2=2x$，

$\therefore D(e^{e^x}+2^{2^x}+e^{\ln x^2})=e^xe^{e^x}+2^{2^x}\cdot 2^x\cdot(\ln 2)^2+2x$。

例題 18

求 Dx^x。

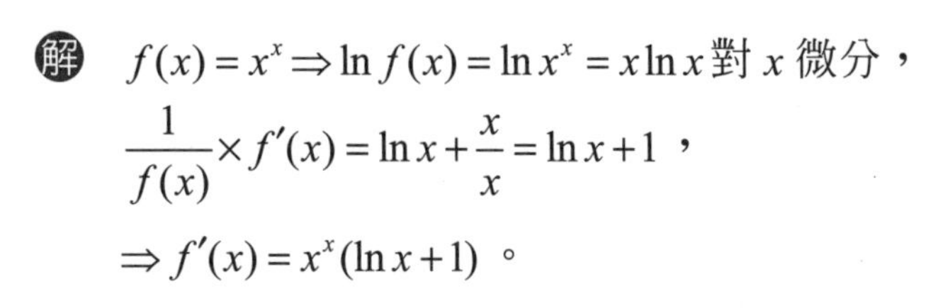

解 $f(x)=x^x\Rightarrow\ln f(x)=\ln x^x=x\ln x$ 對 x 微分，

$\dfrac{1}{f(x)}\times f'(x)=\ln x+\dfrac{x}{x}=\ln x+1$，

$\Rightarrow f'(x)=x^x(\ln x+1)$。

1. 令 $f(x)=x^x$，兩邊各取 ln，
   即 $\ln f(x)=\ln x^x=x\ln x$，
   對 x 微分。
2. $D(f(g(x)))=D_gf(g(x))\cdot Dg(x)$。

習題

1. $f(x)=\begin{cases} x^2 & ,x\geq 1 \\ 5 & ,x<1 \end{cases}$，求 $f'(0)$、$f'(1)$、$f'(2)$。

2. $f(x)=\dfrac{x^2}{x^2+4}$，求 $f'(x)$。

3. $f(x) = (x + 1)^3(3x - 2)^4$，求 $f'(x)$。

4. 一圓錐形水槽，其頂半徑為 50cm，高 100cm，如圖示，若以每秒 5π cm^3 的速率把水自上方注入水槽，當水面上升至 10cm 高，其水面上升速率為何？

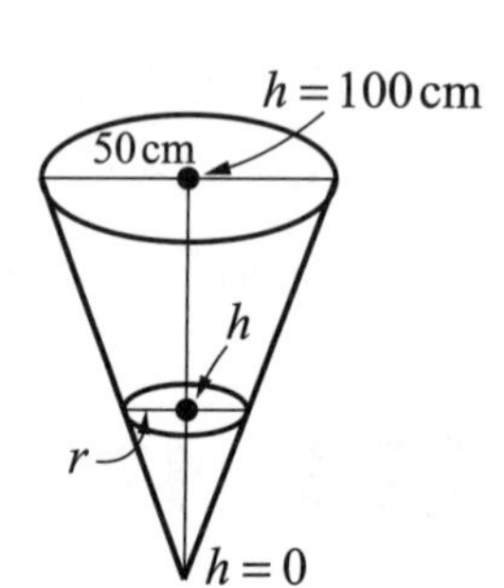

5. 設 $F(x)=f(\dfrac{x-1}{x+1})$，且 $f'(x)=x^3$，求 $F'(x)$。

6. 若以每秒 5cm^3 的速率把氣球充氣，當半徑增加至 10cm 時，求半徑對時間 t 的變率。

7. $f(x)=\dfrac{\tan x+\sec x}{\tan x-\sec x}$，求 $f'(x)$。

8. 設 $y=\cot^{-1}x+\cot^{-1}(\dfrac{1}{x})$，證明：$y'=0$。

9. 設 $y=\sqrt{1-x^2}+\sin^{-1}x$，試證 $y'=\sqrt{\dfrac{1-x}{1+x}}$。

10. 求 $\lim\limits_{n\to-\infty}(1-\dfrac{3}{n})^n$。

11. $f(x)=\log_3\sin x$，求 $f'(x)$。

12. $f(x)=(\dfrac{x}{1+x})^x$，求 $f'(x)$。

13. $f(x)=x^{\sin x}$，求 $f'(x)$。

14. $f(x)=x^2e^{-x}$，求 $f'(x)$。

15. $f(x)=\tan^{-1}e^x$，求 $f'(x)$。

簡答

1. (1) $f'(0)=0$

   (2) $f'(1)$不存在

   (3) $f'(2)=4$

2. $f'(x)=\dfrac{8x}{(x^2+4)^2}$

3. $f'(x)=3(x+1)^2(3x-2)^3(7x+2)$

4. $\dfrac{dh}{dt}=\dfrac{1}{5}$ cm/s

5. $F'(x)=\dfrac{2(x-1)^3}{(x+1)^5}$

6. $\dfrac{1}{80\pi}$ cm/s

7. $f'(x)=\dfrac{2\sec x(\tan x+\sec x)}{\tan x-\sec x}$

8. 略

9. 略

10. $\lim\limits_{n\to-\infty}(1-\dfrac{3}{n})^n=e^{-3}$

11. $f'(x)=\dfrac{\cot x}{\ln 3}$

12. $f'(x)=(\dfrac{x}{1+x})^x[\ln(\dfrac{x}{1+x})+\dfrac{1}{1+x}]$

13. $f'(x)=x^{\sin x}[(\cos x)(\ln x)+\dfrac{\sin x}{x}]$

14. $f'(x)=xe^{-x}(2-x)$

15. $f'(x)=\dfrac{e^x}{1+e^{2x}}$

2-3 隱函數的導函數與高階導函數（Implicit and Higher Order Differention）

1. **顯函數**，如 $y=3x^2-5$，自變數 x 與應變數 y 明顯分開。
2. **隱函數**，如 $xy=1$，自變數 x 與應變數 y 混在一起。
   (1) 隱函數形式→顯函數形式（若可以的話）→再微分
   如 $xy=1 \Rightarrow y=x^{-1} \rightarrow \dfrac{dy}{dx}=-x^{-2}=\dfrac{-1}{x^2}$
   (2) 若隱函數無法改爲顯函數，如 $x^2-2y^2+4y=2$，就要用隱函數微分法，若微分對象爲 x，就直接微分，如 $\dfrac{d}{dx}x^3=3x^2$，若對象爲 y，須使用連鎖律，如 $\dfrac{d}{dx}y^3=3y^2\dfrac{dy}{dx}$。

   $f(x)$爲一階微分，$f'(x)=D_x f(x)=\dfrac{d}{dx}f(x)$。

   $f(x)$爲二階微分，$f''(x)=D_x^2 f(x)=\dfrac{d^2}{dx}f(x)$。

   $f(x)$爲三階微分，$f'''(x)=D_x^3 f(x)=\dfrac{d^3}{dx}f(x)$。

   $f(x)$爲四階微分，$f^{(4)}(x)=D_x^4 f(x)=\dfrac{d^4}{dx}f(x)$。

   ⋮

   $f(x)$爲 n 階微分，$f^{(n)}(x)=D_x^n f(x)=\dfrac{d^n}{dx}f(x)$。

例題 1

$x^2-2xy-3y^2+4=0$，求 y'。

解 $\frac{d}{dx}(x^2-2xy-3y^2+4)=\frac{d}{dx}0$

$\Rightarrow 2x-2y-2x\frac{dy}{dx}-6y\frac{dy}{dx}+0=0$

$\Rightarrow (2x+6y)\frac{dy}{dx}=2x-2y$

$\Rightarrow \frac{dy}{dx}=y'=\frac{x-y}{x+3y}$ 。

1. $\frac{d}{dx}(f+g+h+\cdots)=\frac{d}{dx}f+\frac{d}{dx}g+\frac{d}{dx}h+\cdots$ 。
2. $\frac{d}{dx}(fg)=(\frac{d}{dx}f)(g)+f(\frac{d}{dx}g(x))$ 。
3. 把有 $\frac{dy}{dx}$ 的項移至同一邊。

例題 2

$f(x)=\frac{1}{2x+1}$，求 $f^{(n)}(x)$ 。

解 $f(x)=\frac{1}{2x+1}=(2x+1)^{-1}$，

$f'(x)=(-1)(2x+1)^{-2}\cdot 2$，

$f''(x)=(-1)(-2)(2x+1)^{-3}\cdot 2^2$，

$f'''(x)=(-1)(-2)(-3)(2x+1)^{-4}\cdot 2^3$，

$\vdots$

$f^{(n)}(x)=(-1)(-2)(-3)\cdots\cdots(-n)(2x+1)^{-n-1}\cdot 2^n$

$=(-1)^n\frac{n!\cdot 2^n}{(2x+1)^{n+1}}$ 。

要求 $f^{(n)}(x)$

1. 先求 $f'(x)$。
2. 再求 $f''(x)$，

   一直到有出現有規律現象。
3. 最後再求 $f^{(n)}(x)$。
4. 然後再整理。
5. $(-1)^n$：決定正、負，

   $n!=n\cdot n-1\cdots\cdots 1$ 。
6. $2^n=2\times 2\times\cdots\times 2$ 共 n 個 2。

例題 3

$f(x)=x^2\ln x$，求 $f^{(n)}(x)$，$n\geq 3$。

解 $f'(x)=2x\ln x+\dfrac{x^2}{x}=2x\ln x+x$，

$f''(x)=2\ln x+2x\cdot\dfrac{1}{x}+1=2\ln x+3$，

$f'''(x)=\dfrac{2}{x}=2x^{-1}$，

$f^{(4)}(x)=2(-1)x^{-2}$，

$f^{(5)}(x)=2(-1)(-2)x^{-3}$，

$\vdots$

$f^{(n)}(x)=2\cdot(-1)\cdot(-2)\cdot\cdots\cdot(-n+3)x^{-n+2}$

$=(-1)^{n-3}\dfrac{2\cdot(n-3)!}{x^{n-2}}$。

1. $D(fg)=(Df)(g)+f(Dg)$。
2. $D\ln x=\dfrac{1}{x}$。

要求 $f^{(n)}(x)$

3. $\because n\geq 3$，$\therefore$至少求到 $f'''(x)$ 一直到有規律現象。
4. 最後求 $f^{(n)}(x)$。
5. 然後再整理。
6. $(-1)^{n-3}$決定正、負，$(n-3)!=(n-3)(n-4)\cdots\cdots 1$。

例題 4

$xy^2=x-e^y$，求 y'。

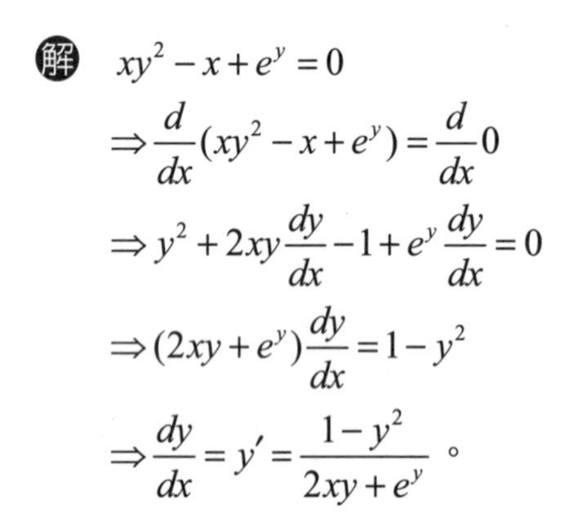

解 $xy^2-x+e^y=0$

$\Rightarrow\dfrac{d}{dx}(xy^2-x+e^y)=\dfrac{d}{dx}0$

$\Rightarrow y^2+2xy\dfrac{dy}{dx}-1+e^y\dfrac{dy}{dx}=0$

$\Rightarrow(2xy+e^y)\dfrac{dy}{dx}=1-y^2$

$\Rightarrow\dfrac{dy}{dx}=y'=\dfrac{1-y^2}{2xy+e^y}$。

1. $\dfrac{d}{dx}(f+g+\cdots)=\dfrac{d}{dx}f+\dfrac{d}{dx}g+\cdots$。
2. $\dfrac{d}{dx}(fg)=(\dfrac{df}{dx})(g)+(f)(\dfrac{dg}{dx})$。
3. 把有 $\dfrac{dy}{dx}$ 的項移到同一邊。

例題 5

$x^y = y^x$，求 y'。

解 $\ln x^y = \ln y^x$

$\Rightarrow y\ln x = x\ln y$ 對 x 微分，

$\frac{dy}{dx}\ln x + y\cdot\frac{1}{x} = \ln y + \frac{x}{y}\cdot\frac{dy}{dx}$

$\Rightarrow (\ln x - \frac{x}{y})\frac{dy}{dx} = \ln y - \frac{y}{x}$，

$\therefore y' = \frac{dy}{dx} = \frac{\ln y - \frac{y}{x}}{\ln x - \frac{x}{y}}$。

1. 原式兩邊各取 ln。
   即 $\ln x^y = \ln y^x$ 對 x 微分。
2. $D(f(g(x))) = f'(g(x))g'(x)$。
3. $D(fg) = (Df)(g) + f(Dg)$。

習題

1. 已知 $xy=1$，求 $\dfrac{dy}{dx}$。
2. $y^3-3y^2+2x=0$，求 $\dfrac{dy}{dx}$。
3. $f(x)=e^{2x}$，求 $f^{(n)}(x)$。
4. $f(x)=x^x$，求 $f'(x)$、$f''(x)$。
5. 設 $x=\dfrac{\sqrt{y}-1}{\sqrt{y}+1}$，求 y'。
6. $f(x)=\ln|2x+1|$，求 $f^{(n)}(x)$。
7. $f(x)=e^{2x}\cos 3x$，求 $f''(x)$。
8. $y=\dfrac{1}{(2x^2+4x-7)^5}$，求 y'。
9. $x^3-3xy+y^3=1$，求 y'。

簡答

1. $\dfrac{dy}{dx}=-\dfrac{y}{x}$
2. $\dfrac{dy}{dx}=\dfrac{-2}{3y^2-6y}$
3. $f^{(n)}(x)=2^n e^{2x}$
4. $f'(x)=x^x(\ln x+1)$，$f''(x)=x^x(\ln x+1)^2+\dfrac{x^x}{x}$
5. $y'=\sqrt{y}(\sqrt{y}+1)^2$
6. $f^{(n)}(x)=(-1)^{n-1}\dfrac{(n-1)!\cdot 2^n}{(2x+1)^n}$
7. $f''(x)=-5e^{2x}\cos 3x-12e^{2x}\sin 3x$
8. $y'=\dfrac{-20(x+1)}{(2x^2+4x-7)^6}$
9. $y'=\dfrac{x^2-y}{x-y^2}$

2-4 反函數的導函數 (Derivation of Inverse Functions)

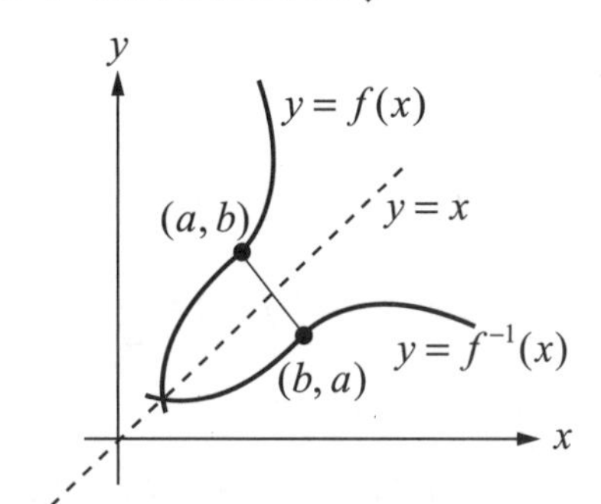

1. $f^{-1}(x)$ 是 $f(x)$的反函數。
2. 函數與反函數圖形對稱 $y = x$ 軸。
3. $f(x)$爲一對一函數才有反函數。
4. **反函數的連續性與導函數：**

   設 $f(x)$的定義域 D_f，並有反函數 $f^{-1}(x)$。

   (1) 若 $f(x)$在 D_f是連續，則 $f^{-1}(x)$ 在 $D_{f^{-1}}$ $(= R_f)$是連續。

   (2) 若 $f(x)$在 $x = c$ 點($c \in D_f$)可導，且 $f'(c) \neq 0$，則 $f^{-1}(x)$ 在 $f(c)$也可導。
5. **反函數的導函數：**

   反函數的導函數等於合成函數導函數的倒數。

   $$(f^{-1}(x))' = \frac{1}{f'(f^{-1}(x))} \text{。}$$

設 $f(x)$在區間 I 上可導，且有反函數 $g(x) = f^{-1}(x)$，則在 $f'(g(x)) = f'(f^{-1}(x)) \neq 0$ 時，$g'(x)$ 存在，$g'(x) = \dfrac{1}{f'(g(x))} \Rightarrow (f^{-1}(x))' = \dfrac{1}{f'(f^{-1}(x))}$，$f'(f^{-1}(x)) = f'(g(x)) \neq 0$。

註：

$\because f(g(x)) = x$，

$\therefore Df(g(x)) = Dx \Rightarrow D_g f(g(x)) \cdot Dg(x) = 1 \Rightarrow Dg(x) = \dfrac{1}{D_g f(g(x))}$，

$\because g(x) = f^{-1}(x)$，

$\therefore (f^{-1}(x))' = \dfrac{1}{f'(f^{-1}(x))}$。

例題 1

$f(x)=\frac{1}{4}x^3+x-1$，求(1)當 $x=3$，$x\in R_f$ 時，$f^{-1}(3)$ 爲何？(2)當 $x=3$，$x\in D_{f^{-1}}$ 時，$(f^{-1}(3))'$ 爲何？

解 (1) $f(x)=3\in D_{f^{-1}}$，亦是 $f(x)=3\in R_f$，

$\therefore$ 當 $x=$？時 $f(x)=\frac{1}{4}x^3+x-1=3\Rightarrow x^3+4x-16=0$，

利用綜合除法

$\therefore x^3+4x-16=0\Rightarrow(x-2)(x^2+2x+8)=0$，

即 $x=2$ 代入 $f(2)=\frac{1}{4}\times2^3+2-1=3$，$\because D_f=R_{f^{-1}}$，$\therefore f^{-1}(3)=2$，$2\in R_{f^{-1}}$。

(2) $f'(x)$存在，且 $f^{-1}(x)$ 亦存在，$g'(x)=(f^{-1}(x))'=\frac{1}{f'(f^{-1}(x))}$，

當 $x=3$，$(f^{-1}(3))'=\frac{1}{f'(f^{-1}(3))}=\frac{1}{f'(2)}$，

$\because f'(x)=\frac{3}{4}x^2+1$ $\quad\therefore f'(2)=\frac{3}{4}(2)^2+1=4$，

$\therefore (f^{-1}(3))'=\frac{1}{4}$。

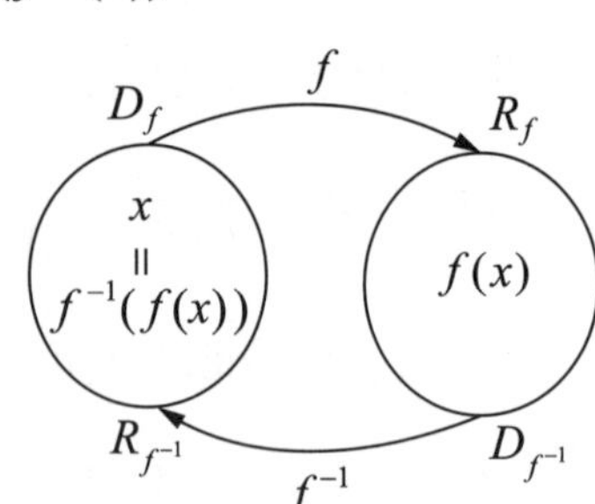

例題 2

$f(x)=2x+3$，求 $f^{-1}(x)$ 及 $(f^{-1}(x))'$。

解 $f(f^{-1}(x))=x$，$x\in D_{f^{-1}}=R_f$，

$\because f(x)=2x+3$，

$\therefore 2(f^{-1}(x))+3=x\Rightarrow f^{-1}(x)=\frac{x-3}{2}$，

$\because f^{-1}(x)=\frac{x-3}{2}$ $\quad\therefore (f^{-1}(x))'=\frac{1}{2}$。

> 利用 $f(f^{-1}(x))=x$，$x\in D_{f^{-1}}=R_f$。
>
> 可求 $f^{-1}(x)$，再對 $f^{-1}(x)$ 做導函數。

例題 3

$f(x)=\tan x$，求 $f^{-1}(x)$ 及 $(f^{-1}(x))'$。

解 (1) $f(f^{-1}(x))=x$，$x\in D_{f^{-1}}=R_f$，

$\because f(x)=\tan x$ $\therefore \tan(f^{-1}(x))=x$，又 $\because \tan(\tan^{-1}x)=x$，

$\therefore \tan(f^{-1}(x))=\tan(\tan^{-1}x)\Rightarrow f^{-1}(x)=\tan^{-1}x$。

(2) $f(x)=\tan x$，$f'(x)=\sec^2 x=1+\tan^2 x$

$$g'(x)=(f^{-1}(x))'=\frac{1}{f'(f^{-1}(x))}$$

$$=\frac{1}{f'(\tan^{-1}x)}=\frac{1}{1+\tan^2(\tan^{-1}x)}$$

$$=\frac{1}{1+(\tan(\tan^{-1}x))^2}=\frac{1}{1+x^2}$$ 。

1. $f(f^{-1}(x))=x$，$x\in D_{f^{-1}}=R_f$。
2. $\tan(\tan^{-1}x)=x$。
3. $1+\tan^2 x=\sec^2 x$。
4. $(f^{-1}(x))'=\dfrac{1}{f'(f^{-1}(x))}$。

習題

1. $f(x)=x^2+1$，$x\geq 0$，求 $f^{-1}(x)$ 及 $(f^{-1}(x))'$。

2. 試問下列函數 $f(x)$ 是否有反函數？若有求 $f^{-1}(x)$ 及 $(f^{-1}(x))'$。

   (1) $f(x)=3x-2$　(2) $f(x)=x^2$，$x\geq 0$。

簡答

1. $f^{-1}(x)=(x-1)^{\frac{1}{2}}$，$(f^{-1}(x))'=\dfrac{1}{2\sqrt{x-1}}$

2. (1) $f^{-1}(x)=\dfrac{x+2}{3}$，$(f^{-1}(x))'=\dfrac{1}{3}$

   (2) $f^{-1}(x)=\sqrt{x}$，$(f^{-1}(x))'=\dfrac{1}{2\sqrt{x}}$

2-5 微分（Differentiation）

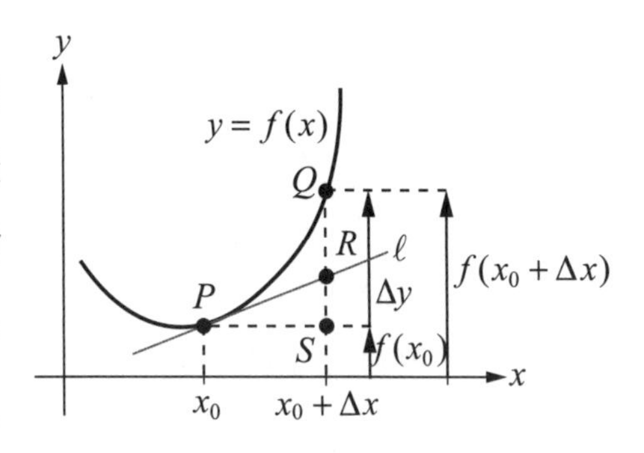

討論微分前，先介紹兩個符號。我們以Δ表示增量，例如Δx、Δy表示x與y的增量。以d表示微分量，例如dx、dy表示x、y之微分量。增量通常大於微分量，當$\Delta x \to 0$時dx可以代替Δx。

$y = f(x)$，且直線l爲過圖形上點P的切線。

當點$P(x_0, f(x_0))$沿圖形上至另一點$Q(x_0+\Delta x, f(x_0+\Delta x))$時，$x$值變化量$\Delta x$，$y$值變化量$\Delta y = f(x_0+\Delta x_0) - f(x_0) = \overline{QS} = \Delta f(x_0)$。

當$\Delta x \to 0$時，圖形上的點沿圖趨近於點P，可看出$\overline{QS}$與$\overline{RS}$會趨近相等，而直線l的斜率$f'(x_0) = \dfrac{\overline{RS}}{\Delta x}$，即$df(x_0, \Delta x) = \overline{RS} = f'(x_0)\Delta x$。

$$\begin{aligned}\lim_{\Delta x\to 0}\{\Delta y - \overline{RS}\} &= \lim_{\Delta x\to 0}\{[f(x_0+\Delta x) - f(x_0)] - f'(x_0)\Delta x\}\\ &= \lim_{\Delta x\to 0}\{[\frac{f(x_0+\Delta x) - f(x_0)}{\Delta x} - f'(x_0)]\Delta x\}\\ &= (\lim_{\Delta x\to 0}\frac{f(x_0+\Delta x) - f(x_0)}{\Delta x} - f'(x_0))\bullet(\lim_{\Delta x\to 0}\Delta x)\\ &= (f'(x_0) - f'(x_0))\bullet 0 = 0\end{aligned}$$

故得$\Delta y \doteqdot f'(x_0)\Delta x \Rightarrow dy = f'(x_0)\Delta x$，$dy$稱$f(x)$在點$x_0$的微分。

當Δx很小時，得$\Delta y \doteqdot dy$。

> 當Δx很小時，得$\Delta y \doteqdot dy$
> dy及$df(x_0, \Delta x)$皆稱$f(x)$在點x_0的微分
> $dy = df(x_0, \Delta x) = f'(x_0)\Delta x$。

定義： 設$f(x)$在點x_0可導，Δx爲x的微小變化量，則$df(x_0, \Delta x) = f'(x_0)\Delta x$，稱爲$f(x)$在點$x_0$的微分。

例題 1

若 $f(x)=x^2$，當 $x=1$，$\Delta x=0.01$，比較 $df(x_0,\Delta x)$與$\Delta f(x_0)$。

解 (1) $df(x_0,\Delta x)=f'(x_0)\Delta x$，$x_0=1$，$\Delta x=0.01$，

$f'(x)=2x$，$df(1,0.01)=f'(1)(0.01)=(2)(0.01)=0.02$。

(2) $\Delta f(x_0)=f(x_0+\Delta x)-f(x_0)$，

$\Delta f(1)=f(1+0.01)-f(1)=(1.01)^2-(1)^2=0.0201$。

例題 2

由$\Delta f(x_0)\doteqdot df(x_0,\Delta x)$，求 $\sqrt[3]{0.126}$ 近似值，取到小數 4 位。

解 令 $f(x)=\sqrt[3]{x}=x^{1/3}$，$f'(x)=\dfrac{1}{3}x^{-\frac{2}{3}}=\dfrac{1}{3x^{\frac{2}{3}}}$，取 $x_0=0.125$，$\Delta x=0.001$，

$\Delta f(x_0)=f(x_0+\Delta x)-f(x_0)=\sqrt[3]{0.126}-\sqrt[3]{0.125}=\sqrt[3]{0.126}-0.5$，

$df(x_0,\Delta x)=f'(x_0)\Delta x=\dfrac{1}{3(0.125)^{\frac{2}{3}}}\times 0.001=\dfrac{1}{3\times 0.25}\times 0.001=\dfrac{0.001}{0.75}$，

$\because \Delta f(x_0)\doteqdot df(x_0,\Delta x)$，

$\therefore \sqrt[3]{0.126}-0.5=\dfrac{0.001}{0.75}\Rightarrow \sqrt[3]{0.126}=0.5+0.0013=0.5013$。

例題 3

測量一球的半徑為 0.5 吋，可能誤差為 0.01 吋，問球體積的可能誤差為何？

解 球體積 V，半徑 r，

$\therefore V=\dfrac{4}{3}\pi r^3$，$V'=4\pi r^2$（球表面積），

球體積的可能誤差ΔV，$r_0=0.5$，$\Delta r=0.01$，

$\Delta V(r_0)\doteqdot dV(r_0,\Delta r)=V'(r_0)\Delta r$

$=4\pi(0.5)^2(0.01)=0.01\pi$ 吋^3。

1. 球體積 $V=\dfrac{4}{3}\pi r^3$。
2. $\Delta V(r_0)\doteqdot dV(r_0,\Delta r)$
   $dV(r_0,\Delta r)=V'(r_0)\Delta r$。

把符號 d 視爲運算子，對函數求微分，如 $d(x^2) = 2x\Delta x$，當 $f(x) = x$ 時，$df = dx = (1)\Delta x = \Delta x$，故微分的定義可寫成 $df(x) = f'(x)dx$，所學的導數公式，均可寫成微分形式。

設 f、g 爲可導，c 爲常數，則

1. $d(c) = 0$。
2. $d(f \pm g) = df \pm dg$。
3. $d(fg) = fdg + gdf$。
4. $d(\frac{f}{g}) = \frac{gdf - fdg}{g^2}$，$g \neq 0$。

例題 4

設 $x^2 + y^2 = 4$，求 dy。

解 $d(x^2 + y^2) = d(4)$

$\Rightarrow 2xdx + 2ydy = 0$

$\Rightarrow xdx + ydy = 0$

$\Rightarrow dy = -\frac{x}{y}dx$。

習題

1. $f(x)=x^2y^3$，求 df。
2. $x^2+y^2=4$ 求 dy。

3～6 題，利用微分性質，求下列近似值（取到小數 3 位）。

3. $\sqrt[6]{63.9968}$。
4. $\sin 1°$。
5. $(0.99)^4-3(0.99)^2+1$。
6. $xy=1$，求 dy。
7. $x^2-xy+y^2=4$，求 dy。
8. 當 $x \doteqdot 0$ 時，證 $\sin x \doteqdot x$。
9. 若一球的半徑爲 4 吋，表面塗上厚 0.01 吋的油漆，問所需油漆體積多少？

簡答

1. $df(x)=2xy^3dx+3x^2y^2dy$
2. $dy=-\dfrac{x}{y}dx$
3. 1.999
4. $\dfrac{\pi}{180}$
5. -0.98
6. $dy=-\dfrac{y}{x}dx$
7. $dy=\dfrac{2x-y}{x-2y}dx$
8. 略
9. $0.64\pi\ \text{in}^3$

3 導函數的應用

3-1 切線與法線方程式 (Tangent and Normal Equation)

在第 0 章有介紹過切線與法線方程式，那是高中範圍。本章介紹導函數應用的第一個應用，即利用導數求切線斜率。

1. 顯函數，$y = f(x)$，
   切線 L 的斜率 $m = f'(a)$，
   L 的方程式 $y - f(a) = f'(a)(x - a)$。

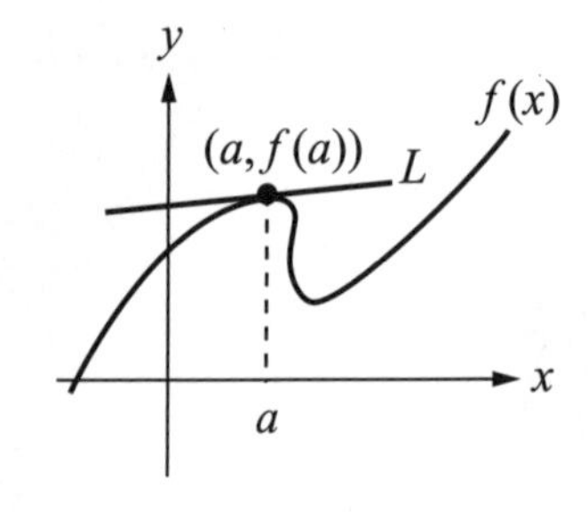

2. 隱函數，$F(x, y) = 0$，
   切線 L 的斜率 $m = \left.\dfrac{dy}{dx}\right|_{(a,\,b)}$，
   L 的方程式 $y - b = m(x - a)$。

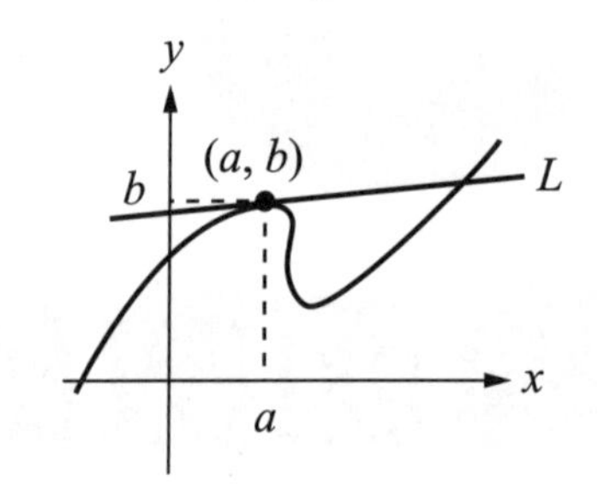

3. $f(x)$在$(c, f(c))$，
   若有垂直切線 L，
   其斜率不存在。

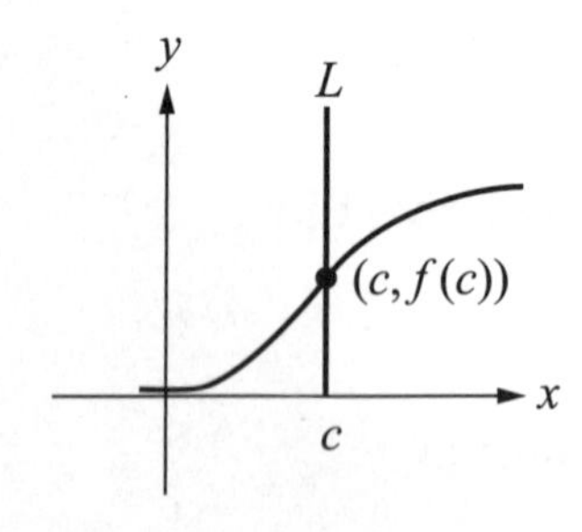

例題 1

求 $y=x^2$，過點(3, 9)的切線與法線方程式。

解 (1) $f(x)=y=x^2$，$f'(x)=2x$，$x=3$，$y=9$，

切線斜率 $m_1=f'(3)=2\times 3=6$，其方程式 $y-9=6(x-3)\Rightarrow 6x-y-9=0$。

(2) ∵切線斜率與法線率的關係為 $m_1\cdot m_2=-1$，

∴法線斜率 $m_2=-\dfrac{1}{m_1}=-\dfrac{1}{6}$，其方程式 $y-9=(-\dfrac{1}{6})(x-3)\Rightarrow x+6y-57=0$。

例題 2

求 $f(x)=x+\dfrac{1}{x}$，過點(1, 2)的切線與法線方程式。

解 (1) $f(x)=x+\dfrac{1}{x}$，$f'(x)=1+\dfrac{-1}{x^2}=1-\dfrac{1}{x^2}$，$x=1$，$y=2$，

切線斜率 $m_1=f'(1)=1-\dfrac{1}{1^2}=0$，其方程式 $y-2=(0)(x-1)\Rightarrow y=2$。

(2) 法線斜率 $m_2=-\dfrac{1}{m_1}=-\dfrac{1}{0}$不存在，無法線方程式。

例題 3

求 $xy^2=x-e^y$ 上，過點(1, 0)的切線與法線方程式。

解 (1) $\dfrac{d}{dx}(xy^2)=\dfrac{d}{dx}(x-e^y)\Rightarrow y^2+2xyy'=1-e^y\cdot y'$

$\Rightarrow(2xy+e^y)y'=1-y^2\Rightarrow y'=\dfrac{1-y^2}{2xy+e^y}$，$x=1$，$y=0$

切線斜率 $m_1=y'|_{(1,\,0)}=\dfrac{1-0^2}{2\times1\times0+e^0}=1$，

其方程式 $y-0=(1)(x-1)\Rightarrow x-y-1=0$。

> 函數求切線斜率 $m=y'|_{(a,b)}$。

(2) 法線斜率 $m_2=\dfrac{-1}{m_1}=-1$，其方程式 $y-0=(-1)(x-1)\Rightarrow x+y-1=0$。

習題

1. 求過函數 $f(x)=x^2-1$ 圖形上一點(2, 3)的切線、法線方程式。

2. 求過函數 $f(x)=\dfrac{2}{x}$ 圖形上一點(2, 1)的切線、法線方程式。

3. 若 $x^2+xy+y^2=7$，求通過此曲線上點(2, 1)的切線、法線方程式。

4. 求曲線 $\cos x+\ln y=2$ 在 $x=\dfrac{\pi}{2}$ 處的切線、法線方程式。

簡答

1. (1) $4x-y-5=0$

   (2) $x+4y-14=0$

2. (1) $x+2y-4=0$

   (2) $2x-y-3=0$

3. (1) $5x+4y-14=0$

   (2) $4x-5y-3=0$

4. (1) $y-e^2=e^2(x-\dfrac{\pi}{2})$

   (2) $y-e^2=\dfrac{-1}{e^2}(x-\dfrac{\pi}{2})$

3-2 洛爾定理與均值定理 (Roll's Theorem and Mean-Value)

本節是導函數應用的第二個應用，洛爾定理在介紹導數為 0 的條件，至於均值定理，在介紹若切線與割線平行，則割線的斜率等於切線斜率。

1. 洛爾定理：

令函數 $f(x)$在$[a, b]$（閉區間）連續，且在(a, b)（開區間）為可微分，若 $f(a)=f(b)$，則至少存在一點 $c\in(a, b)$，$\ni f'(c)=0$。

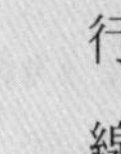

圖$\because f(a)=f(b)$，連接$(a, f(a))$、$(b, f(b))$兩點為一水平線，若 $c\in(a, b)$，通過 c 點的切線若平行於通過$(a, f(a))$、$(b, f(b))$兩點連線，表示此切線亦為水平線，切線斜率為 0，$\therefore f'(c)=0$。

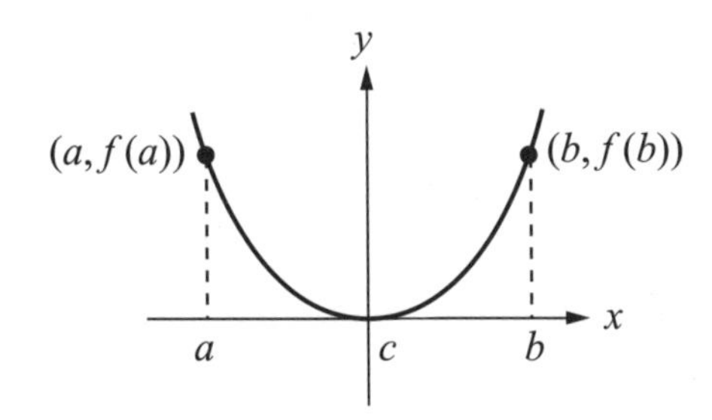

2. 均值定理：

令函數 $f(x)$在$[a, b]$上為連續，且在(a, b)上為可微分，則至少存在 $c\in(a, b)$，

$$\ni f'(c)=\frac{f(b)-f(a)}{b-a}$$。

1. 如圖通過$(a, f(a))$, $(b, f(b))$兩點的直線（割線）的斜率 $m=\dfrac{f(b)-f(a)}{b-a}$。
2. 通過 c、c_1、c_2 的直線（切線）平行於割線，故切線斜率 $f'(c)$等於割線斜率 m，即切線斜率 $f'(c)=\dfrac{f(b)-f(a)}{b-a}$。
3. 滿足 c 值不只一個值。

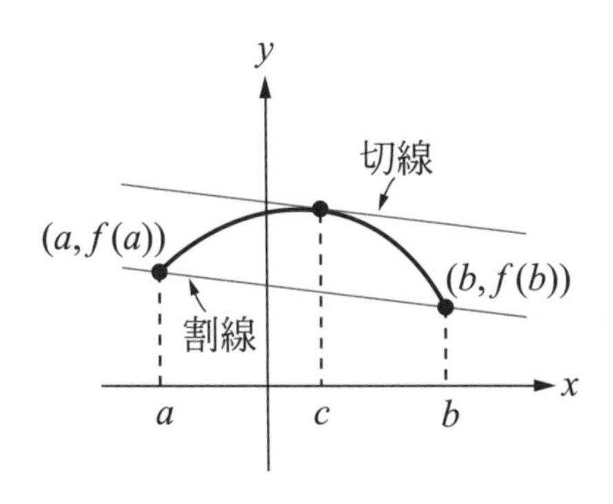

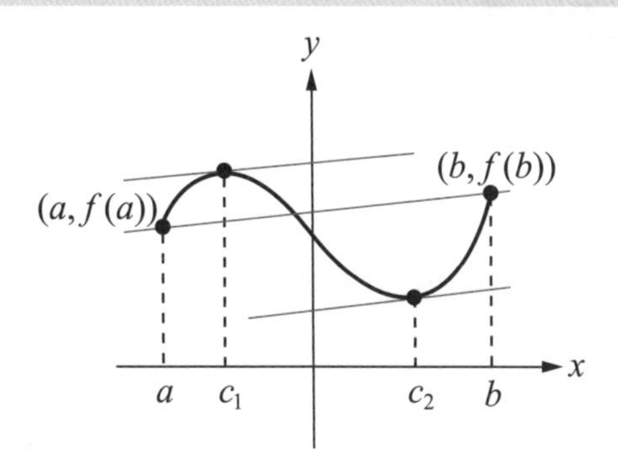

註：

(1) 在求 $f(x)$對 $x=a$ 的導數 $f'(a)=\lim\limits_{\Delta x\to 0}\dfrac{f(a+\Delta x)-f(x)}{\Delta x}=\lim\limits_{x\to a}\dfrac{f(x)-f(a)}{x-a}$ 。

(2) 勘根定理(Root Location Theorem)：
如圖，令 $f(x)$在$[a, b]$連續，且 $f(a)\cdot f(b)<0$，則至少存在一點 $c\in(a, b)$，$\ni f(c)=0$。

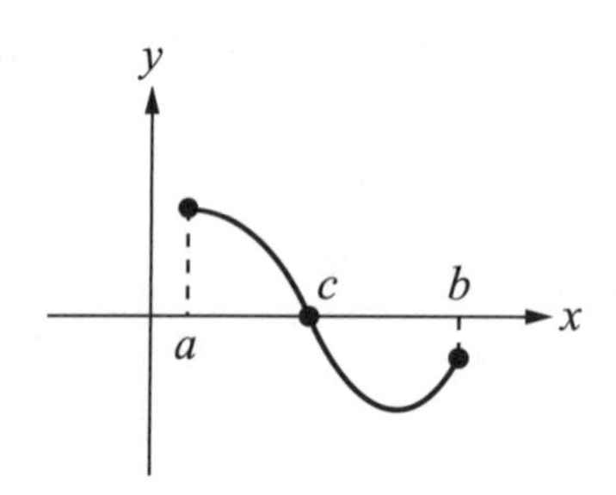

(3) 中間值定理(The Intermediate-Value Theorem)：
如圖，令 $f(x)$在$[a, b]$爲連續，且 k 介於 $f(a)$與 $f(b)$之間任一數，即 $f(a)<k<f(b)$，則在$[a, b]$上至少可找到一點 c，使得 $f(c)=k$。

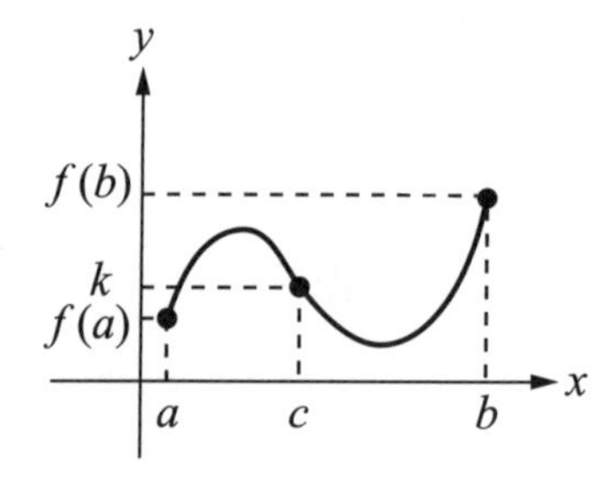

3. 均值定理對導函數的意義：

(1) 在幾何方面：
此定理保證至少有一條切線與過$(a, f(a))$及$(b, f(b))$的割線平行。

例題 1

$f(x)=5-\dfrac{4}{x}$，求所有在(1, 4)中的 c 值，滿足 $f'(c)=\dfrac{f(4)-f(1)}{4-1}$ 。

解 (1, 4)表開區間，故過$(1, f(1))$與$(4, f(4))$割線斜率爲
$\dfrac{f(4)-f(1)}{4-1}=\dfrac{(5-1)-(5-4)}{4-1}=1$，

由均值定理知，存在 $c \in (1, 4)$ 使得 $f'(c) = 1$，

$f'(x) = \dfrac{4}{x^2} \Rightarrow f'(c) = \dfrac{4}{c^2} = 1 \Rightarrow c^2 = 4 \Rightarrow c = \pm 2$，

$\because c \in (1, 4)$，$\therefore c = 2$。

(2) 保證在 (a, b) 開區間有一點的瞬間變率等於在 $[a, b]$ 的平均速率。

例題 2

兩輛警車停在彼此相距 5 哩，有一輛卡車通過第一輛警車時，速率是 55 哩／時（已到速限），4 分鐘，卡車通過第二輛警車，速率是 50 哩／時，證明卡車在 4 分鐘內的某一時刻有超速。

解 令卡車在 $t = 0$ 通過第一輛警車，在 $t = 4$ 分 $= \dfrac{1}{15}$ 小時時通過第二輛警車，再設 $S(t)$ 表卡車所走距離。

$t = 0$，$S(0) = 0$，$t = \dfrac{1}{15}$，$S(\dfrac{1}{15}) = 5$ 哩，

$\therefore$ 卡車的平均速率 $\overline{v_{sp}} = \dfrac{S(\frac{1}{15}) - 0}{\frac{1}{15} - 0} = \dfrac{5}{\frac{1}{15}} = 75$ 哩／時，若函數 $S(t)$ 可微，由均值定理知卡車在這 4 分鐘內的某一時刻，其速率為 75 哩／時，$75 > 55$ $\therefore$ 超速。

例題 3

$$f(x) = \begin{cases} x^2 - 4x + 5 & ,0 \le x \le 1 \\ \dfrac{2}{x} & ,1 < x \le 2 \end{cases}$$

滿足均值定理，求 c 值。

解 先決定 $x = 1$ 是否可微分

$$f'(a) = \lim_{x \to a} \frac{f(x) - f(a)}{x - a} \Rightarrow f'(1) = \lim_{x \to 1} \frac{f(x) - f(1)}{x - 1}$$

$$\Rightarrow \lim_{x\to 1}\frac{(x^2-4x+5)-(1^2-4\times 1+5)}{x-1}=\lim_{x\to 1}\frac{x^2-4x+3}{x-1}$$

$$=\lim_{x\to 1}\frac{(x-1)(x-3)}{x-1}=\lim_{x\to 1}(x-3)=-2\text{，}$$

表 $x=1$，在 $f(x)$可微分，$f'(x)=\begin{cases}2x-4, & 0\le x\le 1\\ \dfrac{-2}{x^2}, & 1<x\le 2\end{cases}$，

均值定理 $c\in(a,b)$，$f'(c)=\dfrac{f(b)-f(a)}{b-a}$ 知

$c\in[0,2]$，$a=0$，$b=2$，$f'(c)=\dfrac{f(2)-f(0)}{2-0}$，

$f(2)=\dfrac{2}{2}=1$，$f(0)=0^2-4\times 0+5=5$，

$\therefore f'(c)=\dfrac{1-5}{2-0}=-2$，當 $c\in[0,1)$，$f'(c)=2c-4=-2\Rightarrow c=1$，

$c\in[1,2]$，$f'(c)=-\dfrac{2}{c^2}=-2\Rightarrow c=\pm 1$，取 $c=1$，故 $c=1$。

例題 4

利用均值定理證明，$\forall x>0$，$\dfrac{x}{1+x^2}<\tan^{-1}x<x$。

解 令 $f(t)=\tan^{-1}t$，$t\in(0,x)$，$f'(t)=\dfrac{1}{1+t^2}$，

均值定理知，$\exists\, c\in(0,x)$，$\ni f'(c)=\dfrac{f(x)-f(0)}{x-0}$，

$f(x)=\tan^{-1}x$，$f(0)=\tan^{-1}0=0$，$f'(c)=\dfrac{1}{1+c^2}$，

$\therefore f'(c)=\dfrac{f(x)-f(0)}{x-0}\Rightarrow\dfrac{1}{1+c^2}=\dfrac{\tan^{-1}x}{x}\Rightarrow\tan^{-1}x=\dfrac{x}{1+c^2}$，

$\because c\in(0,x)\Rightarrow 0<c<x\Rightarrow 0<c^2<x^2\Rightarrow 1<1+c^2<1+x^2$

$$\Rightarrow 1>\frac{1}{1+c^2}>\frac{1}{1+x^2}\Rightarrow\frac{1}{1+x^2}<\frac{1}{1+c^2}<1\Rightarrow\frac{x}{1+x^2}<\frac{x}{1+c^2}<x\Rightarrow\frac{x}{1+x^2}<\tan^{-1}x<x\text{。}$$

習題

1. $f(x)=x^2+x-2$，$x\in[-1,1]$滿足均值定理，求 c 值。
2. $f(x)=\sqrt{x^2+9}$，$x\in[0,4]$滿足均值定理，求 c 值。
3. $f(x)=|x|$，$x\in[-1,2]$，均值定理是否可適用？請說明原因。

4～5 題，利用均值定理，證明各不等式。

4. $\dfrac{1}{11}<\sqrt{404}-\sqrt{400}<\dfrac{1}{10}$。
5. $\forall x>0$，$\dfrac{x}{1+x}<\ln(1+x)<x$。
6. A、B 兩地距離 240 km，某君一天由 A 開車至 B，共花了 2 小時，若速度爲變動的，則某君至少有一次違規超過速率上限 100 km，請說明理由。

$A\,x(0)$ $B\,x(2)$
0 240

簡答

1. $c=0$
2. $c=\sqrt{3}$
3. 不可適用，因 $f(x)$在 $x=0$ 不可微
4. 略
5. 略
6. 略

3-3 變率的應用(Application of Rate)

1. 有平均變率與瞬間變率兩種

連鎖律的應用

(1) 以隱函數微分求 $\dfrac{dy}{dx}$。

(2) 可找出 2 個以上各自與時間同時改變。

2. 定義：

(1) 函數 $f(x)$從點 $x=c$ 至 $x=c+\Delta x$ 的平均變率 $\dfrac{f(c+\Delta x)-f(c)}{\Delta x}$，亦即割線斜率。

(2) 函數 $f(x)$從點 $x=c$ 的瞬間變率 $f'(c)=\lim\limits_{\Delta x\to 0}\dfrac{f(c+\Delta x)-f(c)}{\Delta x}$，亦即切線斜率。

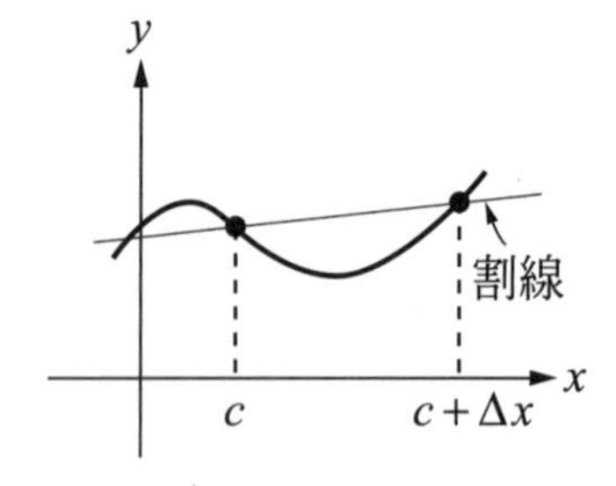

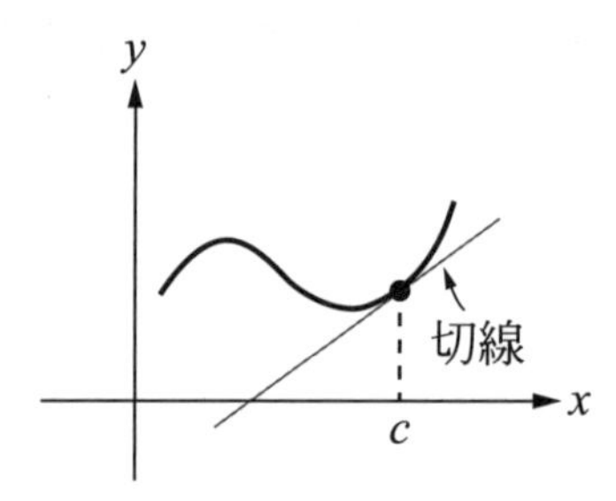

3. 公式：

(1) 半徑為 r 的球：體積 $V(r)=\dfrac{4}{3}\pi r^3$，表面積 $A(r)=4\pi r^2$。

(2) 直圓柱：半徑 r，高 h，體積 $V(r,h)=\pi r^2 h$，πr^2 表圓柱體底面積。
表面積 $A(r,h)=2\pi rh+2\pi r^2$，$2\pi r$ 周長，h 高，$2\pi rh$ 圓柱表面積，$2\pi r^2$ 上、下圓面積。

(3) 直圓錐：半徑 r，高 h，體積 $V(r,h)=\dfrac{1}{3}\pi r^2 h$，表面積
$A(r,h)=\pi r\sqrt{r^2+h^2}$。
此直角△表圓錐的一半，πr 半周長，$\sqrt{r^2+h^2}$ 斜邊長，如圖。

例題 1

1 個小石子，掉在平靜無波的池塘，引起一圈圈的漣漪，水波以圓出現在水平面上。已知最外圈的半徑對 t 的變率為 1.5 ft/s，即 $\frac{dr}{dt}=1.5$ ft/s，當 $r=6$ ft 時，擾動的水域面積 A 對 t 的變率為何？

解 r 與 A 的關係，$A=\pi r^2$ 對 t 微分，

$$\frac{dA}{dt}=\frac{dA}{dr}\times\frac{dr}{dt}=2\pi r\frac{dr}{dt}=(2\pi)(6)(1.5)=18\pi\ \text{ft}^2/\text{s}。$$

例題 2

以 5 ft^3/min 的速度將氣球充氣，當半徑為 2.5ft，求 $\frac{dr}{dt}$。

解 V：氣球體積，r：氣球半徑，已知 $\frac{dV}{dt}=5\ \text{ft}^3/\text{min}$，$V=\frac{4}{3}\pi r^3$ 對 t 微分，

$$\frac{dV}{dt}=\frac{dV}{dr}\times\frac{dr}{dt}=4\pi r^2\times\frac{dr}{dt}，\therefore 5=4\pi(2.5)^2\times\frac{dr}{dt}\Rightarrow\frac{dr}{dt}=\frac{5}{4\pi(2.5)^2}=\frac{0.2}{\pi}\ \text{ft/min}。$$

例題 3

飛機行經雷達附近，當雷達波追蹤到飛機時，波長 $S=9$ 哩，飛機高度 5.4 哩，S 以 300 哩／時的速率遞減，求飛機此時的速率。

解 令 x 為水平距離，當 $S=9$ 哩時，飛機高度 $h=5.4$ 哩，$x=\sqrt{9^2-5.4^2}=7.2$，如圖，已知 $S=9$ 哩時，$\frac{dS}{dt}=-300$ 哩／時，x 與 S 的關係 $5.4^2+x^2=S^2$，對 t 微分，

飛機
$s=9$
$h=5.4$
雷達
x

$$2x\frac{dx}{dt}=2S\frac{dS}{dt}\Rightarrow\frac{dx}{dt}=\frac{S}{x}\cdot\frac{dS}{dt}=\frac{(9)}{7.2}(-300)=-375\ 哩／時。$$

例題 4

圖爲連桿－活塞圖，連桿 7 in，曲柄 3 in，曲柄以逆時針旋轉，轉速 200 rpm，求活塞在 $\theta = \dfrac{\pi}{3}$ 時的速度。

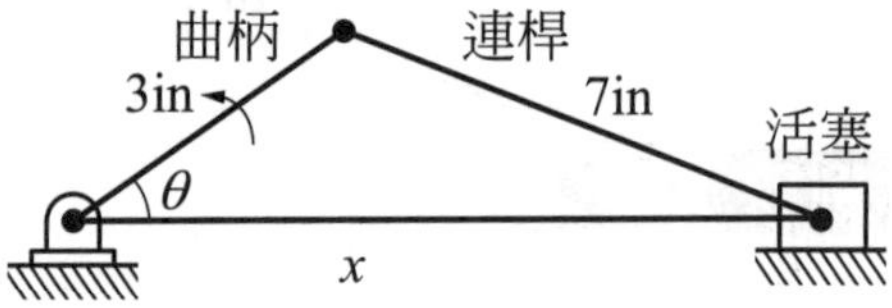

解 1 rev = 2π rad，200 rpm = $2\pi \times 200 = 400\pi$ rad/min $= \dfrac{d\theta}{dt}$，

x 與 θ 的關係 $7^2 = 3^2 + x^2 - 2(3)(x)(\cos\theta)$ 對 t 微分，

$$0 = 0 + 2x\frac{dx}{dt} - 6\left[\frac{dx}{dt}\cos\theta + x(-\sin\theta)\frac{d\theta}{dt}\right]$$

$$\Rightarrow \frac{dx}{dt} = \frac{6x\sin\theta}{6\cos\theta - 2x}\left(\frac{d\theta}{dt}\right)，$$

當 $\theta = \dfrac{\pi}{3}$，$7^2 = 3^2 + x^2 - 6x\left(\cos\dfrac{\pi}{3}\right)$

$\Rightarrow x^2 - 3x - 40 = 0 \Rightarrow (x-8)(x+5) = 0 \Rightarrow x = 8$，

$x = 8$ in，$\theta = \dfrac{\pi}{3}$，$\dfrac{dx}{dt} = \dfrac{6\times 8\times \sin\dfrac{\pi}{3}}{6\cos\dfrac{\pi}{3} - 2\times 8} \times 400\pi = -4018$ in/min。

習題

1. 一物體作直線運動，其位移函數為 $S(t)=2t^4+3t^2+t$，求 $t=2$s 時的(1)速度(2)加速度。

2. 半徑 $r=0.5$cm 的一圓硬幣受熱膨脹，已知半徑為 0.6 cm 時，半徑的膨脹速率為 0.01 cm/s，求硬幣面積的膨脹速率。

3. 有一燈塔距海岸線 3 km，以每分鐘 8 圈旋轉，試問當燈光與海岸線成 45°時，燈光沿海岸線移動的速度。

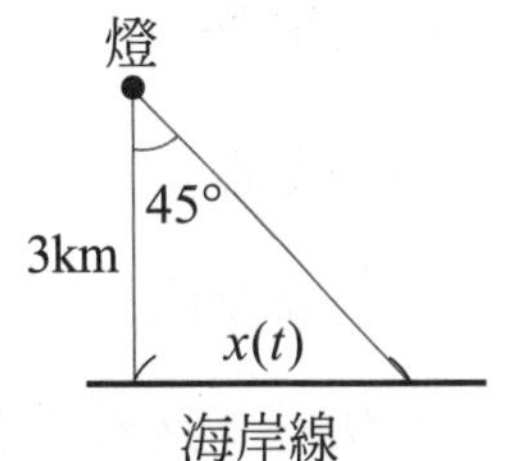

4. 路燈高 10m，離牆 20m，人高 6m 背向路燈以 2 m/s 向牆靠近，求人離牆 4m 處，影子在牆上移動的速率。

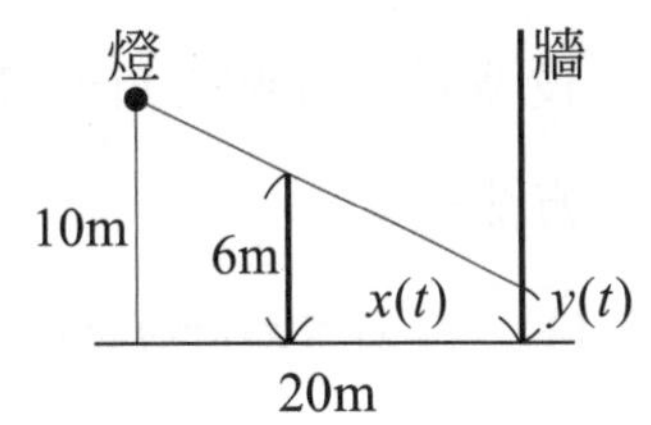

簡答

1. (1) 77 m/s
   (2) 102 m/s^2
2. 0.012π cm^2/s
3. 96π km/min
4. $\frac{5}{8}$ m/s ↑

3-4 單調函數、絕對極值、相對極值(Monotonic Function, Absolute and Relative Limit)

從本節開始在作畫函數圖形的準備。$f(x)$函數圖形，在區間 I，若線條一直上升，稱為遞增；若線條一直下滑，稱為遞減，不管遞增或遞減皆稱為單調。

單調函數

1. 單調函數：

找單調函數有兩種方法

方法一：比較函數值的大小。

方法二：導函數的正、負。

設區間 I 為函數 $f(x)$的定義域 D_f。

方法一：

(1) 若 $x_1 < x_2 \Rightarrow f(x_1) < f(x_2)$，$\forall x_1, x_2 \in I$，則稱 $f(x)$在 I 為遞增函數，如圖所示。

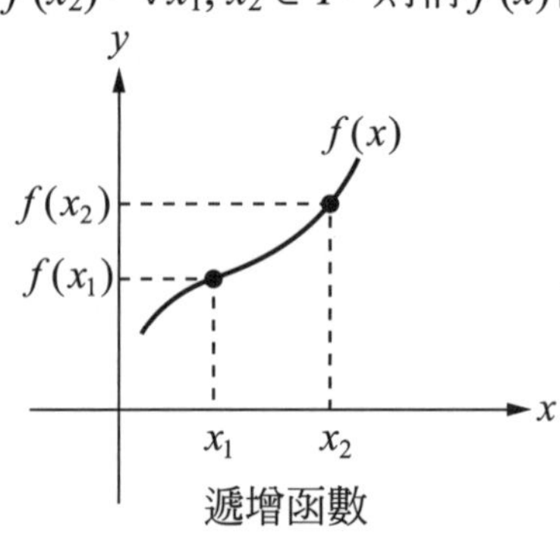

遞增函數

(2) 若 $x_1 < x_2 \Rightarrow f(x_1) > f(x_2)$，$\forall x_1, x_2 \in I$，則稱 $f(x)$在 I 為遞減函數，如圖所示。

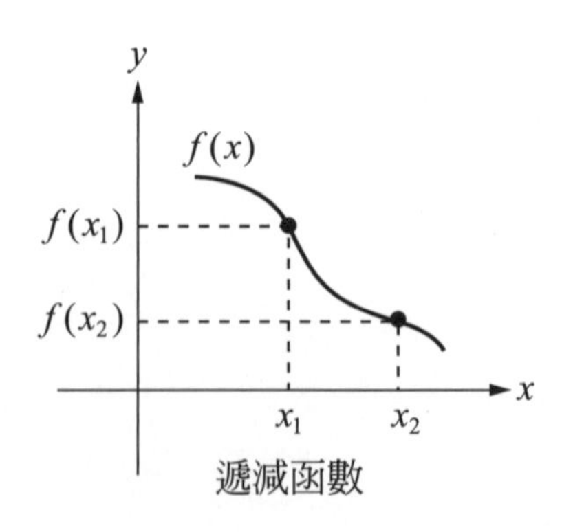

遞減函數

方法二：

若函數 $f(x)$在區間 I 為可微：

(1) 若 $f'(x) > 0$，$\forall x \in I$，則 $f(x)$在 I 為遞增函數，如圖所示。

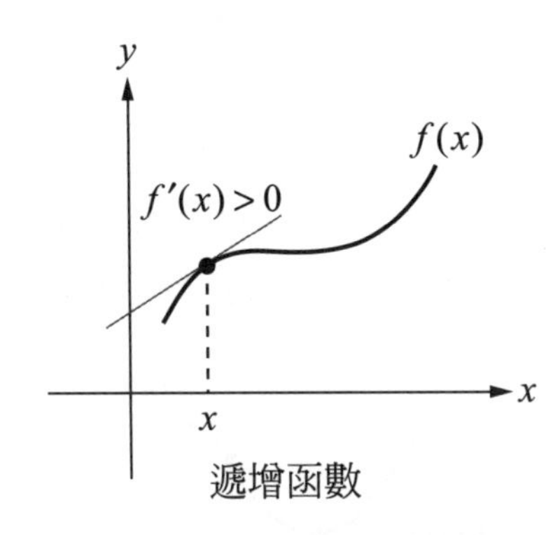

遞增函數

(2) 若 $f'(x) < 0$，$\forall x \in I$，則 $f(x)$在 I 為遞減函數，如圖所示。

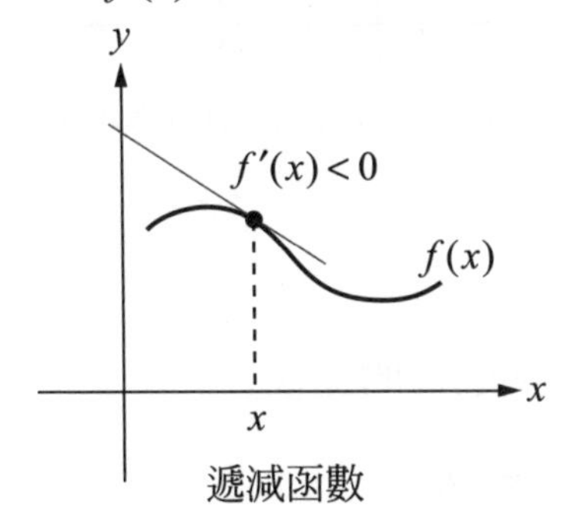

遞減函數

結論：$f(x)$在 I 都是遞增或遞減，則稱 $f(x)$在 I 為單調函數。

2. 臨界點（critical point）：

令 $x_0 \in D_f$，若 $f'(x_0) = 0$ 或 $f'(x_0)$不存在，則稱 x_0 為 $f(x)$的臨界點，臨界點不一定都存在 D_f。

絕對極值

1. 絕對極值：在閉區間內做函數值的比較

D_f為 $f(x)$的定義域，而 $D_f = [a, b]$，令 $x_0 \in [a, b]$

(1) 若$f(x_0)>f(x)$，$\forall x\in D_f$，稱$f(x_0)$為$f(x)$的絕對極大值，如圖。

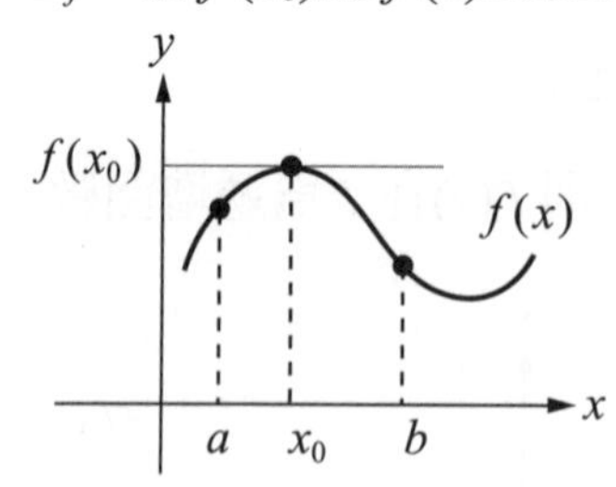

$f(x_0)$在$[a,b]$為絕對極大值

(2) 若$f(x_0)<f(x)$，$\forall x\in D_f$，稱$f(x_0)$為$f(x)$的絕對極小值，如圖。

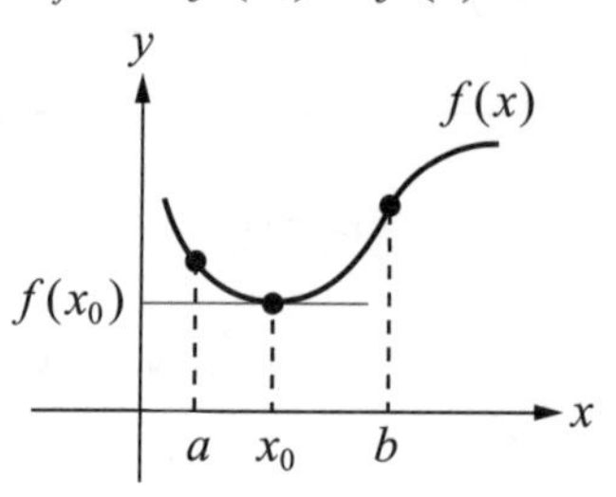

$f(x_0)$在$[a,b]$為絕對極小值

相對極值

1. 相對極值：在定義域內做函數值的比較

D_f為$f(x)$的定義域，令$x_0\in D_f$

(1) 若$\exists\,\delta>0$，$\ni f(x_0)>f(x)$，$\forall x\in(x_0-\delta,x_0+\delta)$，則稱$f(x_0)$為$f(x)$的相對極大值，如圖。

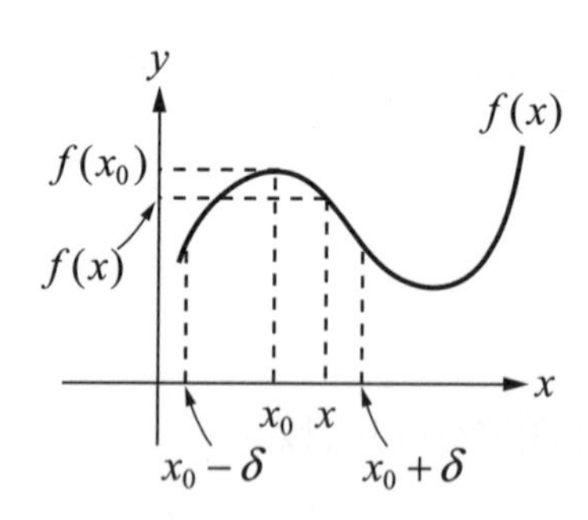

(2) 若$\exists\ \delta > 0$，$\ni f(x_0) < f(x)$，$\forall x \in (x_0 - \delta, x_0 + \delta)$，則稱$f(x_0)$爲$f(x)$的相對極小值，如圖。

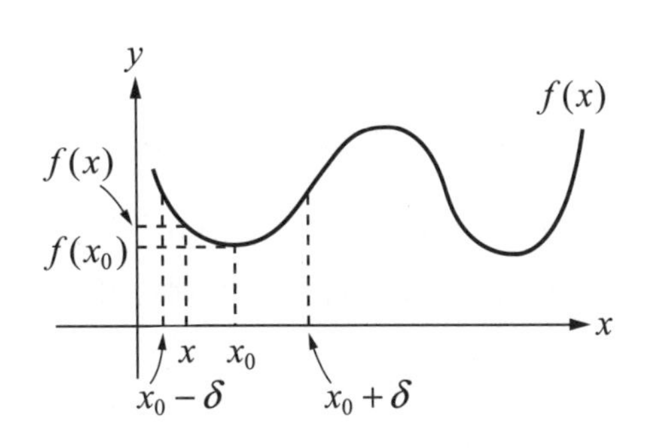

$f(x)$在$[a, b]$爲連續，$f(d)$爲絕對極小值，$f(b)$爲絕對極大值。

若以$f(x)$之$D_f = R$而言，$f(c)$爲相對極大值，$f(d)$爲相對極小值。

因c點爲尖點，$\therefore f'(c)$不存在，d點的切線爲水平，故$f'(d) = 0$。如圖

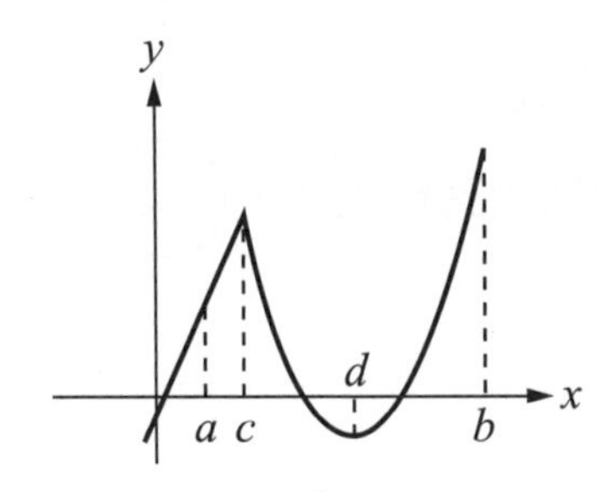

2. 在$I = [a, b]$求$f(x)$的絕對極值：

(1) 找出臨界點① $f'(x_0) = 0$ ② $f'(x_0)$不存在。

(2) 求在臨界點$f(x)$的值。

(3) 求$f(a)$、$f(b)$的值。

(4) 比較臨界點的$f(x_0)$及$f(a)$、$f(b)$的值的大小。

(5) 最大值表絕對極大值；最小值表絕對極小值。

3. 極值判別法：

(1) 一階導函數相對極值判別法：

令x_0爲$f(x)$的臨界點（$f'(x_0) = 0$及$f'(x_0)$不存在），則

① 若$\exists\delta>0$，$\ni f'(x)>0$，$\forall x\in(x_0-\delta,x_0)$；且$f'(x)<0$
$\forall x\in(x_0,x_0+\delta)$，則$f(x_0)$為$f(x)$的相對極大值，如圖示。

$$\begin{array}{c} \quad f'>0 \qquad f'<0 \\ \xrightarrow[\;x_0-\delta\;\nearrow\;x_0\;\searrow\;x_0+\delta\;]{}\ x \end{array}$$

② 若$\exists\delta>0$，$\ni f'(x)<0$，$\forall x\in(x_0-\delta,x_0)$；且$f'(x)>0$
$\forall x\in(x_0,x_0+\delta)$，則$f(x_0)$為$f(x)$的相對極小值，如圖示。

$$\begin{array}{c} \quad f'<0 \qquad f'>0 \\ \xrightarrow[\;x_0-\delta\;\searrow\;x_0\;\nearrow\;x_0+\delta\;]{}\ x \end{array}$$

(2) 二階導函數相對極值判別法：
令$x_0\in D_f$，且$f'(x_0)=0$或$f'(x_0)$不存在，求出臨界點。若$f''(x_0)$存在，則
① $f''(x_0)>0\Rightarrow f(x_0)$為相對極小值。(+‿+)
② $f''(x_0)=0$，此法失效。
③ $f''(x_0)<0\Rightarrow f(x_0)$為相對極大值。(−⌒−)

例題 1

$f(x)=x^{\frac{3}{2}}-3x^{\frac{1}{2}}$，求$f(x)$的臨界點。

解 $D_f=[0,\infty)$，$f'(x)=\dfrac{3}{2}x^{\frac{1}{2}}-\dfrac{3}{2}x^{-\frac{1}{2}}=\dfrac{3}{2}x^{-\frac{1}{2}}(x-1)=\dfrac{3}{2\sqrt{x}}(x-1)$，
令$f'(x)=0$，得$x=1\in D_f$，$f'(x)$不存在，得$x=0\in D_f$，
$\therefore f(x)$的臨界點$x=0,1$。

例題 2

$f(x)=\frac{1}{3}x^3-\frac{1}{2}x^2-2x+3$，$x\in[-2,3]$，求 $f(x)$的絕對極值。

解 $D_f=[-2,3]$，$f'(x)=x^2-x-2=(x-2)(x+1)$，

令 $f'(x)=0$，$(x-2)(x+1)=0\Rightarrow x=-1,2\in D_f$，

$x=-1,2$ 為 $f(x)$的臨界點，$x=-2,3$ 為端點，

$f(-2)=\frac{1}{3}(-2)^3-\frac{1}{2}(-2)^2-2(-2)+3=\frac{7}{3}$，

$f(-1)=\frac{1}{3}(-1)^3-\frac{1}{2}(-1)^2-2(-1)+3=\frac{25}{6}$，

$f(2)=\frac{1}{3}(2)^3-\frac{1}{2}(2)^2-2(2)+3=\frac{-1}{3}$，

$f(3)=\frac{1}{3}(3)^3-\frac{1}{2}(3)^2-2(3)+3=\frac{3}{2}$，

$\therefore$絕對極大值 $f(-1)=\frac{25}{6}$。絕對極小值 $f(2)=-\frac{1}{3}$。

例題 3

求 $f(x)=\frac{x^4+1}{x^2}$的相對極值。

解 $f(x)=\frac{x^4+1}{x^2}=x^2+x^{-2}$，$D_f=\mathbb{R}-\{0\}$，

$f'(x)=2x-2x^{-3}=\frac{2(x^4-1)}{x^3}=\frac{2(x^2+1)(x-1)(x+1)}{x^3}$，

令 $f'(x)=0$，$2(x^2+1)(x-1)(x+1)=0$，得 $x=-1,1$，

$f'(x)$不存在得 $x=0$，臨界點 $x=-1,0,1$，

相對極大值 $f(0)$，但不存在，

$\therefore$無相對極大值。

$f'<0$	$f'>0$	$f'<0$	$f'>0$
↘ -1	↗ 0	↘ 1	↗

相對極小值：$x=-1$，$f(-1)=\frac{(-1)^4+1}{(-1)^2}=2$；$x=1$，$f(1)=\frac{1^4+1}{1^2}=2$，

相對極小值 $f(-1)=f(1)=2$。

例題 4

求 $f(x)=\frac{1}{4}x^4-\frac{1}{2}x^2+5$ 的臨界點，遞增、遞減區間及相對極值。

解 $D_f=\mathbb{R}$，$f'(x)=x^3-x=x(x-1)(x+1)$，

令 $f'(x)=0$，得 $x=-1, 0, 1$，$\therefore$臨界點 $x=-1, 0, 1$。

遞增區間：$(-1, 0)\cup(1, \infty)$。

遞減區間：$(-\infty, -1)\cup(0, 1)$。

$f'<0$		$f'>0$		$f'<0$		$f'>0$
↘	-1	↗	0	↘	1	↗

$x=-1$，$f(-1)=\frac{1}{4}(-1)^4-\frac{1}{2}(-1)^2+5=\frac{19}{4}$，$f(0)=\frac{1}{4}(0)^4-\frac{1}{2}(0)^2+5=5$，

$f(1)=\frac{1}{4}(1)^4-\frac{1}{2}(1)^2+5=\frac{19}{4}$，

$\therefore$相對極大值 $f(0)=5$。相對極小值 $f(-1)=f(1)=\frac{19}{4}$。

例題 5

求 $f(x)=x-x^{\frac{2}{3}}$，$x\in[-1, 27]$的絕對極值。

解 $D_f=[-1, 27]$，$f'(x)=1-\frac{2}{3}x^{-\frac{1}{3}}=\frac{3\sqrt[3]{x}-2}{3\sqrt[3]{x}}$，令 $f'(x)=0$，$3\sqrt[3]{x}-2=0\Rightarrow x=(\frac{2}{3})^3=\frac{8}{27}$，

$f'(x)$不存在，$x=0$，臨界點 $x=0, \frac{8}{27}$，

$f'>0$		$f'<0$		$f'>0$
↗	0	↘	$\frac{8}{27}$	↗

$x=-1$，$f(-1)=(-1)-(-1)^{\frac{2}{3}}=-2$，

$x=0$，$f(0)=0$，$x=\frac{8}{27}$，$f(\frac{8}{27})=\frac{8}{27}-\frac{4}{9}=\frac{-4}{27}$，

$x=27$，$f(27)=27-(27)^{\frac{2}{3}}=27-9=18$，$\therefore$絕對極大值 18，絕對極小值$-2$。

例題 6

試證若 $x>0$，恆有 $xe^x-e^x+1>0$。

解 令 $f(x)=xe^x-e^x+1$，$f'(x)=e^x+xe^x-e^x=xe^x$，$f'(0)=0\cdot e^0=0$，

$\therefore f(x)$在$(0,\infty)$為遞增，故$\forall x>0$，$f(x)>0$，即 $xe^x-e^x+1>0$。

例題 7

$f(x)=\sqrt[3]{x^4}-2\sqrt[3]{x}$，求 $f(x)$的相對極值。

解 $D_f=\mathbb{R}$，$f(x)=x^{\frac{4}{3}}-2x^{\frac{1}{3}}$，$f'(x)=\frac{4}{3}x^{\frac{1}{3}}-\frac{2}{3}x^{-\frac{2}{3}}=\frac{2}{3}x^{-\frac{2}{3}}(2x-1)=\frac{2}{3\sqrt[3]{x^2}}(2x-1)$，

令 $f'(x)=0$，$2x-1=0\Rightarrow x=\frac{1}{2}$，

$f'(x)$不存在，$x=0$，臨界點 $x=0,\ \frac{1}{2}$，

$f'<0$	$f'<0$	$f'>0$
↘ 0	↘ $\frac{1}{2}$	↗

$x=\frac{1}{2}$，$f(\frac{1}{2})=(\frac{1}{2})^{\frac{4}{3}}-2(\frac{1}{2})^{\frac{1}{3}}$為相對極小值。

習題

求下列各函數的臨界點，遞增、遞減區間及相對極值。

1. $f(x)=3x^4-4x^3-12x^2+3$。
2. $f(x)=x^{\frac{4}{3}}-2x^{\frac{1}{3}}$。
3. $f(x)=x^2e^x$。
4. $f(x)=\dfrac{\ln x}{x}$。
5. $f(x)=|x-1|+2$，$x\in\mathrm{R}$。
6. $f(x)=\sqrt[3]{(x+1)^2}$。
7. $f(x)=\dfrac{x^2}{x^2+1}$。

簡答

1. 臨界點 $x=-1, 0, 2$，遞增區間：$(-1, 0)\cup(2, \infty)$，遞減區間：$(-\infty, -1)\cup(0, 2)$，相對極小值$-29, -2$，相對極大值 3。
2. 臨界點 $x=0, \dfrac{1}{2}$，遞增區間$(\dfrac{1}{2}, \infty)$，遞減區間$(-\infty, \dfrac{1}{2})$，無相對極大值，相對極小值 $(-\dfrac{3}{2})(\sqrt[3]{\dfrac{1}{2}})$。
3. 臨界點 $x=-2, 0$，遞增區間$(-\infty, -2)\cup(0, \infty)$，遞減區間$(-2, 0)$，相對極大值 $\dfrac{4}{e^2}$，相對極小值 0。
4. 臨界點 $x=0, e$，遞增區間$(0, e)$，遞減區間(e, ∞)，無相對極小值，相對極大值$\dfrac{1}{e}$。
5. 臨界點 $x=1$，遞增區間$(1, \infty)$，遞減區間$(-\infty, 1)$，無相對極大值，相對極小值 2。
6. 臨界點 $x=-1$，遞增區間$(-1, \infty)$，遞減區間$(-\infty, -1)$，無相對極大值，相對極小值 0。
7. 臨界點 $x=0$，遞增區間$(0, \infty)$，遞減區間$(-\infty, 0)$，無相對極大值，相對極小值 0。

3-5 極值的應用(Application of Limit)

學習求函數的極值，除幫助畫函數圖形外，就是應用在最佳化，例如最小成本、最大收益等。

例題 1

欲生產容量為 250c.c.的圓形柱密閉罐頭，求底半徑 r 與高 h 應分別多少，才能最省材料？

解 $250 = \pi r^2 h \Rightarrow h = \frac{250}{\pi}\cdot\frac{1}{r^2}$（$r$ 與 h 關係），

材料包含側面積與上、下圓蓋面積，

$A(r) = 2\pi rh + 2\pi r^2$，$2\pi rh$：側面積，$2\pi r^2$：上、下蓋面積，

$A(r) = 2\pi r(\frac{250}{\pi}\times\frac{1}{r^2}) + 2\pi r^2 = \frac{500}{r} + 2\pi r^2$，$r > 0$，

$A'(r) = -\frac{500}{r^2} + 4\pi r$，令 $A'(r) = 0$，$\frac{-500 + 4\pi r^3}{r^2} = 0$，

$-500 + 4\pi r^3 = 0 \Rightarrow r^3 = \frac{125}{\pi} \Rightarrow r = \frac{5}{\sqrt[3]{\pi}}$，

$A' < 0$ ↘ $\frac{5}{\sqrt[3]{\pi}}$ ↗ $A' > 0$

$\therefore r = \frac{5}{\sqrt[3]{\pi}}$ cm 為相對極小，

$h = \frac{250}{\pi}\times\frac{1}{(\frac{5}{\pi^{\frac{1}{3}}})^2} = \frac{250}{\pi}\times\frac{\pi^{\frac{2}{3}}}{25} = \frac{10}{\sqrt[3]{\pi}}$ cm。

或 $A''(r) = \frac{1000}{r^3} + 4\pi > 0$ (+ +)，$r = \frac{5}{\sqrt[3]{\pi}}$ cm 為相對極小，

故最省材料，$r = \frac{5}{\sqrt[3]{\pi}}$ cm，$h = \frac{10}{\sqrt[3]{\pi}}$ cm。

例題 2

求拋物線 $y=x^2$ 上哪一點與點(3, 0)的距離最近？

解 設 $P(x, y)$為拋物線上任一點，

$P(x, y)$與(3, 0)的距離，

$d=\sqrt{(x-3)^2+(y-0)^2}=\sqrt{x^4+x^2-6x+9}$，

令 $D(x)=x^4+x^2-6x+9$，

$D'(x)=4x^3+2x-6=(x-1)(4x^2+4x+6)$，

令 $D'(x)=0$，$(x-1)(4x^2+4x+6)=0$，

$x-1=0\Rightarrow x=1$，臨界點 $x=1$，

$x=1$，$y=1^2=1$，

$\therefore(1, 1)$距(3, 0)最近，$d=\sqrt{1^4+1^2-6\times1+9}=\sqrt{5}$。

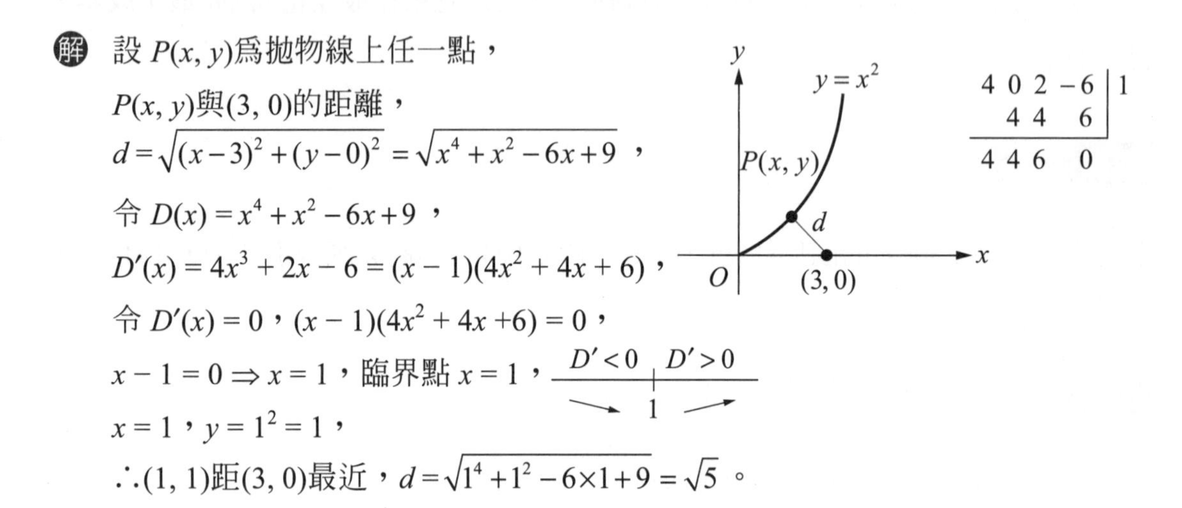

例題 3

設某產品售價 60 元時，其每月銷售量 9000 件，今廠商欲提高售價以增加收入，但市場調查知該產品每調高售價 1 元，其月銷售額會減少 120 件，求售價應訂多少元才能有最大月收入，最大收入額為何？

解 設售價應調高 x 元，即新售價為$(60+x)$元，

則月收入 $R(x)=(60+x)(9000-120x)=-120x^2+1800x+540000$，

$R'(x)=-240x+1800$，令 $R'(x)=0$，$-240x+1800=0\Rightarrow x=7.5$，

$R''(x)=-240<0$ (☹)，$R(7.5)$為相對極大值，亦為絕對極大值，

$\therefore$售價應訂為 67.5 元才有最大月收入。

最大月收入 $R(7.5)=-120(7.5)^2+1800(7.5)+540000=546750$ 元。

例題 4

製造商想要設計一個正方形爲底，表面積 108 in^2 的開口箱子，如何設計才會有最大體積？

解 設正方形邊長爲 x in，高爲 h in，箱子體積 $V = x^2h$，

箱子表面積 A =底面積+ 4 個邊面積= $x^2 + 4xh = 108$，

$h = \dfrac{108 - x^2}{4x}$ 代入 $V = x^2(\dfrac{108 - x^2}{4x}) = 27x - \dfrac{1}{4}x^3$，

$\dfrac{dV}{dx} = \dfrac{d}{dx}(27x - \dfrac{1}{4}x^3) = 27 - \dfrac{3}{4}x^2$，令 $\dfrac{dV}{dx} = 0$，

$x^2 = 36 \Rightarrow x = \pm 6$（負不合），$x = 6$ in 臨界點，

$V' > 0$ $V' < 0$
0 → 6 →

$x = 6$ 有極大值，$h = \dfrac{108 - 6^2}{4 \times 6} = 3\text{in}$，

$\therefore x = 6$ in，$h = 3$ in，可得 $V_{max} = 6^2 \times 3 = 108\ in^3$。

例題 5

一張長方形的紙需印 24 in^2 面積，紙上、下要留 $1\frac{1}{2}$ in 的間距，左、右要留 1 in 的間距，求面積最小的紙要多大尺寸？

解 令 A 爲紙的面積，$A = (x + 3)(y + 2)$，

印刷面積 $xy = 24 \Rightarrow y = \dfrac{24}{x}$，代入 A，

$A(x) = (x + 3)(\dfrac{24}{x} + 2) = 24 + 2x + \dfrac{72}{x} + 6 = 30 + 2x + \dfrac{72}{x}$，

$A'(x) = 2 - \dfrac{72}{x^2}$，令 $A'(x) = 0$，$2 - \dfrac{72}{x^2} = 0 \Rightarrow x^2 = 36$，

$x = \pm 6$（取正），臨界點 $x = 6$，

$A' < 0$ $A' > 0$
→ 6 →

$x = 6$，$A(6) = 30 + 2 \times 6 + \dfrac{72}{6} = 54\ in^2$ 最小面積。

$x = 6$，$24 = (6)(y) \Rightarrow y = 4$，故長方形紙張長 $6 + 3 = 9$ in，寬 $4 + 2 = 6$ in。

1″ y″ 1″
$1\frac{1}{2}$″
x″
$1\frac{1}{2}$″

物理學家、工程師常以 dy 來近似 Δy。儀器量度時所引起誤差，如若量出的值為 x，而真正的值為 $x+\Delta x$，Δx 表量度誤差，再用量值 x 來求出另一類型的量 $f(x)$，故 $f(x+\Delta x)$與 $f(x)$的差，稱為傳遞誤差，$f(x+\Delta x)-f(x)=\Delta y$。

註：Δy：傳遞誤差；Δx：量度誤差；$x+\Delta x$：準確值。

例題 6

測量球軸承的半徑為 0.7 in，誤差± 0.01 in，估計球軸承的傳遞誤差 Δy，此傳遞誤差是大於還是小於已知誤差？

解 $V=\frac{4}{3}\pi r^3$，$r=0.7$ in，誤差範圍$-0.01<\Delta r\leq 0.01$，傳遞誤差Δy：$\frac{dV}{dr}=4\pi r^2$，

因 $\Delta V \doteqdot dV=4\pi r^2 dr=4\pi(0.7)^2(\pm 0.01)=\pm 0.0616\ \text{in}^3$（傳遞誤差），

相對誤差：$\frac{dV}{V}=\frac{4\pi r^2 dr}{\frac{4}{3}\pi r^3}=\frac{3dr}{r}=\frac{3}{0.7}(\pm 0.01)=\pm 0.0429=4.29\%$，

由已知誤差 $\Delta r=\pm 0.01$ in，求出的傳遞誤差 $\Delta y=\pm 0.06$ in，

故傳遞誤差大於已知誤差。

習題

1. 設兩正數 x、y 的和爲 120，則 x、y 的值應分別多少，方可使 x^2+2y^2 的值爲最小。
2. 有一矩形的周長爲 ℓ，則矩形的長、寬各爲多少，方可使該矩形的面積最大。
3. 求內接於半徑爲 r 的圓且具有最大面積的矩形尺寸。

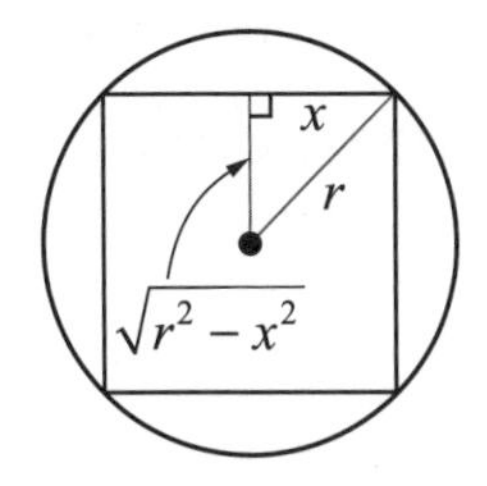

4. 求內接於半徑 R 的球，且具有最大體積的正圓柱體尺寸。

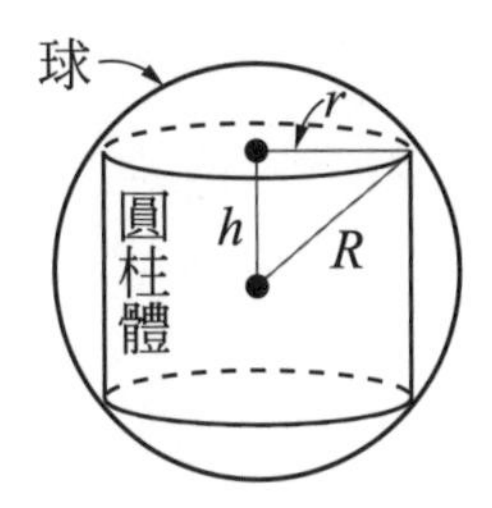

5. 某果園主人估計，若每畝栽種 25 棵果樹，則每棵果樹平均有 525 個產量，但若多種一棵果樹，則每棵果樹會減少 15 個產量。請問該果園每畝應種幾棵果樹，方可使產量達到最大？
6. 某民宿目前每房價格爲 1500 元，每天可租出 40 間房，今該民宿擬提高房價以增加收入，但依市場調查發現，每增加 100 元住房價格，則每天會減少 2 間住房，請問住房價格應訂爲多少，可使民宿收入最高？
7. 一條鐵線長 100cm，切成兩段，一段彎成圓，而另一段彎成正方形，請問如何切，才能使總面積爲最小？
8. 某製造廠每月生產 x 台電扇的總成本爲 $C(x)=75+5x+0.03x^2$，請問生產水準 x 爲多少時，其每台的平均單位成本爲最小？

9. 有一養鴨人家，想要在一條河的河畔用籬笆圍成一矩形區域；已知該養鴨戶有 100 m 的籬笆可運用，試問該養鴨戶應如何圍，才能圍成的區域爲最大？

10. 某產品當售價爲 P 時，可售出 x 件，且 $P = 10 - 0.001x$，若生產 x 件該產品的總成本爲 $C(x) = 1800 + 3x$，求使利潤最大的產量。

    $x = 3500$，$R(3500)$爲最大值，故生產 3500 件可使利潤最大。

11. 某電器的需求與售價的關係爲 $x = 2000 - 80P$，x 爲每月以售價 P 售出的件數，請問售價 P 應多少，才可使銷售收入最大？

簡答

1. $x = 80$，$y = 40$
2. 長爲 $\frac{\ell}{4}$，寬亦爲 $\frac{\ell}{4}$
3. 長爲 $\sqrt{2}r$ 、寬爲 $\sqrt{2}r$
4. 高 $\frac{2}{\sqrt{3}}R$，半徑 $\sqrt{\frac{2}{3}}R$
5. 30 棵
6. 1750
7. 圓周長 $\frac{100\pi}{\pi+4}$ cm，正方形周長 $\frac{400}{\pi+4}$ cm
8. 50
9. 沿河岸的長 25 m
10. 3500 件
11. 12.5

3-6 函數的凹向與反曲點(Concave and Inflection Point)

函數圖形大都爲曲線，而曲線有它的凹性，上凹與下凹的連接點就是反曲點。

函數的凹向

函數的曲線凹向性有 2 種方法可判定

1. 一階導函數：

若 $f'(x)$爲遞增（$f'(x) > 0$），則曲線凹口向上，如圖示。

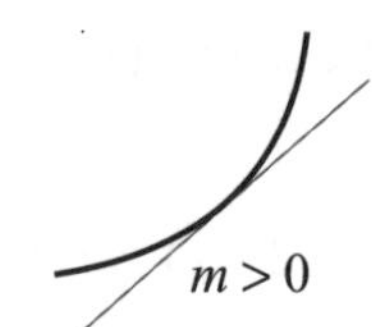

若 $f'(x)$爲遞減（$f'(x) < 0$），則曲線凹口向下，如圖示。

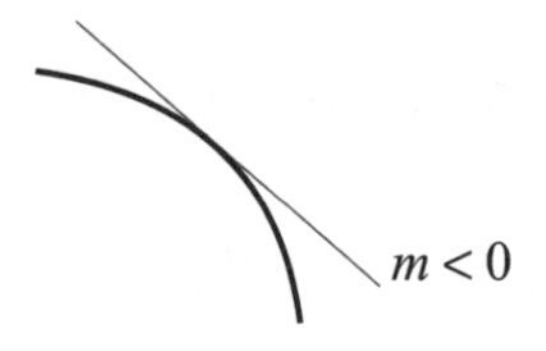

2. 二階導函數：

若 $f''(x) > 0$，$\forall x \in I$，

則 $f(x)$圖形在 I 爲凹向上。

若 $f''(x) < 0$，$\forall x \in I$，

則 $f(x)$圖形在 I 爲凹向下。

> 反曲點的條件若 x_0 爲 $f(x)$的反曲點，則
>
> (1) $f''(x_0) = 0$。
>
> (2) $f''(x_0)$不存在。

反曲點

反曲點： 設 $f(x)$在 x_0 點連續，若存在 $\delta > 0$，使得

1. $f''(x) > 0$，$\forall x \in (x_0 - \delta, x_0)$，且 $f''(x) < 0$，$\forall x \in (x_0, x_0 + \delta)$。
2. $f''(x) < 0$，$\forall x \in (x_0 - \delta, x_0)$，且 $f''(x) > 0$，$\forall x \in (x_0, x_0 + \delta)$。

則稱 x_0 爲 $f(x)$ 的反曲點，如圖。

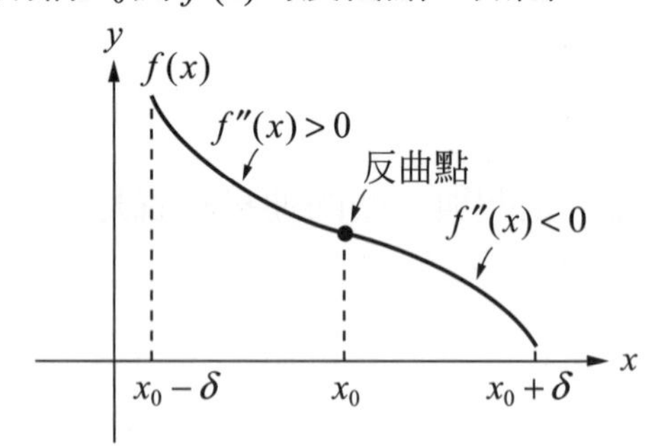

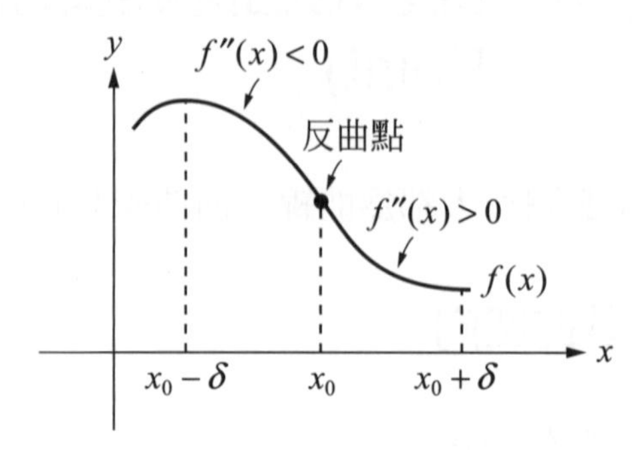

例題 1

$f(x)=8x^{\frac{1}{3}}+x^{\frac{4}{3}}$，求 $f(x)$ 的上、下凹區間及 $f(x)$ 的反曲點。

解 $D_f=\mathbb{R}$，$f'(x)=\frac{8}{3}x^{-\frac{2}{3}}+\frac{4}{3}x^{\frac{1}{3}}=\frac{4}{3}x^{-\frac{2}{3}}(2+x)$，$f''(x)=-\frac{16}{9}x^{-\frac{5}{3}}+\frac{4}{9}x^{-\frac{2}{3}}=\frac{4}{9}x^{-\frac{5}{3}}(-4+x)$，

令 $f''(x)=0$，$-4+x=0\Rightarrow x=4$，

$f''(x)$ 不存在，$x=0$，∴反曲點 $x=0, 4$，

$f''>0$ | $f''<0$ | $f''>0$ （分界點 0、4）

$f(x)$ 的上凹區間 $(-\infty, 0)\cup(4, \infty)$。下凹區間 $(0, 4)$。

例題 2

$f(x)=\frac{1}{3}x^3-x^2-3x+6$，求 $f(x)$ 的臨界點、相對極值、反曲點，上、下凹區間。

解 $D_f=\mathbb{R}$，$f'(x)=x^2-2x-3$，令 $f'(x)=0$，

$x^2-2x-3=0\Rightarrow(x-3)(x+1)=0$，

得 $x=-1, 3$，臨界點 $x=-1, 3$。

$f'(x)>0$ ↗ | -1 | $f'(x)<0$ ↘ | 3 | $f'(x)>0$ ↗

$x=-1$，$f(-1)=\frac{1}{3}(-1)^3-(-1)^2-3(-1)+6=\frac{23}{3}$為相對極大值。

$x=3$，$f(x)=\frac{1}{3}(3)^3-3^2-3(3)+6=-3$為相對極小值。

$f''(x)=2x-2=2(x-1)$，令$f''(x)=0$，

$2(x-1)=0\Rightarrow x=1$，$x=1$為反曲點。

$f''(x)<0$ | $f''(x)>0$ (分界點 1)

$f(x)$的下凹區間$(-\infty, 1)$。上凹區間$(1, \infty)$。

例題 3

$f(x)=\dfrac{x^2+1}{x^2-4}$，求$f(x)$的上、下凹區間與反曲點。

解 $f(x)$不存在，$x^2-4=0\Rightarrow(x-2)(x+2)=0$，

得$x=-2, 2$，$D_f=R-\{-2, 2\}$，

$$f'(x)=\frac{(x^2-4)(2x)-(x^2+1)(2x)}{(x^2-4)^2}=\frac{-10x}{(x^2-4)^2},$$

$$f''(x)=\frac{(x^2-4)^2\cdot(-10)-2(x^2-4)\cdot 2x\cdot(-10x)}{(x^2-4)^4}$$

$$=\frac{(x^2-4)[(-10x^2+40)+40x^2]}{(x^2-4)^4}=\frac{10(3x^2+4)}{(x^2-4)^3},$$

因$f''(x)\neq 0$，$f''(x)$不存在，得$x=-2, 2$，

反曲點$x=-2, 2$，

$f''(x)>0$ | $f''(x)<0$ | $f''(x)>0$ (分界點 -2、2)

$f(x)$的上凹區間：$(-\infty, -2)\cup(2, \infty)$，下凹區間$(-2, 2)$。

習題

求下列各函數的臨界點，遞增、遞減區間，相對極值、凹性區間、反曲點。

1. $f(x)=8x^{\frac{1}{3}}+x^{\frac{4}{3}}$。
2. $f(x)=x(\ln x)^2$。
3. $f(x)=xe^{x^3}$。
4. $f(x)=e^{x^2}$。
5. $f(x)=|x|$。
6. $f(x)=\dfrac{x+1}{x-3}$。

簡答

1. 臨界點 $x=-2, 0$，遞增區間：$(-2, \infty)$，遞減區間$(-\infty, -2)$，相對極小值$-6\sqrt[3]{2}$，無相對極大值，上凹區間：$(-\infty, 0)\cup(4, \infty)$，下凹區間：$(0, 4)$，反曲點$(0, 0)$及$(4, 12\sqrt[3]{4})$。
2. 臨界點 $x=\frac{1}{e^2}, 1$，遞增區間$(0, \frac{1}{e^2})\cup(1, \infty)$，遞減區間$(\frac{1}{e^2}, 1)$，相對極大值$\frac{4}{e^2}$，相對極小值 0，上凹區間$(e^{-1}, \infty)$，下凹區間$(0, e^{-1})$，反曲點$(\frac{1}{e}, \frac{1}{e})$。
3. 臨界點 $x=-\frac{1}{\sqrt[3]{3}}$，遞增區間$(-\frac{1}{\sqrt[3]{3}}, \infty)$，遞減區間$(-\infty, -\frac{1}{\sqrt[3]{3}})$，無相對極大值，相對極小值$-\frac{1}{\sqrt[3]{3}}e^{-\frac{1}{3}}$，凹向上區間：$(-\sqrt[3]{\frac{4}{3}}, \infty)$，凹向下區間：$(-\infty, -\sqrt[3]{\frac{4}{3}})$，反曲點$(-\sqrt[3]{\frac{4}{3}}, (-\sqrt[3]{\frac{4}{3}})e^{-\frac{4}{3}})$。
4. 臨界點 $x=0$，無相對極大值，相對極小值 1，無反曲點，凹向上區間$(-\infty, \infty)$。
5. 臨界點 $x=0$，遞增區間$(0, \infty)$，遞減區間$(-\infty, 0)$，無相對極大值，相對極小值 0，無凹性及反曲點。
6. 臨界點 $x=3$，遞增區間無，遞減區間 $\mathrm{R}-\{3\}$，反曲點 $x=3$，凹向上區間$(3, \infty)$，凹向下區間$(-\infty, 3)$。

3-7 函數圖形(Geometry Representation of Function)

我們已學過了漸近線、遞增、遞減、臨界點、極值、凹性、反曲點等，本節把它們綜合畫函數圖形。

步驟：

1. 決定 D_f。
2. 決定 $f(x)$的漸近線（若有的話）。
   (1) $x=a$ 為 $f(x)$的垂直漸近線，即 $\lim_{x\to a^+} f(x)=\pm\infty$，$\lim_{x\to a^-} f(x)=\pm\infty$。
   (2) $y=\ell$ 為 $f(x)$的水平漸近線，即 $\lim_{x\to\pm\infty} f(x)=\ell$。
   (3) 斜漸近線 $y=f(x)=mx+b$，m 為斜率，$m=\lim_{x\to\pm\infty}\frac{f(x)}{x}$，$b=\lim_{x\to\pm\infty}(f(x)-mx)$。
3. 求臨界點、決定極值。
4. 求反曲點，決定 $f(x)$的凹性。
5. 求 $f(x)$的截距。

例題 1

$f(x)=3x^4+4x^3$，求 $f(x)$的圖形。

解 (1)$D_f=R$，(2)無漸近線，(3)求臨界點

$f'(x)=12x^3+12x^2=12x^2(x+1)$，

令 $f'(x)=0$，$12x^2(x+1)=0$，

得 $x=-1, 0$（臨界點），

$f'<0$	$f'>0$	$f'>0$
↘ -1	↗ 0	↗

$x=-1$，$f(-1)=3(-1)^4+4(-1)^3=-1$（相對極小值）。

(4) 反曲點

$f''(x)=36x^2+24x=12x(3x+2)$，

令 $f''(x)=0$，$12x(3x+2)=0$，

得 $x=-\dfrac{2}{3},0$，反曲點 $x=-\dfrac{2}{3},0$，

$f''>0$ | $f''<0$ | $f''>0$ ；$-\dfrac{2}{3}$，0

$f(x)$的上凹區間$(-\infty,-\dfrac{2}{3})\cup(0,\infty)$，

$f(x)$的下凹區間$(-\dfrac{2}{3},0)$，

$f(-\dfrac{2}{3})=3(-\dfrac{2}{3})^4+4(-\dfrac{2}{3})^3=-\dfrac{16}{27}$，

$f(0)=3(0)^4+4(0)^3=0$。

(5) 截距

$y=0$，$3x^4+4x^3=0$

$\Rightarrow x^3(3x+4)=0$

$\Rightarrow x=0,-\dfrac{4}{3}$。

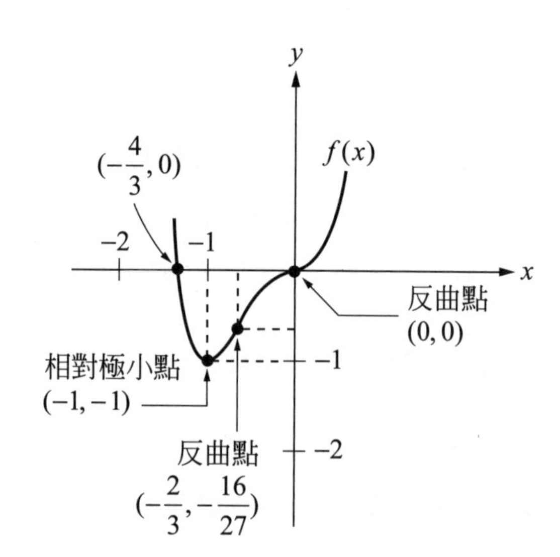

例題 2

繪 $f(x)=x^{\frac{5}{3}}-10x^{\frac{2}{3}}$ 圖形。

解 (1)$D_f=\mathbb{R}$，(2)無漸近線，(3)臨界點

$f'(x)=\dfrac{5}{3}x^{\frac{2}{3}}-\dfrac{20}{3}x^{-\frac{1}{3}}=\dfrac{5}{3}x^{-\frac{1}{3}}(x-4)$，

令 $f'(x)=0$，$\dfrac{5}{3}x^{-\frac{1}{3}}(x-4)=0$，得 $x=4$，

$f'(x)$不存在得 $x=0$ ∴臨界點 $x=0,4$，

$f'(x)>0$ | $f'(x)<0$ | $f'(x)>0$ ；0，4，x

$x=0$，$f(0)=0$ 相對極大值，

$x=4$，$f(4)=4^{\frac{5}{3}}-10(4)^{\frac{2}{3}}=(2)^{\frac{10}{3}}-10(2)^{\frac{4}{3}}=-12(2)^{\frac{1}{3}}$ 相對極小值。

(4) 反曲點

$f''(x)=\frac{10}{9}x^{-\frac{1}{3}}+\frac{20}{9}x^{-\frac{4}{3}}=\frac{10}{9}x^{-\frac{4}{3}}(x+2)=\frac{10}{9x^{\frac{4}{3}}}(x+2)$，

令 $f''(x)=0$，$\frac{10}{9x^{\frac{4}{3}}}(x+2)=0$，

得 $x=-2$，$f''(x)$不存在，得 $x=0$，

反曲點 $x=-2, 0$， $f''<0$ | -2 | $f''>0$ | 0 | $f''>0$

$x=-2$，

$f(-2)=(-2)^{\frac{5}{3}}-10(-2)^{\frac{2}{3}}$

$=(-2)^{\frac{2}{3}}[(-2)-10]=-12(-2)^{\frac{2}{3}}$，

$x=0$，$f(0)=0$。

相對極大點 (0, 0) (反曲點)

反曲點 $(-2,-12\sqrt[3]{4})$

相對極小點 $(4,-12\sqrt[3]{2})$

(5) 截距

$y=0$，$x^{\frac{5}{3}}-10x^{\frac{2}{3}}=0\Rightarrow x^{\frac{2}{3}}(x-10)=0$，

得 $x=0, 10$。

例題 3

繪 $f(x)=\frac{x^2+3}{x+1}$ 的圖形。

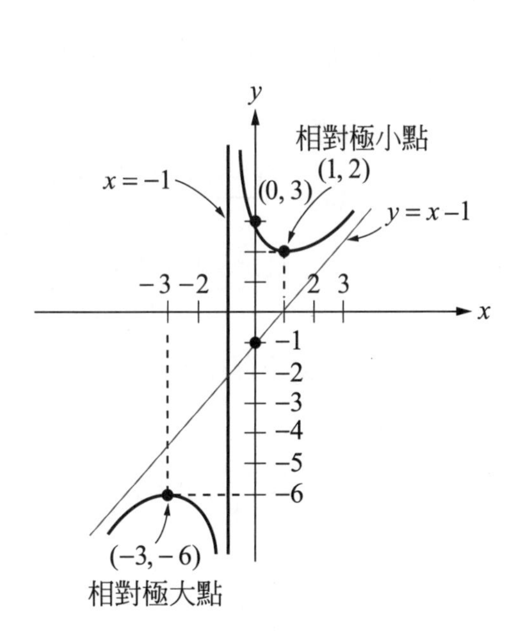

解 (1) $D_f=\mathbb{R}-\{-1\}$。

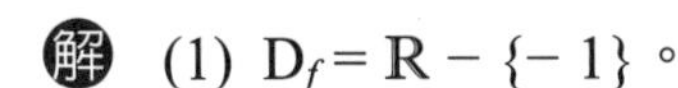

(2) 漸近線：①水平②垂直③斜漸近線

① $\lim_{x\to\infty}\frac{x^2+3}{x+1}=\lim_{x\to\infty}\frac{1+\frac{3}{x^2}}{\frac{1}{x}+\frac{1}{x^2}}=\frac{1}{0}=\infty$

∴無水平漸近線。

② $\lim_{x\to-1}\frac{x^2+3}{x+1}=\frac{4}{0}=\pm\infty$

∴$x=-1$ 爲垂直漸近線。

③ $y=mx+b$，

$$m=\lim_{x\to\infty}\frac{f(x)}{x}=\lim_{x\to\infty}\frac{x^2+3}{x^2+x}=\lim_{x\to\infty}\frac{1+\frac{3}{x^2}}{1+\frac{1}{x}}=1\text{，}$$

$$b=\lim_{x\to\infty}[f(x)-mx]=\lim_{x\to\infty}(\frac{x^2+3}{x+1}-x)=\lim_{x\to\infty}(\frac{3-x}{x+1})=\lim_{x\to\infty}(\frac{\frac{3}{x}-1}{1+\frac{1}{x}})=-1\text{，}$$

∴斜漸近線 $y=x-1$。

(3) 臨界點

$$f'(x)=\frac{(x+1)(2x)-(x^2+3)(1)}{(x+1)^2}=\frac{x^2+2x-3}{(x+1)^2}=\frac{(x-1)(x+3)}{(x+1)^2}\text{，}$$

令 $f'(x)=0$，$(x-1)(x+3)=0$ 得 $x=-3, 1$，

$f'(x)$不存在，得 $x+1=0\Rightarrow x=-1\notin D_f$，

∴臨界點 $-3, -1, 1$，

$f'>0$ ↗ -3 $f'<0$ ↘ -1 $f'<0$ ↘ 1 $f'>0$ ↗

$x=-3$，$f(-3)=\dfrac{(-3)^2+3}{-3+1}=-6$（相對極大值），

$x=1$，$f(1)=\dfrac{1^2+3}{1+1}=2$（相對極小值）。

(4) 反曲點

$$f''(x)=\frac{(x+1)^2(2x+2)-(x^2+2x-3)[2(x+1)\times 1]}{(x+1)^4}$$

$$=\frac{(2x^2+4x+2)-2(x^2+2x-3)}{(x+1)^3}=\frac{8}{(x+1)^3}\text{，}$$

令 $f''(x)$不存在，得 $x=-1\notin D_f$，反曲點 $x=-1$。

$f''<0$ ☹ -1 $f''>0$ ☺

(5) 截距

$y=0$，$\dfrac{x^2+3}{x+1}\neq 0$，$x=0$，$\dfrac{0^2+3}{0+1}=3=y$。

例題 4

繪 $f(x)=|x^2-1|$ 的圖形。

解 (1) $D_f = R$，若 $x^2-1\geq 0 \Rightarrow |x^2|\geq 1 \Rightarrow x\geq 1$ 或 $x\leq -1$，

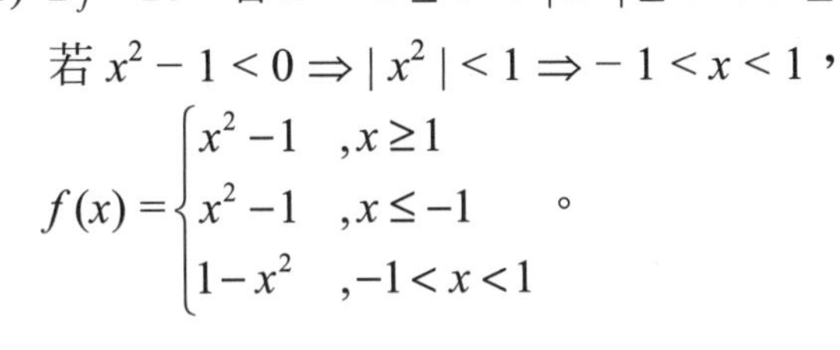

若 $x^2-1<0 \Rightarrow |x^2|<1 \Rightarrow -1<x<1$，

$$f(x)=\begin{cases} x^2-1 & ,x\geq 1 \\ x^2-1 & ,x\leq -1 \\ 1-x^2 & ,-1<x<1 \end{cases}$$ 。

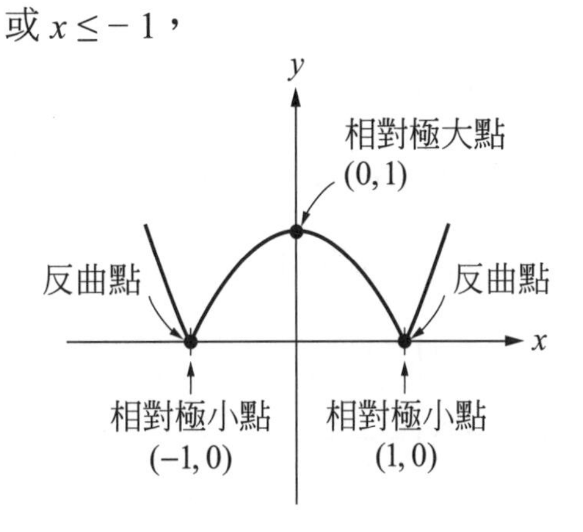

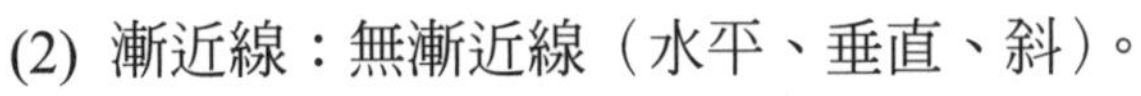

(2) 漸近線：無漸近線（水平、垂直、斜）。

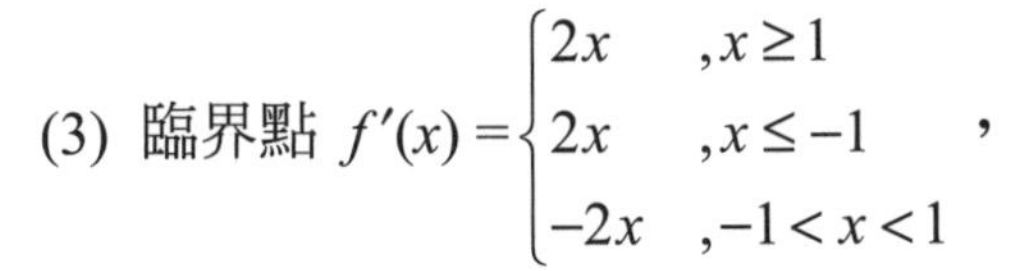

(3) 臨界點 $f'(x)=\begin{cases} 2x & ,x\geq 1 \\ 2x & ,x\leq -1 \\ -2x & ,-1<x<1 \end{cases}$，

∴臨界點 $x=-1, 0, 1$，

$f'<0$	$f'>0$	$f'<0$	$f'>0$
↘ -1	↗ 0	↘ 1	↗

$x=-1$，$f(-1)=0$ 相對極小值，

$x=0$，$f(0)=1$（相對極大值），

$x=1$，$f(1)=0$（相對極小值）。

(4) 反曲點

$$f''(x)=\begin{cases} 2 & ,x\geq 1 \\ 2 & ,x\leq -1 \\ -2 & ,-1<x<1 \end{cases}$$，

反曲點 $x=-1, 1$，

$x=-1$，$f(-1)=0$，$x=1$，$f(1)=0$。

$f''>0$	$f''<0$	$f''<0$	$f''>0$
☺ -1	☹ 0	☹ 1	☺

(5) 截距 $y=0$，$x^2-1=0 \Rightarrow x=\pm 1$。

習題

試繪下列函數 $f(x)$的圖形。

1. $f(x) = -(x-1)^2 + 3$。
2. $f(x) = x^{\frac{2}{3}}(x-5)$。
3. $f(x) = (x^2 + x + 1)^{\frac{1}{2}}$。
4. $f(x) = |x^2 - 1|$。
5. $f(x) = xe^x$。
6. $f(x) = \dfrac{2x}{x^2 - 1}$。
7. $f(x) = x + \dfrac{1}{x}$。
8. $f(x) = \dfrac{1}{\sqrt{2\pi}} e^{-\frac{x^2}{2}}$，此函數稱爲標準常態機率分配。
9. $f(x) = x^{\frac{4}{3}} - 2x^{\frac{1}{3}}$。

簡答

1.

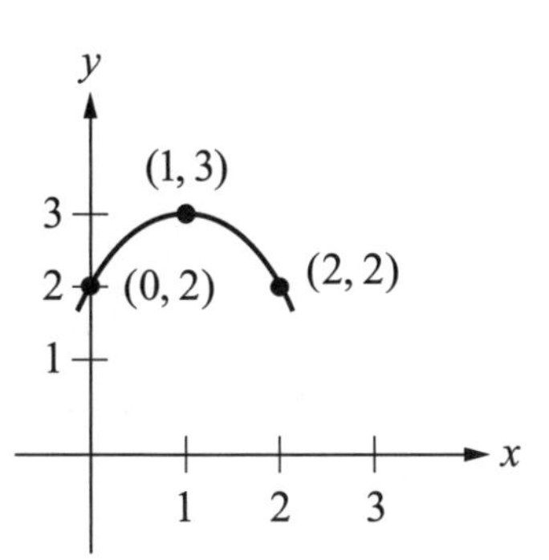

y
(1, 3)
(0, 2)
(2, 2)
x

2.

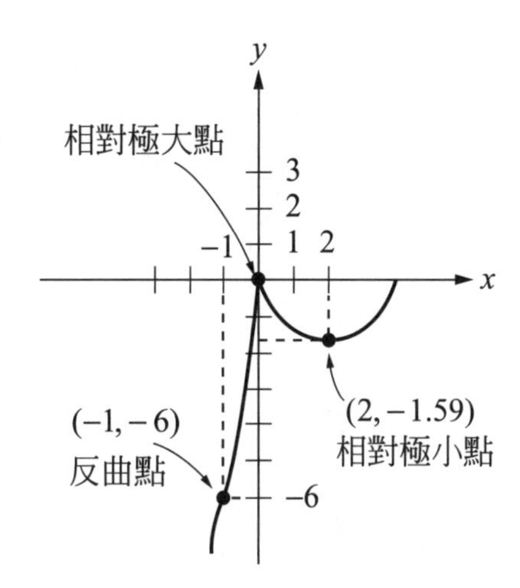

y
相對極大點
(−1, −6)
反曲點
(2, −1.59)
相對極小點
x

3.

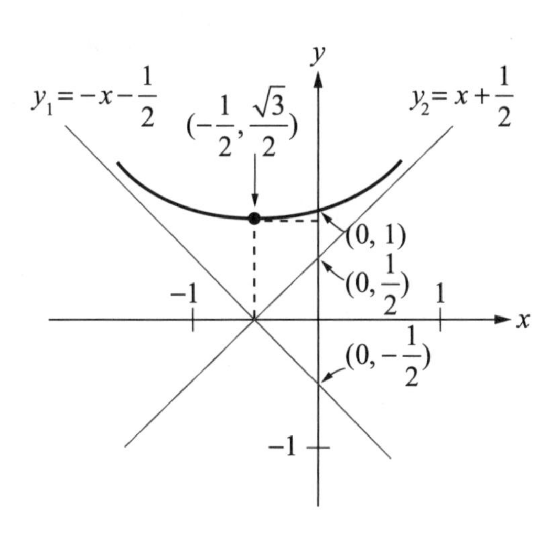

$y_1 = -x - \frac{1}{2}$
$(-\frac{1}{2}, \frac{\sqrt{3}}{2})$
$y_2 = x + \frac{1}{2}$
(0, 1)
$(0, \frac{1}{2})$
$(0, -\frac{1}{2})$
x
y

4.

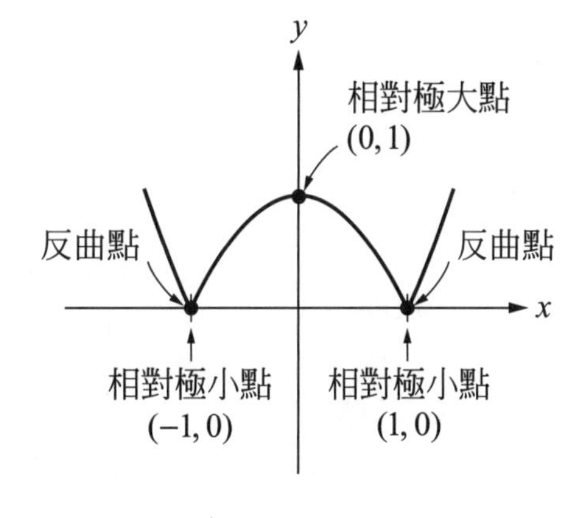

y
相對極大點
(0, 1)
反曲點
反曲點
相對極小點
(−1, 0)
相對極小點
(1, 0)
x

5.

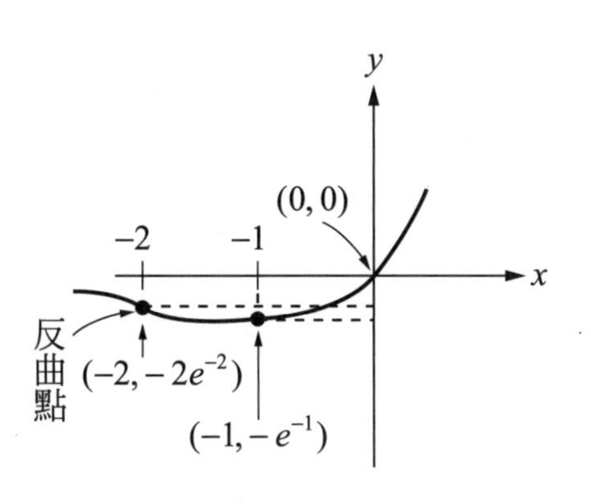

y
(0, 0)
x
反曲點
$(-2, -2e^{-2})$
$(-1, -e^{-1})$

6.

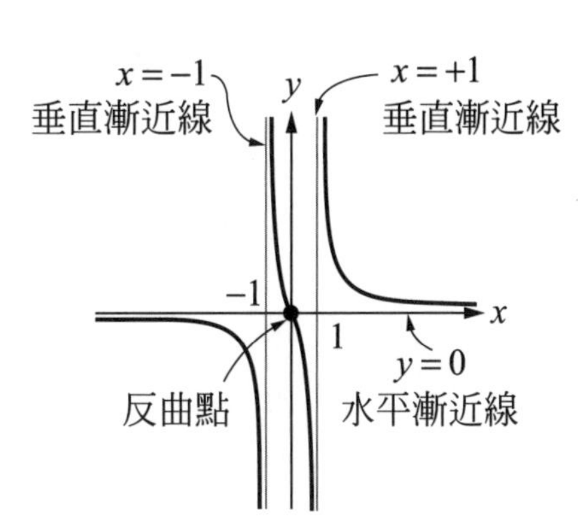

x = −1
垂直漸近線
y
x = +1
垂直漸近線
x
反曲點
y = 0
水平漸近線

7.

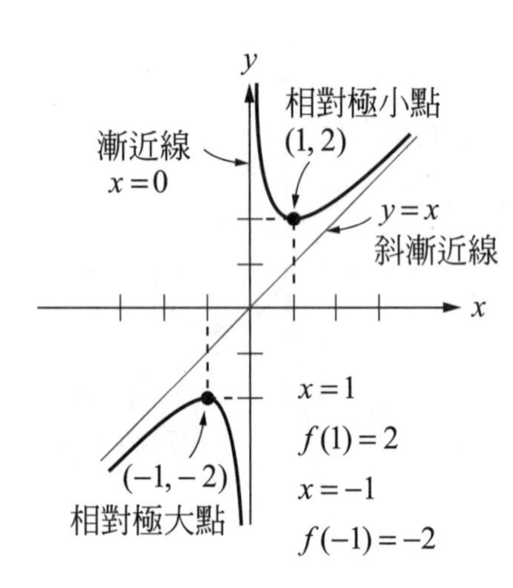

y
相對極小點
(1, 2)
漸近線
x = 0
y = x
斜漸近線
x
(−1, −2)
相對極大點
x = 1
f(1) = 2
x = −1
f(−1) = −2

8.

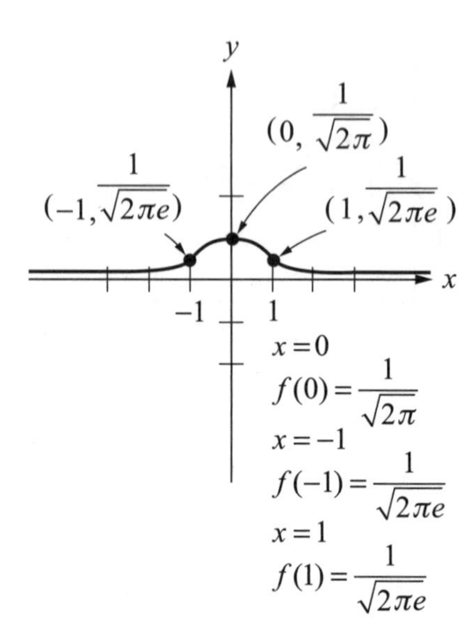

y
(0, 1/√2π)
(−1, 1/√2πe)
(1, 1/√2πe)
x
−1
1
x = 0
f(0) = 1/√2π
x = −1
f(−1) = 1/√2πe
x = 1
f(1) = 1/√2πe

9.

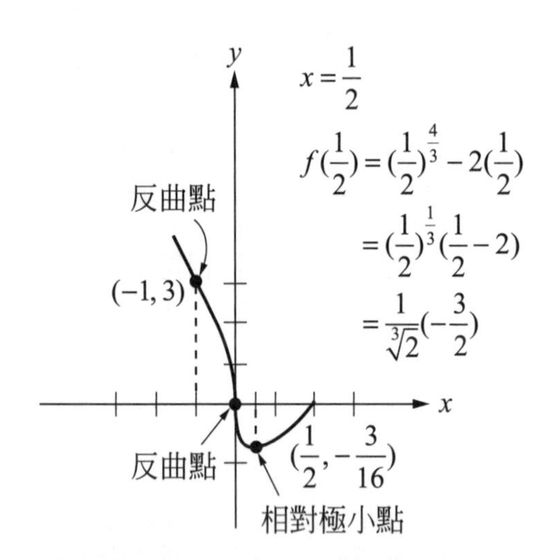

y
x = 1/2
f(1/2) = (1/2)^(4/3) − 2(1/2)
= (1/2)^(1/3)(1/2 − 2)
= 1/∛2(−3/2)
反曲點
(−1, 3)
x
反曲點
(1/2, −3/16)
相對極小點

3-8 不定型極限（羅必達法則）(L'Hospital's Rule)

在第一章介紹求極限有許多方法，但遇到$\frac{\infty}{\infty}$、$\frac{0}{0}$、$0\cdot\infty$、$\infty-\infty$、0^0、1^∞、∞^0等型就無法使用，本節就介紹如何計算這些型的極限。

柯西均值定理

設$f(x)$、$g(x)$在$[a, b]$均連續，且在(a, b)爲可微，若$g'(x)\neq 0$，$\forall x\in(a, b)$，$\exists\, c\in(a, b)$，$\ni \frac{f'(c)}{g'(c)}=\frac{f(b)-f(a)}{g(b)-g(a)}$。

註：柯西均值定理可利用均值定理來證明，在此記錄均值定理作爲參考：

函數$f(x)$在$[a, b]$爲連續，且在(a, b)可微，則$\exists c\in(a, b)\ni f'(c)=\frac{f(b)-f(a)}{b-a}$。

推論羅必達法則

若$f(x)$、$g(x)$在包含a的開區間I爲可微分（a點除外），且$g'(x)\neq 0$，$\forall x\in I-\{a\}$，並且$\lim\limits_{x\to a}\frac{f(x)}{g(x)}$是$\frac{\infty}{\infty}$或$\frac{0}{0}$的形式，則$\lim\limits_{x\to a}\frac{f(x)}{g(x)}=\lim\limits_{x\to a}\frac{f'(x)}{g'(x)}$。

其它不定型

1. $0\cdot\infty$可變形爲$\frac{\infty}{\frac{1}{0}}$或$\frac{0}{\frac{1}{\infty}}$，因此我們使回到推論中的$\frac{\infty}{\infty}$、$\frac{0}{0}$的形式。
2. 形式$\infty-\infty$可經由通分，改爲$\frac{\infty}{\infty}$、$\frac{0}{0}$的形式。
3. 0^0可變形成
   $e^{\ln 0^0}=e^{0\cdot\ln 0}=e^{\frac{\ln 0}{\frac{1}{0}}}$。
4. 1^∞可變形成
   $e^{\ln 1^\infty}=e^{\infty\cdot\ln 1}=e^{\frac{\ln 1}{\frac{1}{\infty}}}$。
5. ∞^0可變形成
   $e^{\ln\infty^0}=e^{0\cdot\ln\infty}=e^{\frac{\ln\infty}{\frac{1}{0}}}$。

1. 0^0、1^∞、∞^0這3種不定型應用$e^{\ln}$。
2. 不定型共有
   $0\cdot\infty$，$\infty-\infty$，0^0，1^∞，∞^0。
3. 非不定型$0^\infty=0$，$\infty^\infty=\infty$。
4. 若非不定型，則不可使用羅必達法則。

例題 1

求$\lim\limits_{x\to 0}\dfrac{e^x-1}{x}$。

解 因極限為$\dfrac{0}{0}$，

$\because \lim\limits_{x\to 0}\dfrac{f(x)}{g(x)}=\lim\limits_{x\to 0}\dfrac{f'(x)}{g'(x)}$，

故原式$=\lim\limits_{x\to 0}\dfrac{e^x}{1}=\dfrac{e^0}{1}=1$。

例題 2

求$\lim\limits_{x\to 0^+}x\cdot\ln(1+\dfrac{1}{x})$。

解 因此極限為 $0\cdot\infty$

$\therefore$改為$\dfrac{0}{0}$或$\dfrac{\infty}{\infty}$，

$\because \lim\limits_{x\to 0}\dfrac{f(x)}{g(x)}=\lim\limits_{x\to 0}\dfrac{f'(x)}{g'(x)}$，

原式$=\lim\limits_{x\to 0^+}\dfrac{\ln(1+\frac{1}{x})}{\frac{1}{x}}(\dfrac{\infty}{\infty}\text{型})=\lim\limits_{x\to 0^+}\dfrac{\dfrac{1}{1+\frac{1}{x}}\times\dfrac{-1}{x^2}}{\dfrac{-1}{x^2}}=\lim\limits_{x\to 0^+}\dfrac{1}{1+\frac{1}{x}}=\dfrac{1}{\infty}=0$。

例題 3

求 $\lim\limits_{n\to\infty}(1+\frac{1}{n})^n$ 。

解 此極限為 1^∞，

$$\text{原式}=\lim_{n\to\infty}e^{\ln(1+\frac{1}{n})^n}=\lim_{n\to\infty}e^{n\cdot\ln(1+\frac{1}{n})}=\lim_{n\to\infty}e^{\frac{\ln(1+\frac{1}{n})}{\frac{1}{n}}}=\lim_{n\to\infty}e^{\frac{\frac{1}{1+\frac{1}{n}}\cdot\frac{-1}{n^2}}{-\frac{1}{n^2}}}=\lim_{n\to\infty}e^{\frac{1}{1+\frac{1}{n}}}=e^1=e\text{ 。}$$

例題 4

求 $\lim\limits_{x\to0^+}[\frac{1}{\ln(1+x)}-\frac{1}{x}]$ 。

解 此極限為 $\infty-\infty$，通分，改為 $\frac{\infty}{\infty}$ 或 $\frac{0}{0}$，

$$\text{原式}=\lim_{x\to0^+}\frac{x-\ln(1+x)}{x\ln(1+x)}(\frac{0}{0}\text{型})=\lim_{x\to0^+}\frac{1-\frac{1}{1+x}\cdot1}{\ln(1+x)+\frac{x}{1+x}\cdot1}=\lim_{x\to0^+}\frac{\frac{x}{1+x}}{\frac{(1+x)\ln(1+x)+x}{1+x}}$$

$$=\lim_{x\to0^+}\frac{x}{(1+x)\ln(1+x)+x}(\frac{0}{0}\text{型})=\lim_{x\to0^+}\frac{1}{\ln(1+x)+\frac{1+x}{1+x}+1}=\lim_{x\to0^+}\frac{1}{\ln(1+x)+2}=\frac{1}{2}\text{ 。}$$

例題 5

求 $\lim\limits_{x\to0^+}x^x$ 。

解 此極限為 0^0，

$$\text{原式}=\lim_{x\to0^+}e^{\ln x^x}=\lim_{x\to0^+}e^{x\cdot\ln x}=\lim_{x\to0^+}e^{\frac{\ln x}{\frac{1}{x}}}=\lim_{x\to0^+}e^{\frac{\frac{1}{x}}{\frac{-1}{x^2}}}=\lim_{x\to0^+}e^{-x}=e^0=1\text{ 。}$$

例題 6

求$\lim_{x\to 0}(x+e^x)^{\frac{1}{x}}$。

解 此極限為 1^∞，

$$原式=\lim_{x\to 0}e^{\ln(x+e^x)^{\frac{1}{x}}}=\lim_{x\to 0}e^{\frac{1}{x}\times\ln(x+e^x)}=\lim_{x\to 0}e^{\frac{\ln(x+e^x)}{x}}=\lim_{x\to 0}e^{\frac{\frac{1+e^x}{x+e^x}}{1}}=\lim_{x\to 0}e^{\frac{1+e^x}{x+e^x}}=e^{\frac{1+1}{0+1}}=e^2$$ 。

例題 7

求$\lim_{x\to\infty}x^{\frac{1}{x}}$。

解 此極限為∞^0，

$$原式=\lim_{x\to\infty}e^{\ln x^{\frac{1}{x}}}=\lim_{x\to\infty}e^{\frac{1}{x}\cdot\ln x}=e^{\lim_{x\to\infty}\frac{\ln x}{x}}=e^{\lim_{x\to\infty}\frac{\frac{1}{x}}{1}}=e^{\lim_{x\to\infty}\frac{1}{x}}=e^0=1$$ 。

習題

1. $\lim\limits_{x\to 0^+}\dfrac{e^{-\frac{1}{x}}}{x^2}$。

2. $\lim\limits_{x\to 0}\dfrac{1-e^x}{xe^x}$($\dfrac{0}{0}$型)。

3. $\lim\limits_{x\to\infty}\dfrac{3x-\ln x}{2x+\ln x}$($\dfrac{\infty}{\infty}$型)。

4. $\lim\limits_{x\to\infty}\dfrac{(\ln x)^2}{x^2}$($\dfrac{\infty}{\infty}$型)。

5. $\lim\limits_{x\to 0^+}\dfrac{\ln(\tan x)}{\ln(\sin x)}$($\dfrac{\infty}{\infty}$型)。

6. $\lim\limits_{x\to\infty}(1+\dfrac{1}{x})^x$($1^\infty$型)。

7. $\lim\limits_{x\to\infty}[\ln(x^2+1)-\ln(3x^2+x+1)]$($\infty-\infty$型)。

8. $\lim\limits_{x\to 0}\dfrac{x-\sin x}{x\sin^2 x}$($\dfrac{0}{0}$型)。

9. $\lim\limits_{x\to 0}(\dfrac{1}{x}-\dfrac{1}{\sin x})$($\infty-\infty$型)。

10. (1)說明不能以羅必達法則求 $\lim\limits_{x\to\infty}\dfrac{x+\cos x}{x}$ 的理由。

    (2)求 $\lim\limits_{x\to\infty}\dfrac{x+\cos x}{x}$。

11. 若 $\lim\limits_{x\to 0}\dfrac{a+\cos bx}{x\sin x}=-2$，$a$、$b$ 爲常數，求 a、b 的值。

簡答

1. 0
2. -1
3. $\dfrac{3}{2}$
4. 0
5. 1
6. e
7. $-\ln 3$
8. $\dfrac{1}{6}$
9. 0
10. (1)略

    (2)1
11. $a=-1$，$b=\pm 2$

不定積分

4-1 積分基本公式(Fundamental Formulas of Integrals)

4-2 變數變換積分法(Substitutions in Integrals)

4-3 分部積分法(Integration by Parts)

4-4 有理函數積分（部分分式法）(Integration of Rational Function(by Partial Fraction))

4-5 三角函數的積分(Trigonometric Integrals)

4-6 三角代換積分法(Trigonometric Substitutions)

4-1 積分基本公式(Fundamental Formulas of Integrals)

我們已介紹完函數的導函數，即函數的微分。函數$f(x)$及其導函數$f'(x)$，反過來，給一個函數$f(x)$，此$f(x)$會是哪一個函數的導函數？例如：一直線運動的物體，它的速度函數為 $V(t)$，那它的運動距離函數 $S(t)$為何？物理學學到距離函數 $S(t)$的導函數為速度函數 $V(t)$，即 $S'(t)=V(t)$，故要求距離函數 $S(t)$的過程，就稱為反導函數或不定積分。

定義： 若$F'(x)=f(x)$則稱$f(x)$為$F(x)$的導函數，而$F(x)$稱為$f(x)$的反導函數。通常會以符號$\int f(x)dx$來表示$F(x)$，並稱$F(x)$為$f(x)$的不定積分。

故照定義，我們便有$\int f(x)dx=\int F'(x)dx=F(x)+c$，其中$c$為一常數，稱積分常數。

註：$\frac{d}{dx}[\int f(x)dx]=\frac{d}{dx}[F(x)+c]\Rightarrow F'(x)=f(x)$。

微分公式

1. $D(kx)=k$，k為常數。
2. $D(\frac{1}{r+1}x^{r+1})=x^r$，$r\neq -1$，$(Dx^r=rx^{r-1})$。
3. $D(k\ln|x|)=\frac{k}{x}$，$(D\ln|x|=\frac{1}{x})$，$x\neq 0$。
4. $De^x=e^x$。
5. $Da^x=a^x\ln a$。
6. $D\sin x=\cos x$。

積分公式

1. $\int kdx=kx+c$。
2. $\int x^r dx=\frac{1}{r+1}x^{r+1}+c$，$r\neq -1$。
3. $\int \frac{k}{x}dx=k\ln|x|+c$，$x\neq 0$。
4. $\int e^x dx=e^x+c$。
5. $\int a^x dx=\frac{a^x}{\ln a}+c$。
6. $\int \sin xdx=-\cos x+c$。

微分公式

7. $D\cos x = -\sin x$。

8. $D\tan x = \sec^2 x$。

9. $D\cot x = -\csc^2 x$。

10. $D\sec x = \sec x\tan x$。

11. $D\csc x = -\csc x\cot x$。

12. $D(\sin^{-1} x) = \dfrac{1}{\sqrt{1-x^2}}$，$|x|<1$。

13. $D(\cos^{-1} x) = \dfrac{-1}{\sqrt{1-x^2}}$，$|x|<1$。

14. $D(\tan^{-1} x) = \dfrac{1}{1+x^2}$，$x\in \mathrm{R}$。

15. $D(\cot^{-1} x) = \dfrac{-1}{1+x^2}$，$x\in \mathrm{R}$。

16. $D(\sec^{-1} x) = \dfrac{1}{|x|\sqrt{x^2-1}}$，$x>1$。

17. $D(\csc^{-1} x) = \dfrac{-1}{|x|\sqrt{x^2-1}}$，$x>1$。

積分公式

7. $\int \cos x dx = \sin x + c$。

8. $\int \sec^2 x dx = \tan x + c$。

9. $\int \csc^2 x dx = -\cot x + c$。

10. $\int \sec x\tan x dx = \sec x + c$。

11. $\int \csc x\cot x dx = -\csc x + c$。

12. $\int \dfrac{1}{\sqrt{1-x^2}} dx = \sin^{-1} x + c$，$|x|<1$。

13. $\int \dfrac{-1}{\sqrt{1-x^2}} dx = \cos^{-1} x + c$，$|x|<1$。

14. $\int \dfrac{1}{1+x^2} dx = \tan^{-1} x + c$，$x\in \mathrm{R}$。

15. $\int \dfrac{-1}{1+x^2} dx = \cot^{-1} x + c$，$x\in \mathrm{R}$。

16. $\int \dfrac{1}{|x|\sqrt{x^2-1}} dx = \sec^{-1} x + c$，$x>1$。

17. $\int \dfrac{-1}{|x|\sqrt{x^2-1}} dx = \csc^{-1} x + c$，$x>1$。

設函數 f、g 在開區間 I 皆有反導函數，k 爲非零的常數，則

1. $\int kf(x)dx = k\int f(x)dx$。
2. $\int [f(x)\pm g(x)]dx = \int f(x)dx \pm \int g(x)dx$。

例題 1

求下列各函數的不定積分：

(1) $f(x)=e^{-2x}$ 。

(2) $f(x)=\dfrac{3}{x^2}+\dfrac{1}{\sqrt{x^3}}$ 。

(3) $f(x)=x^2(2x^3+\dfrac{4}{x^3}-3)$ 。

(4) $f(x)=e^{3x}+\cos 2x-\sec 7x\tan 7x$ 。

(5) $f(x)=\dfrac{(x^2+2)^2}{5x^3}$ 。

解 (1) 利用公式 4，$\int f(x)dx=\int e^{-2x}dx=-\dfrac{1}{2}\int e^{-2x}d(-2x)=\dfrac{-1}{2}e^{-2x}+c$ 。

(2) 利用公式 2，$\int f(x)dx=\int(\dfrac{3}{x^2}+\dfrac{1}{\sqrt{x^3}})dx=\int 3x^{-2}dx+\int x^{-\frac{3}{2}}dx$

$$=\frac{3}{-1}x^{-1}-2x^{-\frac{1}{2}}+c=\frac{-3}{x}-\frac{2}{\sqrt{x}}+c \text{ 。}$$

(3) 利用公式 2、3，$\int f(x)dx=\int(2x^5+\dfrac{4}{x}-3x^2)dx$

$$=\frac{2}{6}x^6+4\ln|x|-\frac{3}{3}x^3+c$$

$$=\frac{1}{3}x^6+4\ln|x|-x^3+c \text{ 。}$$

(4) 利用公式 4、7、10，$\int f(x)dx=\int(e^{3x}+\cos 2x-\sec 7x\tan 7x)dx$

$$=\int e^{3x}dx+\int\cos 2xdx-\int(\sec 7x\tan 7x)dx \text{，}$$

$\int e^{3x}dx=\dfrac{1}{3}\int e^{3x}d(3x)=\dfrac{1}{3}e^{3x}+c$ ，$\int\cos 2xdx=\dfrac{1}{2}\int\cos 2xd(2x)=\dfrac{1}{2}\sin 2x+c$ ，

$\int\sec 7x\tan 7xdx=\dfrac{1}{7}\int\sec 7x\tan 7xd(7x)=\dfrac{1}{7}\sec 7x+c$ ，

$\therefore\int f(x)dx=\dfrac{1}{3}e^{3x}+\dfrac{1}{2}\sin 2x-\dfrac{1}{7}\sec 7x+c$ 。

(5) 利用公式 2、3，$\int f(x)dx=\int\frac{(x^2+2)^2}{5x^3}dx=\frac{1}{5}\int\frac{x^4+4x^2+4}{x^3}dx$

$$=\frac{1}{5}\int(x+4x^{-1}+4x^{-3})dx$$

$$=\frac{1}{5}(\frac{1}{2}x^2+4\ln|x|+\frac{4}{-2}x^{-2})+c$$

$$=\frac{1}{10}x^2+\frac{4}{5}\ln|x|-\frac{2}{5x^2}+c\ 。$$

例題 2

求下列各函數的不定積分。

(1) $f(x)=(\frac{1}{3})^x$ 。

(2) $f(x)=\frac{-1}{3x\sqrt{x^2-1}}$ 。

(3) $f(x)=\frac{1}{\sqrt{1-x^2}}$ 。

解 (1) 利用公式 5，$\int f(x)dx=\int(\frac{1}{3})^x dx=\frac{(\frac{1}{3})^x}{\ln\frac{1}{3}}+c=\frac{(\frac{1}{3})^x}{\ln 1-\ln 3}+c=-\frac{(\frac{1}{3})^x}{\ln 3}+c$ 。

(2) 利用公式 16，$\int f(x)dx=\int\frac{-1}{3x\sqrt{x^2-1}}dx$

$$=-\frac{1}{3}\int\frac{1}{x\sqrt{x^2-1}}dx$$

$$=-\frac{1}{3}\sec^{-1}x+c\ 。$$

(3) 利用公式 12，$\int f(x)dx=\int\frac{1}{\sqrt{1-x^2}}dx=\sin^{-1}x+c$ 。

習題

1. 已知$F'(x)=1+\frac{1}{x}$，$x>0$，且$F(1)=3$，求$F(x)$。
2. 已知$F'(x)=e^{5x}+\cos x$，且$F(0)=2$，求$F(x)$。
3. $\int(x^{\frac{5}{2}}-\frac{1}{\sqrt[3]{x^2}}+e^{-2x})dx$。
4. 求$\int(3\sec^2 x-\frac{2}{\sqrt{1-x^2}}+5^x)dx$。
5. 求$\int(\sin 3x-\frac{2}{1+x^2}-\sec 2x\tan 2x)dx$。
6. 求$\int(\frac{1}{x\sqrt{x^2-1}}+\frac{2}{\sin^2 x})dx$。
7. 求$\int(\frac{1}{\sqrt{e^x}}+2)^2 dx$。
8 求$\int(\frac{\sqrt{x}+2}{\sqrt[3]{x}}-\sin 3x+\sec^2 3x)dx$。

簡答

1. $x+\ln x+2$
2. $\frac{1}{5}e^{5x}+\sin x+\frac{9}{5}$
3. $\frac{2}{7}x^{\frac{7}{2}}-3x^{\frac{1}{3}}-\frac{1}{2e^{2x}}+c$
4. $3\tan x-2\sin^{-1}x+\frac{5^x}{\ln 5}+c$
5. $\frac{-1}{3}\cos 3x-2\tan^{-1}x-\frac{1}{2}\sec 2x+c$
6. $\sec^{-1}x-2\cot x+c$
7. $-\frac{1}{e^x}-\frac{8}{e^{\frac{x}{2}}}+4x+c$
8 $\frac{6}{7}x^{\frac{7}{6}}+3x^{\frac{2}{3}}+\frac{1}{3}\cos 3x+\frac{1}{3}\tan 3x+c$

4-2 變數變換積分法(Substitutions in Integrals)

由合成函數 $F \circ g$ 的導函數來引發此觀念，

$D_x F(g(x)) = F'(g(x))g'(x) \Rightarrow \int F'(g(x))g'(x)dx = F(g(x)) + c$。

定義若 $F(x)$為 $f(x)$的反導函數，亦即 $F'(x) = f(x)$，則

$\int F'(g(x))g'(x)dx = \int f(g(x))g'(x)dx = F(g(x)) + c$。

1. 利用變數變換，令 $u = x^2 + 3x + 4$。
2. 原式 $= \int u^n du$。
3. u 變回 x。

例題 1

求 $\int (x^2 + 3x + 4)^{10}(2x+3)dx$。

解 令 $u = x^2 + 3x + 4$，$du = (2x+3)dx$，

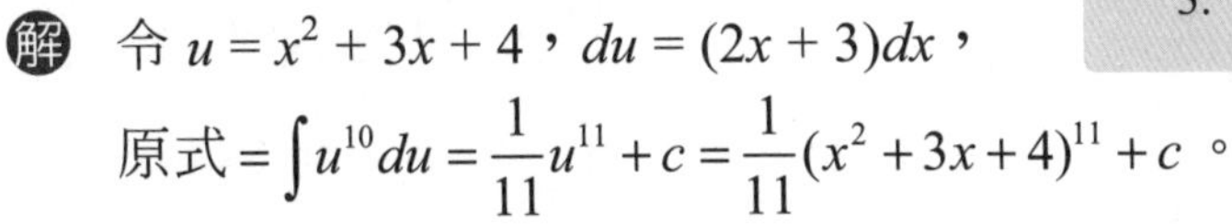

原式 $= \int u^{10}du = \frac{1}{11}u^{11} + c = \frac{1}{11}(x^2 + 3x + 4)^{11} + c$。

1. 令 $u = \sqrt{x}$。
2. $\int \sin u du = -\cos u + c$。
3. u 變回 x。

例題 2

求 $\int \frac{\sin\sqrt{x}}{\sqrt{x}}dx$。

解 令 $u = \sqrt{x}$，$du = \frac{1}{2\sqrt{x}}dx \Rightarrow 2du = \frac{dx}{\sqrt{x}}$，

原式 $= \int \sin u(2du) = 2\int \sin u du = -2\cos u + c = -2\cos\sqrt{x} + c$。

1. 令 $u = -\cos 2x$。
2. $\int e^u du = e^u + c$。
3. u 變回 x。

例題 3

求 $\int e^{-\cos 2x}\sin 2x dx$。

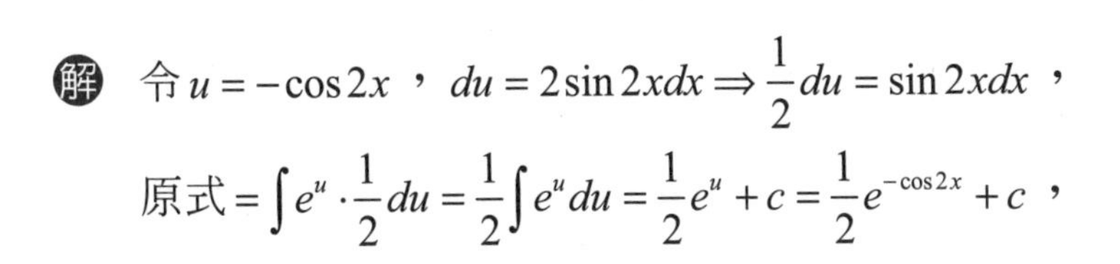

解 令 $u = -\cos 2x$，$du = 2\sin 2x dx \Rightarrow \frac{1}{2}du = \sin 2x dx$，

原式 $= \int e^u \cdot \frac{1}{2}du = \frac{1}{2}\int e^u du = \frac{1}{2}e^u + c = \frac{1}{2}e^{-\cos 2x} + c$，

若被積分函數具有反三角函數的型式，能假設新函數 u，利用：

$$\int \frac{1}{\sqrt{1-u^2}}du = \sin^{-1}u + c \text{ 。}$$

$$\int \frac{1}{1+u^2}du = \tan^{-1}u + c \text{ 。}$$

$$\int \frac{1}{u\sqrt{u^2-1}}du = \sec^{-1}u + c \text{ 。}$$

的基本公式，則此類題目可解。

1. $D\sin^{-1}x = \frac{1}{\sqrt{1-x^2}}$ 。
2. $D\tan^{-1}x = \frac{1}{1+x^2}$ 。
3. $D\sec^{-1}x = \frac{1}{|x|\sqrt{x^2-1}}$ 。

例題 4

求 $\int \frac{1}{x^2+4x+13}dx$ 。

1. 令 $u = \frac{x+2}{3}$，$du = \frac{1}{3}du$ 。
2. 原式 $= \frac{1}{3}\int \frac{1}{u^2+1}du$，

   $\int \frac{1}{u^2+1}du = \tan^{-1}u + c$ 。
3. u 變回 x。

解

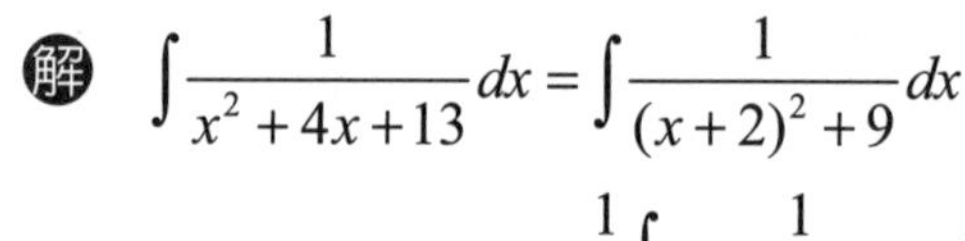

$$\int \frac{1}{x^2+4x+13}dx = \int \frac{1}{(x+2)^2+9}dx$$

$$= \frac{1}{9}\int \frac{1}{(\frac{x+2}{3})^2+1}dx \text{，}$$

令 $u = \frac{x+2}{3}$，$du = \frac{1}{3}dx$，

$$\frac{1}{9}\int \frac{1}{(\frac{x+2}{3})^2+1}dx = \frac{1}{3}\int \frac{1}{u^2+1}du$$

$$= \frac{1}{3}\tan^{-1}u + c$$

$$= \frac{1}{3}\tan^{-1}(\frac{x+2}{3}) + c \text{，}$$

另解

$$\frac{1}{9}\int \frac{1}{(\frac{x+2}{3})^2+1}dx = \frac{1}{3}\int \frac{1}{(\frac{x+2}{3})^2+1}d(\frac{x+2}{3})$$

$$= \frac{1}{3}\tan^{-1}(\frac{x+2}{3}) + c \text{ 。}$$

例題 5

求$\int \frac{1}{x\sqrt{x^4-1}}dx$。

1. 令$u=x^2$，$du=2xdx$。
2. 原式$=\frac{1}{2}\int \frac{1}{u\sqrt{u^2-1}}du=\frac{1}{2}\sec^{-1}u+c$。
3. u變回x。

解 $\int \frac{1}{x\sqrt{x^4-1}}dx=\int \frac{x}{x^2\sqrt{(x^2)^2-1}}dx$，

令$u=x^2$，$du=2xdx$，

$$原式=\int \frac{x}{x^2\sqrt{(x^2)^2-1}}dx=\int \frac{1}{u\sqrt{u^2-1}}(\frac{1}{2}du)$$

$$=\frac{1}{2}\int \frac{1}{u\sqrt{u^2-1}}du=\frac{1}{2}\sec^{-1}u+c$$

$$=\frac{1}{2}\sec^{-1}x^2+c\text{。}$$

例題 6

求$\int \frac{\sec^2 x}{4+\tan^2 x}dx$。

1. 令$u=\frac{\tan x}{2}$，$du=\frac{1}{2}\sec^2 xdx$。
2. 原式$=\frac{1}{2}\int \frac{1}{1+u^2}du$。
3. 利用$\int \frac{1}{1+u^2}du=\tan^{-1}u+c$。
4. u變回x。

解 $4+\tan^2 x=4[1+(\frac{\tan x}{2})^2]$，

令$u=\frac{\tan x}{2}$，$du=\frac{1}{2}\sec^2 xdx$，

$$原式=\int \frac{2}{4(1+u^2)}du=\frac{1}{2}\int \frac{1}{1+u^2}du$$

$$=\frac{1}{2}\tan^{-1}u+c=\frac{1}{2}\tan^{-1}(\frac{\tan x}{2})+c\text{。}$$

若被積函數$f(x)$具有$(ax+b)^{\frac{q}{p}}$的類型，p、q爲整數，$p\neq 0$，亦可利用變數變換求解。

例題 7

求 $\int x\sqrt{x-1}\,dx$ 。

1. 令 $u=x-1$ ， $du=dx$ 。
2. 原式 $=\int(u+1)(u^{\frac{1}{2}})du$ 。
3. 把 u 變回 x。

解 $\sqrt{x-1}=(x-1)^{\frac{1}{2}}=(ax+b)^{\frac{q}{p}}$ 型，

令 $u=x-1$ ， $du=dx$ ，

$$\text{原式}=\int(u+1)(u^{\frac{1}{2}})du$$

$$=\int(u^{\frac{3}{2}}+u^{\frac{1}{2}})du$$

$$=\frac{2}{5}u^{\frac{5}{2}}+\frac{2}{3}u^{\frac{3}{2}}+c$$

$$=\frac{2}{5}(x-1)^{\frac{5}{2}}+\frac{2}{3}(x-1)^{\frac{3}{2}}+c \text{ 。}$$

例題 8

求 $\int\frac{1}{\sqrt{2-\sqrt{x}}}dx$ 。

1. 令 $u=2-\sqrt{x}\Rightarrow x=(2u)^2$ ，
   $dx=-2(2-u)du$ 。
2. 原式 $=\int(-4u^{\frac{1}{2}}+2u^{\frac{1}{2}})du$ 。
3. u 變回 x。

解 $\sqrt{2-\sqrt{x}}=(-\sqrt{x}+2)^{\frac{1}{2}}=(ax+b)^{\frac{q}{p}}$ 型，

令 $u=2-\sqrt{x}\Rightarrow\sqrt{x}=2-u\Rightarrow x=(2-u)^2$

$\Rightarrow dx=-2(2-u)du$ ，

$$\text{原式}=\int\frac{-2(2-u)}{\sqrt{u}}du=\int\frac{-4+2u}{\sqrt{u}}du$$

$$=\int(-4u^{-\frac{1}{2}}+2u^{\frac{1}{2}})du$$

$$=-8u^{\frac{1}{2}}+\frac{4}{3}u^{\frac{3}{2}}+c$$

$$=-8(2-\sqrt{x})^{\frac{1}{2}}+\frac{4}{3}(2-\sqrt{x})^{\frac{3}{2}}+c \text{ 。}$$

例題 9

求$\int \frac{1}{\sqrt{x}+\sqrt[3]{x}}dx$。

解 $\sqrt{x}+\sqrt[3]{x}=(x^{\frac{1}{6}})^3+(x^{\frac{1}{6}})^2$，

令$u^6=x$則$6u^5du=dx$，

原式$=\int \frac{1}{x^{\frac{1}{2}}+x^{\frac{1}{3}}}dx=\int \frac{6u^5}{u^3+u^2}du=\int \frac{6u^3}{u+1}du$，

$\frac{6u^3}{u+1}=6u^2-6u+6+\frac{-6}{u+1}$，

$$\int \frac{6u^3}{u+1}du=\int (6u^2-6u+6-\frac{6}{u+1})du$$
$$=2u^3-3u^2+6u-6\ln(u+1)+c$$
$$=2\sqrt{x}-3\sqrt[3]{x}+6\sqrt[6]{x}-6\ln(\sqrt[6]{x}+1)+c$$ 。

1. 令$u^6=x$，$6u^5du=dx$。
2. 原式$=\int \frac{6u^3}{u+1}du$。
3. $\frac{6u^3}{u+1}=6u^2-6u+6+\frac{-6}{u+1}$。
4. 再把u改回x。

$$\begin{array}{r|l} & 6u^2-6u+6 \\ \hline u+1 & 6u^3 \\ & 6u^3+6u^2 \\ \hline & -6u^2 \\ & -6u^2-6u \\ \hline & 6u \\ & 6u+6 \\ \hline & -6 \end{array}$$

習題

求下列不定積分。

1. $\int e^{2x}(e^{2x}+3)^{\frac{3}{2}}dx$。

2. $\int \frac{e^{x}-e^{-x}}{e^{x}+e^{-x}}dx$。

3. $\int \frac{2x+3}{x^{2}-4x+13}dx$。

4. $\int \frac{x}{\sqrt{4-x^{4}}}dx$。

5. $\int \frac{x}{x^{4}+4}dx$。

6. $\int x(2x+1)^{\frac{3}{2}}dx$。

7. $\int \frac{\sqrt{x}}{2+\sqrt[3]{x}}dx$。

8. $\int \frac{x^{5}}{\sqrt{1-x^{3}}}dx$。

9. $\int e^{-x^{3}+2\ln x}dx$。

10. $\int e^{x+e^{x}}dx$。

11. $\int \sqrt{x}\sqrt{1+x\sqrt{x}}dx$。

12. $\int \frac{1}{e^{x}+2+e^{-x}}dx$。

13. $\int \frac{1}{e^{x}+e^{-x}}dx$。

14. $\int \frac{\sqrt{x+1}}{x+3}dx$。

簡答

求下列不定積分。

1. $\frac{1}{5}(e^{2x}+3)^{\frac{5}{2}}+c$

2. $\ln(e^{x}+e^{-x})+c$

3. $\ln|x^2-4x+13|+\frac{7}{3}\tan^{-1}\frac{x-2}{3}+c$

4. $\frac{1}{2}\sin^{-1}(\frac{x^2}{2})+c$

5. $\frac{1}{4}\tan^{-1}\frac{x^2}{2}+c$

6. $(2x+1)^{\frac{5}{2}}(\frac{1}{7}x-\frac{1}{35})+c$

7. $\frac{6}{7}x^{\frac{7}{6}}-\frac{12}{5}x^{\frac{5}{6}}+8x^{\frac{1}{2}}-48x^{\frac{1}{6}}+48\sqrt{2}\tan^{-1}\frac{x^{\frac{1}{6}}}{\sqrt{2}}+c$

8. $-\frac{2}{3}\sqrt{1-x^3}+\frac{2}{9}\sqrt{(1-x^3)^3}+c$

9. $\frac{-1}{3}e^{-x^3}+c$

10. $e^{e^x}+c$

11. $\frac{4}{9}(1+x\sqrt{x})^{\frac{3}{2}}+c$

12. $-\frac{1}{e^x+1}+c$

13. $\tan^{-1}e^x+c$

14. $2\sqrt{x+1}-2\sqrt{2}\tan^{-1}(\sqrt{\frac{x+1}{2}})+c$

4-3 分部積分法(Integration by Parts)

在積分技巧，變數變換與分部積分是兩主要積分方法。若被積函數是兩個連續函數的乘積，其中一個函數可得其反導函數，像此類積分，可由分部積分法求解。

設兩函數 u、v 皆可微分，兩函數乘積的導函數

$D(uv)=u'v+uv' \Rightarrow \int D(uv)dx=\int u'vdx+\int uv'dx \Rightarrow uv=\int u'vdx+\int uv'dx$，

$\because u'=\dfrac{du}{dx}$，$v'=\dfrac{dv}{dx}$，

故 $du=u'dx$ 及 $dv=v'dx$，即

$uv=\int u'vdx+\int uv'dx=\int vdu+\int udv \Rightarrow \int udv=uv-\int vdu$

兩個函數的哪一個作爲 u，另一個作爲 dv，有 2 個方法：

1. 選較好積分的函數爲 dv。
2. 若積分函數有對數函數、反三角函數選爲 u。

我們用以下的例題來熟悉分部積分法及上述提到選函數的技巧。

例題 1

求 $\int x^2\cos 3xdx$。

x^2，$\cos 3x$ 二者皆好積分，但 x^2 微分的次方會減少，故選 $u=x^2$，$v=\cos 3x$。

解 原式 $=\dfrac{1}{3}x^2\sin 3x-(\dfrac{-2}{9})x\cos 3x+(-\dfrac{2}{9})\int\cos 3xdx$

$=\dfrac{1}{3}x^2\sin 3x+\dfrac{2}{9}x\cos 3x-\dfrac{2}{27}\sin 3x+c$。

u		v
x^2	$\oplus$	$\cos 3x$
$2x$	$\ominus$	$\frac{1}{3}\sin 3x$
2	$\oplus$	$\frac{-1}{9}\cos 3x$

例題 2

求 $\int x^3 e^x dx$ 。

> x^3，e^x 二者皆好積分，但 x^3 微分的次方會減少，故選 $u = x^3$，$v = e^x$。

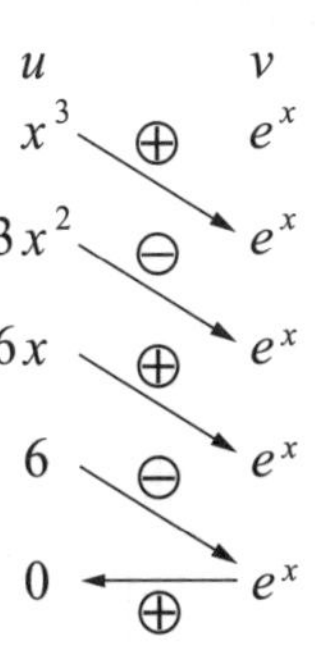

解 原式 $= x^3 e^x - 3x^2 e^x + 6xe^x - 6e^x + c$ 。

例題 3

求 $\int x^3 \ln x dx$ 。

> 因 $\ln x$ 爲對數函數，故選 $u = \ln x$，$v = x^3$。

u		v
$\ln x$	$\oplus$	x^3
$\frac{1}{x}$	$\ominus$	$\frac{1}{4}x^4$

解 原式 $= \frac{1}{4}x^4 \ln x - \frac{1}{4}\int x^3 dx$

$= \frac{1}{4}x^4 \ln x - \frac{1}{16}x^4 + c$ 。

例題 4

求 $\int x \cot^{-1} x dx$ 。

解 原式 $= \frac{1}{2}x^2 \cot^{-1} x - (-\frac{1}{2})\int \frac{x^2}{1+x^2} dx$ ，

u		v
$\cot^{-1} x$	$\oplus$	x
$\frac{-1}{1+x^2}$	$\ominus$	$\frac{1}{2}x^2$

$\frac{x^2}{x^2+1} = 1 - \frac{1}{1+x^2}$ ，

$\int \frac{x^2}{1+x^2} dx = \int (1 - \frac{1}{1+x^2}) dx$

$= \int 1 dx - \int \frac{1}{1+x^2} dx$

$= x - \tan^{-1} x + c$ ，

$\therefore$ 原式 $= \frac{1}{2}x^2 \cot^{-1} x + \frac{1}{2}(x - \tan^{-1} x) + c$

$= \frac{1}{2}x^2 \cot^{-1} x + \frac{1}{2}x - \frac{1}{2}\tan^{-1} x + c$ 。

> 1. $\cot^{-1} x$ 爲反三角函數，故選 $u = \cot^{-1} x$ ，$v = x$。
> 2. $D\cot^{-1} x = \frac{-1}{1+x^2}$ 。
> 3. $D\tan^{-1} x = \frac{1}{1+x^2}$ 。

$$\begin{array}{r|l} & 1 \\ x^2+1 & x^2 \\ & x^2+1 \\ \hline & -1 \end{array}$$

例題 5

求 $\int e^x \sin x dx$ 。

e^x，$\sin x$ 皆好積分，故選 $u=e^x$，$v=\sin x$。

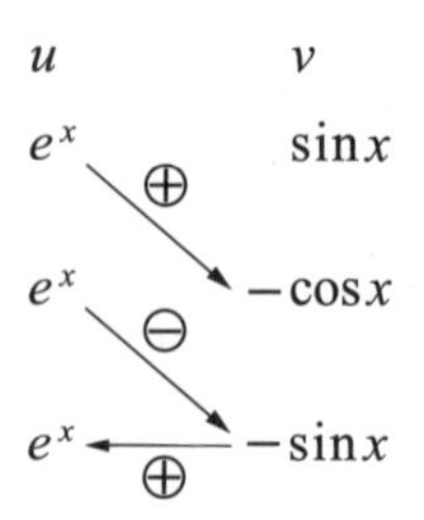

解 原式 $=-e^x\cos x+e^x\sin x-\int e^x\sin x dx$ ，

$2\int e^x \sin x dx=-e^x\cos x+e^x\sin x$ ，

$\therefore \int e^x\sin x dx=\frac{-1}{2}e^x\cos x+\frac{1}{2}e^x\sin x+c$ 。

例題 6

求 $\int x^3 e^{2x}dx$ 。

x^3，e^{2x} 二者皆好積分，但 x^3 的微分次方會減少，故選 $u=x^3$，$v=e^{2x}$。

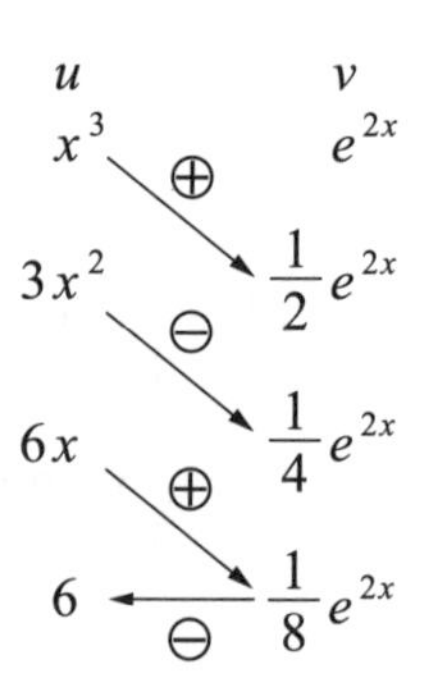

解 原式 $=\frac{1}{2}x^3e^{2x}-\frac{3}{4}x^2e^{2x}+\frac{3}{4}xe^{2x}-\frac{3}{4}\int e^{2x}dx$

$=\frac{1}{2}x^3e^{2x}-\frac{3}{4}x^2e^{2x}+\frac{3}{4}xe^{2x}-\frac{3}{8}e^{2x}+c$ 。

例題 7

求 $\int \sqrt{x}e^{\sqrt{x}}dx$ 。

1. 先用變數變換，如令 $t=\sqrt{x}$，可得 $2tdt=dx$ 。
2. 原式就變成 $2\int t^2e^tdt$ ，再利用分部積分法，令 $u=t^2$，$v=e^t$。

解 令 $t=\sqrt{x}\Rightarrow t^2=x\Rightarrow 2tdt=dx$ ，

$\int\sqrt{x}e^{\sqrt{x}}dx=\int t\cdot e^t\cdot 2tdt=2\int t^2e^tdt$ ，

$\therefore$ 原式 $=2\int t^2e^tdt=2t^2e^t-4te^t+4\int e^tdt$

$=2xe^{\sqrt{x}}-4\sqrt{x}e^{\sqrt{x}}+4e^{\sqrt{x}}+c$ 。

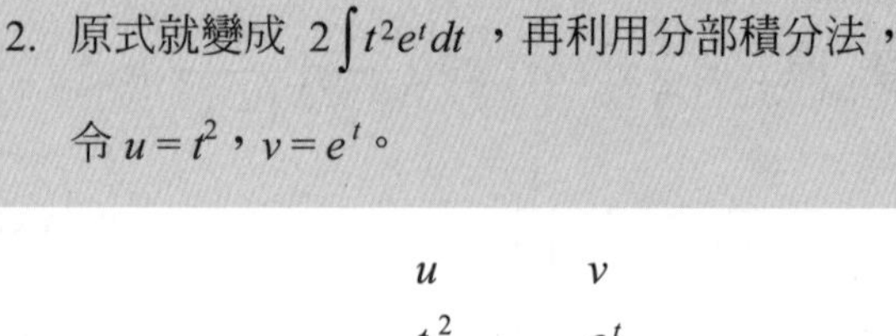

u	v
t^2 ⊕	e^t
$2t$ ⊖	e^t
2 ⊕	e^t

例題 8

求 $\int \ln x dx$ 。

1. 本題看似單一函數，其實有 2 個函數，$f(x)=\ln x$，$g(x)=1$ 。
2. 令 $u=\ln x$ ，$v=1$。

解 原式 $= x\ln x - \int 1dx = x\ln x - x + c$ 。

u		v
$\ln x$	$\oplus$ ↘	1
$\dfrac{1}{x}$	← $\ominus$	x

例題 9

求 $\int \tan^{-1} x dx$ 。

解 原式 $= x\tan^{-1} x - \int \dfrac{x}{1+x^2}dx$ ，

u		v
$\tan^{-1}x$	$\oplus$ ↘	1
$\dfrac{1}{1+x^2}$	← $\ominus$	x

$\int \dfrac{x}{1+x^2}dx$ ，

令 $t=1+x^2$， $dt=2xdx \Rightarrow xdx=\dfrac{1}{2}dt$ ，

$\int \dfrac{x}{1+x^2}dx = \int \dfrac{1}{2t}dt = \dfrac{1}{2}\ln t = \dfrac{1}{2}\ln(1+x^2)$ ，

$\therefore$ 原式 $= x\tan^{-1} x - \dfrac{1}{2}\ln(1+x^2) + c$ 。

1. 本題看似單一函數，其實有 2 個函數， $f(x)=\tan^{-1} x$ ， $g(x)=1$ 。
2. 令 $u=\tan^{-1} x$ ，$v = 1$，利用分部積分法。
3. $\int \dfrac{x}{1+x^2}dx$ ，利用變數變換。
4. 令 $t=1+x^2$，$dt=2xdx$。
5. t 再代回 x。

例題 10

求 $\int 3^{\sqrt{2x+1}}dx$ 。

解 令 $t=\sqrt{2x+1}$ ，

$$dt=\frac{1}{2}\frac{2}{(2x+1)^{1/2}}dx=\frac{1}{\sqrt{2x+1}}dx$$

$\Rightarrow dx=tdt$ ，

原式 $=\int 3^t\cdot tdt$

u		v
t	$\oplus$	3^t
1	$\ominus$	$\frac{3^t}{\ln 3}$

$$=\frac{t\cdot 3^t}{\ln 3}-\frac{1}{\ln 3}\int 3^t dt$$

$$=\frac{t\cdot 3^t}{\ln 3}-\frac{1}{\ln 3}\times\frac{3^t}{\ln 3}=\frac{t\cdot 3^t}{\ln 3}-\frac{3^t}{(\ln 3)^2}\text{ ，}$$

$$\text{原式}=\frac{\sqrt{2x+1}\times 3^{\sqrt{2x+1}}}{\ln 3}-\frac{3^{\sqrt{2x+1}}}{(\ln 3)^2}+c$$

$$=\frac{3^{\sqrt{2x+1}}}{\ln 3}(\sqrt{2x+1}-\frac{1}{\ln 3})+c\text{ 。}$$

1. 令 $t=\sqrt{2x+1}$ ， $dt=\frac{1}{\sqrt{2x+1}}dx$

   $\Rightarrow dx=tdt$（變數變換）。
2. $\int 3^{\sqrt{2x+1}}dx=\int t\cdot 3^t dt$ 。
3. $\int udv=uv-\int vdu$ 。
4. $\int a^x dx=\frac{a^x}{\ln a}$ 。
5. 令 $u=t$，$v=3^t$。
6. 再把 t 換回 x。

例題 11

求 $\int e^{\sin x}\sin x\cos xdx$ 。

u		v
$\sin x$	$\oplus$	$e^{\sin x}\cdot\cos x$
$\cos x$	$\ominus$	$e^{\sin x}$

令 $u=\sin x$ ， $v=e^{\sin x}\cos x$ 。

解 原式 $=e^{\sin x}\sin x-\int e^{\sin x}\cos xdx$

$$=e^{\sin x}\sin x-\int e^{\sin x}d\sin x$$

$$=e^{\sin x}\sin x-e^{\sin x}+c\text{ 。}$$

例題 12

求 $\int e^{\sin^{-1}x}dx$ 。

解 令 $t=\sin^{-1}x \Rightarrow x=\sin t \Rightarrow dx=\cos t dt$ ，

$\int e^{\sin^{-1}x}dx=\int e^t\cdot\cos t dt$ ，

u		v
$\cos t$	$\oplus$	e^t
$-\sin t$	$\ominus$	e^t
$-\cos t$	$\oplus$	e^t

$\int e^t\cdot\cos t dt=e^t\cos t+e^t\sin t-\int e^t\cos t dt$

$\Rightarrow 2\int e^t\cos t dt=e^t\cos t+e^t\sin t$

$\Rightarrow \int e^t\cos t dt=\frac{1}{2}e^t(\cos t+\sin t)+c$ ，

原式 $=\frac{1}{2}e^{\sin^{-1}x}(\cos\sin^{-1}x+\sin\sin^{-1}x)+c=\frac{1}{2}e^{\sin^{-1}x}(\cos\sin^{-1}x+x)+c$ 。

> 1. 利用變數變換。
> 2. $u=\cos t$，$v=e^t$。

例題 13

求 $\int\frac{\ln x}{x^3}dx$ 。

解 原式 $=\frac{-1}{+2x^2}\ln x+\frac{1}{2}\int\frac{1}{x^3}dx$

$=\frac{-1}{2x^2}\ln x+\frac{1}{2}\int x^{-3}dx$

$=\frac{-1}{2x^2}\ln x-\frac{1}{4}\frac{1}{x^2}+c$

$=\frac{-1}{2x^2}(\ln x+\frac{1}{2})+c$ 。

u		v
$\ln x$	$\oplus$	x^{-3}
$\frac{1}{x}$	$\ominus$	$\frac{-1}{2x^2}$

> 1. $u=\ln x$ ，$v=\frac{1}{x^3}$ 。
> 2. $D\ln x=\frac{1}{x}$ ，$\int\frac{1}{x^3}dx=\frac{-1}{2x^2}$ 。

習題

1. $\int x^3 e^{-2x} dx$。
2. $\int x^7 \ln x dx$。
3. $\int \sin^{-1} x dx$。
4. $\int \ln(x^2+1) dx$。
5. $\int x \sec^{-1} x dx$，$x>1$。
6. $\int \sin \ln x dx$。
7. $\int 3^{\sqrt{2x+1}} dx$。
8. $\int e^{\sin x} \cdot \sin x \cdot \cos x dx$。
9. $\int \tan^{-1} \sqrt{x} dx$。
10. $\int e^{\sin^{-1} x} dx$。
11. $\int \sqrt{x}\, e^{\sqrt{x}} dx$。
12. $\int \frac{\ln x}{x^3} dx$。
13. $\int \ln x dx$。

簡答

1. $-\frac{1}{2}x^3e^{-2x}-\frac{3}{4}x^2e^{-2x}-\frac{3}{4}xe^{-2x}-\frac{3}{8}e^{-2x}+c$

2. $\frac{1}{8}x^8\ln x-\frac{1}{64}x^8+c$

3. $x\sin^{-1}x+\sqrt{1-x^2}+c$

4. $x\ln(x^2+1)-2x+2\tan^{-1}x+c$

5. $\frac{1}{2}x^2\sec^{-1}x-\frac{1}{2}\sqrt{x^2-1}+c$

6. $\frac{x}{2}(\sin\ln x-\cos\ln x)+c$

7. $\frac{\sqrt{2x+1}\cdot 3^{\sqrt{2x+1}}}{\ln 3}-\frac{3^{\sqrt{2x+1}}}{(\ln 3)^2}+c$

8. $e^{\sin x}\cdot\sin x-e^{\sin x}+c$

9. $x\tan^{-1}\sqrt{x}-\sqrt{x}+\tan^{-1}\sqrt{x}+c$

10. $\frac{1}{2}e^{\sin^{-1}x}(x+\cos\sin^{-1}x)+c$

11. $2xe^{\sqrt{x}}-4\sqrt{x}\,e^{\sqrt{x}}+4e^{\sqrt{x}}+c$

12. $-\frac{2\cdot\ln x+1}{4x^2}+c$

13. $x\ln x-x+c$

4-4 有理函數積分（部分分式法）(Integration of Rational Function(by Partial Fraction))

若被積函數爲 $f(x)=\dfrac{F(x)}{G(x)}$。$F(x)$、$G(x)$ 均爲多項式，且 $G(x)\neq 0$，則稱 $f(x)$ 爲有理函數。當 $f(x)$ 爲假分式，即 $F(x)$次方大於 $G(x)$次方，利用長除法把 $f(x)$ 分成 $Q(x)+\dfrac{R(x)}{G(x)}$、$Q(x)$、$R(x)$ 亦爲多項式，且 $R(x)$ 次方小於 $G(x)$ 次方，即 $\dfrac{R(x)}{G(x)}$ 爲眞分式。當 $f(x)$ 爲眞分式，且 $G(x)$ 可因式分解。

$G(x)$的因式分解有下列幾種情況：

情況一： $G(x)$可分解成數個不同的一次因式乘積。

$$f(x)=\frac{F(x)}{G(x)}=\frac{F(x)}{(a_1x+b_1)(a_2x+b_2)\cdots(a_nx+b_n)}$$

$\because f(x)$ 爲眞分式，$\therefore F(x)$的次方小於 n，

則 $f(x)$ 可分成 n 個眞分式的和，即

$$f(x)=\frac{r_1}{a_1x+b_1}+\frac{r_2}{a_2x+b_2}+\cdots+\frac{r_n}{a_nx+b_n}$$，a_i、b_i、$r_i \in \mathrm{R}$，$i=\{1,2,3,\cdots,n\}$，

再利用 $\int\dfrac{1}{ax+b}dx=\dfrac{1}{a}\ln|ax+b|+c$ 求解。

例題 1

求 $\int\dfrac{x+1}{x^2-4}dx$。

> 1. 把 $\dfrac{x+1}{x^2-4}=\dfrac{A}{x-2}+\dfrac{B}{x+2}$。
> 2. 求出 AB。

解 $$\frac{x+1}{x^2-4}=\frac{x+1}{(x-2)(x+2)}=\frac{A}{x-2}+\frac{B}{x+2}$$

$$=\frac{A(x+2)+B(x-2)}{(x-2)(x+2)}=\frac{(A+B)x+2(A-B)}{(x-2)(x+2)}$$，

$$\begin{cases}A+B=1\ \cdots\cdots\cdots(1)\\ 2(A-B)=1\cdots\cdots(2)\end{cases}$$，

由(1)得 $A = 1 - B$ 代入(2)，

$2((1-B)-B)=1 \Rightarrow B=\frac{1}{4}$ 代入(1) $\Rightarrow A=\frac{3}{4}$，

$$\int \frac{x+1}{x^2-4}dx=\frac{3}{4}\int\frac{1}{x-2}dx+\frac{1}{4}\int\frac{1}{x+2}dx$$
$$=\frac{3}{4}\ln|x-2|+\frac{1}{4}\ln|x+2|+c$$ 。

例題 2

求 $\int \frac{x^3}{x^2-2x-3}dx$ 。

1. 用長除法把 $\frac{x^3}{x^2-2x-3}$ 變成整數＋眞分式。
2. 眞分式分解數個不同的一次因式。
3. 求出 A、B。

$$\begin{array}{r} x+2 \\ x^2-2x-3 \overline{)\, x^3 } \\ \underline{x^3-2x^2-3x} \\ 2x^2+3x \\ \underline{2x^2-4x-6} \\ 7x+6 \end{array}$$

$$\frac{x^3}{x^2-2x-3}=(x+2)+\frac{7x+6}{x^2-2x-3}$$
$$=(x+2)+\frac{7x+6}{(x-3)(x+1)}$$，

$$\frac{7x+6}{(x-3)(x+1)}=\frac{A}{x-3}+\frac{B}{x+1}=\frac{A(x+1)+B(x-3)}{(x-3)(x+1)}$$，

$7x+6=A(x+1)+B(x-3)=(A+B)x+(A-3B)$，

$$\begin{cases} A+B=7 \cdots\cdots(1) \\ A-3B=6\cdots\cdots(2) \end{cases}$$，

(1) − (2) $4B=1 \Rightarrow B=\frac{1}{4}$ 代入(1) $\Rightarrow A=\frac{27}{4}$，

原式 $=\int(x+2)dx+\frac{27}{4}\int\frac{1}{x-3}dx+\frac{1}{4}\int\frac{1}{x+1}dx$

$$=\frac{1}{2}x^2+2x+\frac{27}{4}\ln|x-3|+\frac{1}{4}\ln|x+1|+c$$ 。

情況二： $G(x)$可分解為重複的一次因式乘積。

即 $f(x)=\dfrac{F(x)}{G(x)}=\dfrac{F(x)}{(ax+b)^n}$，$a$、$b\in\mathrm{R}$，$a\neq 0$，把 $f(x)$ 整理為

$$f(x)=\frac{c_1}{ax+b}+\frac{c_2}{(ax+b)^2}+\cdots+\frac{c_n}{(ax+b)^n}\text{，}c_1\text{、}c_2\text{、}c_3\text{、}\cdots\text{、}c_n\in\mathrm{R}\text{。}$$

例題 3

求 $\displaystyle\int\frac{x^5}{(x-1)^3}dx$ 。

$$\begin{array}{r|l}
 & x^2+3x+6 \\
\hline
x^3-3x^2+3x-1 & x^5 \\
 & x^5-3x^4+3x^3-x^2 \\
\hline
 & 3x^4-3x^3+x^2 \\
 & 3x^4-9x^3+9x^2-3x \\
\hline
 & 6x^3-8x^2+3x \\
 & 6x^3-18x^2+18x-6 \\
\hline
 & 10x^2-15x+6
\end{array}$$

$$\frac{x^5}{(x-1)^3}=(x^2+3x+6)+\frac{10x^2-15x+6}{(x-1)^3}$$

$$=(x^2+3x+6)+\frac{A}{x-1}+\frac{B}{(x-1)^2}+\frac{C}{(x-1)^3}$$

$$=(x^2+3x+6)+\frac{A(x-1)^2+B(x-1)+C}{(x-1)^3}$$

$$=(x^2+3x+6)+\frac{Ax^2+(-2A+B)x+(A-B+C)}{(x-1)^3}\text{，}$$

$$\int\frac{x^5}{(x-1)^3}dx=\int(x^2+3x+6)dx+\int\frac{10x^2-15x+6}{(x-1)^3}dx\text{，}$$

$$\int(x^2+3x+6)dx=\frac{1}{3}x^3+\frac{3}{2}x^2+6x+c\text{，}$$

$$\int\frac{10x^2-15x+6}{(x-1)^3}dx=\int\frac{Ax^2+(-2A+B)x+(A-B+C)}{(x-1)^3}dx\text{，}$$

1. $f(x)=\dfrac{x^5}{(x-1)^3}$ 為假分式改為整式+真分式。
2. 真分式部分可分解成重複的一次因式，但有重複現象。
3. 求出 A、B、C。

$$\begin{cases} A=10 & \cdots\cdots(1) \\ -2A+B=-15 & \cdots\cdots(2) \\ A-B+C=6 & \cdots\cdots(3) \end{cases}，$$

(1)代入(2) $\Rightarrow B=5$，

$A=10$，$B=5$ 代入(3) $\Rightarrow C=1$，

$$\therefore \int \frac{10x^2-15x+6}{(x-1)^3}dx = \int \frac{10}{x-1}dx + \int \frac{5}{(x-1)^2}dx + \int \frac{1}{(x-1)^3}dx$$

$$= 10\ln|x-1| + \frac{-5}{x-1} + (-\frac{1}{2})\frac{1}{(x-1)^2} + c，$$

$$\int \frac{x^5}{(x-1)^3}dx = \frac{1}{3}x^3 + \frac{3}{2}x^2 + 6x + 10\ln|x-1| - \frac{5}{x-1} - \frac{1}{2(x-1)^2} + c。$$

例題 4

求 $\int \frac{x^2-x+1}{x^3-4x^2}dx$。

$$\frac{x^2-x+1}{x^3-4x^2} = \frac{x^2-x+1}{x^2(x-4)} = \frac{A}{x} + \frac{B}{x^2} + \frac{C}{x-4}$$

$$= \frac{Ax(x-4)+B(x-4)+Cx^2}{x^2(x-4)}，$$

> 1. 把 $\frac{x^2-x+1}{x^3-4x^2}$ 分解成重複的一次因式。
> 2. 求出 A、B、C。

$x^2-x+1=(A+C)x^2+(-4A+B)x-4B$，

$$\begin{cases} A+C=1 & \cdots\cdots(1) \\ -4A+B=-1 & \cdots\cdots(2) \\ -4B=1 & \cdots\cdots(3) \end{cases}，$$

由(3)得 $B=\frac{-1}{4}$，

代入(2) $\Rightarrow A=\frac{3}{16}$，

代入(1) $\Rightarrow C=\frac{13}{16}$，

$$\int \frac{x^2-x+1}{x^3-4x^2}dx = \frac{3}{16}\int \frac{1}{x}dx + \frac{-1}{4}\int \frac{1}{x^2}dx + \frac{13}{16}\int \frac{1}{x-4}dx$$

$$= \frac{3}{16}\ln|x| + \frac{1}{4x} + \frac{13}{16}\ln|x-4| + c。$$

情況三：$G(x)$可分解成數個不同的最簡二次因式乘積。

$$f(x)=\frac{A_1x+B_1}{a_1x^2+b_1x+c_1}+\frac{A_2x+B_2}{a_2x^2+b_2x+c_2}+\cdots+\frac{A_nx+B_n}{a_nx^2+b_nx+c_n}，$$

a_i、b_i、c_i、A_i、$B_i\in\mathbb{R}$，$i=\{1,2,3,\cdots,n\}$，

例題 5

求$\int\frac{x^3+4x^2+5x+8}{(x^2+4x+5)(x^2+1)}dx$。

解

$$\frac{x^3+4x^2+5x+8}{(x^2+4x+5)(x^2+1)}=\frac{Ax+B}{x^2+4x+5}+\frac{Cx+D}{x^2+1}=\frac{(Ax+B)(x^2+1)+(Cx+D)(x^2+4x+5)}{(x^2+4x+5)(x^2+1)}，$$

$$\begin{aligned}x^3+4x^2+5x+8&=(Ax+B)(x^2+1)+(Cx+D)(x^2+4x+5)\\&=(A+C)x^3+(B+4C+D)x^2+(A+5C+4D)x+(B+5D)，\end{aligned}$$

$$\begin{cases}A+C=1 & \cdots\cdots(1)\\ B+4C+D=4 & \cdots\cdots(2)\\ A+5C+4D=5 & \cdots\cdots(3)\\ B+5D=8 & \cdots\cdots(4)\end{cases}，$$

由(1)得$A=1-C$代入(3)，

$(1-C)+5C+4D=5$

$\Rightarrow C+D=1\cdots\cdots(5)$，

由(4)得$B=8-5D$代入(2)，

$8-5D+4C+D=4$

$\Rightarrow C-D=-1\cdots\cdots(6)$，

$$\begin{cases}C+D=1 & \cdots\cdots(5)\\ C-D=-1 & \cdots\cdots(6)\end{cases}，$$

$(5)+(6)=2C=0\Rightarrow C=0$代入$(5)\Rightarrow D=1$，

$C=0$代入$(1)\Rightarrow A=1$，$D=1$代入$(4)\Rightarrow B=3$，

$\therefore A=1$，$B=3$，$C=0$，$D=1$，

1. $G(x)$ (分母)含不同最簡二次因式。
2. 求出A、B、C、D。
3. $\frac{x+3}{x^2+4x+5}=\frac{x+2}{x^2+4x+5}+\frac{1}{x^2+4x+5}$。
4. 求$\int\frac{x+2}{x^2+4x+5}dx$。
5. 求$\int\frac{1}{x^2+4x+5}dx$。
6. 求$\int\frac{1}{x^2+1}dx$。

$$\int\frac{x^3+4x^2+5x+8}{(x^2+4x+5)(x^2+1)}dx=\int\frac{x+3}{x^2+4x+5}dx+\int\frac{1}{x^2+1}dx$$

$$=\int\frac{x+2}{x^2+4x+5}dx+\int\frac{1}{x^2+4x+5}dx+\int\frac{1}{x^2+1}dx\text{，}$$

$$\int\frac{x+2}{x^2+4x+5}dx=\frac{1}{2}\int\frac{1}{x^2+4x+5}d(x^2+4x+5)=\frac{1}{2}\ln|x^2+4x+5|+c\text{，}$$

$$\int\frac{1}{x^2+4x+5}dx=\int\frac{1}{(x+2)^2+1}dx=\tan^{-1}(x+2)+c\text{，}$$

$$\int\frac{1}{x^2+1}dx=\tan^{-1}x+c\text{，}$$

$$\therefore\int\frac{x^3+4x^2+5x+8}{(x^2+4x+5)(x^2+1)}dx=\frac{1}{2}\ln|x^2+4x+5|+\tan^{-1}(x+2)+\tan^{-1}x+c\text{。}$$

情況四：$G(x)$可分解爲重複的最簡二次因式乘積。

即 $f(x)=\dfrac{F(x)}{G(x)}=\dfrac{F(x)}{(ax^2+bx+c)^n}$，$a$、$b$、$c\in\mathbb{R}$，$a$、$b\neq 0$，

把 $f(x)$ 整理爲

$$f(x)=\frac{A_1x+B_1}{ax^2+bx+c}+\frac{A_2x+B_2}{(ax^2+bx+c)^2}+\cdots+\frac{A_nx+B_n}{(ax^2+bx+c)^n}\text{，}A_i\text{、}B_i\in\mathbb{R}\text{。}$$

例題 6

求 $\displaystyle\int\frac{3x^2+5x+4}{(x^2+x+1)^2}dx$。

解

$$\begin{array}{r|l} & \quad 3 \\ x^2+x+1 & 3x^2+5x+4 \\ & 3x^2+3x+3 \\ \hline & \quad 2x+1 \end{array}$$

$$\frac{3x^2+5x+4}{x^2+x+1}=3+\frac{2x+1}{x^2+x+1}\text{，}$$

$$\frac{3x^2+5x+4}{(x^2+x+1)^2}=\frac{3}{x^2+x+1}+\frac{2x+1}{(x^2+x+1)^2}\text{，}$$

1. $\dfrac{3x^2+5x+4}{x^2+x+1}$ 用長除法得 $\dfrac{3x^2+5x+4}{x^2+x+1}=3+\dfrac{2x+1}{x^2+x+1}$。
2. 求出 $\displaystyle\int\frac{2x+1}{(x^2+x+1)^2}dx$。

$$\int \frac{3x^2+5x+4}{(x^2+x+1)^2}dx = \int \frac{3}{x^2+x+1}dx + \int \frac{2x+1}{(x^2+x+1)^2}dx \text{ ,}$$

$$\int \frac{3}{x^2+x+1}dx = 3\int \frac{1}{(x+\frac{1}{2})^2+\frac{3}{4}}dx = 3\times\frac{4}{3}\times\int \frac{1}{(\frac{x+\frac{1}{2}}{\frac{\sqrt{3}}{2}})^2+1}dx = 4\int \frac{1}{(\frac{2x+1}{\sqrt{3}})^2+1}dx$$

$$= 4\times\frac{\sqrt{3}}{2}\times\int \frac{1}{(\frac{2x+1}{\sqrt{3}})^2+1}d(\frac{2x+1}{\sqrt{3}})$$

$$= 2\sqrt{3}\tan^{-1}(\frac{2x+1}{\sqrt{3}}) \text{ ,}$$

$$\int \frac{2x+1}{(x^2+x+1)^2}dx = \int (x^2+x+1)^{-2}d(x^2+x+1) = \frac{-1}{x^2+x+1}+c \text{ ,}$$

原式 $= 2\sqrt{3}\tan^{-1}(\frac{2x+1}{\sqrt{3}}) - \frac{1}{x^2+x+1} + c$ 。

情況五：其它形式，即積分函數皆爲反正切的三角函數。

例題 7

求 $\int \frac{1}{x^2+4}dx$ 。

> $\int \frac{1}{u^2+1}du = \tan^{-1}u$ 。

解 $\int \frac{1}{x^2+4}dx = \frac{1}{4}\int \frac{1}{(\frac{x}{2})^2+1}dx = \frac{1}{2}\int \frac{1}{(\frac{x}{2})^2+1}d(\frac{x}{2}) = \frac{1}{2}\tan^{-1}(\frac{x}{2})+c$ 。

例題 8

求 $\int \frac{1}{x^2+2x+2}dx$ 。

> $\int \frac{1}{u^2+1}du = \tan^{-1}u$ 。

解 $\int \frac{1}{x^2+2x+2}dx = \int \frac{1}{(x+1)^2+1}dx = \int \frac{1}{(x+1)^2+1}d(x+1) = \tan^{-1}(x+1)+c$ 。

習題

求下列不定積分。

1. $\int \frac{2x^4+3x^3-x^2+x-1}{x^3-x}dx$ 。

2. $\int \frac{x^3-2x^2+x+6}{(x+2)^4}dx$ 。

3. $\int \frac{x^2-3x+1}{(x-4)(x^2-6x+13)}dx$ 。

4. $\int \frac{x+4}{x(x-2)^2}dx$ 。

簡答

1. $x^2+3x+\ln|x|+2\ln|x-1|-2\ln|x+1|+c$

2. $\ln|x+2|+\frac{8}{x+2}-\frac{21}{2(x+2)^2}+\frac{4}{(x+2)^3}+c$

3. $\ln|x-4|+\frac{3}{2}\tan^{-1}(\frac{x-3}{2})+c$

4. $\ln|x|-\ln|x-2|-\frac{3}{x-2}+c$

4-5 三角函數的積分(Trigonometric Integrals)

被積函數爲三角函數的次方或乘積，可分爲七類型，這七類各有它的積分技巧，須特別用心去學習。

第一類型：三角函數「本身」的積分：

1. $\int \sin x dx = -\cos x + c$ 。
2. $\int \cos x dx = \sin x + c$ 。
3. $\int \tan x dx = -\ln|\cos x| + c$ 。

$$\int \tan x dx = \int \frac{\sin x}{\cos x} dx = -\int \frac{1}{\cos x} d(\cos x) = -\ln|\cos x| + c$$ 。

4. $\int \cot x dx = \ln|\sin x| + c$ 。

$$\int \cot x dx = \int \frac{\cos x}{\sin x} dx = \int \frac{1}{\sin x} d(\sin x) = \ln|\sin x| + c$$ 。

5. $\int \sec x dx = \ln|\sec x + \tan x| + c$ 。

$$\int \sec x dx = \int \frac{\sec x(\sec x + \tan x)}{\sec x + \tan x} dx = \int \frac{\sec^2 x + \sec x \tan x}{\sec x + \tan x} dx$$ ，

$\because d\sec x = \sec x \tan x dx$ ， $d\tan x = \sec^2 x dx$ ，

$$\therefore \int \sec x dx = \int \frac{1}{\sec x + \tan x} d(\sec x + \tan x) = \ln|\sec x + \tan x| + c$$ 。

6. $\int \csc x dx = -\ln|\csc x + \cot x| + c$ ，

$$\int \csc x dx = \int \frac{\csc x(\csc x + \cot x)}{\csc x + \cot x} dx = \int \frac{\csc^2 x + \csc x \cot x}{\csc x + \cot x} dx$$ ，

$\because d\csc x = -\csc x \cot x dx$ ， $d\cot x = -\csc^2 x dx$

$$\therefore \int \csc x dx = \int \frac{-1}{\csc x + \cot x} d(\csc x + \cot x) = -\ln|\csc x + \cot x| + c$$ 。

7. 若角度改變，利用變數變換法。

例題 1

$\int \tan 3x dx$ 。

解 令 $u = 3x$，$du = 3dx \Rightarrow dx = \frac{1}{3}du$，

$$\int \tan 3x dx = \frac{1}{3}\int \tan u du$$

$$= -\frac{1}{3}\ln|\cos u| + c$$

$$= \frac{-1}{3}\ln|\cos 3x| + c$$ 。

1. 利用變數變換。
2. $\int \tan u du = -\ln|\cos u| + c$ 。
3. u 再變回 x。

例題 2

$\int \csc 3x dx$ 。

1. 利用變數變換。
2. $\int \csc u du = -\ln|\csc u + \cot u| + c$ 。
3. u 再變回 x。

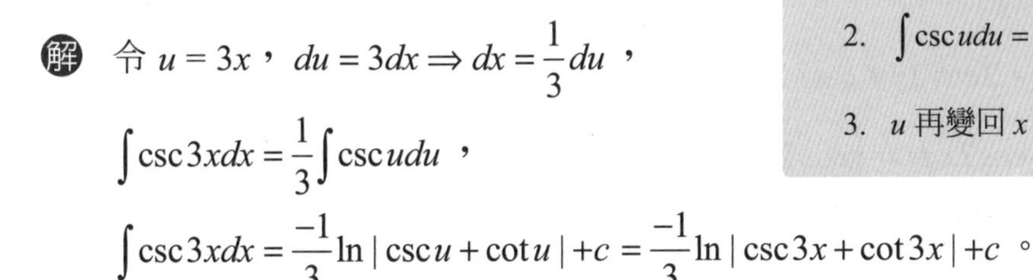

解 令 $u = 3x$，$du = 3dx \Rightarrow dx = \frac{1}{3}du$，

$$\int \csc 3x dx = \frac{1}{3}\int \csc u du$$ ，

$$\int \csc 3x dx = \frac{-1}{3}\ln|\csc u + \cot u| + c = \frac{-1}{3}\ln|\csc 3x + \cot 3x| + c$$ 。

第二類型：$\sin x$，$\cos x$「單一次方」的積分，即 $\int \sin^n x dx$，$\int \cos^n x dx$，$n \in \mathbb{N}$ 。

1. n 爲奇數：利用 $\cos^2 x + \sin^2 x = 1$ 。
2. n 爲偶數：利用 $\sin^2 x = \frac{1-\cos 2x}{2}$，$\cos^2 x = \frac{1+\cos 2x}{2}$ 。

例題 3

n 爲奇次方，利用 $\cos^2 x+\sin^2 x=1$ 。

$\int \sin^5 xdx$ 。

解 $\int \sin^5 xdx=\int \sin^4 x\cdot \sin xdx=-\int (1-\cos^2 x)^2 d(\cos x)$

$=-\int (1-2\cos^2 x+\cos^4 x)d(\cos x)$

$=-[\int 1d\cos x-2\int \cos^2 xd\cos x+\int \cos^4 xd\cos x]$

$=-\cos x+\frac{2}{3}\cos^3 x-\frac{1}{5}\cos^5 x+c$ 。

例題 4

n 爲偶次方，利用 $\cos^2 x=\frac{1+\cos 2x}{2}$ 。

$\int \cos^4 xdx$ 。

解 $\int \cos^4 xdx=\int (\frac{1+\cos 2x}{2})^2 dx$

$=\frac{1}{4}\int (1+2\cos 2x+\cos^2 2x)dx$ ，

$\int 1dx=x+c$ ，$2\int \cos 2xdx=\int \cos 2xd(2x)=\sin 2x+c$ ，

$\int \cos^2 2xdx=\int \frac{1+\cos 4x}{2}dx=\frac{1}{2}x+\frac{1}{8}\sin 4x+c$ ，

$\int \cos^4 xdx=\frac{1}{4}(\frac{3}{2}x+\sin 2x+\frac{1}{8}\sin 4x)+c=\frac{3}{8}x+\frac{1}{4}\sin 2x+\frac{1}{32}\sin 4x+c$ 。

第三類型：$\sin x$ 與 $\cos x$ 次方的乘積，即 $\int \sin^n x\cos^m xdx$ ，$n, m\in \mathbb{N}$ 。

1. n、m 至少有一個爲奇數，或皆爲奇數，利用 $\cos^2 x+\sin^2 x=1$ 。
2. n、m 皆爲偶數，利用 $\sin 2x=2\sin x\cos x$ ，$\sin^2 x=\frac{1-\cos 2x}{2}$ ，$\cos^2 x=\frac{1+\cos 2x}{2}$ 。

例題 5

$\int \sin^3 x\cos^3 xdx$ 。

n、m 皆爲奇數，利用 $\cos^2 x+\sin^2 x=1$ 。

解 $\int \sin^3 x\cos^3 xdx=-\int (1-\cos^2 x)\cos^3 xd(\cos x)=-\int (\cos^3 x-\cos^5 x)d(\cos x)$

$=-\frac{1}{4}\cos^4 x+\frac{1}{6}\cos^6 x+c$ 。

例題 6

$\int \sin^3 x\cos^2 xdx$ 。

n、m 至少有一個奇數，利用 $\cos^2 x+\sin^2 x=1$ 。

解 $\int \sin^3 x\cos^2 xdx=\int \sin^3 x(1-\sin^2 x)dx=\int (\sin^3 x-\sin^5 x)dx$，

$\int \sin^3 xdx=-\int (1-\cos^2 x)d(\cos x)=-\int 1d(\cos x)+\int \cos^2 xd(\cos x)$

$=-\cos x+\frac{1}{3}\cos^3 x+c$，

$\int \sin^5 xdx=-\int (1-\cos^2 x)^2 d(\cos x)=-\int (1-2\cos^2 x+\cos^4 x)d(\cos x)$

$=-(\cos x-\frac{2}{3}\cos^3 x+\frac{1}{5}\cos^5 x)+c$，

$\int \sin^3 x\cos^2 xdx=-\cos x+\frac{1}{3}\cos^3 x+\cos x-\frac{2}{3}\cos^3 x+\frac{1}{5}\cos^5 x+c$

$=-\frac{1}{3}\cos^3 x+\frac{1}{5}\cos^5 x+c$ 。

例題 7

$\int \sin^2 x\cos^2 xdx$ 。

n、m 皆爲偶數，利用 $\sin^2 x=\frac{1-\cos 2x}{2}$ ； $\cos^2 x=\frac{1+\cos 2x}{2}$ 。

解 $\int \sin^2 x\cos^2 xdx=(\frac{1-\cos 2x}{2}\times\frac{1+\cos 2x}{2})dx=\frac{1}{4}\int (1-\cos^2 2x)dx$

$=\frac{1}{4}\int \sin^2 2xdx=\frac{1}{4}\int \frac{1-\cos 4x}{2}dx$

$=\frac{1}{8}[\int 1dx-\frac{1}{4}\int \cos 4xd(4x)]=\frac{1}{8}x-\frac{1}{32}\sin 4x+c$ 。

第四類型：$\tan x$，$\cot x$ 的單一次方的積分，即 $\int \tan^n xdx$，$\int \cot^n xdx$，$n \in \mathbb{N}$。

n 不分奇數或偶數，利用 $\cos^2 x + \sin^2 x = 1 \Rightarrow 1 + \tan^2 x = \sec^2 x$ 或 $\cot^2 x + 1 = \csc^2 x$。

例題 8

n 不分奇數或偶數，利用 $1 + \tan^2 x = \sec^2 x$ 或 $\cot^2 x + 1 = \csc^2 x$。

$\int \tan^3 xdx$。

解

$$\int \tan^3 xdx = \int \tan^2 x \tan xdx = \int (\sec^2 x - 1)\tan xdx$$
$$= \int \sec^2 x \tan xdx - \int \tan xdx\ ,$$
$$\int \sec^2 x \tan xdx = \int \tan xd(\tan x) = \frac{1}{2}\tan^2 x + c\ ,$$
$$\int \tan xdx = -\ln|\cos x| + c\ ,$$
$$\therefore \int \tan^3 xdx = \frac{1}{2}\tan^2 x + \ln|\cos x| + c\ 。$$

例題 9

利用 $1+\tan^2 x = \sec^2 x$ 或 $\cot^2 x + 1 = \csc^2 x$。

$\int \cot^4 xdx$。

解

$$\int \cot^4 xdx = \int \cot^2 x(\csc^2 x - 1)dx = \int \cot^2 x\csc^2 xdx - \int \cot^2 xdx\ ,$$
$$\int \cot^2 x\csc^2 xdx = -\int \cot^2 xd(\cot x) = \frac{-1}{3}\cot^3 x + c\ ,$$
$$\int \cot^2 xdx = \int (\csc^2 x - 1)dx = \int \csc^2 xdc - \int 1dx = -\int 1d(\cot x) - x = -\cot x - x + c\ ,$$
$$\therefore \int \cot^4 xdx = -\frac{1}{3}\cot^3 x + \cot x + x + c\ 。$$

第五類型：$\sec x$，$\csc x$ 的單一次方積分，即 $\int \sec^n xdx$，$\int \csc^n xdx$，$n \in \mathbb{N}$。

1. n 爲偶數：利用 $\cos^2 x + \sin^2 x = 1 \Rightarrow 1 + \tan^2 x = \sec^2 x$ 或 $\cot^2 x + 1 = \csc^2 x$。
2. n 爲奇數：利用分部積分法即 $\int udv = uv - \int vdu$。

例題 10

$\int \sec^4 x dx$ 。

> n 為偶數，利用 $1+\tan^2 x = \sec^2 x$ 。

解 $\int \sec^4 x dx = \int \sec^2 x \cdot \sec^2 x dx = \int (1+\tan^2 x) d(\tan x)$

$= \int 1 d(\tan x) + \int \tan^2 x d(\tan x) = \tan x + \frac{1}{3}\tan^3 x + c$ 。

例題 11

> n 為偶數 $\cot^2 x + 1 = \csc^2 x$ 。

$\int \csc^6 x dx$ 。

解 $\int \csc^6 x dx = \int \csc^4 x \cdot \csc^2 x dx = -\int (\cot^2 x + 1)^2 d(\cot x)$

$= -\int (\cot^4 x + 2\cot^2 x + 1) d(\cot x) = -\frac{1}{5}\cot^5 x - \frac{2}{3}\cot^3 x - \cot x + c$ 。

例題 12

$\int \sec^3 x dx$ 。

> 1. n 為奇數，利用 $\int u dv = uv - \int v du$ 。
> 2. 令 $u = \sec x$，$v = d(\tan x)$。
> 3. $\int \sec x dx = \ln|\sec x + \tan x| + c$ 。

解 $\int \sec^3 x dx = \int \sec^2 x \cdot \sec x dx$

$= \int \sec x d(\tan x)$，

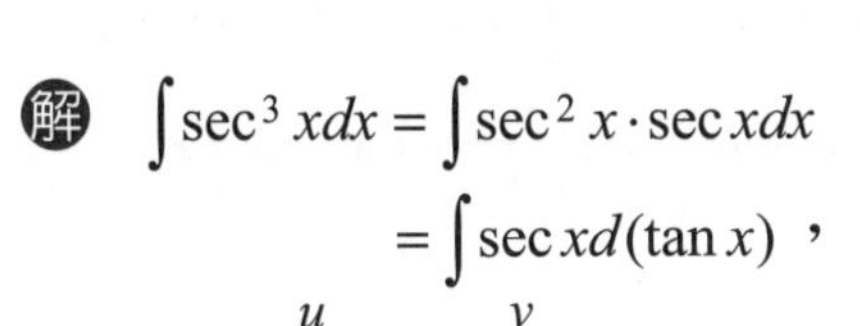

u　v

secx ⊕ dtanx

secxtanxdx ⊖ tanx

$\int \sec^3 x dx = \sec x \tan x - \int \sec x \tan^2 x dx$，

$\int \sec x \tan^2 x dx = \int \sec x(\sec^2 x - 1) dx = \int \sec^3 x dx - \int \sec x dx$，

$\int \sec^3 x dx = \sec x \tan x - \int \sec^3 x dx + \ln|\sec x + \tan x|$

$\Rightarrow 2\int \sec^3 x dx = \sec x \tan x + \ln|\sec x + \tan x|$

$\Rightarrow \int \sec^3 x dx = \frac{1}{2}\sec x \tan x + \frac{1}{2}\ln|\sec x + \tan x| + c$ 。

第六類型：$\int \tan^n x\sec^m x dx$ 及 $\int \cot^n x\csc^m x dx$。

1. n 爲奇數，m 不限(可奇數或偶數)，利用 $\cos^2 x+\sin^2 x=1 \Rightarrow 1+\tan^2 x=\sec^2 x$ 或 $\cot^2 x+1=\csc^2 x$。
   (1) n 爲奇數 m 爲奇數一組，
   (2) n 爲奇數 m 爲偶數一組。

例題 13

求 $\int \tan^3 x\sec^4 x dx$。

n 爲奇數，m 爲偶數利用 $\tan^2 x+1=\sec^2 x$。

解 $\int \tan^3 x\sec^4 x dx=\int \tan^3 x\sec^2 x d(\tan x)=\int \tan^3 x(\tan^2 x+1)d(\tan x)$

$=\int (\tan^5 x+\tan^3 x)d(\tan x)=\frac{1}{6}\tan^6 x+\frac{1}{4}\tan^4 x+c$。

例題 14

$\int \cot^3 x\csc^3 x dx$。

1. n 爲奇數，m 爲奇數，利用 $\cot^2 x+1=\csc^2 x$。
2. $d\cot x=-\csc^2 x dx$，$d\csc x=-\csc x\cot x dx$。

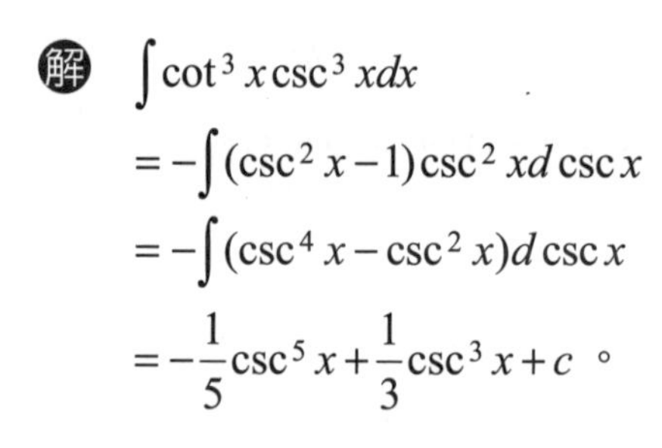

解 $\int \cot^3 x\csc^3 x dx$

$=-\int (\csc^2 x-1)\csc^2 x d\csc x$

$=-\int (\csc^4 x-\csc^2 x)d\csc x$

$=-\frac{1}{5}\csc^5 x+\frac{1}{3}\csc^3 x+c$。

2. n 爲偶數，m 爲奇數可化爲 $\int \sec^r x dx$ 或 $\int \csc^r x dx$，r 爲奇數，再利用 $\int u dv=uv-\int v du$。

例題 15

求 $\int \tan^2 x\sec^3 xdx$ 。

> n 爲偶數，m 爲奇數，可化爲 $\int \sec^r xdx$ ，
> r 爲奇數，再利用 $\int udv = uv - \int vdu$ 。

解 $\int \tan^2 x\sec^3 xdx = \int (\sec^2 x-1)\sec^3 xdx = \int (\sec^5 x - \sec^3 x)dx$

$= \int \sec^5 xdx - \int \sec^3 xdx$ ，

$\int \sec^5 xdx = \int \underset{u}{\sec^3 x}\, d(\underset{v}{\tan x})$ ，

$\sec^3 x$ ⊕ $d\tan x$

$3\sec^2 x\sec x\tan x\,dx$ ⊖ $\tan x$

$\int \sec^5 xdx = \sec^3 x\tan x - 3\int \sec^3 x\tan^2 xdx = \sec^3 x\tan x - 3\int \sec^3 x(\sec^2 x-1)dx$

$= \sec^3 \tan x - 3\int (\sec^5 x - \sec^3 x)dx = \sec^3 x\tan x - 3\int \sec^5 xdx + 3\int \sec^3 xdx$ ，

$\therefore \int \sec^5 xdx = \frac{1}{4}\sec^3 x\tan x + \frac{3}{4}\int \sec^3 xdx$ ，

$\int \tan^2 x\sec^3 xdx = \int \sec^5 xdx - \int \sec^3 xdx = \frac{1}{4}\sec^3 x\tan x + \frac{3}{4}\int \sec^3 xdx - \int \sec^3 xdx$

$= \frac{1}{4}\sec^3 \tan x - \frac{1}{4}\int \sec^3 xdx$ ，

$\int \sec^3 xdx = \int \underset{u}{\sec x}\, d(\underset{v}{\tan x})$ ，

$\sec x$ ⊕ $d\tan x$

$\sec x\tan x\,dx$ ⊖ $\tan x$

$\int \sec^3 xdx = \sec x\tan x - \int \sec x\tan^2 xdx = \sec x\tan x - \int \sec x(\sec^2 x-1)dx$

$= \sec x\tan x - \int \sec^3 xdx + \int \sec xdx$ ，

$\therefore \int \sec^3 xdx = \frac{1}{2}\sec x\tan x + \frac{1}{2}\ln|\sec x + \tan x| + c$ ，

故 $\int \tan^2 x\sec^3 xdx = \frac{1}{4}\sec^3 x\tan x - \frac{1}{4}(\frac{1}{2}\sec x\tan x + \frac{1}{2}\ln|\sec x + \tan x|) + c$

$= \frac{1}{4}\sec^3 x\tan x - \frac{1}{8}\sec x\tan x - \frac{1}{8}\ln|\sec x + \tan x| + c$ 。

例題 16

n 爲偶數，m 爲奇數，可化爲 $\int \csc^r x dx$，r 爲奇數，再利用 $\int u dv = uv - \int v du$。

求 $\int \cot^2 x \csc^3 x dx$。

解

$$\int \cot^2 x \csc^3 x dx = \int (\csc^2 x - 1)\csc^3 x dx = \int (\csc^5 x - \csc^3 x) dx$$

$$= \int \csc^5 x dx - \int \csc^3 dx \text{，}$$

$$\int \underset{u}{\csc^5 x dx} = -\int \csc^3 x \underset{v}{d(\cot x)} \text{，}$$

$\csc^3 x$ ↘ ⊕ $d\cot x$

$-3\csc^2 x \csc x \cot x dx$ ← ⊖ $\cot x$

$$\int \csc^5 x dx = -(\csc^3 x \cot x + 3\int \csc^3 x \cot^2 x dx) = -\csc^3 x \cot x - 3\int \csc^3 x \cot^2 x dx$$

$$= -\csc^3 x \cot x - 3\int \csc^3 x(\csc^2 x - 1) dx$$

$$= -\csc^3 x \cot x - 3\int \csc^5 x dx + 3\int \csc^3 x dx \text{，}$$

$$\therefore \int \csc^5 x dx = \frac{-1}{4}\csc^3 x \cot x + \frac{3}{4}\int \csc^3 x dx \text{，}$$

$$\int \cot^2 x \csc^3 x dx = \frac{-1}{4}\csc^3 x \cot x + \frac{3}{4}\int \csc^3 x dx - \int \csc^3 x dx$$

$$= -\frac{1}{4}\csc^3 x \cot x - \frac{1}{4}\int \csc^3 x dx \text{，}$$

$$\int \underset{u}{\csc^3 x dx} = -\int \csc x \underset{v}{d(\cot x)} \text{，}$$

$\csc x$ ↘ ⊕ $d\cot x$

$-\csc x \cot x dx$ ← ⊖ $\cot x$

$$\int \csc^3 x dx = -(\csc x \cot x + \int \csc x \cot^2 x dx) = -\csc x \cot x - \int \csc x(\csc^2 x - 1) dx$$

$$= -\csc x \cot x - \int \csc^3 x dx + \int \csc x dx \text{，}$$

$$\therefore \int \csc^3 x dx = \frac{-1}{2}\csc x \cot x + \frac{-1}{2}\ln|\csc x + \cot x| + c \text{，}$$

$$\int \cot^2 x \csc^3 x dx = \frac{-1}{4}\csc^3 x \cot x - \frac{1}{4}(\frac{-1}{2}\csc x \cot x - \frac{1}{2}\ln|\csc x + \cot x|) + c$$

$$= \frac{-1}{4}\csc^3 x \cot x + \frac{1}{8}\csc x \cot x + \frac{1}{8}\ln|\csc x + \cot x| + c \text{。}$$

3. n 為偶數，m 為偶數，利用(1)的方法。

例題 17

求 $\int \tan^2 x\sec^2 xdx$ 。

$d\tan x = \sec^2 xdx$ 。

解 （解一）

$$\int \tan^2 x\sec^2 xdx = \int \tan^2 xd\tan x = \frac{1}{3}\tan^3 x + c$$ 。

（解二）

1. $1+\tan^2 x = \sec^2 x$ 。
2. $d(\tan x) = \sec^2 xdx$ 。

$$\begin{aligned}\int \tan^2 x\sec^2 xdx &= \int (\sec^2 x - 1)\sec^2 xdx \\ &= \int \sec^4 xdx - \int \sec^2 xdx \\ &= \int \sec^2 xd(\tan x) - \int 1d(\tan x) \\ &= \int (\tan^2 x + 1)d(\tan x) - \tan x \\ &= \frac{1}{3}\tan^3 x + \tan x - \tan x + c = \frac{1}{3}\tan^3 x + c\end{aligned}$$ 。

例題 18

求 $\int \cot^2 x\csc^2 xdx$ 。

$d\cot x = -\csc^2 xdx$ 。

 （解一）

$$\int \cot^2 x\csc^2 xdx = -\int \cot^2 xd\cot x = -\frac{1}{3}\cot^3 x + c$$ 。

（解二）

1. $\cot^2 + 1 = \csc^2 x$ 。
2. $d(\cot x) = -\csc^2 xdx$ 。

$$\begin{aligned}\int \cot^2 \csc^2 xdx &= \int (\csc^2 x - 1)(\csc^2 x)dx \\ &= \int \csc^4 xdx - \int \csc^2 xdx \\ &= -\int \csc^2 xd(\cot x) + \int d(\cot x) \\ &= -\int (1 + \cot^2 x)d(\cot x) + \cot x \\ &= -\int 1d(\cot x) - \int \cot^2 xd(\cot x) + \cot x = -\frac{1}{3}\cot^3 x + c\end{aligned}$$ 。

第七類型：$\int \sin mx\cos nxdx$ 或 $\int \sin mx\sin nxdx$ 或 $\int \cos mx\cos nxdx$ 利用積化和差。

複角公式：

$$\sin(\alpha+\beta)=\sin\alpha\cos\beta+\cos\alpha\sin\beta \cdots\cdots(1)$$

$$\sin(\alpha-\beta)=\sin\alpha\cos\beta-\cos\alpha\sin\beta \cdots\cdots(2)$$

$$\cos(\alpha+\beta)=\cos\alpha\cos\beta-\sin\alpha\sin\beta \cdots\cdots(3)$$

$$\cos(\alpha-\beta)=\cos\alpha\cos\beta+\sin\alpha\sin\beta \cdots\cdots(4)$$

(1) + (2) $2\sin\alpha\cos\beta=\sin(\alpha+\beta)+\sin(\alpha-\beta)$

$\Rightarrow \sin\alpha\cos\beta=\frac{1}{2}[\sin(\alpha+\beta)+\sin(\alpha-\beta)]$，

(1) − (2) $2\cos\alpha\sin\beta=\sin(\alpha+\beta)-\sin(\alpha-\beta)$

$\Rightarrow \cos\alpha\sin\beta=\frac{1}{2}[\sin(\alpha+\beta)-\sin(\alpha-\beta)]$，

(3) + (4) $2\cos\alpha\cos\beta=\cos(\alpha+\beta)+\cos(\alpha-\beta)$

$\Rightarrow \cos\alpha\cos\beta=\frac{1}{2}[\cos(\alpha+\beta)+\cos(\alpha-\beta)]$，

(3) − (4) $-2\sin\alpha\sin\beta=\cos(\alpha+\beta)-\cos(\alpha-\beta)$

$\Rightarrow \sin\alpha\sin\beta=\frac{-1}{2}[\cos(\alpha+\beta)-\cos(\alpha-\beta)]$。

例題 19

$\int \sin 5x\sin 3xdx$。

> $\sin\alpha\sin\beta=\frac{-1}{2}[\cos(\alpha+\beta)-\cos(\alpha-\beta)]$。

解 $\sin 5x\sin 3x=\frac{-1}{2}[\cos(5x+3x)-\cos(5x-3x)]=\frac{-1}{2}(\cos 8x-\cos 2x)$，

$$\begin{aligned}\int \sin 5x\sin 3xdx&=-\frac{1}{2}\int(\cos 8x-\cos 2x)dx\\&=\frac{-1}{2}(\int\cos 8xdx-\int\cos 2xdx)\\&=\frac{-1}{2}(\frac{1}{8}\int\cos 8xd(8x)-\frac{1}{2}\int\cos 2xd(2x))\\&=\frac{-1}{16}\sin 8x+\frac{1}{4}\sin 2x+c\end{aligned}$$

。

例題 20

$\int \cos 5x \cos 3x dx$ 。

$\cos\alpha\cos\beta = \frac{1}{2}[\cos(\alpha+\beta)+\cos(\alpha-\beta)]$ 。

解 $\cos 5x \cos 3x = \frac{1}{2}[\cos(5x+3x)+\cos(5x-3x)] = \frac{1}{2}(\cos 8x + \cos 2x)$ ，

$$\int \cos 5x \cos 3x dx = \frac{1}{2}(\int \cos 8x dx + \int \cos 2x dx)$$
$$= \frac{1}{2}(\frac{1}{8}\int \cos 8x d(8x) + \frac{1}{2}\int \cos 2x d(2x))$$
$$= \frac{1}{16}\sin 8x + \frac{1}{4}\sin 2x + c$$ 。

例題 21

$\int \sin 5x \cos 3x dx$ 。

$\sin\alpha\cos\beta = \frac{1}{2}[\sin(\alpha+\beta)+\sin(\alpha-\beta)]$ 。

解 $\sin 5x \cos 3x = \frac{1}{2}[\sin(5x+3x)+\sin(5x-3x)] = \frac{1}{2}(\sin 8x + \sin 2x)$ ，

$$\int \sin 5x \cos 3x dx = \frac{1}{2}(\int \sin 8x dx + \int \sin 2x dx)$$
$$= \frac{1}{2}\{\frac{1}{8}\int \sin 8x d(8x) + \frac{1}{2}\int \sin 2x d(2x)\}$$
$$= -\frac{1}{16}\cos 8x - \frac{1}{4}\cos 2x + c$$ 。

例題 22

$\int \cos 5x \sin 3x dx$ 。

$\cos\alpha\sin\beta = \frac{1}{2}(\sin(\alpha+\beta)-\sin(\alpha-\beta))$ 。

解 $\cos 5x \sin 3x = \frac{1}{2}[\sin(5x+3x)-\sin(5x-3x)] = \frac{1}{2}(\sin 8x - \sin 2x)$ ，

$$\int \cos 5x \sin 3x dx = \frac{1}{2}(\int \sin 8x dx - \int \sin 2x dx)$$
$$= \frac{1}{2}[\frac{1}{8}\int \sin 8x d(8x) - \frac{1}{2}\int \sin 2x d(2x)] = \frac{-1}{16}\cos 8x + \frac{1}{4}\cos 2x + c$$ 。

習題

1. $\int \sin^7 x dx$。($\int \sin^n x dx$，$n=7$)

2. $\int \sin^6 x \cos^5 x dx$。($\int \sin^n x \cos^m x dx$，$n=6$，$m=5$)

3. $\int \sin^2 x \cdot \cos^4 x dx$。($\int \sin^n x \cdot \cos^m x dx$，$n=2$，$m=4$)

4. $\int \tan^5 x dx$。($\int \tan^n x dx$，$n=5$)

5. $\int \frac{\cos^5 x}{(\sin x)^{\frac{1}{3}}} dx$。($\int \sin^n x \cos^m x dx$，$n=\frac{-1}{3}$，$m=5$)

6. $\int \frac{\tan^3 x}{\csc^4 x} dx$。(本題可改爲$\int \sin^n x \cos^m x dx$，$n=7$，$m=-3$)

7. $\int \sqrt{\frac{\sin^3 x}{\cos^7 x}} dx$。

8. $\int \frac{1}{\sin^4 x \cos^4 x} dx$。

9. $\int \csc^4 2x dx$。($\int \csc^n x dx$，$n=4$)

10. $\int \csc^3 x dx$。($\int \csc^n x dx$，$n=3$)

11. $\int \cot^4 x \csc^4 x dx$。($\int \cot^n x dx \csc^m x dx$，$n=4$，$m=4$)

12. $\int \tan^2 x \sec x dx$。($\int \tan^n x \sec^m x dx$，$n=2$，$m=1$)

13. $\int \sin 2x \sin 3x \sin 4x dx$。

14. $\int \frac{1}{4\cos^2 x + 9\sin^2 x} dx$。

15. $\int \tan x \sin x dx$。

16. $\int \tan^3 x \sec^{\frac{5}{2}} x dx$，$n=3$，$m=\frac{5}{2}$。

17. $\int \tan^5 2x \sec^4 2x dx$，$n=5$，$m=4$。

簡答

1. $-\cos x+\cos^3 x-\dfrac{3}{5}\cos^5 x+\dfrac{1}{7}\cos^7 x+c$

2. $\dfrac{1}{7}\sin^7 x-\dfrac{2}{9}\sin^9 x+\dfrac{1}{11}\sin^{11} x+c$

3. $\dfrac{1}{16}x-\dfrac{1}{64}\sin 4x+\dfrac{1}{48}\sin^3 2x+c$

4. $\dfrac{1}{4}\sec^4 x-\sec^2 x-\ln|\cos x|+c$

5. $\dfrac{3}{2}\sin^{\frac{2}{3}} x-\dfrac{3}{4}\sin^{\frac{8}{3}} x+\dfrac{3}{14}\sin^{\frac{14}{3}} x+c$

6. $\dfrac{1}{2\cos^2 x}+3\ln|\cos x|-\dfrac{3}{2}\cos^2 x+\dfrac{1}{4}\cos^4 x+c$

7. $\dfrac{2}{5}\tan^{\frac{5}{2}} x+c$

8. $-\dfrac{8}{3}\cot^3 2x-8\cot 2x+c$

9. $-\dfrac{1}{6}\cot^3 2x-\dfrac{1}{2}\cot 2x+c$

10. $-\dfrac{1}{2}\csc x\cot x-\dfrac{1}{2}\ln|\csc x+\cot x|+c$

11. $\dfrac{-1}{7}\cot^7 x-\dfrac{1}{5}\cot^5 x+c$

12. $\dfrac{1}{2}\tan x\sec x-\dfrac{1}{2}\ln|\sec x+\tan x|+c$

13. $\dfrac{1}{36}\cos 9x-\dfrac{1}{4}\cos x-\dfrac{1}{20}\cos 5x-\dfrac{1}{12}\cos 3x+c$

14. $\dfrac{1}{6}\tan^{-1}(\dfrac{3}{2}\tan x)+c$

15. $\ln|\sec x+\tan x|-\sin x+c$

16. $\dfrac{2}{9}\sec^{\frac{9}{2}} x-\dfrac{2}{5}\sec^{\frac{5}{2}} x+c$

17. $\dfrac{1}{16}\sec^8 2x-\dfrac{1}{6}\sec^6 2x+\dfrac{1}{8}\sec^4 2x+c$

4-6 三角代換積分法(Trigonometric Substitutions)

若 $\int f(x)dx$ 的被積函數 $f(x)$ 有下列四種型式，須用三角代換積分法，其實是變數變換的一種，只不過引進的新函數是以三角函數的型式代換。

1. $f(x)=\sqrt{a^2-x^2}$，$a>0$。

   令 $x=a\sin\theta$，$-\dfrac{\pi}{2}\le\theta\le\dfrac{\pi}{2}$，

   $\sqrt{a^2-x^2}=\sqrt{a^2-a^2\sin^2\theta}=a\sqrt{1-\sin^2\theta}=a\cos\theta$。

例題 1

求 $\int\dfrac{x^2}{\sqrt{9-x^2}}dx$。

令 $x=3\sin\theta$，$\sin\theta=\dfrac{x}{3}$，$\theta=\sin^{-1}\dfrac{x}{3}$，$dx=3\cos\theta d\theta$。

解 令 $x=3\sin\theta$，$dx=3\cos\theta d\theta$，

$$\int\frac{x^2}{\sqrt{9-x^2}}dx=\int\frac{9\sin^2\theta}{\sqrt{9-9\sin^2\theta}}\times3\cos\theta d\theta$$

$$=9\int\sin^2\theta d\theta=9\int\frac{1-\cos2\theta}{2}d\theta$$

$$=\frac{9}{2}(\int1d\theta-\frac{1}{2}\int\cos2\theta d(2\theta))=\frac{9}{2}\theta-\frac{9}{4}\sin2\theta+c\text{。}$$

$\sin\theta=\dfrac{x}{3}$，

$\sin\theta=\dfrac{x}{3}$ 3 x θ $\sqrt{9-x^2}$

$$\sin2\theta=2\sin\theta\cos\theta=2\times\frac{x}{3}\times\frac{\sqrt{9-x^2}}{3}=\frac{2x\sqrt{9-x^2}}{9}\text{，}$$

$$\therefore\int\frac{x^2}{\sqrt{9-x^2}}dx=\frac{9}{2}\theta-\frac{9}{4}\sin2\theta=\frac{9}{2}\sin^{-1}\frac{x}{3}-\frac{9}{4}(\frac{2x\sqrt{9-x^2}}{9})$$

$$=\frac{9}{2}\sin^{-1}\frac{x}{3}-\frac{1}{2}x\sqrt{9-x^2}+c\text{。}$$

例題 2

求 $\int \frac{1}{(16-x^2)^{\frac{3}{2}}}dx$ 。

> 令 $x = 4\sin\theta$ ，$\sin\theta = \frac{x}{4}$ ，$dx = 4\cos\theta d\theta$ 。

解 令 $x = 4\sin\theta$ ，$dx = 4\cos\theta d\theta$ ，

$$\int \frac{1}{(16-x^2)^{\frac{3}{2}}}dx = \int \frac{1}{(16-16\sin^2\theta)^{\frac{3}{2}}} \times 4\cos\theta d\theta = \int \frac{1}{4^3\cos^3\theta} \times 4\cos\theta d\theta$$

$$= \frac{1}{16}\int \frac{1}{\cos^2\theta}d\theta = \frac{1}{16}\int \sec^2\theta d\theta$$

$$= \frac{1}{16}\int 1d(\tan\theta) = \frac{1}{16}\tan\theta + c \text{ 。}$$

$\sin\theta = \frac{x}{4}$ ，

$\sin\theta = \frac{x}{4}$

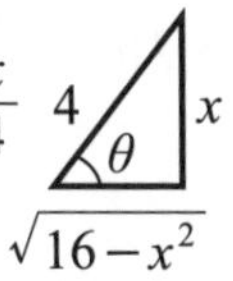

$$\therefore \int \frac{1}{(16-x^2)^{\frac{3}{2}}}dx = \frac{1}{16}\tan\theta = \frac{1}{16} \times \frac{x}{\sqrt{16-x^2}} + c \text{ 。}$$

2. $f(x) = \sqrt{a^2 + x^2}$ ，$a > 0$ 。

令 $x = a\tan\theta$，$-\frac{\pi}{2} < \theta < \frac{\pi}{2}$ ，

$\sqrt{a^2+x^2} = \sqrt{a^2 + a^2\tan^2\theta} = a\sqrt{1+\tan^2\theta} = a\sec\theta$ 。

例題 3

求 $\int \sqrt{4+x^2}dx$ 。

> 1. $x = 2\tan\theta$ ，$\tan\theta = \frac{x}{2}$ ，$dx = 2\sec^2\theta d\theta$ 。
> 2. $\int \sec^3\theta d\theta$ 利用 $\int udv = uv - \int vdu$ 。

解 令 $x = 2\tan\theta$ ，$\tan\theta = \frac{x}{2}$ ，$dx = 2\sec^2\theta d\theta$ ，

$$\int \sqrt{4+x^2}dx = \int \sqrt{4+4\tan^2\theta} \times 2\sec^2\theta d\theta$$

$$= 4\int \sec^3\theta d\theta \text{ ，}$$

$$\int \underset{u}{\sec^3\theta d\theta} = \int \sec\theta d\underset{v}{(\tan\theta)}\text{，}$$

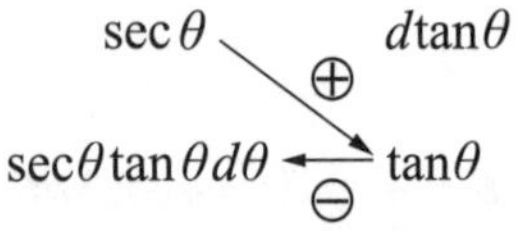

$$\int \sec^3\theta d\theta = \sec\theta\tan\theta - \int \sec\theta\tan^2\theta d\theta = \sec\theta\tan\theta - \int \sec\theta(\sec\theta - 1)d\theta$$

$$= \sec\theta\tan\theta - \int \sec^3\theta d\theta + \int \sec\theta d\theta\text{，}$$

$$\therefore \int \sec^3\theta d\theta = \frac{1}{2}\sec\theta\tan\theta + \frac{1}{2}\ln|\sec\theta + \tan\theta| + c\text{，}$$

$$\int \sqrt{4+x^2}dx = 4\int \sec^3\theta d\theta = 2\sec\theta\tan\theta + 2\ln|\sec\theta + \tan\theta| + c\text{，}$$

$\tan\theta = \frac{x}{2}$

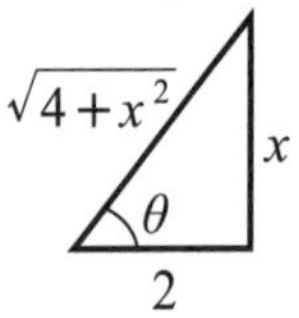

$$\int \sqrt{4+x^2}dx = 2\sec\theta\tan\theta + 2\ln|\sec\theta + \tan\theta| = 2\times\frac{\sqrt{4+x^2}}{2}\times\frac{x}{2} + 2\ln\left|\frac{\sqrt{4+x^2}}{2} + \frac{x}{2}\right|$$

$$= \frac{x\sqrt{4+x^2}}{2} + 2\ln\left|\frac{x+\sqrt{4+x^2}}{2}\right| + c\text{。}$$

例題 4

求 $\int \frac{1}{(3^2+(2x)^2)^{\frac{3}{2}}}dx$。

> $2x = 3\tan\theta$，$\tan\theta = \frac{2x}{3}$。

解 令 $2x = 3\tan\theta$，$\tan\theta = \frac{2x}{3}$，$x = \frac{3}{2}\tan\theta$，$dx = \frac{3}{2}\sec^2\theta d\theta$，

$$\int \frac{1}{(3^2+(2x)^2)^{\frac{3}{2}}}dx = \int \frac{1}{(9+9\tan^2\theta)^{\frac{3}{2}}}\times\frac{3}{2}\sec^2\theta d\theta$$

$$= \frac{\frac{3}{2}}{3^3}\int \frac{\sec^2\theta}{\sec^3\theta}d\theta = \frac{1}{18}\int \frac{1}{\sec\theta}d\theta$$

$$= \frac{1}{18}\int \cos\theta d\theta = \frac{1}{18}\sin\theta + c\text{，}$$

$\tan\theta=\frac{2x}{3}$

$\sqrt{9+4x^2}$ 2x θ 3

$$\therefore \int \frac{1}{(3^2+(2x)^2)^{\frac{3}{2}}}dx=\frac{1}{18}\sin\theta=\frac{1}{18}\cdot\frac{2x}{\sqrt{9+4x^2}}+c=\frac{x}{9\sqrt{9+4x^2}}+c \text{ 。}$$

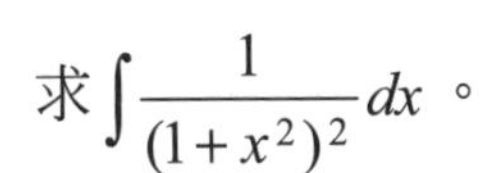

例題 5

求$\int\frac{1}{(1+x^2)^2}dx$。

> $x=\tan\theta$，$d(\tan\theta)=\sec^2\theta d\theta$，$\theta=\tan^{-1}x$，$\sin 2\theta=2\sin\theta\cos\theta$。

解 令$x=\tan\theta$，$dx=\sec^2\theta d\theta$，$\tan\theta=\frac{x}{1}$，$\theta=\tan^{-1}x$，

$$\int\frac{1}{(1+x^2)^2}dx=\int\frac{1}{(1+\tan^2\theta)^2}\times\sec^2\theta d\theta=\int\frac{1}{\sec^2\theta}d\theta$$

$$=\int\cos^2\theta d\theta=\int(\frac{1+\cos 2\theta}{2})d\theta$$

$$=\int\frac{1}{2}d\theta+\frac{1}{2}\int\cos 2\theta d\theta \text{，}$$

$$\int\frac{1}{2}d\theta=\frac{1}{2}\theta+c \text{，}$$

$$\frac{1}{2}\int\cos 2\theta d\theta=\frac{1}{4}\int\cos 2\theta d(2\theta)=\frac{1}{4}\sin 2\theta+c$$

$$=\frac{1}{4}\times 2\sin\theta\cos\theta+c=\frac{1}{2}\sin\theta\cos\theta+c \text{，}$$

$$\theta=\tan^{-1}\frac{x}{1} \text{，}$$

$\tan\theta=\frac{x}{1}$

$\sqrt{1+x^2}$ x θ 1

$$\text{故}\int\frac{1}{(1+x^2)^2}dx=\frac{1}{2}\theta+\frac{1}{2}\sin\theta\cos\theta=\frac{1}{2}\tan^{-1}x+\frac{1}{2}\times\frac{x}{\sqrt{1+x^2}}\times\frac{1}{\sqrt{1+x^2}}+c$$

$$=\frac{1}{2}\tan^{-1}x+\frac{x}{2+2x^2}+c \text{ 。}$$

例題 6

求$\int \frac{1}{x^3\sqrt{1+x^4}}dx$。

1. $x^2=\tan\theta$，$d(\tan\theta)=\sec^2\theta d\theta$，$2xdx=\sec^2\theta d\theta$。
2. $\frac{1}{x^3\sqrt{1+x^4}}=\frac{x}{x^4\sqrt{1+x^4}}$。

解 令$x^2=\tan\theta$，$2xdx=\sec^2\theta d\theta$，

$$\frac{1}{x^3\sqrt{1+x^4}}=\frac{x}{x^4\sqrt{1+x^4}}，$$

$$\int \frac{x}{x^4\sqrt{1+x^4}}dx=\int \frac{\frac{1}{2}\sec^2\theta}{\tan^2\theta\sqrt{1+\tan^2\theta}}d\theta=\frac{1}{2}\int \frac{\sec\theta}{\tan^2\theta}d\theta$$

$$=\frac{1}{2}\int \frac{\frac{1}{\cos\theta}}{\frac{\sin^2\theta}{\cos^2\theta}}d\theta=\frac{1}{2}\int \frac{\cos\theta}{\sin^2\theta}d\theta=\frac{1}{2}\int \sin^{-2}\theta d\sin\theta$$

$$=\frac{-1}{2\sin\theta}+c=\frac{-1}{2}\csc\theta+c，$$

$\tan\theta=\frac{x^2}{1}$

$$\therefore \int \frac{1}{x^3\sqrt{1+x^4}}dx=-\frac{1}{2}\csc\theta=\frac{-1}{2}\times\frac{\sqrt{1+x^4}}{x^2}+c=\frac{-\sqrt{1+x^4}}{2x^2}+c$$。

3. $f(x)=\sqrt{x^2-a^2}$，$a>0$，

   令$x=a\sec\theta$，$\theta\in[0,\frac{\pi}{2})\cup(\frac{\pi}{2},\pi]$，

   $\sqrt{x^2-a^2}=\sqrt{a^2\sec^2\theta-a^2}=a\sqrt{\sec^2\theta-1}=a\tan\theta$。

例題 7

求 $\int \frac{\sqrt{x^2-a^2}}{x}dx$ 。

> $x=a\sec\theta$ ，$\sec\theta=\frac{x}{a}$ ，$d(\sec\theta)=\sec\theta\tan\theta d\theta$ 。

解 令 $x=a\sec\theta$ ，$dx=a\sec\theta\tan\theta d\theta$ ，$\sec\theta=\frac{x}{a}$ ，$\theta=\sec^{-1}\frac{x}{a}$ ，

$$\int\frac{\sqrt{x^2-a^2}}{x}dx=\int\frac{\sqrt{a^2\sec^2\theta-a^2}}{a\sec\theta}\times a\sec\theta\tan\theta d\theta=a\int\tan^2\theta d\theta=a\int(\sec^2\theta-1)d\theta$$

$$=a(\int\sec^2\theta d\theta-\int 1d\theta)=a(\int d(\tan\theta)-\theta)+c=a\tan\theta-a\theta+c\text{ ，}$$

$\sec\theta=\frac{x}{a}$ ，$\theta=\sec^{-1}\frac{x}{a}$ ，

$\sec\theta=\frac{x}{a}$

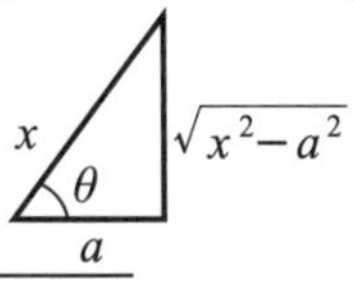

$$\therefore\int\frac{\sqrt{x^2-a^2}}{x}dx=a\tan\theta-a\theta+c=a\times\frac{\sqrt{x^2-a^2}}{a}-a\times\sec^{-1}\frac{x}{a}+c$$

$$=\sqrt{x^2-a^2}-a\sec^{-1}\frac{x}{a}+c\text{ 。}$$

例題 8

求 $\int\frac{1}{x^2\sqrt{x^2-1}}dx$ 。

> 1. $x=\sec\theta$ ，$\sec\theta=\frac{x}{1}$ ，
> $d(\sec\theta)=\sec\theta\tan\theta d\theta$ 。
> 2. $1+\tan^2\theta=\sec^2\theta$ 。
> 3. $\int\cos\theta d\theta=\sin\theta+c$ 。

解 令 $x=\sec\theta$ ，$dx=\sec\theta\tan\theta d\theta$ ，

$$\int\frac{1}{x^2\sqrt{x^2-1}}dx=\int\frac{1}{\sec^2\theta\sqrt{\sec^2\theta-1}}\times\sec\theta\tan\theta d\theta$$

$$=\int\frac{1}{\sec\theta}d\theta=\int\cos\theta d\theta=\sin\theta+c\text{ ，}$$

$\sec\theta=\frac{x}{1}$

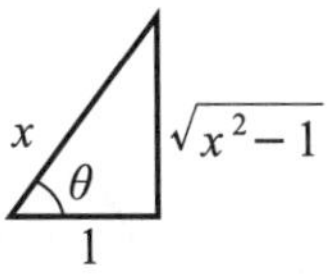

$$\therefore\int\frac{1}{x^2\sqrt{x^2-1}}dx=\sin\theta+c=\frac{\sqrt{x^2-1}}{x}+c\text{ 。}$$

例題 9

求$\int \frac{1}{(x^2+2x-3)^{\frac{3}{2}}}dx$。

1. $(x^2+2x-3)^{\frac{3}{2}}=[(x+1)^2-2^2]^{\frac{3}{2}}$。
2. 令$x+1=2\sec\theta$，$\sec\theta=\frac{x+1}{2}$。

解 $(x^2+2x-3)^{\frac{3}{2}}=[(x+1)^2-2^2]^{\frac{3}{2}}$，

令$x+1=2\sec\theta$，$dx=2\sec\theta\tan\theta d\theta$，$x=2\sec\theta-1$，

$$\int \frac{1}{(x^2+2x-3)^{\frac{3}{2}}}dx=\int \frac{1}{[(x+1)^2-2^2]^{\frac{3}{2}}}dx=\int \frac{1}{(4\sec^2\theta-4)^{\frac{3}{2}}}\times 2\sec\theta\tan\theta d\theta$$

$$=\int \frac{1}{2^3\tan^3\theta}\times 2\sec\theta\tan\theta d\theta=\frac{1}{4}\int \frac{\sec\theta}{\tan^2\theta}d\theta$$

$$=\frac{1}{4}\int \frac{\frac{1}{\cos\theta}}{\frac{\sin^2\theta}{\cos^2\theta}}d\theta=\frac{1}{4}\int \frac{\cos\theta}{\sin^2\theta}d\theta=\frac{1}{4}\int \sin^{-2}\theta d(\sin\theta)$$

$$=\frac{-1}{4\sin\theta}+c=-\frac{1}{4}\csc\theta+c$$，

$\sec\theta=\frac{x+1}{2}$

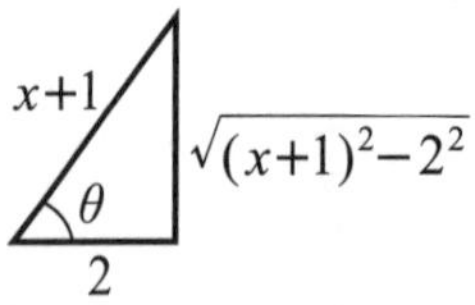

$$\therefore \int \frac{1}{(x^2+2x-3)^{\frac{3}{2}}}dx=\frac{-1}{4}\csc\theta=-\frac{1}{4}\frac{x+1}{\sqrt{(x+1)^2-2^2}}+c$$ 。

4. $f(x)$含有$\sin x$、$\cos x$的有理函數。

令$u=\tan\frac{x}{2}\Rightarrow\frac{x}{2}=\tan^{-1}u\Rightarrow x=2\tan^{-1}u$，$dx=\frac{2}{1+u^2}du$，

$\because \sin 2x=2\sin x\cos x$，

$\Rightarrow \sin x=2\sin(\frac{x}{2})\cos(\frac{x}{2})=2\times\frac{u}{\sqrt{1+u^2}}\times\frac{1}{\sqrt{1+u^2}}=\frac{2u}{1+u^2}$，

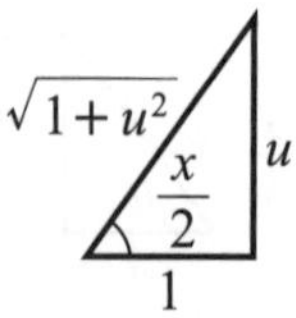

$\because \cos 2x=\cos^2 x-\sin^2 x$，

$$\Rightarrow \cos x = \cos^2\frac{x}{2} - \sin^2\frac{x}{2} = (\frac{1}{\sqrt{1+u^2}})^2 - (\frac{u}{\sqrt{1+u^2}})^2 = \frac{1-u^2}{1+u^2}$$ 。

亦即 $\sin x$ 以 $\frac{2u}{1+u^2}$ 取代。

$\cos x$ 以 $\frac{1-u^2}{1+u^2}$ 取代。

例題 10

求 $\int \frac{1}{1+\sin x+\cos x}dx$ 。

$u=\tan\frac{x}{2}$ ， $dx=\frac{2}{1+u^2}du$ ， $\sin x=\frac{2u}{1+u^2}$ ， $\cos x=\frac{1-u^2}{1+u^2}$ 。

解

$$\int \frac{1}{1+\sin x+\cos x}dx = \int \frac{1}{1+\frac{2u}{1+u^2}+\frac{1-u^2}{1+u^2}} \times \frac{2}{1+u^2}du = \int \frac{1}{\frac{2+2u}{1+u^2}} \times \frac{2}{1+u^2}du$$

$$= \int \frac{1}{1+u}du = \int \frac{1}{1+u}d(1+u)$$

$$= \ln|1+u|+c = \ln|1+\tan\frac{x}{2}|+c$$ 。

例題 11

求 $\int \frac{1-\sin x}{1+\cos x}dx$ 。

$u=\tan\frac{x}{2}$ ， $dx=\frac{2}{1+u^2}du$ ， $\sin x=\frac{2u}{1+u^2}$ ， $\cos x=\frac{1-u^2}{1+u^2}$ 。

解

$$\int \frac{1-\sin x}{1+\cos x}dx = \int \frac{1-\frac{2u}{1+u^2}}{1+\frac{1-u^2}{1+u^2}} \times \frac{2}{1+u^2}du = \int \frac{1-2u+u^2}{2} \times \frac{2}{1+u^2}du$$

$$= \int \frac{1-2u+u^2}{1+u^2}du$$ ，

$$\begin{array}{r} 1 \\ u^2+1 \overline{) u^2-2u+1} \\ \underline{u^2 \qquad +1} \\ -2u \end{array}$$

$$\int \frac{1-2u+u^2}{1+u^2}du = \int (1-\frac{2u}{1+u^2})du = \int 1du - \int \frac{1}{1+u^2}d(1+u^2)$$

$$= u - \ln(1+u^2)+c$$ ，

故 $\int \frac{1-\sin x}{1+\cos x}dx = u-\ln(1+u^2)+c = \tan\frac{x}{2} - \ln|1+\tan^2\frac{x}{2}|+c$ 。

例題 12

求$\int \frac{1}{1-\sin x-\cos x}dx$。

1. $u=\tan\frac{x}{2}$，$dx=\frac{2}{1+u^2}du$，$\sin x=\frac{2u}{1+u^2}$，$\cos x=\frac{1-u^2}{1+u^2}$。
2. 利用部分分式法。

解

$$\int \frac{1}{1-\sin x-\cos x}dx=\int \frac{1}{1-\frac{2u}{1+u^2}-\frac{1-u^2}{1+u^2}}\times\frac{2}{1+u^2}du$$

$$=\int \frac{1+u^2}{2u^2-2u}\times\frac{2}{1+u^2}du$$

$$=\int \frac{1}{u^2-u}du，$$

$$\frac{1}{u^2-u}=\frac{1}{u(u-1)}=\frac{A}{u}+\frac{B}{u-1}=\frac{A(u-1)+Bu}{u(u-1)}=\frac{(A+B)u-A}{u(u-1)}，$$

$$1=(A+B)u-A，\begin{cases}A=-1 & \cdots\cdots(1)\\ A+B=0 & \cdots\cdots(2)\end{cases}，$$

(1)代入(2) $\Rightarrow B=1$，

$$\int \frac{1}{u^2-u}du=\int \frac{-1}{u}du+\int \frac{1}{u-1}du$$

$$=-\ln|u|+\ln|u-1|+c$$

$$=-\ln|\tan\frac{x}{2}|+\ln|\tan\frac{x}{2}-1|+c。$$

習題

求下列不定積分。

1. $\int \frac{1}{x\sqrt{2-x^2}}dx$ (含 $\sqrt{a^2-x^2}$，$a>0$)。

2. $\int \frac{x-4}{\sqrt{2x-x^2}}dx$。

3. $\int \frac{1}{x\sqrt{4+x^2}}dx$ (含 $\sqrt{a^2-x^2}$，$a>0$)。

4. $\int \frac{1}{(1+x^2)^2}dx$ (含 $\sqrt{a^2+x^2}$，$a>0$)。

5. $\int \frac{2x-3}{\sqrt{x^2+4x+8}}dx$。

6. $\int \frac{1}{(x^2+2x-3)^{\frac{3}{2}}}dx$。

7. $\int \frac{1}{2+\sin x}dx$。

8. $\int \frac{1}{1-\sin x+\cos x}dx$。

9. $\int \frac{1-\sin x}{1+\cos x}dx$。

10. $\int \frac{1}{x^3\sqrt{x^4+1}}dx$。

11. $\int \sqrt{\frac{1-x}{1+x}}dx$。

簡答

1. $\frac{-\sqrt{2}}{2}\ln|\frac{\sqrt{2}}{x}+\frac{\sqrt{2-x^2}}{x}|+c$

2. $-\sqrt{2x-x^2}-3\sin^{-1}(x-1)+c$

3. $\frac{-1}{2}\ln|\frac{\sqrt{4+x^2}}{x}+\frac{2}{x}|+c$

4. $\frac{1}{2}\tan^{-1}x+\frac{x}{2(1+x^2)}+c$

5. $2\sqrt{x^2+4x+8}-7\ln|\frac{\sqrt{x^2+4x+8}+(x+2)}{2}|+c$

6. $-\frac{1}{4}\cdot\frac{x+1}{\sqrt{x^2+2x-3}}+c$

7. $\frac{2}{\sqrt{3}}\tan^{-1}(\frac{2\tan\frac{x}{2}+1}{\sqrt{3}})+c$

8. $-\ln|1-\tan\frac{x}{2}|+c$

9. $\tan\frac{x}{2}-\ln(1+\tan^2\frac{x}{2})+c$

10. $-\frac{1}{2}\times\frac{\sqrt{x^4+1}}{x^2}+c$

11. $\sin^{-1}x+\sqrt{1-x^2}+c$

5

定積分、瑕積分

對平面區域的面積，如長方形、梯形、三角形、圓形或可分割成有限個三角形的多邊形等區域，都有其對應的面積公式。但對於不規則平面區域的面積，則必須藉由黎曼和(Riemann sum)來計算，而系統化發展此方法之後即成爲定積分的理論。

在一閉區間$[a, b]$中，稱$P_n = \{a = x_0, x_1, x_2, ..., x_n = b\}$爲$[a, b]$的一個分割。若對所有$i$，$\Delta_i = x_{i+1} - x_i$都等長，則稱 P_n 爲一正則分割。對於一個一般的分割 P_n，用符號$\| P_n \|$表示Δ_i中最大者，並稱$\| P_n \|$爲分割 P_n的範數(norm)。

5-1 黎曼和(Riemann Sum)

定義： 若函數 $f(x)$ 在$[a, b]$上爲連續，$P_n = \{x_0, x_1, x_2, \cdots, x_n\}$爲$[a, b]$的任一分割。

在每個子區間$[x_{i-1}, x_i]$任選一點 t_i，$i = 1, 2, \cdots, n$，則 $R(P_n) = \sum_{i=1}^{n} f(t_i)\Delta x_i$

稱爲 $f(x)$ 在$[a, b]$的黎曼和。

若 $f(u_i)$爲$[x_{i-1}, x_i]$中最小值，$f(v_i)$爲$[x_{i-1}, x_i]$中最大值，

可得 $f(u_i) \le f(t_i) \le f(v_i)$對一每一區間$[x_{i-1}, x_i]$，

故 $\sum_{i=1}^{n} f(u_i)\Delta x_i \le \sum_{i=1}^{n} f(t_i)\Delta x_i \le \sum_{i=1}^{n} f(v_i)\Delta x_i$，

$L(P_n) = \sum_{i=1}^{n} f(u_i)\Delta x_i$（下和），$U(P_n) = \sum_{i=1}^{n} f(v_i)\Delta x_i$（上和），

亦即 $L(P_n) \le R(P_n) \le U(P_n)$，

若 $\lim_{\|P\| \to 0} L(P_n) = \lim_{\|P\| \to 0} U(P_n) = L$，$\forall x \in [a, b]$，$f(x) \ge 0$，

則 $A(R) = \lim_{\|P\| \to 0} R(P_n) = \lim_{\|P\| \to 0} \sum_{i=1}^{n} f(t_i)\Delta x_i = L$

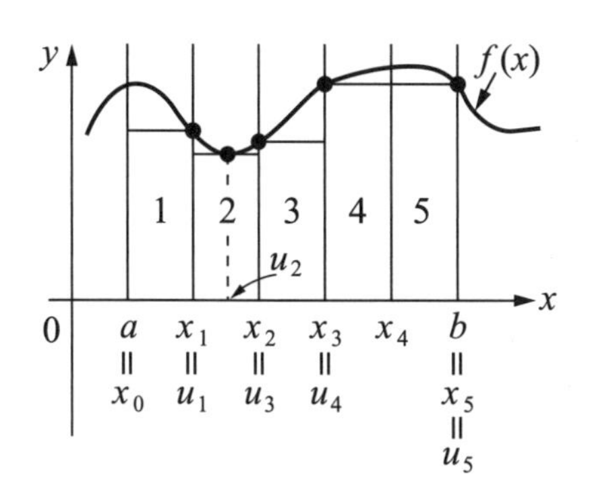

1 表 $f(u_1)(x_1-x_0)$

2 表 $f(u_2)(x_2-x_1)$

3 表 $f(u_3)(x_3-x_2)$

4 表 $f(u_4)(x_4-x_3)$

5 表 $f(u_5)(x_5-x_4)$

下和：$L(P_5)=1+2+3+4+5$

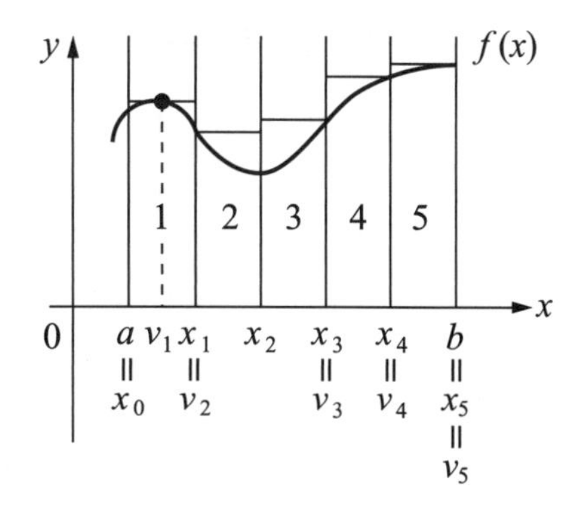

1 表 $f(v_1)(x_1-x_0)$

2 表 $f(v_2)(x_2-x_1)$

3 表 $f(v_3)(x_3-x_2)$

4 表 $f(v_4)(x_4-x_3)$

5 表 $f(v_5)(x_5-x_4)$

上和：$U(P_5)=1+2+3+4+5$

例題 1

$f(x)=x^2$，若在[1, 3]做一個 4 等分的分割(正則分割)，求其下和 $L(P_4)$ 及上和 $U(P_4)$。

解 $P_4=\{1,\frac{3}{2},2,\frac{5}{2},3\}, \Delta x=\frac{1}{2}$，

下和：$L(P_4)=\sum_{i=1}^{4} f(u_i)\Delta x_i = f(1)\frac{1}{2}+f(\frac{3}{2})\frac{1}{2}+f(2)\frac{1}{2}+f(\frac{5}{2})\frac{1}{2}$

$=1(\frac{1}{2})+\frac{9}{4}(\frac{1}{2})+4(\frac{1}{2})+\frac{25}{4}(\frac{1}{2})=\frac{27}{4}$。

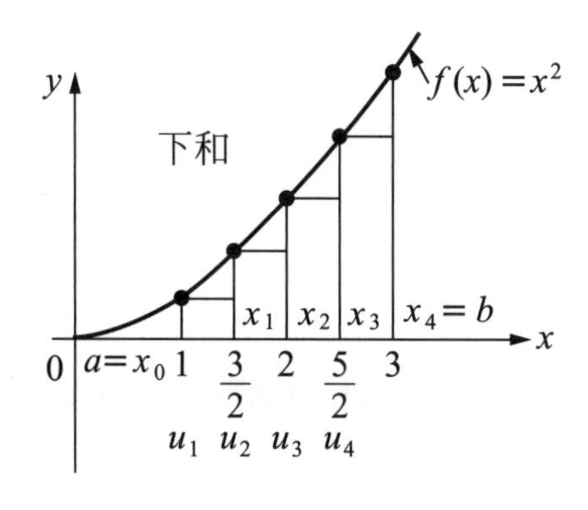

上和：$U(P_4)=\sum_{i=1}^{4} f(u_i)\Delta x_i = f(\frac{3}{2})\frac{1}{2}+f(2)\frac{1}{2}+f(\frac{5}{2})\frac{1}{2}+f(3)\frac{1}{2}$

$=\frac{9}{4}(\frac{1}{2})+4(\frac{1}{2})+\frac{25}{4}(\frac{1}{2})+9(\frac{1}{2})=\frac{43}{4}$ 。

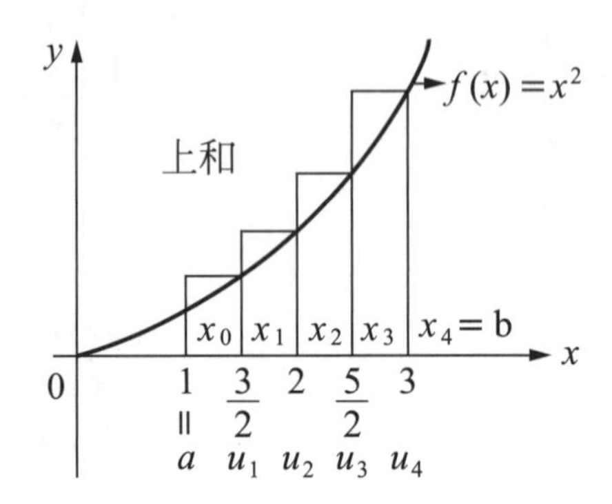

5-2 定積分(The Definite Integrals)

定積分的定義

定義：令 $f(x)$ 爲一定義於閉區間 $[a,b]$ 的連續函數。若下列極限存在

$$A(R)=\lim_{\|P\|\to 0} R(P)=\lim_{\|P\|\to 0}\sum_{i=1}^{n} f(t_i)\Delta x_i = L$$

則稱 L 爲 f 在 $[a,b]$ 上的定積分，並以 $\int_a^b f(x)dx$ 表示。

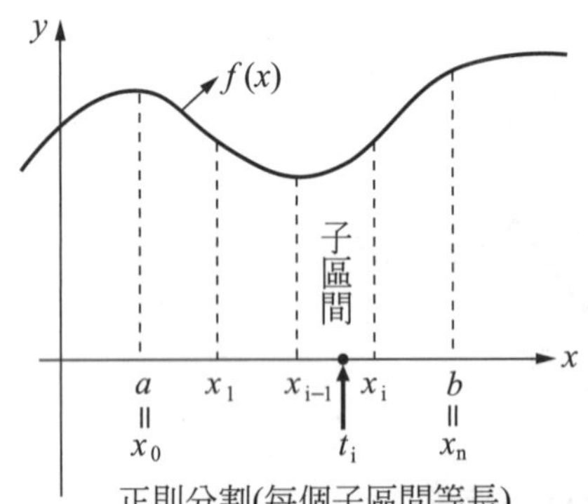

正則分割(每個子區間等長)

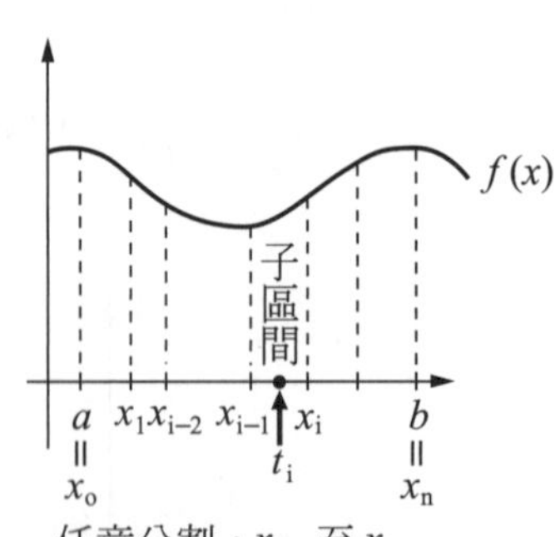

任意分割，x_{i-2} 至 x_{i-1} 分割最長稱爲範數 $\|P\|$

註：在符號 $\int_a^b f(x)dx$ 中，f 稱爲被積分函數，a 、b 爲定積分下限與上限。若 P_n 爲一正則分割，則我們可利用 f 連續的條件證明 $\lim_{\|P\|\to 0}\sum_{i=1}^{n} f(t_i)\Delta x_i=\lim_{n\to\infty}\sum_{i=1}^{n} f(t_i)\Delta x_i$ 。

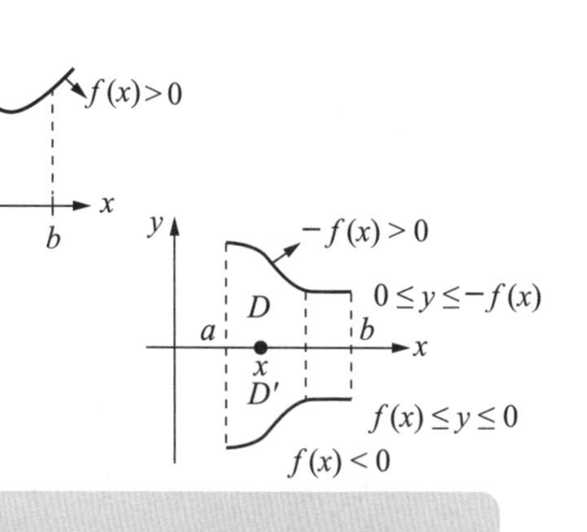

若 $f(x)>0$，定積分 $\int_a^b f(x)dx$ 表示區域 $D=\{(x,y)\mid a\le x\le b, 0\le y\le f(x)\}$ 的面積。

若 $f(x)<0$，即 $-f(x)>0$，定積分 $\int_a^b -f(x)dx$ 表示區域 $D=\{(x,y)\mid a\le x\le b, 0\le y\le -f(x)\}$ 的面積。

因 $f(x)$ 與 $-f(x)$ 對稱於 x 軸，故區域 $D'=\{(x,y)\mid a\le x\le b, f(x)\le y\le 0\}$ 的面積，$A(D')$ 與 $A(D)$ 是相同。即

$$\int_a^b f(x)dx=-A(D')\text{。}$$

若 $f(x)$ 有正、負，其各區域面積分別為 A_1、A_2、A_3，則

$$\int_a^b f(x)dx=A_1+(-A_2)+A_3\text{。}$$

在定積分 $\int_a^b f(x)dx$，x 稱為傀儡變數，亦即 x 可用其它符號取代

$$\int_a^b f(x)dx=\int_a^b f(t)dt=\int_a^b f(u)du\text{。}$$

定積分 $\int_a^b f(x)dx$，下界 a 小於上界 b 才有意義。

常用的項數和

1. $\sum_{i=1}^{n} k=k+k+\cdots+k=nk$。
2. $\sum_{i=1}^{n} i=1+2+\cdots+n=\frac{n(n+1)}{2}$。
3. $\sum_{i=1}^{n} i^2=1^2+2^2+\cdots+n^2=\frac{n(n+1)(2n+1)}{6}$。
4. $\sum_{i=1}^{n} i^3=1^3+2^3+\cdots+n^3=[\frac{n(n+1)}{2}]^2$。
5. 已知數線上一線段[a, b]，把[a, b]分割 n 等分，設 $a=x_0$，$b=x_n$，x_i 為等 i 個分點的坐標 $x_i=a+\frac{(b-a)}{n}i$。

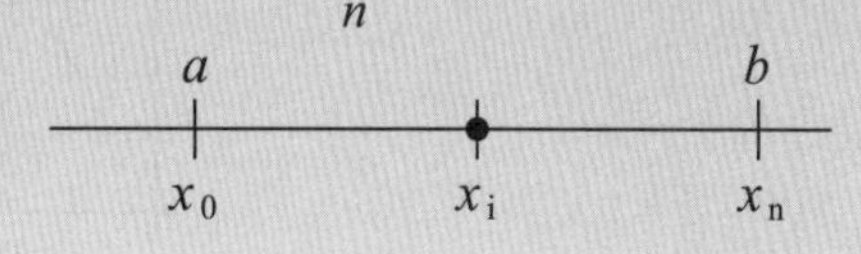

若 $f(a)$、$f(b)$ 有意義：(1) $\int_a^a f(x)dx=0$，(2) $\int_a^b f(x)dx=-\int_b^a f(x)dx$。在定積分並沒有要求在 $[a, b]$ 上連續，事實上也有不連續函數是可積分，亦即稱為瑕積分。

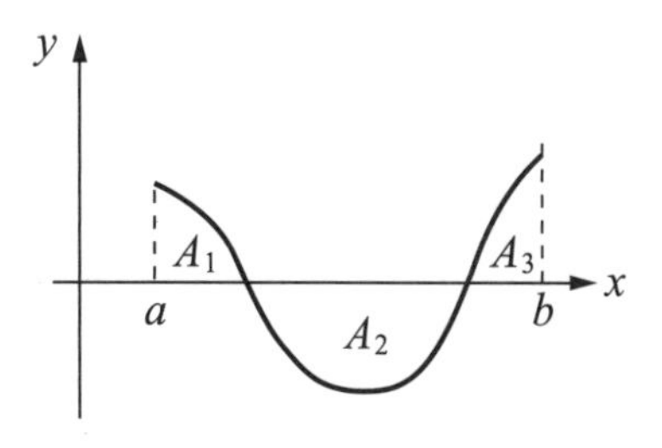

定積分的性質

1. $f(x)$ 在$[a, b]$是連續，則 $f(x)$ 在$[a, b]$可積分，即$\int_a^b f(x)dx$ 存在。
2. 設 $f(x)$ 在$[a, b]$有界（即$\forall x \in [a,b]$，∃一正數 M，使得$-M \le f(x) \le M$），且 $f(x)$ 在$[a, b]$若有幾個不連續點，則$\int_a^b f(x)dx$ 亦存在。
3. $f(x)$ 在一區間 I 爲可積分，且 $a<c<b$ 爲 I 的任 3 個數，則
   $\int_a^b f(x)dx = \int_a^c f(x)dx + \int_c^b f(x)dx$ 。
4. $f(x)$ 、 $g(x)$ 在$[a, b]$可積分，k 爲常數，則
   (1) $\int_a^b kf(x)dx = k\int_a^b f(x)dx$ 。
   (2) $\int_a^b (f(x) \pm g(x))dx = \int_a^b f(x)dx \pm \int_a^b g(x)dx$ 。
5. 設 $f(x)=k$ 爲常數函數，a、b 爲任意實數，則
   $\int_a^b f(x)dx = k\int_a^b (1)dx = kx\Big|_a^b = k(b-a)$ 。
6. (1) 若 $f(x)$ 在$[a, b]$爲可積分，且 $f(x) \ge 0$ ，$\forall x \in [a,b]$，則 $f(x)$ 與 x 軸在$[a, b]$的面積 A，$A = \int_a^b f(x)dx \ge 0$ 。

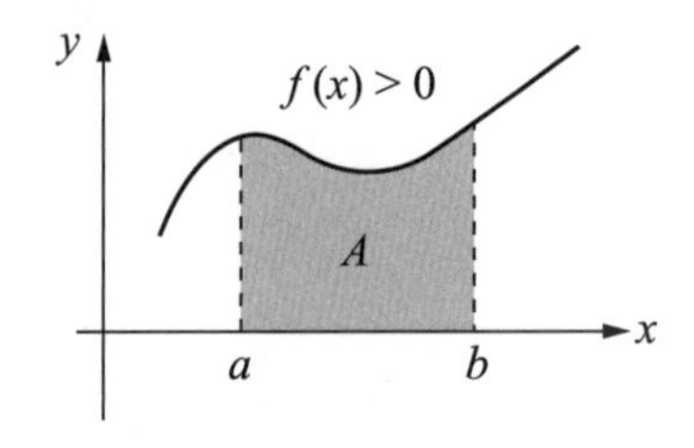

   (2) 若 $f(x)$、$g(x)$ 皆大於 0 且在$[a, b]$皆可積分，且 $f(x) \ge g(x)$ ，$\forall x \in [a,b]$，再設$\int_a^b f(x)dx = A$，$\int_a^b g(x)dx = B$ ，則 $A>B$，同時
   $\int_a^b f(x)dx - \int_a^b g(x)dx = A - B = C$ 。

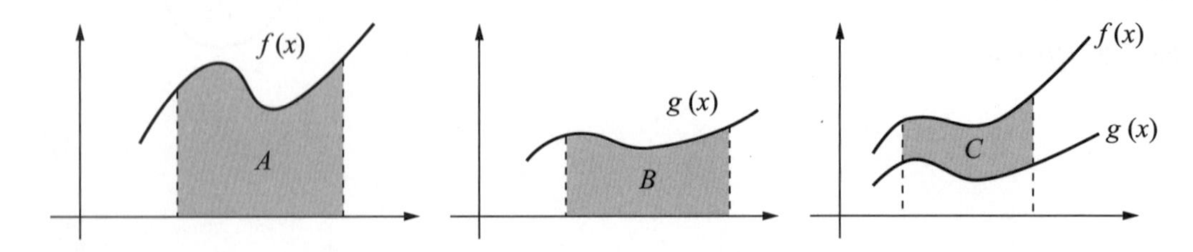

7. 積分均值定理(Mean-Value Theorem of Definite Integrals)，

設函數 $f(x)$ 在$[a, b]$連續，則至少存在一數 $c \in (a, b)$，

使得 $f(c) = \dfrac{\int_a^b f(x)dx}{b-a}$。

其幾何意義可視爲在$[a, b]$區間內存在一點 $c \in (a, b)$，以 $f(c)$ 爲高，$b-a$ 爲長的矩形面積 $A = f(c)(b-a)$ 恰與$[a, b]$在區間上 $f(x)$ 以下的面積 $A = \int_a^b f(x)dx$ 是相等。

即

$f(c)(b-a) = \int_a^b f(x)dx$。

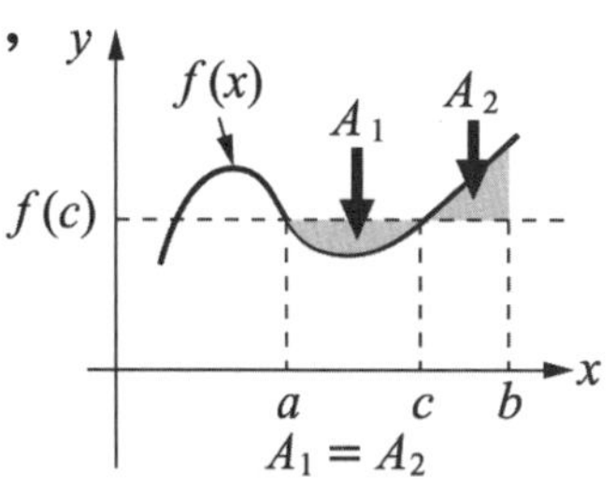

$[a,b]$區間矩形面積 A
$=[a,c]$區間上 $f(x)$ 曲線下面積＋$[c,b]$區間上 $f(x)$ 曲線下面積，
即 $f(c)(b-a) = \int_a^b f(x)\,dx$

微分均值定理(Mean-Value Theorem of Differentiality)

設函數 $f(x)$ 在$[a, b]$連續，且在(a, b)可微分則存在 $c \in (a, b)$，使得 $f'(c) = \dfrac{f(b)-f(a)}{b-a}$，$f'(c)$ 爲切線斜率，$\dfrac{f(b)-f(a)}{b-a}$ 爲割線斜率，故切線與割線互相平行。

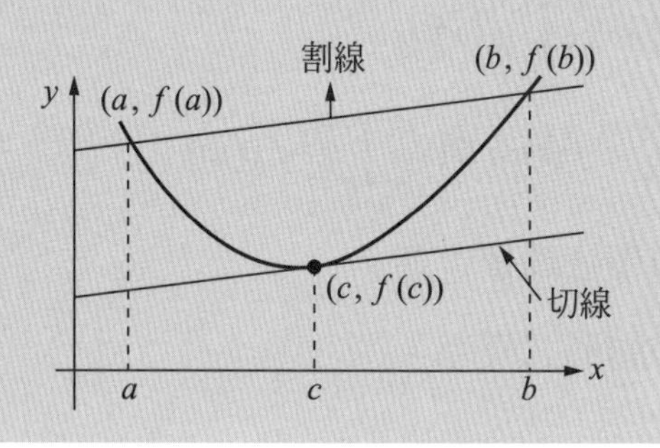

對稱函數定積分的計算

1. 若 $f(-x) = -f(x)$，則稱 $f(x)$ 爲奇函數，即 $y = f(x)$ 的圖形對稱原點，且 $\int_{-a}^{a} f(x)dx = 0$，如圖(a)。

2. 若 $f(-x) = f(x)$，則稱 $f(x)$ 爲偶函數，即 $y = f(x)$ 的圖形對稱 y 軸，且 $\int_{-a}^{a} f(x)dx = 2\int_0^a f(x)dx$，如圖(b)。

3. 若 $f(x)$ 為週期 T 的函數 $f(x+nT)=f(x)$，$n\in\mathbb{Z}$，則 $\int_{a+T}^{b+T} f(x)dx=\int_a^b f(x)dx$，如圖(c)。

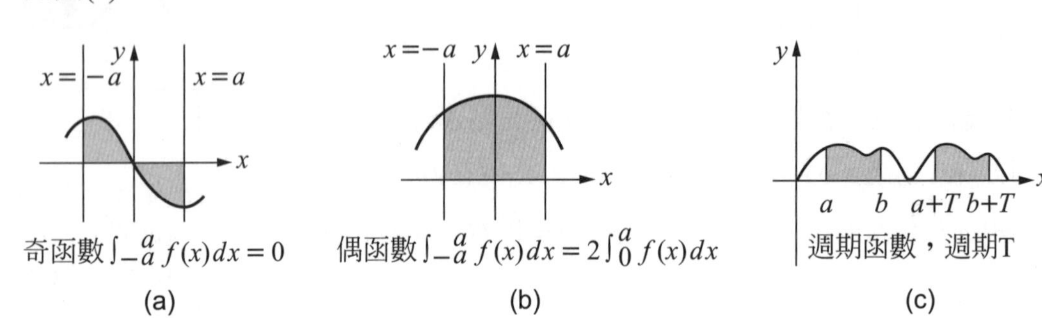

(a) (b) (c)

5-3 定積分的形式 (Formulations of Definite Integrals)

定積分一般形式 $\int_a^b f(x)dx$

定積分的形式：

1. 一般形式 $\int_a^b f(x)dx$。
2. $\dfrac{d}{dx}\int_a^{g(x)} f(t)dt$ 與 $\dfrac{d}{dx}\int_{h(x)}^{g(x)} f(t)dt$。
3. 利用積分均值定理。
4. 以和的形式表示。

例題 1

$f(x)=x^7+x^5+x^3$，求 $\int_{-5}^{5} f(x)dx$。

解 $\because f(-x)=-f(x)$，

$\therefore f(x)$ 為奇函數，故 $\int_{-5}^{5} f(x)dx=0$。

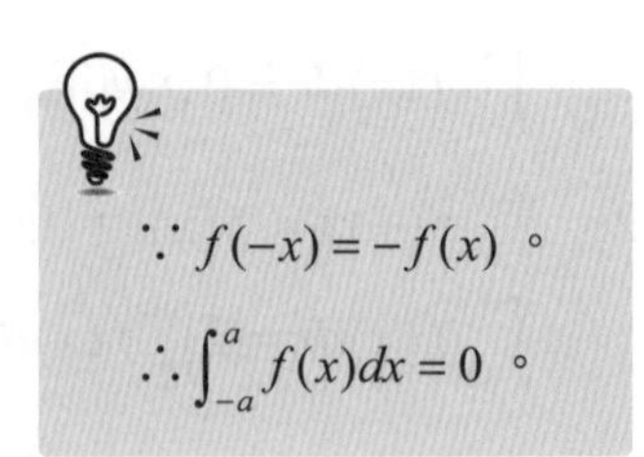

例題 2

$f(x)=x^6+x^4+x^2$，求 $\int_{-1}^{1} f(x)dx$。

解 $\because f(-x)=f(x)$，

$\therefore f(x)$ 為偶函數，

故 $\int_{-1}^{1} f(x)dx = 2\int_0^1 (x^6+x^4+x^2)dx$

$= 2(\frac{1}{7}x^7+\frac{1}{5}x^5+\frac{1}{3}x^3)\Big|_0^1$

$= 2(\frac{1}{7}+\frac{1}{5}+\frac{1}{3}) = \frac{142}{105}$。

> 1. $f(-x)=f(x)$。
> 2. $\int_{-a}^{a} f(x)dx = 2\int_0^a f(x)dx$。

例題 3

$f(x)=\frac{1}{x+1}$，求 $\int_1^e \frac{1}{x+1}dx$。

> 1. $\int \frac{1}{x}dx = \ln|x|$。
> 2. $\ln x - \ln y = \ln\frac{x}{y}$。

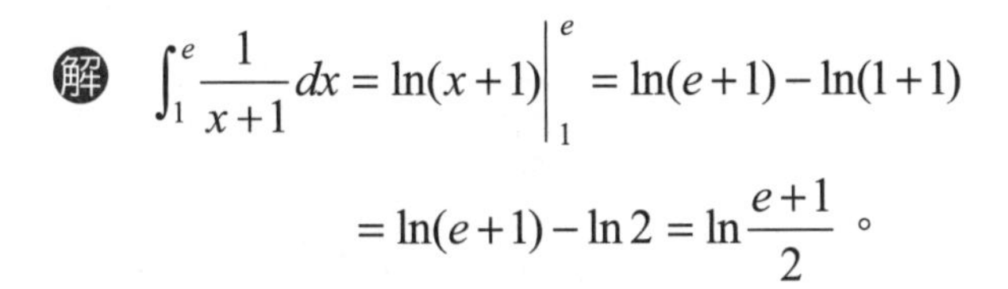

解 $\int_1^e \frac{1}{x+1}dx = \ln(x+1)\Big|_1^e = \ln(e+1)-\ln(1+1)$

$= \ln(e+1)-\ln 2 = \ln\frac{e+1}{2}$。

例題 4

求 $\int_0^2 \frac{x}{\sqrt{4x^2+9}}dx$。

> 1. 變數變換，令 $u=4x^2+9$，$du=8xdx$。
> 2. $x=0 \Rightarrow u=9$，$x=2 \Rightarrow u=25$。

解 令 $u=4x^2+9$，$du=8xdx$，

$x=0 \Rightarrow u=9$，$x=2 \Rightarrow u=25$，

原式 $= \int_9^{25} \frac{\frac{1}{8}}{\sqrt{u}}du = \frac{1}{8}\int_9^{25} u^{-\frac{1}{2}}du = \frac{1}{4}u^{\frac{1}{2}}\Big|_9^{25}$

$= \frac{1}{4}(\sqrt{25}-\sqrt{9}) = \frac{1}{4}(5-3) = \frac{1}{2}$。

例題 5

求 $\int_0^{\frac{\pi}{4}} \sin^2 2x \cos 2x dx$。

1. $d(\sin 2x) = 2 \cdot \cos 2x dx$。
2. $\sin \frac{\pi}{2} = 1$，$\sin 0 = 0$。

解 原式 $= \frac{1}{2}\int_0^{\frac{\pi}{4}} \sin^2 2x d(\sin 2x) = \frac{1}{6}\sin^3 2x \Big|_0^{\frac{\pi}{4}}$

$= \frac{1}{6}(\sin^3 \frac{\pi}{2} - \sin^3 0) = \frac{1}{6}(1-0) = \frac{1}{6}$。

例題 6

求 $\int_0^1 3^x dx$。

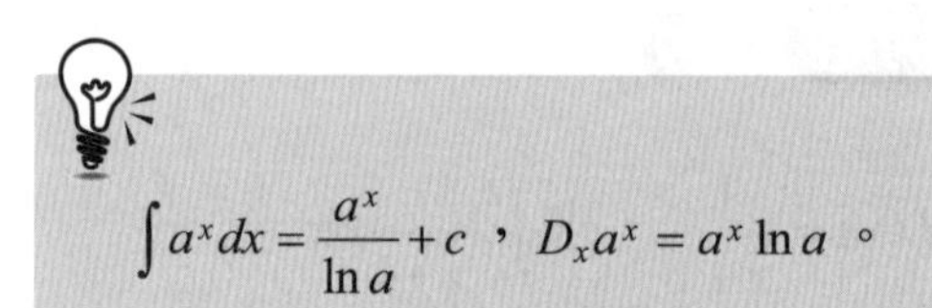

$\int a^x dx = \frac{a^x}{\ln a} + c$，$D_x a^x = a^x \ln a$。

解 原式 $= \frac{3^x}{\ln 3}\Big|_0^1 = \frac{1}{\ln 3}(3^1 - 3^0) = \frac{2}{\ln 3}$。

例題 7

1. $\int \frac{1}{x} dx = \ln|x|$。
2. $\ln x - \ln y = \ln \frac{x}{y}$。

求 $\int_1^2 \frac{1}{x} dx$。

解 原式 $= \ln x \Big|_1^2 = \ln 2 - \ln 1 = \ln 2$。

例題 8

變數變換，令 $u = 1+\sqrt{x}$，$du = \frac{1}{2\sqrt{x}} dx$，

$x = 1 \Rightarrow u = 2$；$x = 4 \Rightarrow u = 3$。

求 $\int_1^4 \frac{\sqrt{1+\sqrt{x}}}{\sqrt{x}} dx$。

解 $u = 1+\sqrt{x}$，$\sqrt{x} = u-1$，$du = \frac{1}{2\sqrt{x}} dx$，

$x = 1 \Rightarrow u = 2$；$x = 4 \Rightarrow u = 3$

$$原式=\int_2^3 \frac{\sqrt{1+u-1}}{u-1}\times 2(u-1)du$$
$$=2\int_2^3 \sqrt{u}\,du=2\int_2^3 u^{\frac{1}{2}}du$$
$$=\frac{4}{3}u^{\frac{3}{2}}\Big|_2^3=\frac{4}{3}((3)^{\frac{3}{2}}-(2)^{\frac{3}{2}})$$
$$=\frac{4}{3}(3\sqrt{3}-2\sqrt{2})\text{ 。}$$

例題 9

求 $\int_0^1 xe^x dx$ 。

1. 分部積分法，$\int udv=uv-\int vdu$ 。
2. 令 $u=x$，$v=e^x$，$e^0=1$。

解 $\int xe^x dx=xe^x-\int e^x dx=xe^x-e^x+c$

$$\int_0^1 xe^x d=(xe^x-e^x)\Big|_0^1$$
$$=((1)(e)-e)-(0\cdot e^0-e^0)=1\text{ 。}$$

定積分為 $D_x\int_a^{g(x)} f(t)dt$ 與 $D_x\int_{h(x)}^{g(x)} f(t)dt$

1. $D_x\int_a^{g(x)} f(t)dt=f(g(x))g'(x)$，$a$ 爲常數。
2. $D_x\int_{h(x)}^{g(x)} f(t)dt=f(g(x))g'(x)-f(h(x))h'(x)$ 。

例題 10

求 $D_x\int_0^{\sin(x)} \frac{1}{1+t^3}dt$ 。

$D_x\int_a^{g(x)} f(t)dt=f(g(x))g'(x)$ 。

解 令 $f(t)=\frac{1}{1+t^3}$，

$$原式=D_x\int_0^{\sin x} f(t)dt=f(\sin x)D_x\sin x=\frac{\cos x}{1+\sin^3 x}\text{ 。}$$

例題 11

求 $D_x\int_1^{e^x}(3+t^2)dt$ 。

$D_x\int_a^{g(x)}f(t)dt=f(g(x))g'(x)$ 。

解 令 $f(t)=3+t^2$，

原式 $=D_x\int_1^{e^x}f(t)dt=f(e^x)\cdot D_x e^x=(3+e^{2x})e^x=3e^x+e^{3x}$ 。

例題 12

求 $D_x\int_{3x}^{x^2}\cos t^2 dt$ 。

$D_x\int_{h(x)}^{g(x)}f(t)dt=f(g(x))g'(x)-f(h(x))h'(x)$ 。

解 令 $f(t)=\cos t^2$，

原式 $=D_x\int_{3x}^{x^2}f(t)dt=f(x^2)\cdot D_x x^2-f(3x)D_x(3x)$

$=\cos(x^2)^2\cdot 2x-\cos(3x)^2\cdot 3$

$=2x\cos x^4-3\cos 9x^2$ 。

利用積分均值定理的積分

例題 13

$f(x)=x^3$ 在[0, 4]有一數 c，使得 $\int_0^4 f(x)dx=f(c)(4-0)$，求 c。

解 $\int_a^b f(x)dx=\int_0^4 x^3dx=\frac{1}{4}x^4\Big|_0^4=64$

$\because f(c)=\frac{64}{4-0}=16$，

又 $\therefore f(c)=c^3$

$\therefore c^3=16\Rightarrow c=16^{\frac{1}{3}}$ 。

利用積分均值定理：$f(c)=\frac{\int_a^b f(x)dx}{b-a}$ 。

例題 14

已知$\int_1^3 x^2 dx = \frac{26}{3}$。

(1) 試問 $f(x) = x^2$ 在閉區間[1, 3]的定積分均值定理是否成立？

(2) 若(1)成立，求 c。

> 利用積分均值定理：$f(c) = \frac{\int_a^b f(x)dx}{b-a}$。

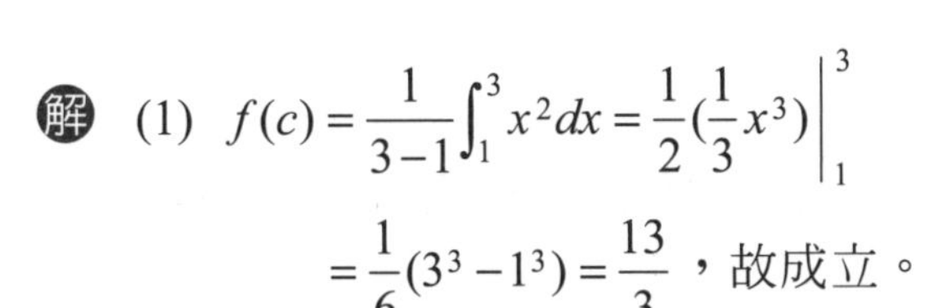

解 (1) $f(c) = \frac{1}{3-1}\int_1^3 x^2 dx = \frac{1}{2}(\frac{1}{3}x^3)\Big|_1^3$

$= \frac{1}{6}(3^3 - 1^3) = \frac{13}{3}$，故成立。

(2) $\because f(c) = c^2$，$\therefore c^2 = \frac{13}{3} \Rightarrow c = \pm\sqrt{\frac{13}{3}}$ (取正)。

定積分是以和的極限形式表示

例題 15

求 $\lim\limits_{n\to\infty}(\frac{1}{n+1} + \frac{1}{n+2} + \cdots + \frac{1}{n+n})$。

解 原式 $= \lim\limits_{n\to\infty}(\frac{1}{n})(\frac{1}{1+\frac{1}{n}} + \frac{1}{1+\frac{2}{n}} + \cdots + \frac{1}{1+\frac{n}{n}}) = \lim\limits_{n\to\infty}\sum_{i=1}^{n}(\frac{1}{1+\frac{i}{n}})(\frac{1}{n})$，

令 $f(x) = \frac{1}{1+x}$，

$f(x)$ 在[0, 1]上連續，把[0, 1]做 n 等分的正則分割，

$P = \{x_0, x_1, x_2, \cdots, x_n\}$，

$x_i = 0 + \frac{i}{n} = \frac{i}{n}$，$\Delta x_i = \frac{1}{n}$，

$i = 0, 1, 2, \cdots, n$，

> 1. 把題目改為 $= \lim\limits_{n\to\infty}\sum_{i=1}^{n}(\frac{1}{1+\frac{i}{n}})(\frac{1}{n})$。
>
> 2. 題目再改為 $\lim\limits_{n\to\infty}\sum_{i=1}^{n}(\frac{1}{1+x_i})(\Delta x_i) = \int_0^1 \frac{1}{1+x}dx$。

則 $\lim\limits_{n\to\infty}\sum_{i=1}^{n}(\frac{1}{1+\frac{i}{n}})(\frac{1}{n}) = \lim\limits_{n\to\infty}\sum_{i=1}^{n}(\frac{1}{1+x_i})(\Delta x_i) = \int_0^1 \frac{1}{1+x}dx = \ln(1+x)\Big|_0^1 = \ln 2$。

例題 16

求 $\lim_{n\to\infty}\frac{1}{\sqrt{n^3}}(1+\sqrt{2}+\sqrt{3}+\cdots+\sqrt{n})$。

1. 把題目改爲 $=\lim_{n\to\infty}\sum_{i=1}^{n}(\sqrt{\frac{i}{n}})(\frac{1}{n})$。
2. 令 $f(x)=\sqrt{x}$，閉區間[0, 1]做 n 等分分割 $x_i=\frac{i}{n}$，$\Delta x_i=\frac{1}{n}$。
3. 題目再改爲 $\lim_{n\to\infty}\sum_{i=1}^{n}\sqrt{x_i}(\Delta x_i)=\int_0^1\sqrt{x}\,dx$。

解 原式 $=\lim_{n\to\infty}\frac{n^{\frac{1}{2}}}{n^{\frac{3}{2}}}(\frac{1}{\sqrt{n}}+\frac{\sqrt{2}}{\sqrt{n}}+\cdots+\frac{\sqrt{n}}{\sqrt{n}})$

$=\lim_{n\to\infty}\frac{1}{n}(\sqrt{\frac{1}{n}}+\sqrt{\frac{2}{n}}+\cdots+1)$

$=\lim_{n\to\infty}\sum_{i=1}^{n}(\sqrt{\frac{i}{n}})(\frac{1}{n})$，

令 $f(x)=\sqrt{x}$，$f(x)$ 在[0, 1]爲連續，把[0, 1]做 n 等分分割，

$P=\{x_0, x_1, x_2, \cdots, x_n\}$，$\Delta x_i=0+\frac{i}{n}=\frac{i}{n}$，$\Delta x_i=\frac{1}{n}$，

則 $\lim_{n\to\infty}\sum_{i=1}^{n}(\sqrt{\frac{i}{n}})(\frac{1}{n})=\lim_{n\to\infty}\sum_{i=1}^{n}(\sqrt{x_i})(\Delta x_i)=\int_0^1\sqrt{x}\,dx=\frac{2}{3}x^{\frac{3}{2}}\Big|_0^1=\frac{2}{3}$。

習題

1～8 題，求其定積分值。

1. $\int_0^1 \frac{x}{1+x^2}dx$ 。

2. $\int_0^{\frac{\pi}{4}} \frac{\sec^2 x}{2-\tan x}dx$ 。

3. $\int_0^1 \frac{e^x}{(1+2e^x)^2}dx$ 。

4. $\int_1^2 x^2 \ln x dx$ 。

5. $\int_0^1 \frac{e^x}{e^{2x}+1}dx$ 。

6. $\int_{-1}^1 \sqrt{1-x^2}dx$ 。

7. $\int_0^9 \frac{1}{\sqrt{1+\sqrt{x}}}dx$ 。

8. $\int_{-1}^4 |x^3-3x^2+2x|dx$ 。

9～11 題，求各導函數。

9. $D_x\int_{-3}^x \sqrt{t^2+1}\,dt$ ，利用 $D_x\int_a^{g(x)} f(t)dt = f(g(x))\cdot g'(x)$ 。

10. $D_x\int_{\sqrt{x}}^0 e^{-t^2}dt$ ，利用 $D_x\int_a^{g(x)} f(t)dt = f(g(x))\cdot g'(x)$ 。

11. $D_x\int_{2x}^{x^3} \frac{\cos 3t}{t}dt$ ，利用 $D_x\int_{h(x)}^{g(x)} f(t)dt = f(g(x))\cdot g'(x) - f(h(x))\cdot h'(x)$ 。

簡答

1. $\frac{1}{2}\ln 2$

2. $\ln 2$

3. $-\frac{1}{2}(\frac{1}{1+2e}-\frac{1}{3})$

4. $\frac{8}{3}\ln 2-\frac{7}{9}$

5. $\tan^{-1} e-\frac{\pi}{4}$

6. $\frac{\pi}{2}$

7. $\frac{16}{3}$

8. $\frac{75}{4}$

9. $\sqrt{x^2+1}$

10. $\frac{-1}{2e^x x^{\frac{1}{2}}}$

11. $\frac{3\cos 3x^3-\cos 6x}{x}$

5-4 瑕積分(Improper Integrals)

討論定積分 $\int_a^b f(x)dx$，是以 $f(x)$ 在$[a, b]$為連續，且$[a, b]$為有限區間，若積分區間為無限或 $f(x)$ 在$[a, b]$有不連續點，且無界，則稱為瑕積分。

積分區間為上無限或下無限，但在區間是連續，如：

$$\lim_{n\to\infty}\sum_{i=1}^{n}(\frac{1}{1+x_i})(\Delta x_i)=\int_0^1\frac{1}{1+x}dx \text{ ， } \int_{-\infty}^{0}e^{2x}dx$$

定義 1：若 $f(x)$ 在$[a, \infty)$為連續，則 $\int_a^\infty f(x)dx=\lim_{b\to\infty}\int_a^b f(x)dx$。

若 $\lim_{n\to\infty}\int_a^b f(x)dx=L$，則稱 $\int_a^\infty f(x)dx$ 為收斂，收斂值為 L，否則為發散。

定義 2：若 $f(x)$ 在$(-\infty, b]$為連續，則 $\int_{-\infty}^b f(x)dx=\lim_{a\to-\infty}\int_a^b f(x)dx$。

若 $\lim_{a\to-\infty}\int_a^b f(x)dx=L$，則稱 $\int_{-\infty}^b f(x)dx$ 為收斂，收斂值為 L，否則為發散。

例題 1

求 $\int_1^\infty \frac{1}{x^3}dx$。

解 原式 $=\lim_{b\to\infty}\int_1^b x^{-3}dx=-\frac{1}{2}\lim_{b\to\infty}(\frac{1}{x^2})\Big|_1^b$

$=-\frac{1}{2}\lim_{b\to\infty}(\frac{1}{b^2}-\frac{1}{1^2})=\frac{1}{2}$。

> $\int_a^\infty f(x)dx=\lim_{b\to\infty}\int_a^b f(x)dx$。

例題 2

1. 分部積分法，$\int udv = uv - \int vdu$。
2. $\int_a^{\infty} f(x)dx = \lim\limits_{b\to\infty}\int_a^b f(x)dx$。

求 $\int_0^{\infty} xe^{-x}dx$。

解 $\int xe^{-x}dx = -xe^{-x} + \int e^{-x}dx = -xe^{-x} - e^{-x} + c$，

$$\int_0^{\infty} xe^{-x}dx = \lim_{b\to\infty}\int_0^b xe^{-x}dx = \lim_{b\to\infty}(-xe^{-x} - e^{-x})\Big|_0^b$$

$$= -\lim_{b\to\infty}[(be^{-b} + e^{-b}) - (0\cdot e^0 + e^0)]$$

$$= -\lim_{b\to\infty}[(\frac{b}{e^b} + \frac{1}{e^b}) - 1] = -\lim_{b\to\infty}(\frac{b+1}{e^b} - 1)$$

$$= 0 + 1 = 1$$ 。

u		v
x	$\oplus$	e^{-x}
1	$\ominus$	$-e^{-x}$

例題 3

1. 分部積分法，$\int udv = uv - \int vdu$。
2. $\int_a^{\infty} f(x)dx = \lim\limits_{b\to\infty}\int_a^b f(x)dx$。

求 $\int_e^{\infty} \ln xdx$。

解 $\int \ln xdx = x\ln x - \int 1dx = x\ln x - x + c$，

$$\int_e^{\infty} \ln xdx = \lim_{b\to\infty}\int_e^b \ln xdx = \lim_{b\to\infty}(x\ln x - x)\Big|_e^b$$

$$= \lim_{b\to\infty}[(b\ln b - b) - (e\ln e - e)]$$

$$= \lim_{b\to\infty}(b\ln b - b) - 0$$

$= \infty$，發散。

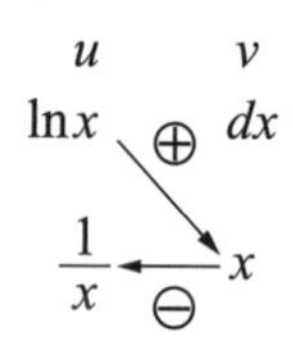

例題 4

就 P 值討論 $\int_1^{\infty}\frac{1}{x^P}dx$ 的斂散性。

解 (1) 當 $P=1$ 時，

$$\int_1^{\infty}\frac{1}{x}dx=\lim_{b\to\infty}\int_1^{b}\frac{1}{x}dx=\lim_{b\to\infty}\ln x\Big|_1^b$$
$$=\lim_{b\to\infty}(\ln b-\ln 1)$$
$$=\lim_{b\to\infty}(\ln b)-0=\infty \text{ 發散。}$$

> $\int_a^{\infty}f(x)dx=\lim_{b\to\infty}\int_a^b f(x)dx$。

(2) 當 $P\neq 1$ 時，

$$\int_1^{\infty}\frac{1}{x^P}dx=\lim_{b\to\infty}\int_1^{b}x^{-P}dx=\frac{1}{-P+1}\lim_{b\to\infty}(x^{-P+1})\Big|_1^b$$
$$=\frac{1}{-P+1}\lim_{b\to\infty}(b^{-P+1}-1^{-P+1})$$
$$=\frac{1}{-P+1}\lim_{b\to\infty}(\frac{1}{b^{P-1}}-1)=\frac{1}{-P+1}\lim_{b\to\infty}(b^{-P+1}-1)$$

若 $-P+1>0\Rightarrow P<1$，$\frac{1}{-P+1}(\lim_{b\to\infty}\frac{1}{b^{P-1}}-1)=\infty$ 發散。

若 $-P+1<0\Rightarrow P>1$，$\frac{1}{-P+1}(\lim_{b\to\infty}\frac{1}{b^{P-1}}-1)=\frac{-1}{-P+1}$ 收斂

故 $P>1$，$\int_1^{\infty}\frac{1}{x^P}dx$ 收斂；$P\leq 1$，$\int_1^{\infty}\frac{1}{x^P}dx$ 發散。

積分區間為無限，在區間是連續或有不連續點，且無界如

$\int_{-1}^{\infty}\frac{1}{x}dx$，$0\notin[-1,\infty)$，$\int_{-\infty}^{0}\ln|x|dx$，$x\in(0,-\infty)$，$\int_{-\infty}^{\infty}\frac{1}{1+x}dx$，$-1\notin(-\infty,\infty)$，$\int_{-\infty}^{\infty}\frac{x}{\sqrt{x^2+1}}dx$，$x\in\mathbb{R}$。

定義： 若 $f(x)$ 在 $(-\infty,\infty)$ 爲連續，則 $\int_{-\infty}^{\infty}f(x)dx=\int_{-\infty}^{c}f(x)dx+\int_{c}^{\infty}f(x)dx$，$c\in\mathrm{R}$，若 $\int_{-\infty}^{c}f(x)dx=L_1$，及 $\int_{c}^{\infty}f(x)dx=L_2$，則稱 $\int_{-\infty}^{\infty}f(x)dx$ 爲收斂，其收斂值 L_1+L_2，否則稱 $\int_{-\infty}^{\infty}f(x)dx$ 爲發散。

例題 5

求 $\int_{-\infty}^{\infty}\frac{x}{\sqrt{x^2+1}}dx$ 。

1. $\int_{-\infty}^{\infty}f(x)dx=\int_{-\infty}^{c}f(x)dx+\int_{c}^{\infty}f(x)dx$ 。
2. $\int_{-\infty}^{c}f(x)dx=\lim_{a\to-\infty}\int_{a}^{c}f(x)dx$ 。
3. $\int_{c}^{+\infty}f(x)dx=\lim_{b\to\infty}\int_{0}^{b}f(x)dx$ 。

解 $\int\frac{x}{\sqrt{x^2+1}}dx=\frac{1}{2}\int(x^2+1)^{-\frac{1}{2}}d(x^2+1)$

$=(x^2+1)^{\frac{1}{2}}+c$ ，

$$\int_{-\infty}^{\infty}\frac{x}{\sqrt{x^2+1}}dx=\int_{-\infty}^{0}\frac{x}{\sqrt{x^2+1}}dx+\int_{0}^{\infty}\frac{x}{\sqrt{x^2+1}}dx$$

$$=\lim_{a\to-\infty}\int_{a}^{0}\frac{x}{\sqrt{x^2+1}}dx+\lim_{b\to\infty}\int_{0}^{b}\frac{x}{\sqrt{x^2+1}}dx$$

$$=\lim_{a\to-\infty}(x^2+1)^{\frac{1}{2}}\bigg|_{a}^{0}+\lim_{b\to\infty}(x^2+1)^{\frac{1}{2}}\bigg|_{0}^{b}$$

$$=\lim_{a\to-\infty}[(0^2+1)^{\frac{1}{2}}-(a^2+1)^{\frac{1}{2}}]+\lim_{b\to\infty}[(b^2+1)-(0^2+1)^{\frac{1}{2}}]$$

$$=1-\infty+\infty-1$$

$=\infty$ 發散。

例題 6

求 $\int_{-1}^{\infty}\frac{1}{x}dx$ 。

依 $\ln|x|$ 的圖形，

$\int_{-1}^{\infty}\ln|x|dx=\int_{-1}^{0^-}\ln|x|dx+\int_{0^+}^{1}\ln xdx+\int_{1}^{\infty}\ln xdx$ 。

解 $\int\frac{1}{x}dx=\ln|x|+c$ ，

$\int_{-1}^{\infty}\frac{1}{x}dx=\int_{-1}^{0^-}\frac{1}{x}dx+\int_{0^+}^{1}\frac{1}{x}dx+\int_{1}^{\infty}\frac{1}{x}dx$ ，

$\int_{-1}^{0^-}\frac{1}{x}dx=\lim_{b\to0^-}\int_{-1}^{b}\frac{1}{x}dx=\lim_{b\to0^-}\ln|x|\bigg|_{-1}^{b}=\lim_{b\to0^-}(\ln|b|-\ln|-1|)=-\infty$ ，

$\int_{0^+}^{1}\frac{1}{x}dx=\lim_{a\to0^+}\int_{a}^{1}\frac{1}{x}dx=\lim_{a\to0^+}\ln(x)\bigg|_{a}^{1}=\lim_{a\to0^+}(\ln(1)-\ln(a))=+\infty$ ，

$\int_{1}^{\infty}\frac{1}{x}dx=\lim_{b\to\infty}\int_{1}^{b}\frac{1}{x}dx=\lim_{b\to\infty}\ln x\bigg|_{1}^{b}\lim_{b\to\infty}(\ln b-\ln1)=\infty$ ，$\therefore\int_{-1}^{\infty}\frac{1}{x}dx$ 發散。

例題 7

求 $\int_{-\infty}^{0^-}\ln|x|\,dx$。

1. 依 $\ln|x|$ 的圖形，
$\int_{-\infty}^{0^-}\ln|x|\,dx=\int_{-\infty}^{-1}\ln(-x)dx+\int_{-1}^{0^-}\ln(-x)dx$。
2. $\int_{-\infty}^{-1}\ln|x|\,dx=\infty$。
3. $\int_{-1}^{0^-}\ln|x|\,dx=-\infty$。

解 $\ln|x|=\begin{cases}\ln x & ,x>0\\ \ln(-x) & ,x<0\end{cases}$

本題上限、下限為 0 及 $-\infty$

$\therefore \ln|x|=\ln(-x)$，

$\int\ln(-x)dx=x\ln(-x)+x+c$，

$\int_{-\infty}^{0^-}\ln(-x)dx=\int_{-\infty}^{-1}\ln(-x)dx+\int_{-1}^{0^-}\ln(-x)dx$

$$\begin{aligned}\int_{-\infty}^{-1}\ln(-x)dx&=\lim_{a\to-\infty}\int_{a}^{-1}\ln(-x)dx=\lim_{a\to-\infty}[(x\ln(-x)+x\Big|_a^{-1}]\\&=\lim_{a\to-\infty}[((-1)\ln1+(-1))-(a\ln(-a)+a)]\\&=-1-\lim_{a\to-\infty}(a\ln(-a)+a)=-\infty\text{，}\end{aligned}$$

$$\begin{array}{ccc} & u & v\\ \ln(-x) & \oplus & dx\\ \frac{1}{x}dx & \ominus & x\end{array}$$

$$\begin{aligned}\int_{-1}^{0^-}\ln(-x)dx&=\lim_{b\to0^-}\int_{-1}^{b}\ln(-x)dx=\lim_{b\to0^-}[(x\ln(-x)+x)\Big|_{-1}^{b}]\\&=\lim_{b\to0^-}[(b\ln(-b)+b)-(-1\ln(1)+(-1))]\\&=\lim_{b\to0^-}(b\ln(-b)-b)+1=-\infty\text{，}\end{aligned}$$

$\therefore \int_{-\infty}^{0^-}\ln|x|\,dx$ 發散。

▌ $f(x)$ 在 $[a,b]$ 有不連續點，且為無界，如 $\int_{-1}^{2}\frac{1}{x}dx$，$0\notin[-1,2]$，$\int_{-1}^{3}\frac{1}{x-3}dx$，$x\in[-1,3)$，$\int_{0}^{\frac{\pi}{2}}\cot x\,dx$，$x\in[0,\frac{\pi}{2})$

定義： 若 $f(x)$ 在 $[a,b)$ 為連續，且 $f(b)=\pm\infty$，則 $\int_a^b f(x)dx=\lim_{t\to b^-}\int_a^t f(x)dx$。

若 $\lim_{t\to b^-}\int_a^t f(x)dx=L$，則稱 $\int_a^b f(x)dx$ 收斂，其值 L，否則 $\int_a^b f(x)dx$ 發散。

定義： 若 $f(x)$ 在 $(a,b]$ 連續，且 $f(a)=\pm\infty$，則 $\int_a^b f(x)dx=\lim_{t\to a^+}\int_t^b f(x)dx$。

若 $\lim_{t\to a^+}\int_t^b f(x)dx=L$，則稱 $\int_a^b f(x)dx$ 收斂，其值 L，否則 $\int_a^b f(x)dx$ 發散。

定義：若 $f(x)$ 在 $[a,\ b]$（除在 $(a,\ b)$ 的某點 c 外）皆連續，且 $f(c)=\pm\infty$，則 $\int_a^b f(x)dx=\int_a^{c^-} f(x)dx+\int_{c^+}^b f(x)dx$。若 $\int_a^{c^-} f(x)dx=L_1$，$\int_{c^+}^b f(x)dx=L_2$，則稱 $\int_a^b f(x)dx$ 收斂，其值 L_1+L_2，否則 $\int_a^b f(x)dx$ 發散。

例題 8

求 $\int_0^3 \frac{1}{(x-2)^3}dx$，$2\notin[0,3]$。

> $\int_a^b f(x)dx=\int_a^{c^-} f(x)dx+\int_{c^+}^b f(x)dx$，
>
> c 為 $[a, b]$ 的不存在點。

解

$$\int_0^3 \frac{1}{(x-2)^3}dx=\int_0^3 (x-2)^{-3}d(x-2)$$

$$=\int_0^{2^-} (x-2)^{-3}d(x-2)+\int_{2^+}^3 (x-2)^{-3}d(x-2)$$

$$=\lim_{b\to 2^-}(\frac{-1}{2}\cdot\frac{1}{(x-2)^2})\Big|_0^b+\lim_{a\to 2^+}(\frac{-1}{2}\cdot\frac{1}{(x-2)^2})\Big|_a^3$$

$$=-\frac{1}{2}\lim_{b\to 2^-}(\frac{1}{(b-2)^2}-\frac{1}{(0-2)^2})-\frac{1}{2}\lim_{a\to 2^+}(\frac{1}{(3-2)^2}-\frac{1}{(a-2)^2})$$

$$=\frac{-1}{2}(\infty-\frac{1}{4})-\frac{1}{2}(1-\infty)$$

$=\infty$ 發散。

例題 9

求 $\int_1^{3^-} [x]dx$。

> 1. $[x]$ 為高斯函數，又稱最大整數函數 $[x]\in \mathbf{Z}$（整數），且 $x-1<[x]\le x$。
> 2. $\int_a^b f(x)dx=\int_a^{c^-} f(x)dx+\int_{c^+}^b f(x)dx$，
>
> c 為 $[a, b]$ 的不存在點。

解

$$[x]=\begin{cases}\vdots & \\ 2 & 2\le x<3 \\ 1 & 1\le x<2 \\ \vdots & \end{cases}$$

$$\therefore \int_1^{3^-}[x]dx=\int_1^{2^-}(1)dx+\int_{2^+}^{3^-}(2)dx=\lim_{b\to 2^-}\int_1^b(1)dx+\lim_{a\to 2^+}\int_a^{3^-}(2)dx$$

$$=\lim_{b\to 2^-}x\Big|_1^b+\lim_{a\to 2^+}2x\Big|_a^{3^-}=\lim_{b\to 2^-}(b-1)+\lim_{a\to 2^+}(6-2a)=1+2=3$$ 。

例題 10

求 $\int_0^{1^-}\frac{1}{\sqrt{1-x}}dx$。

> $\int_0^{1^-}f(x)dx=\lim_{b\to1^-}\int_0^b f(x)dx$。

解 $\int_0^{1^-}\frac{1}{\sqrt{1-x}}dx=-\lim_{b\to1^-}\int_0^b(1-x)^{\frac{-1}{2}}d(1-x)$

$=-\lim_{b\to1^-}2(1-x)^{\frac{1}{2}}\Big|_0^b=-2\lim_{b\to1^-}[(1-b)^{\frac{1}{2}}-(1-0)^{\frac{1}{2}}]$

$=-2(0-1)=2$。

例題 11

求 $\int_{-1}^{1}\frac{1}{x^2}dx$。

解 $\int_{-1}^{1}\frac{1}{x^2}dx=\int_{-1}^{0^-}\frac{1}{x^2}dx+\int_{0^+}^{1}\frac{1}{x^2}dx$

$=\lim_{b\to0^-}\int_{-1}^{b}x^{-2}dx+\lim_{a\to0^+}\int_a^1 x^{-2}dx$

$=\lim_{b\to0^-}\frac{-1}{x}\Big|_{-1}^{b}+\lim_{a\to0^+}\frac{-1}{x}\Big|_a^1$

$=\lim_{b\to0^-}(-\frac{1}{b}-(\frac{1}{-1}))-\lim_{a\to0^+}(\frac{1}{1}-\frac{1}{a})$

$=+\infty+\infty=\infty$。

> $\int_a^b f(x)dx=\int_a^{c^-}f(x)dx+\int_{c^+}^b f(x)dx$，
>
> c 在$[a, b]$內不存在的點。

例題 12

> $\int_a^b f(x)dx=\int_a^{c^-}f(x)dx+\int_{c^+}^b f(x)dx$，
>
> c 爲$[a, b]$內不存在之點。

求 $\int_0^{1^-}\frac{1}{\sqrt{1-x^2}}dx$。

解 $\int_0^{1^-}\frac{1}{\sqrt{1-x^2}}dx=\lim_{b\to1^-}\int_0^b\frac{1}{\sqrt{1-x^2}}dx=\lim_{b\to1^-}\sin^{-1}(x)\Big|_0^b$

$=\lim_{b\to1^-}(\sin^{-1}b-\sin^{-1}0)=\frac{\pi}{2}-0=\frac{\pi}{2}$。

判斷$\int_a^{\infty} f(x)dx$或$\int_{-\infty}^{a} f(x)dx$之斂散性

$f(x)$、$g(x)$在$[a,\infty)$均連續，$f(x)$爲原函數，$g(x)$爲新設函數。

1. 比較判別法

   新設函數$g(x)$能判斷收斂或發散：

   若$f(x)\le g(x)$，且$g(x)$爲收斂，則$f(x)$爲收斂。

   若$f(x)\ge g(x)$，且$g(x)$爲發散，則$f(x)$爲發散。

2. 極限比值判別法（用在$f(x)$與$g(x)$無法比較大小）

   若$\lim\limits_{x\to\infty}\dfrac{f(x)}{g(x)}=L$，$0<L<\infty$，則$\int_a^{\infty} f(x)dx$與$\int_a^{\infty} g(x)dx$同爲收斂或發散。

例題 13

判別$\int_1^{\infty}\dfrac{\cos x}{x^2}dx$的斂散性。

解 原函數$f(x)=\dfrac{\cos x}{x^2}$，

設新函數$g(x)=\dfrac{1}{x^2}$，

$\because 0<\dfrac{\cos x}{x^2}<\dfrac{1}{x^2}$即$f(x)\le g(x)$，

$g(x)=\dfrac{1}{x^2}$，$P=2$，

由$P>1$，$\int_1^{\infty}\dfrac{1}{x^2}dx$收斂，

$\therefore g(x)$爲收斂，$\because f(x)\le g(x)$，$\therefore f(x)$收斂，

故$\int_1^{\infty}\dfrac{\cos x}{x^2}dx$爲收斂。

1. 已知$g(x)$爲收斂。
2. $0<\dfrac{\cos x}{x^2}<\dfrac{1}{x^2}$。
3. 由比較判別法知，本題收斂。

例題 14

判別$\int_1^{\infty}\frac{1}{e^x+x+2}dx$的斂散性。

1. $0<\frac{1}{e^x+x+2}<\frac{1}{e^x}$。
2. 由比較判別法知，本題收斂。

解 原函數$f(x)=\frac{1}{e^x+x+2}$，設新函數$g(x)=\frac{1}{e^x}$，

$\because 0<\frac{1}{e^x+x+2}<\frac{1}{e^x}$，即$f(x)\le g(x)$，

$$\int_1^{\infty}\frac{1}{e^x}dx=\lim_{b\to\infty}\int_1^b e^{-x}dx=-\lim_{b\to\infty}\int_1^b e^{-x}d(-x)$$

$$=-\lim_{b\to\infty}(\frac{1}{e^x})\Big|_1^b=-\lim_{b\to\infty}(\frac{1}{e^b}-\frac{1}{e})=\frac{1}{e}，$$

$g(x)$爲收斂，$\therefore f(x)$亦爲收斂，故$\int_1^{\infty}\frac{1}{e^x+x+2}dx$收斂。

例題 15

判別$\int_1^{\infty}\frac{\ln x}{\sqrt{x^2-1}}dx$的斂散性。

解 原函數$f(x)=\frac{\ln x}{\sqrt{x^2-1}}dx$，新函數$g(x)=\frac{\ln x}{\sqrt{x^2}}$，

$\because 0\le\frac{\ln x}{\sqrt{x^2}}<\frac{\ln x}{\sqrt{x^2-1}}$，

$$\int_1^{\infty}\frac{\ln x}{\sqrt{x^2}}dx=\lim_{b\to\infty}\int_1^b\frac{\ln x}{x}dx$$

$$=\lim_{b\to\infty}\int_1^b\ln x d(\ln x)$$

$$=\lim_{b\to\infty}(\frac{1}{2}\ln^2 x)\Big|_1^b$$

$$=\frac{1}{2}\lim_{b\to\infty}(\ln^2 b-\ln^2 1)=\infty，$$

$g(x)$爲發散，$\therefore f(x)$亦爲發散，故$\int_1^{\infty}\frac{\ln x}{\sqrt{x^2-1}}dx$發散。

1. 求$\int_1^{\infty}\frac{\ln x}{x}dx=\infty$發散。
2. $0<\frac{\ln x}{x}<\frac{\ln x}{\sqrt{x^2-1}}$。
3. 由比較判別法知，本題發散。

例題 16

判別$\int_0^{\infty} e^{x^2} dx$的斂散性。

解 原函數$f(x)=e^{x^2}$，新函數$g(x)=e^x$，

$0<e^x<e^{x^2}$，

$$\int_0^{\infty} e^x dx=\lim_{b\to\infty}\int_0^b e^x dx=\lim_{b\to\infty} e^x\Big|_0^b$$

$$=\lim_{b\to\infty}(e^b-e^0)=\infty \text{ 發散。}$$

$g(x)$發散，$\therefore \int_0^{\infty} e^x dx$發散，故$\int_0^{\infty} e^{x^2} dx$發散。

1. $\int_0^{\infty} e^x dx=\infty$發散。
2. $0<e^x<e^{x^2}$。
3. 由比較判別法知，本題發散。

例題 17

判別$\int_1^{\infty} \frac{1}{(1+x^2)^2} dx$的斂散性。

解 原函數$f(x)=\frac{1}{(1+x^2)^2}$，新函數$g(x)=\frac{1}{x^4}$。

（解一）

$$\lim_{x\to\infty}\frac{f(x)}{g(x)}=\lim_{x\to\infty}\frac{\frac{1}{(1+x^2)^2}}{\frac{1}{x^4}}=\lim_{x\to\infty}\frac{x^4}{(1+x^2)^2}$$

$$=\lim_{x\to\infty}\frac{x^4}{1+2x^2+x^4}$$

$$=\lim_{x\to\infty}\frac{1}{\frac{1}{x^4}+\frac{2}{x^2}+1}=1，$$

$0<1<\infty$

$$\int_1^{\infty}\frac{1}{x^4}dx=\lim_{b\to\infty}\int_1^b x^{-4}dx=\lim_{b\to\infty}\frac{-1}{3}\cdot\frac{1}{x^3}\Big|_1^b$$

$$=\frac{-1}{3}\lim_{b\to\infty}(\frac{1}{b^3}-1)=\frac{1}{3}\text{ 收斂，}$$

1. （解一）用極限比值判別法 $\lim_{x\to\infty}\frac{f(x)}{g(x)}=L$，$0<1<\infty$。
2. $\int_1^{\infty} g(x)dx=\frac{1}{3}$收斂。
3. 本題收斂。

$g(x)$ 收斂，$\therefore \int_1^\infty \frac{1}{(1+x^2)^2}dx$ 亦為收斂。

（解二）

$0<\frac{1}{(1+x^2)^2}<\frac{1}{x^4}$，

$\int_1^\infty g(x)dx=\frac{1}{3}$ 收斂，

故本題收斂。

1. $0<\frac{1}{(1+x^2)^2}<\frac{1}{x^4}$。
2. $\int_1^\infty \frac{1}{x^4}dx=\frac{1}{3}$ 收斂。
3. 由比較判別法本題收斂。

習題

1～10 題，判別瑕積分的斂散性；若收斂，則求其值。

1. $\int_0^{\infty} e^{-2x}dx$ 。

2. $\int_0^{3^-} \frac{x}{\sqrt{9-x^2}}dx$ 。

3. $\int_{-\infty}^{\infty} xe^{-x^2}dx$ 。

4. $\int_1^{\infty} \frac{1}{x(x+2)}dx$ 。

5. $\int_{0^+}^{4} \frac{(\sqrt{x}+1)^2}{\sqrt{x}}dx$ 。

6. $\int_{-1}^{1} \frac{1}{1-e^{-x}}dx$ 。

7. $\int_1^{\infty} \frac{\ln x}{x^2}dx$ 。

8. $\int_{-\infty}^{\infty} \frac{1}{e^x+e^{-x}}dx$ 。

9. $\int_{\frac{\pi}{2}}^{\pi} \frac{1}{1+\cos x}dx$ 。

10. $\int_0^{\infty} e^{-x}\cos x dx$ 。

11～13 題，利用比較判別法，判斷其斂散性。

11. $\int_0^{\infty} \frac{e^x}{x+1}dx$ 。

12. $\int_1^{\infty} e^{-x^3}dx$ 。

13. $\int_1^{\infty} \frac{\sin^2 x}{1+x^2}dx$ 。

14～15 題，利用極限比值判別法，判別其斂散性。

14. $\int_{1}^{\infty}\frac{x}{x^3+1}dx$。

15. $\int_{0}^{\infty}\frac{xe^x}{3x+1}dx$。

簡答

1. $\frac{1}{2}$

2. 3

3. 0

4. $\frac{1}{2}\ln 3$

5. $\frac{52}{3}$

6. 發散

7. 發散

8. $\frac{\pi}{2}$

9. 發散

10. $\frac{1}{2}$

11. 發散

12. 收斂

13. 收斂

14. 收斂

15. 發散

定積分的應用

6-1　求曲線弧長(Arc Length)

6-2　求面積(Determination of Areas)

6-3　求體積(Determination of Volumes)

6-1 求曲線弧長(Arc Length)

求直線長度公式如下。若要求一般曲線的長度，想法是將曲線切割成若干小段，每一小段以直線來代替，則當切割的片段數夠多時，每一小段的直線長度都會近似該段的曲線長度，因此將這些小段的長度疊加後便可用來逼近曲線的總長度。

直線段長的長度 $d=\sqrt{(x_2-x_1)^2+(y_2-y_1)^2}$ 。

如下圖，子區間$[x_{i-1}, x_i]$，以 P_{i-1}、P_i 兩點的線段長近似 P_{i-1}、P_i 兩點的弧長，即 $L_i=\overline{P_iP_{i-1}}=\sqrt{(x_i-x_{i-1})^2+(f(x_i)-f(x_{i-1}))^2}$ 。由微分均值定理，存在 $c_i\in(x_{i-1}, x_i)$，使得 $f'(c_i)=\dfrac{f(x_i)-f(x_{i-1})}{x_i-x_{i-1}} \Rightarrow f(x_i)-f(x_{i-1})=f'(c_i)(x_i-x_{i-1})$ 。

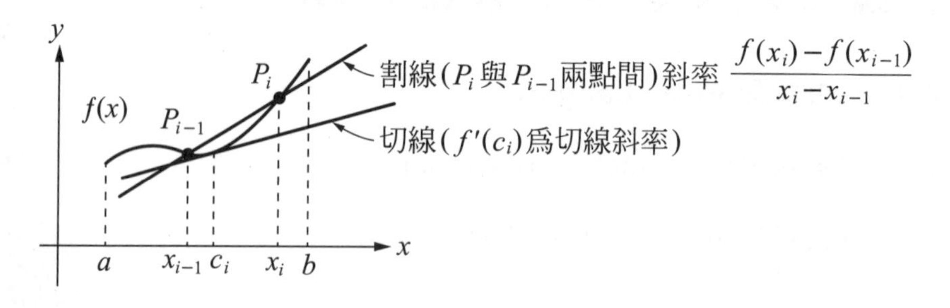

故 $L_i=\overline{P_iP_{i-1}}=\sqrt{(x_i-x_{i-1})^2+(f(x_i)-f(x_{i-1}))^2}=\sqrt{(x_i-x_{i-1})^2+[f'(c_i)(x_i-x_{i-1})]^2}$

$=\sqrt{(x_i-x_{i-1})^2[1+(f'(c_i))^2]}=\sqrt{1+(f'(c_i))^2}\,(x_i-x_{i-1})=\sqrt{1+(f'(c_i))^2}\Delta x_i$ 。

把每一個子區間的線段長相加得 $\sum_{i=1}^{n}L_i=\sum_{i=1}^{n}\sqrt{1+(f'(c_i))^2}\Delta x_i$ ，

當 $n\to\infty$，$\|P\|$（範數）（最大間距）$\to 0$，則曲線 $y=f(x)$在 $x\in[a, b]$間的弧長 L。

$L=\lim_{\|P\|\to 0}\sum_{i=1}^{n}L_i=\lim_{\|P\|\to 0}\sum_{i=1}^{n}\sqrt{1+(f'(c_i))^2}\Delta x_i=\int_a^b\sqrt{1+(f'(x))^2}dx$ ，$f'(x)=\dfrac{dy}{dx}$ 。

弧長全微分

$$L=\lim_{\|P\|\to 0}\sum_{i=1}^{n}L_i=\lim_{\|P\|\to 0}\sum_{i=1}^{n}\sqrt{(x_i-x_{i-1})^2+(f(x_i)-f(x_{i-1}))^2}$$

$$=\lim_{\|P\|\to 0}\sum_{i=1}^{n}\sqrt{(\Delta x)^2+(\Delta y)^2}=\int_a^b\sqrt{(dx)^2+(dy)^2}=\int_a^b ds\text{，}$$

$ds=\sqrt{(dx)^2+(dy)^2}$ 稱為弧長全微分。

當曲線以參數方程式 $x=x(t)$，$y=y(t)$，$t\in[\alpha,\beta]$表示時，

$dx=(\frac{dx}{dt})dt$，$dy=(\frac{dy}{dt})dt$，得 $ds=\sqrt{(dx)^2+(dy)^2}=\sqrt{(\frac{dx}{dt})^2+(\frac{dy}{dt})^2}\,dt$，

即 $L=\int_\alpha^\beta ds=\int_\alpha^\beta\sqrt{(\frac{dx}{dt})^2+(\frac{dy}{dt})^2}\,dt$。

若極座標 $r=f(\theta)$，$\theta\in[\alpha,\beta]$，

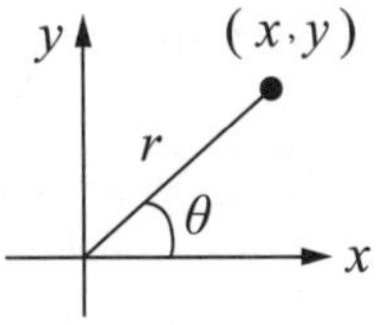

$x=r\cos\theta=f(\theta)\cos\theta$，$y=r\sin\theta=f(\theta)\sin\theta$，

$ds=\sqrt{(dx)^2+(dy)^2}=\sqrt{(\frac{dx}{d\theta})^2+(\frac{dy}{d\theta})^2}\,d\theta$，

$x=f(\theta)\cos\theta$，$\frac{dx}{d\theta}=f'(\theta)\cos\theta-f(\theta)\sin\theta$，

$$(\frac{dx}{d\theta})^2=(f'(\theta)\cos\theta-f(\theta)\sin\theta)^2$$

$$=(f'(\theta))^2\cos^2\theta-2f'(\theta)f(\theta)\sin\theta\cos\theta+(f(\theta))^2\sin^2\theta\text{，}$$

$y=f(\theta)\sin\theta$，$\frac{dy}{d\theta}=f'(\theta)\sin\theta+f(\theta)\cos\theta$，

$$(\frac{dy}{d\theta})^2=(f'(\theta)\sin\theta+f(\theta)\cos\theta)^2$$

$$=(f'(\theta))^2\sin^2\theta+2f'(\theta)f(\theta)\sin\theta\cos\theta+(f(\theta))^2\cos^2\theta\text{，}$$

$$(\frac{dx}{d\theta})^2+(\frac{dy}{d\theta})^2=(f'(\theta))^2+(f(\theta))^2\text{，}$$

$$ds=\sqrt{(\frac{dx}{d\theta})^2+(\frac{dy}{d\theta})^2}\,d\theta=\sqrt{(f'(\theta))^2+(f(\theta))^2}\,d\theta=\sqrt{(\frac{dr}{d\theta})^2+r^2}\,d\theta\text{。}$$

求弧長公式

(1) $y=f(x)$，$L=\int_a^b \sqrt{1+(f'(x))^2}\,dx$。

(2) $x=g(y)$，$L=\int_c^d \sqrt{1+(g'(y))^2}\,dy$。

(3) 全微分 $L=\int_a^b ds=\int_a^b \sqrt{(dx)^2+(dy)^2}$。

(4) 參數方程式 $x=x(t)$，$y=y(t)$，$t\in[\alpha,\beta]$，$L=\int_\alpha^\beta ds$，

$$ds=\sqrt{(dx)^2+(dy)^2}=\sqrt{(\frac{dx}{dt})^2+(\frac{dy}{dt})^2}\,dt \text{。}$$

$$L=\int_\alpha^\beta ds=\int_\alpha^\beta \sqrt{(dx)^2+(dy)^2}=\int_\alpha^\beta \sqrt{(\frac{dx}{dt})^2+(\frac{dy}{dt})^2}\,dt$$

(5) 極座標 $r=f(\theta)$，$\theta\in[\alpha,\beta]$，$x=r\cos\theta=f(\theta)\cos\theta$，$y=r\sin\theta=f(\theta)\sin\theta$，

$$ds=\sqrt{(dx)^2+(dy)^2}=\sqrt{(\frac{dx}{d\theta})^2+(\frac{dy}{d\theta})^2}\,d\theta \because (\frac{dx}{d\theta})^2+(\frac{dy}{d\theta})^2=(f'(\theta)^2+[f(\theta)]^2 \text{，}$$

$$\therefore ds=\sqrt{(f'(\theta))^2+(f(\theta))^2}\,d\theta=\sqrt{(\frac{dr}{d\theta})^2+r^2}\,d\theta \text{，}$$

$$L=\int_\alpha^\beta ds=\int_\alpha^\beta \sqrt{(f'(\theta))^2+(f(\theta))^2}\,d\theta=\int_\alpha^\beta \sqrt{(\frac{dr}{d\theta})^2+r^2}\,d\theta \text{。}$$

例題 1

求 $y=x^{\frac{3}{2}}$，由 $x=0$ 至 $x=4$ 的弧長。

解 $\frac{dy}{dx}=y'=\frac{3}{2}x^{\frac{1}{2}}$，

$$L=\int_0^4 \sqrt{1+(\frac{3}{2}x^{\frac{1}{2}})^2}\,dx=\int_0^4 \sqrt{1+\frac{9}{4}x}\,dx=\frac{4}{9}\int_0^4 (1+\frac{9}{4}x)^{\frac{1}{2}}d(1+\frac{9}{4}x)$$

$$=\frac{4}{9}\times\frac{2}{3}(1+\frac{9}{4}x)^{\frac{3}{2}}\Big|_0^4=\frac{8}{27}[(1+\frac{9}{4}(4))^{\frac{3}{2}}-(1+0)^{\frac{3}{2}}]$$

$$=\frac{8}{27}(10^{\frac{3}{2}}-1)=\frac{8}{27}(10\sqrt{10}-1) \text{。}$$

$$L=\int_a^b \sqrt{1+(\frac{dy}{dx})^2}\,dx \text{。}$$

例題 2

求 $y^3 = 8x^2$ 圖形上，連接(0, 0)至(1, 2)兩點間的弧長。

解 $x = \frac{1}{\sqrt{8}} y^{\frac{3}{2}}$，$\frac{dx}{dy} = x' = \frac{3}{2\sqrt{8}} y^{\frac{1}{2}}$，$y \in [0, 2]$，

$$L = \int_0^2 \sqrt{1 + (\frac{3}{2\sqrt{8}} y^{\frac{1}{2}})^2}\, dy = \int_0^2 \sqrt{1 + \frac{9}{32} y}\, dy$$

$$= \frac{32}{9} \int_0^2 (1 + \frac{9}{32} y)^{\frac{1}{2}} d(1 + \frac{9}{32} y)$$

$$= \frac{32}{9} \times \frac{2}{3} (1 + \frac{9}{32} y)^{\frac{3}{2}} \Big|_0^2 = \frac{64}{27} [(1 + \frac{9}{32}(2))^{\frac{3}{2}} - (1 + \frac{9}{32}(0))^{\frac{3}{2}}]$$

$$= \frac{64}{27} ((1 + \frac{9}{16})^{\frac{3}{2}} - 1) = \frac{64}{27} \times ((\frac{5}{4})^3 - 1) = \frac{64}{27} \times \frac{61}{64} = \frac{61}{27}$$ 。

> $L = \int_c^d \sqrt{1 + (\frac{dx}{dy})^2}\, dy$ 。

例題 3

求參數曲線 $x = t - \sin t$，$y = 1 - \cos t$，$t \in [0, \pi]$的弧長。

解 $\frac{dx}{dt} = 1 - \cos t$，$\frac{dy}{dt} = \sin t$，

$$L = \int_0^\pi \sqrt{(1 - \cos t)^2 + (\sin t)^2}\, dt$$

$$= \int_0^\pi \sqrt{2 - 2\cos t}\, dt = \sqrt{2} \int_0^\pi \sqrt{1 - \cos t}\, dt$$

$$= 2 \int_0^\pi \sin \frac{t}{2} dt = -4 \cos \frac{t}{2} \Big|_0^\pi$$

$$= -4(\cos \frac{\pi}{2} - \cos 0) = 4$$ 。

> 1. $L = \int_\alpha^\beta \sqrt{(\frac{dx}{dt})^2 + (\frac{dy}{dt})^2}\, dt$ 。
> 2. $\sin \frac{t}{2} = \pm \sqrt{\frac{1 - \cos t}{2}}$ 。

例題 4

求極坐標曲線 $x = a\cos^3\theta$，$y = a\sin^3\theta$，$a > 0$，$\theta \in [0, \frac{\pi}{4}]$ 的弧長。

$ds = \sqrt{(\frac{dx}{d\theta})^2 + (\frac{dy}{d\theta})^2}\, d\theta$

解 $\frac{dx}{d\theta} = 3a\cos^2\theta(-\sin\theta)$，

$\frac{dy}{d\theta} = 3a\sin^2\theta(\cos\theta)$，

$$(\frac{dx}{d\theta})^2 + (\frac{dy}{d\theta})^2 = [3a\cos^2\theta(-\sin\theta)]^2 + [3a\sin^2\theta(\cos\theta)]^2$$

$$= 9a^2\cos^4\theta\sin^2\theta + 9a^2\sin^4\theta\cos^2\theta$$

$$= 9a^2(\sin^2\theta\cos^2\theta)(\cos^2\theta + \sin^2\theta) = 9a^2\sin^2\theta\cos^2\theta，$$

$$L = \int_0^{\frac{\pi}{4}} \sqrt{9a^2\sin^2\theta\cos^2\theta}\, d\theta = 3a\int_0^{\frac{\pi}{4}} \sin\theta\cos\theta\, d\theta = \frac{3}{2}a\int_0^{\frac{\pi}{4}} \sin 2\theta\, d\theta$$

$$= \frac{-3}{4}a\cos 2\theta\Big|_0^{\frac{\pi}{4}} = -\frac{3}{4}a(\cos\frac{\pi}{2} - \cos 0) = \frac{3}{4}a。$$

例題 5

求極坐標曲線 $r = 1 + \cos\theta$，$\theta \in [0, \pi]$的弧長。

$ds = \sqrt{(\frac{dr}{d\theta})^2 + r^2}\, d\theta$

解 $r = 1 + \cos\theta$，$\frac{dr}{d\theta} = -\sin\theta$，$(\frac{dr}{d\theta})^2 = \sin^2\theta$，

$r^2 = (1 + \cos\theta)^2 = 1 + 2\cos\theta + \cos^2\theta$，

$$L = \int_0^{\pi} \sqrt{(\frac{dr}{d\theta})^2 + r^2}\, d\theta = \int_0^{\pi} \sqrt{\sin^2\theta + (1 + 2\cos\theta + \cos^2\theta)}\, d\theta$$

$$= \int_0^{\pi} \sqrt{2 + 2\cos\theta}\, d\theta = \sqrt{2}\int_0^{\pi} \sqrt{1 + \cos\theta}\, d\theta，$$

$$\because \cos^2\frac{1}{2}\theta = \frac{1 + \cos\theta}{2} \Rightarrow 1 + \cos\theta = 2\cos^2\frac{\theta}{2}，$$

$$\therefore L = \sqrt{2}\int_0^{\pi} \sqrt{1 + \cos\theta}\, d\theta = \sqrt{2}\int_0^{\pi} \sqrt{2\cos^2\frac{\theta}{2}}\, d\theta = 2\int_0^{\pi} \cos\frac{\theta}{2}\, d\theta$$

$$= 4\int_0^{\pi} \cos\frac{\theta}{2}\, d(\frac{\theta}{2}) = 4\sin\frac{\theta}{2}\Big|_0^{\pi} = 4(\sin\frac{\pi}{2} - \sin 0) = 4。$$

習題

註：(1) $y=f(x)$，$L=\int_a^b\sqrt{1+(f'(x))^2}dx$ ，$f'(x)=\frac{dy}{dx}$。

(2) $x=g(y)$，$L=\int_c^d\sqrt{1+(g'(y))^2}dy$ ，$g'(y)=\frac{dx}{dy}$。

(3) 全微分，$L=\int_a^b\sqrt{(dx)^2+(dy)^2}$ ，$ds=\sqrt{(dx)^2+(dy)^2}$ 稱爲弧長全微分。

(4) 參數方程式，$x=x(t)$，$y=y(t)$，$t\in[\alpha,\beta]$，

$$ds=\sqrt{(dx)^2+(dy)^2}=\sqrt{(\frac{dx}{dt})^2+(\frac{dy}{dt})^2}dt\ ,$$

$$L=\int_\alpha^\beta ds=\int_\alpha^\beta\sqrt{(\frac{dx}{dt})^2+(\frac{dy}{dt})^2}dt\ 。$$

(5) 極座標，$r=f(\theta)$，$\theta\in[\alpha,\beta]$，$x=r\cos\theta=f(\theta)\cos\theta$，$y=r\sin\theta=f(\theta)\sin\theta$，

$$ds=\sqrt{(dx)^2+(dy)^2}=\sqrt{(\frac{dx}{d\theta})^2+(\frac{dy}{d\theta})^2}d\theta$$

$$=\sqrt{(f'(\theta))^2+[f(\theta)]^2}d\theta=\sqrt{(\frac{dr}{d\theta})^2+r^2}d\theta\ ,$$

$$L=\int_\alpha^\beta ds=\int_\alpha^\beta\sqrt{(f'(\theta))^2+[f(\theta)]^2}d\theta=\int_\alpha^\beta\sqrt{(\frac{dr}{d\theta})^2+r^2}d\theta\ 。$$

1. 求曲線 $24xy=x^4+48$ 在 $x\in[2,4]$的弧長。

2. 求 $y=\frac{1}{2}a(e^{\frac{x}{a}}+e^{-\frac{x}{a}})$，$a>0$ 在 $x\in[0,a]$的弧長。

3. 求 $x=t^2$，$y=t^3$ 在 $t=0$ 與 $t=4$ 的弧長。

4. 求曲線 $r=e^{2\theta}$，$\theta\in[0,1]$的弧長。

5. 求曲線 c： $x^{\frac{2}{3}}+y^{\frac{2}{3}}=a^{\frac{2}{3}}$ ，$0\le x\le a$，$0\le y\le a$ 的弧長。

6. 求曲線 $x=\frac{1}{3}(y^2+2)^{\frac{3}{2}}$ ，$0\le y\le 1$ 的弧長。

簡答

1. $\dfrac{17}{6}$

2. $\dfrac{a}{2}(e-\dfrac{1}{e})$

3. $\dfrac{8}{27}(37\sqrt{37}-1)$

4. $\dfrac{\sqrt{5}}{2}(e^2-1)$

5. $\dfrac{3}{2}a$

6. $\dfrac{4}{3}$

6-2 求面積(Determination of Areas)

一般有規則的圖形，如圓形、矩形等有固定公式。但對於一般的曲面：例如曲線繞座標軸所形成的曲面，若要求面積，則必須藉由定積分來計算。

1. 一曲線與軸或兩曲線間的面積：

(1) 函數 $f(x)$在$[a, b]$與 x 軸所圍區域的面積 $A=\int_a^b |f(x)|dx$。

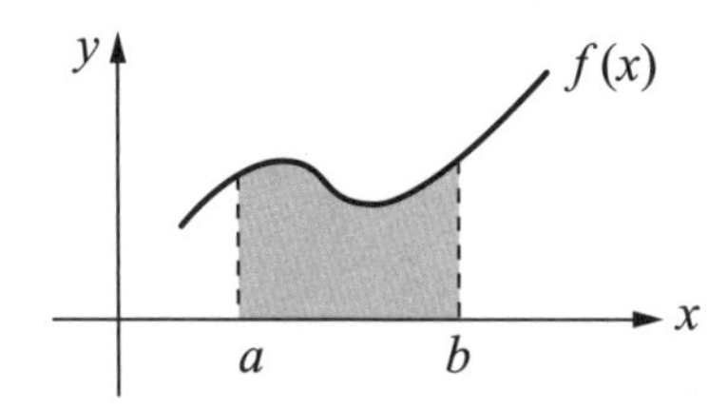

(2) 兩函數 $f(x), g(x)$在$[a, b]$所圍區域的面積 $A=\int_a^b |f(x)-g(x)|dx$，

若 $f(x)>g(x)$，則 $A=\int_a^b (f(x)-g(x))dx$ ；若 $f(x)<g(x)$，

則 $A=\int_a^b (g(x)-f(x))dx$。

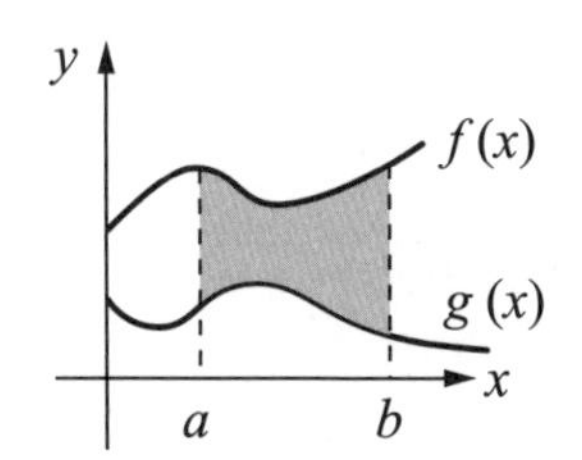

(3) 兩函數 $f(y), g(y)$在$[c, d]$所圍區域的面積 $A=\int_c^d |f(y)-g(y)|dy$，

若 $f(y)>g(y)$，則 $A=\int_c^d (f(y)-g(y))dy$，若 $f(y)<g(y)$，

則 $A=\int_c^d (g(y)-f(y))dy$。

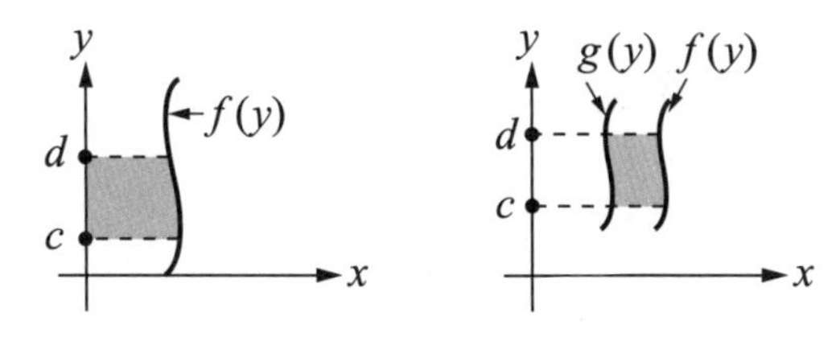

例題 1

$f(x)=\dfrac{2}{\sqrt{4+x}}$，$x\in[-1,1]$與 $y=0$（即 x 軸）所圍區域的面積。

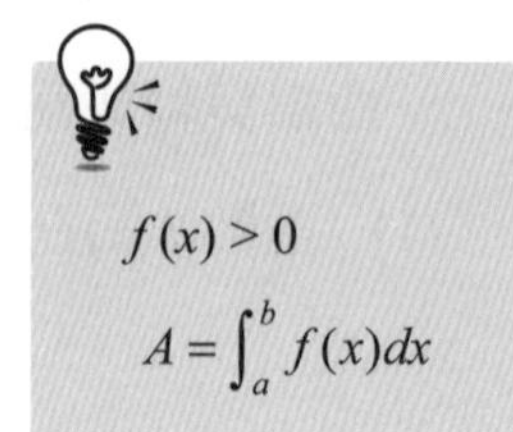

解 $A=\int_{-1}^{1}\dfrac{2}{\sqrt{4+x}}dx=2\int_{-1}^{1}(4+x)^{-\frac{1}{2}}dx$

$=2\int_{-1}^{1}(4+x)^{-\frac{1}{2}}d(4+x)=4\sqrt{4+x}\Big|_{-1}^{1}$

$=4(\sqrt{4+1}-\sqrt{4-1})=4(\sqrt{5}-\sqrt{3})$。

例題 2

$f(x)=3e^{2x}$，$x\in[0,3]$與 x 軸所圍區域的面積。

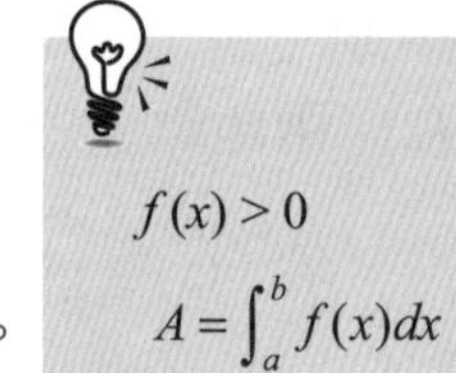

解 $A=\int_0^3 3e^{2x}dx=\dfrac{3}{2}\int_0^3 e^{2x}d(2x)=\dfrac{3}{2}e^{2x}\Big|_0^3=\dfrac{3}{2}(e^6-e^0)=\dfrac{3}{2}(e^6-1)$。

例題 3

$y=x^2-1$，$y=-x^2+x$ 所圍區域的面積。

1. 求兩個函數的交點，作爲積分的上、下限。
2. 判定 $f(x)>g(x)$，$A=\int_a^b (f(x)-g(x))dx$。

解 $\begin{cases} y=x^2-1\cdots\cdots(1) \\ y=-x^2+x\cdots(2) \end{cases}$，

(1)代入(2)$x^2-1=-x^2+x$

$\Rightarrow 2x^2-x-1=0\Rightarrow(x-1)(2x+1)=0$，

得 $x=\dfrac{-1}{2}$，1，$x=\dfrac{-1}{2}$代入(1)得 $y=-\dfrac{3}{4}$；

$x=1$ 代入(1)$y=0$，兩曲成交點座標$(-\dfrac{1}{2},-\dfrac{3}{4})$及$(1,0)$

不須每題都畫圖因兩函數的交點 $x=-\dfrac{1}{2},1$，

$-\frac{1}{2}$爲積分下限，1 爲積分上限，

在此區間$-x^2+x>x^2-1$，$\therefore f(x)>g(x)$，

$$A=\int_{-\frac{1}{2}}^{1}[(-x^2+x)-(x^2-1)]dx=\int_{-\frac{1}{2}}^{1}(-2x^2+x+1)dx=(-\frac{2}{3}x^3+\frac{1}{2}x^2+x)\Big|_{-\frac{1}{2}}^{1}$$

$$=(-\frac{2}{3}(1)^3+\frac{1}{2}(1)^2+(1))-(-\frac{2}{3}(-\frac{1}{2})^3+\frac{1}{2}(-\frac{1}{2})^2+(-\frac{1}{2}))=\frac{5}{6}+\frac{7}{24}=\frac{27}{24}$$ 。

例題 4

求 $y=\sin x$ 及 $y=\cos x$ 在$[0, \frac{\pi}{2}]$所圍區域面積。

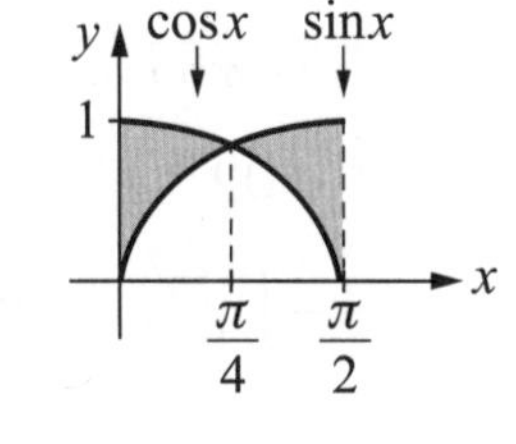

解 由圖知$[0, \frac{\pi}{4}]$間，$\cos x>\sin x$，$[\frac{\pi}{4}, \frac{\pi}{2}]$，$\sin x>\cos x$，

$$A=\int_0^{\frac{\pi}{2}}|\sin x-\cos x|dx=\int_0^{\frac{\pi}{4}}(\cos x-\sin x)dx+\int_{\frac{\pi}{4}}^{\frac{\pi}{2}}(\sin x-\cos x)dx$$

$$=(\sin x+\cos x)\Big|_0^{\frac{\pi}{4}}+(-\cos x-\sin x)\Big|_{\frac{\pi}{4}}^{\frac{\pi}{2}}$$

$$=[(\sin\frac{\pi}{4}+\cos\frac{\pi}{4})-(\sin 0+\cos 0)]-[(\cos\frac{\pi}{2}+\sin\frac{\pi}{2})-(\cos\frac{\pi}{4}+\sin\frac{\pi}{4})]$$

$$=[(\frac{\sqrt{2}}{2}+\frac{\sqrt{2}}{2})-(0+1)]-[(0+1)-(\frac{\sqrt{2}}{2}+\frac{\sqrt{2}}{2})]$$

$$=\sqrt{2}-1-1+\sqrt{2}=2\sqrt{2}-2=2(\sqrt{2}-1)$$ 。

註：若不會繪 $\sin x$, $\cos x$ 的圖形，$\because \sin x=\cos x$ $\therefore$知 $x=\frac{\pi}{4}$，即 $\sin\frac{\pi}{4}=\cos\frac{\pi}{4}=\frac{\sqrt{2}}{2}$，

sin 在$[0, \frac{\pi}{2}]$是 0～1，$\cos x$ 在$[0, \frac{\pi}{2}]$是 1～0，$\therefore [0, \frac{\pi}{4}]$，$\cos x>\sin x$；$[\frac{\pi}{4}, \frac{\pi}{2}]$，

$\sin x>\cos x$，故 $\int_0^{\frac{\pi}{2}}|\sin x-\cos x|dx=\int_0^{\frac{\pi}{4}}(\cos x-\sin x)dx+\int_{\frac{\pi}{4}}^{\frac{\pi}{2}}(\sin x-\cos x)dx$ 。

例題 5

求曲線 $2y^2 = x + 4$，$x = y^2$ 所圍區域面積。

解 $\begin{cases} x = 2y^2 - 4 \cdots\cdots(1) \\ x = y^2 \cdots\cdots\cdots(2) \end{cases}$，

(1)代入(2)$2y^2 - 4 = y^2$

$\Rightarrow y^2 = 4 \Rightarrow y = \pm 2$，

$y = 2$ 代入(2) $\Rightarrow x = 4, y = -2$

代入(2) $\Rightarrow x = 4$，

兩曲線的交點坐標(4, 2)，(4, − 2)，

令 $f(y) = y^2, g(y) = 2y^2 - 4$，

$$A = \int_{-2}^{2} |f(y) - g(y)| dy = \int_{-2}^{2} (y^2 - (2y^2 - 4)) dy = \int_{-2}^{2} (4 - y^2) dy = (4y - \frac{1}{3}y^3)\Big|_{-2}^{2}$$

$$= (4(2) - \frac{1}{3}(2)^3) - (4(-2) - \frac{1}{3}(-2)^3) = \frac{16}{3} - (-\frac{16}{3}) = \frac{32}{3}$$ 。

1. 求兩個函數的交點，作爲積分的上、下限。
2. 本題以 y 爲自變數，在 $y \in [-2, 2]$ 之間，$f(y) > g(y)$。

例題 6

求兩曲線 $x + y^2 - 9 = 0$ 與 $x - y = 3$ 所圍區域的面積。

$\begin{cases} x = 9 - y^2 \cdots(1) \\ x = y + 3 \cdots\cdots(2) \end{cases}$，

(1)代入(2)$9 - y^2 = y + 3$

$\Rightarrow y^2 + y - 6 = 0 \Rightarrow (y + 3)(y - 2) = 0$，

得 $y = -3, 2$，$y = -3$

代入(2) $\Rightarrow x = 0$，$y = 2$

代入(2) $\Rightarrow x = 5$，

兩曲線交點(0, − 3)，(5, 2)，

令 $f(y) = 9 - y^2$，$g(y) = y + 3$，在 $y \in [-3, 2]$區間，$f(y) > g(y)$，

1. 求兩函數的交點，作爲積分的上、下限。
2. 本題以 y 爲自變數在 $y \in [-3, 2]$ 之間，$f(y) > g(y)$。

$$A=\int_{-3}^{2}|(f(y)-g(y))|dy=\int_{-3}^{2}((9-y^2)-(y+3))dy=\int_{-3}^{2}(6-y-y^2)dy$$

$$=(6y-\frac{1}{2}y^2-\frac{1}{3}y^3)\Big|_{-3}^{2}=(6(2)-\frac{1}{2}(2)^2-\frac{1}{3}(2)^3)-(6(-3)-\frac{1}{2}(-3)^2-\frac{1}{3}(-3)^3)$$

$$=(10-\frac{8}{3})-(-9-\frac{9}{2})=\frac{22}{3}+\frac{27}{2}=\frac{125}{6}\text{。}$$

極座標(I)：$r=f(\theta)$在$[\alpha,\beta]$非負連續函數，$0\le\beta-\alpha\le 2\pi$，則曲線 $r=f(\theta)$與兩射線 $\theta_1=\alpha$，$\theta_2=\beta$ 所圍區域，$\Omega=\{(r,\theta)|\ \alpha\le\theta\le\beta，0\le r\le f(\theta)\}$的面積，$A=\frac{1}{2}\int_{\alpha}^{\beta}(f(\theta))^2d\theta=\frac{1}{2}\int_{\alpha}^{\beta}r^2d\theta$，扇形面積 $A=\frac{1}{2}r^2\theta$。

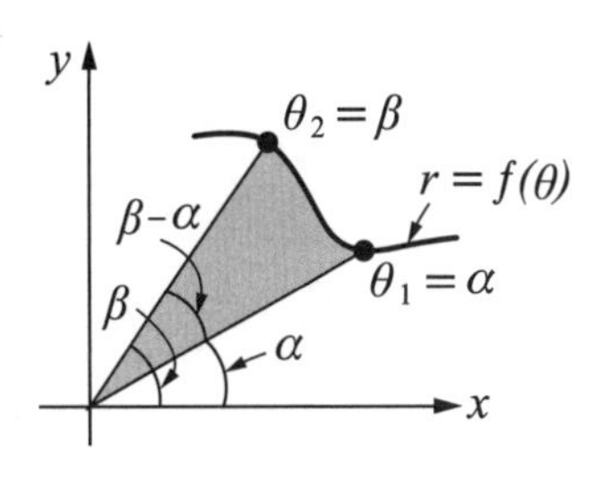

例題 7

求心臟線 $r=a(1-\cos\theta)$，$a>0$，$\theta\in[0,2\pi]$所圍區域面積。

解

$$A=\frac{1}{2}\int_{0}^{2\pi}r^2d\theta=\frac{1}{2}\int_{0}^{2\pi}a^2(1-\cos\theta)^2d\theta$$

$$=\frac{a^2}{2}\int_{0}^{2\pi}(1-2\cos\theta+\cos^2\theta)d\theta\text{，}$$

$$\because\cos^2\theta=\frac{1+\cos 2\theta}{2}\text{，}$$

$$\therefore A=\frac{a^2}{2}\int_{0}^{2\pi}(\frac{3}{2}-2\cos\theta+\frac{1}{2}\cos 2\theta)d\theta$$

$$=\frac{a^2}{2}[\int_{0}^{2\pi}\frac{3}{2}d\theta-2\int_{0}^{2\pi}\cos\theta d\theta+\frac{1}{4}\int_{0}^{2\pi}\cos 2\theta d(2\theta)]$$

$$=\frac{a^2}{2}(\frac{3}{2}\theta\Big|_{0}^{2\pi}-2\sin\theta\Big|_{0}^{2\pi}+\frac{1}{4}\sin 2\theta\Big|_{0}^{2\pi})=\frac{a^2}{2}(3\pi-0+0)=\frac{3a^2\pi}{2}\text{。}$$

例題 8

四瓣玫瑰線 $r=\sin 2\theta$，$\theta\in[0,2\pi]$所圍區域面積。

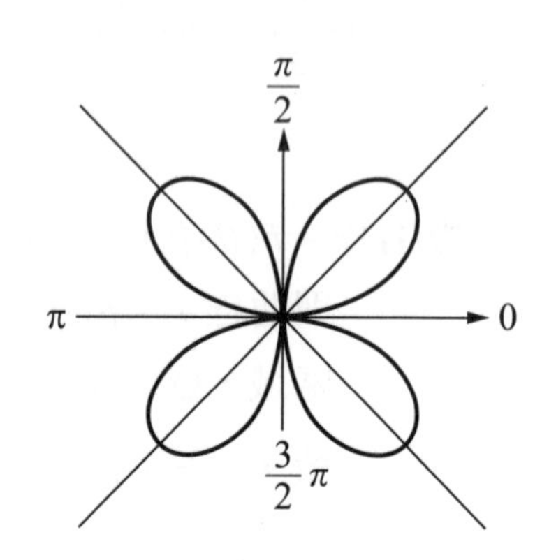

解 $A=\frac{1}{2}\int_0^{2\pi} r^2 d\theta=\frac{1}{2}\int_0^{2\pi}\sin^2 2\theta d\theta=\frac{4}{2}\int_0^{\frac{\pi}{2}}\sin^2 2\theta d\theta$

$=2\int_0^{\frac{\pi}{2}}\frac{1-\cos 4\theta}{2}d\theta=\int_0^{\frac{\pi}{2}}d\theta-\frac{1}{4}\int_0^{\frac{\pi}{2}}\cos 4\theta d(4\theta)$

$=\theta\Big|_0^{\frac{\pi}{2}}-\frac{1}{4}\sin 4\theta\Big|_0^{\frac{\pi}{2}}=(\frac{\pi}{2}-0)-\frac{1}{4}(\sin 2\pi-\sin 0)$

$=\frac{\pi}{2}$。

極座標(II)：若Ω由 $r_1=f(\theta)$，$r_2=g(\theta)$，$\theta\in[\alpha,\beta]$，

$r_1>r_2$，$0\le\beta-\alpha\le 2\pi$，

$A=\frac{1}{2}\int_\alpha^\beta(r_1^2-r_2^2)d\theta=\frac{1}{2}\int_\alpha^\beta([f(\theta)]^2-[g(\theta)]^2)d\theta$。

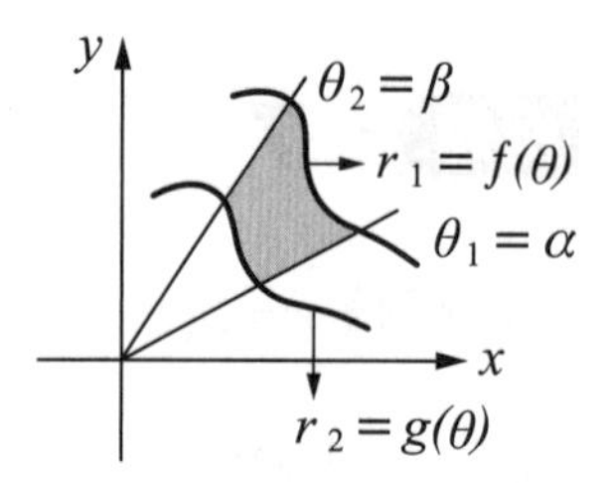

例題 9

求在心臟線 $r=1+\cos\theta$ 內部與圓 $r=1$ 外部所圍區域面積。

解 圓 $r=1$，表圓心(0, 0)，半徑 1，

令 $f(\theta)=r=1+\cos\theta$，$g(\theta)=r=1$，

$\begin{cases} r=1+\cos\theta\cdots(1) \\ r=1\cdots\cdots\cdots\cdots(2)\end{cases}$，

(1)代入(2)　$1+\cos\theta=1\Rightarrow\cos\theta=0$，$\theta=\pm\frac{\pi}{2}$，

$\theta=\pm\frac{\pi}{2}$ 表兩曲線的交點，

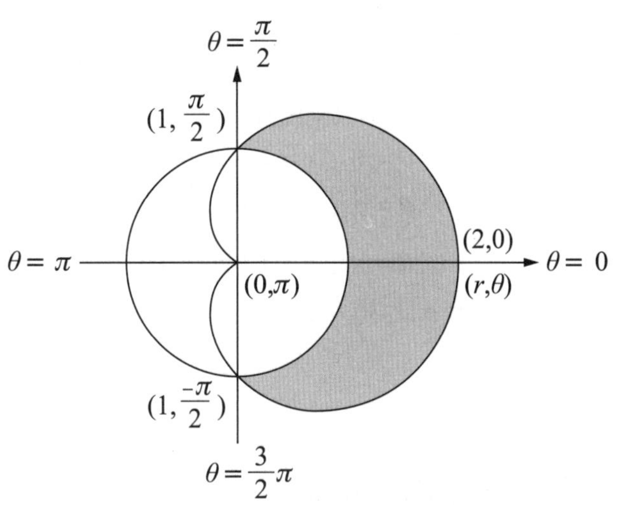

$\theta=\pm\frac{\pi}{2}$ 表兩曲線之交點

$\theta=0$, $r=1+\cos 0=2$

$\theta=\frac{\pi}{2}$, $r=1+\cos\frac{\pi}{2}=1$

$\theta=\pi$, $r=1+\cos\pi=0$

$\theta=\frac{3}{2}\pi=\frac{-\pi}{2}$, $r=1+\cos\frac{3}{2}\pi=1$

$$A=\frac{1}{2}\int_{-\frac{\pi}{2}}^{\frac{\pi}{2}}([f(\theta)]^2-[g(\theta)]^2)d\theta=\frac{1}{2}\int_{-\frac{\pi}{2}}^{\frac{\pi}{2}}[(1+\cos\theta)^2-1^2]d\theta$$

$$=\frac{1}{2}\int_{-\frac{\pi}{2}}^{\frac{\pi}{2}}(2\cos\theta+\cos^2\theta)d\theta=\frac{1}{2}[\int_{-\frac{\pi}{2}}^{\frac{\pi}{2}}2\cos\theta d\theta+\int_{-\frac{\pi}{2}}^{\frac{\pi}{2}}\frac{1+\cos2\theta}{2}d\theta]$$

$$=\int_{-\frac{\pi}{2}}^{\frac{\pi}{2}}\cos\theta d\theta+\frac{1}{4}\int_{-\frac{\pi}{2}}^{\frac{\pi}{2}}(1+\cos2\theta)d\theta=\sin\theta\Big|_{-\frac{\pi}{2}}^{\frac{\pi}{2}}+\frac{1}{4}(\theta+\frac{1}{2}\sin2\theta)\Big|_{-\frac{\pi}{2}}^{\frac{\pi}{2}}$$

$$=(\sin\frac{\pi}{2}-\sin(-\frac{\pi}{2}))+\frac{1}{4}[(\frac{\pi}{2}+\frac{1}{2}\sin\pi)-(-\frac{\pi}{2}+\frac{1}{2}\sin(-\pi))]$$

$$=(1+1)+\frac{1}{4}(\pi)=2+\frac{\pi}{4}\text{ 。}$$

例題 10

求在心臟線($r=1+\cos\theta$)內部與圓 $r=2\cos\theta$ 外部所圍區域面積。

解 $\begin{cases}r=1+\cos\theta\cdots(1)\\ r=2\cos\theta\cdots\cdots(2)\end{cases}$,

(1)代入(2) $1+\cos\theta=2\cos\theta\Rightarrow\cos\theta=1\Rightarrow\theta=0$，$2\pi$，

$\theta=0$，2π 表兩曲線的交點，

當 $\theta=0$，$r=2\cos 0=2$ 表 $r=2\cos\theta$ 圓的直徑，所以圓心$(1,0)$，半徑 1。

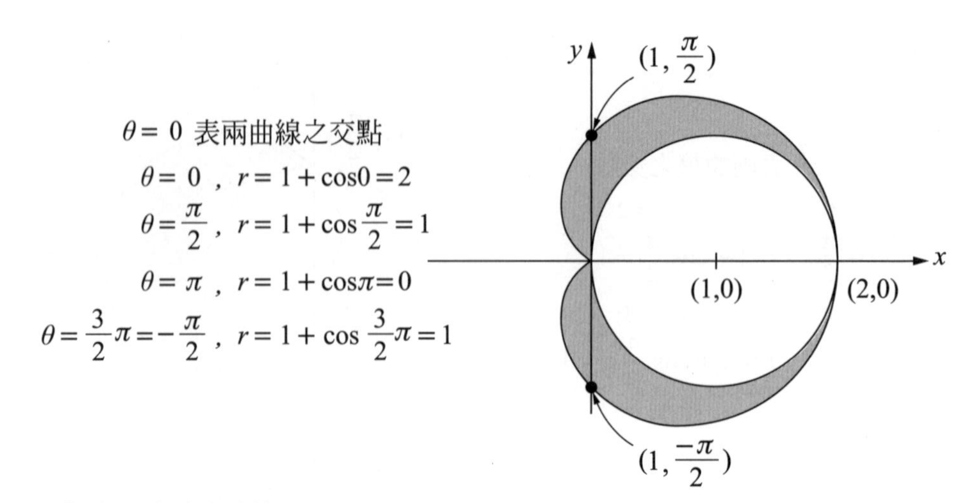

$\theta = 0$ 表兩曲線之交點

$\theta = 0$，$r = 1 + \cos 0 = 2$

$\theta = \frac{\pi}{2}$，$r = 1 + \cos\frac{\pi}{2} = 1$

$\theta = \pi$，$r = 1 + \cos\pi = 0$

$\theta = \frac{3}{2}\pi = -\frac{\pi}{2}$，$r = 1 + \cos\frac{3}{2}\pi = 1$

$A =$心臟線面積−圓面積

$$= \frac{1}{2}\int_0^{2\pi}(1+\cos\theta)^2 d\theta - \pi$$

$$= \frac{1}{2}\int_0^{2\pi}(1+2\cos\theta+\cos^2\theta)d\theta - \pi$$

$$= \frac{1}{2}[\int_0^{2\pi} d\theta + 2\int_0^{2\pi}\cos d\theta + \int_0^{2\pi}\frac{1+\cos 2\theta}{2}d\theta] - \pi$$

$$= \frac{1}{2}[\theta\Big|_0^{2\pi} + 2\sin\theta\Big|_0^{2\pi} + \frac{1}{2}\theta\Big|_0^{2\pi} + \frac{1}{4}\sin 2\theta\Big|_0^{2\pi}] - \pi$$

$$= \frac{1}{2}[3\pi + 0 + 0] - \pi = \frac{3}{2}\pi - \pi = \frac{\pi}{2}\text{。}$$

2. 一曲線繞軸旋轉的旋轉面的面積：

(1) $y = f(x)$的圖形在 $x \in [a, b]$繞 x 軸旋轉，$A = \int_a^b (2\pi f(x))\sqrt{1+[f'(x)]^2}\,dx$，

$2\pi f(x)$：繞 x 軸轉一圈的周長，$\sqrt{1+(f'(x))^2}$ 指曲線弧長。

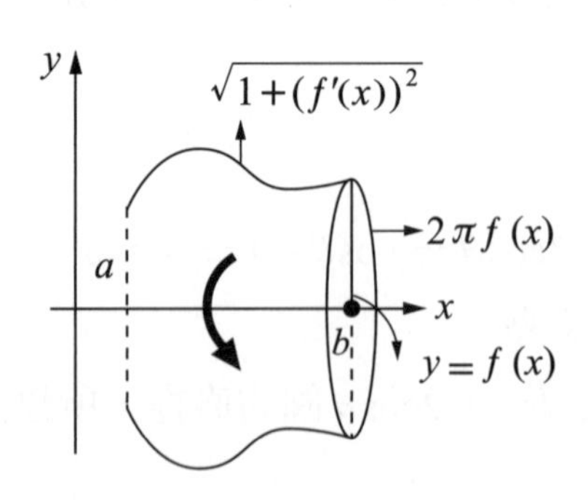

(2) $x=g(y)$圖形在 $y\in[c,d]$繞 y 軸旋轉，$A=\int_c^d(2\pi g(y))\sqrt{1+(g'(y))^2}\,dy$，

$2\pi g(y)$：繞 y 軸轉一圈的周長，$\sqrt{1+(g'(y))^2}$ 指曲線弧長。

旋轉面：指弧長 $\sqrt{1+(f'(x))^2}$ 或 $\sqrt{1+(g'(y))^2}$ 繞 x 軸或 y 軸旋轉一圈的曲面。

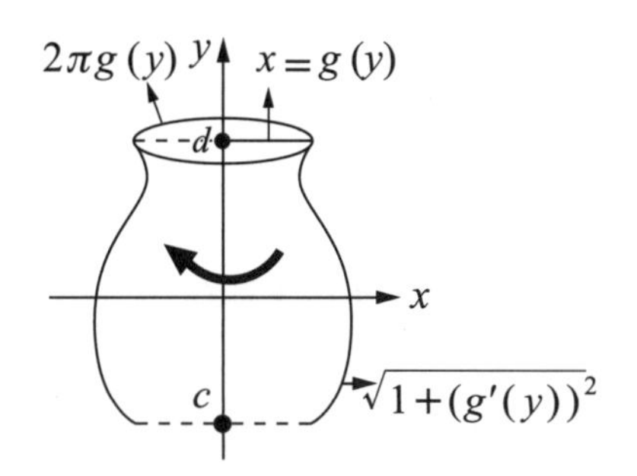

(3) $r=f(\theta)$，$\alpha\le\theta\le\beta$ 極坐標①繞極軸$\theta=0°$（x 軸） ②繞$\theta=90°$（y 軸）的旋轉面積。

① $A=\int_\alpha^\beta 2\pi(r\sin\theta)\sqrt{(\frac{dr}{d\theta})^2+r^2}\,d\theta$ 爲繞極軸 $\theta=0°$（x 軸）旋轉，$y=r\sin\theta$：表旋轉半徑；$2\pi(r\sin\theta)$：表周長；$\sqrt{(\frac{dr}{d\theta})^2+r^2}$ ：表弧長。

② $A=\int_\alpha^\beta 2\pi(r\cos\theta)\sqrt{(\frac{dr}{d\theta})^2+r^2}\,d\theta$ 爲繞 $\theta=90°$（y 軸）旋轉，$x=r\cos\theta$：表旋轉半徑；$2\pi(r\cos\theta)$：表周長；$\sqrt{(\frac{dr}{d\theta})^2+r^2}$ ：表弧長。

例題 11

求 $f(x)=x^3$ 在 $x\in[0,1]$繞 x 軸旋轉所得曲面的面積。

解 $f'(x)=3x^2$，

$$A=\int_0^1 2\pi f(x)\sqrt{1+f'(x)^2}\,dx=\int_0^1 2\pi x^3\sqrt{1+(3x^2)^2}\,dx$$

$$=2\pi\int_0^1 x^3\sqrt{1+9x^4}\,dx=(2\pi)(\frac{1}{36})\int_0^1(1+9x^4)^{\frac{1}{2}}d(1+9x^4)$$

$$=\frac{\pi}{18}\times\frac{2}{3}(1+9x^4)^{\frac{3}{2}}\Big|_0^1=\frac{\pi}{27}[(1+9\times1)^{\frac{3}{2}}-(1)]=\frac{\pi}{27}(10\sqrt{10}-1)$$ 。

例題 12

求 $x = f(y) = 3y + 1$，$y \in [0, 3]$繞 y 軸旋轉所得曲面的面積。

解 $f'(y) = 3$，

$$A = \int_0^3 2\pi f(y)\sqrt{1+(f'(y))^2}\,dy$$

$$= \int_0^3 2\pi(3y+1)\sqrt{1+3^2}\,dy = 2\pi\sqrt{10}\int_0^3 (3y+1)dy$$

$$= 2\pi\sqrt{10}\,(\frac{3}{2}y^2 + y)\Big|_0^3 = 2\pi\sqrt{10}[(\frac{3}{2}\times 3^2 + 3) - 0)]$$

$$= 2\pi\sqrt{10}(\frac{27}{2} + 3) = 2\pi\sqrt{10}(\frac{33}{2}) = 33\pi\sqrt{10}$$ 。

例題 13

求心臟線 $r = 1 + \cos\theta$ 繞極軸（x 軸）旋轉所得曲面的面積。

解 $r = 1 + \cos\theta$，$\dfrac{dr}{d\theta} = -\sin\theta$，

$$A = \int_0^\pi 2\pi y\sqrt{(\frac{dr}{d\theta})^2 + r^2}\,d\theta$$

$$= 2\pi\int_0^\pi (r\sin\theta)\sqrt{(-\sin\theta)^2 + (1+\cos\theta)^2}\,d\theta$$

$$= 2\pi\int_0^\pi (r\sin\theta)\sqrt{2+2\cos\theta}\,d\theta$$

$$= 2\sqrt{2}\pi\int_0^\pi (1+\cos\theta)\sin\theta(1+\cos\theta)^{\frac{1}{2}}\,d\theta$$

$$= 2\sqrt{2}\pi\int_0^\pi (1+\cos\theta)^{\frac{3}{2}}(\sin\theta)d\theta = -2\sqrt{2}\pi\int_0^\pi (1+\cos\theta)^{\frac{3}{2}}\,d(1+\cos\theta)$$

$$= -2\sqrt{2}\pi \times \frac{2}{5}(1+\cos\theta)^{\frac{5}{2}}\Big|_0^\pi = \frac{-4\sqrt{2}\pi}{5}((1+\cos\pi)^{\frac{5}{2}} - (1+\cos 0)^{\frac{5}{2}})$$

$$= -\frac{4\sqrt{2}\pi}{5}(0-(2)^{\frac{5}{2}}) = \frac{4\sqrt{2}\pi\times 4\sqrt{2}}{5} = \frac{32\pi}{5}$$ 。

習題

註：(1) 一曲線與軸或兩曲線間的面積：

① 若 $f(x) \geq 0$，$\forall x \in [a, b]$，則 $f(x)$與 x 軸在$[a, b]$間的面積，$A=\int_a^b f(x)dx$。

② 若$f(x) \geq g(x)$，$\forall x \in [a, b]$，則$f(x)$，$g(x)$皆大於 0，則$f(x)$與 $g(x)$在$[a, b]$間的面積爲 $A=\int_a^b (f(x)-g(x))dx$。

③ 若$f(x)$，$g(x)$無法比較大小，且$f(x)$，$g(x)$皆非大於 0，則$f(x)$ 與 $g(x)$在$[a, b]$間的面積爲 $A=\int_a^b |f(x)-g(x)|dx$。

④ 若$f(x)$非大於 0，則$f(x)$與 x 軸間所圍的面積，$A=\int_a^b |f(x)|dx$

⑤ 若$f(y) \geq g(y)$，$\forall y \in [c, d]$，則$f(y)$與 $g(y)$在$[c, d]$間的面積，$A=\int_c^d (f(y)-g(y))dy$；若$f(y)$與 $g(y)$的無法比較大小，則 $A=\int_c^d |f(y)-g(y)|dy$。

⑥ 極座標，若 $r=f(\theta)$在$[\alpha, \beta]$，$0 \leq \beta-\alpha \leq 2\pi$，則 $r=f(\theta)$與兩射線 $\theta=\alpha$，$\theta=\beta$ 所圍區域$\Omega=\{(r, \theta)|\alpha \leq \theta \leq \beta，0 \leq r \leq f(\theta)\}$的面積 $A=\frac{1}{2}\int_\alpha^\beta [f(\theta)]^2 d\theta=\frac{1}{2}\int_\alpha^\beta r^2 d\theta$，扇形面積 $A=\frac{1}{2}r^2\theta$。

(2) 一曲線繞軸旋轉的旋轉面積：

① $f(x)$在 $x \in [a, b]$繞 x 軸旋轉，$A=\int_a^b 2\pi f(x)\sqrt{1+(f'(x))^2}dx$，$2\pi f(x)$：繞 x 軸一圈的周長；$\sqrt{1+(f'(x))^2}$：弧長。

② $g(y)$在 $y \in [c, d]$繞 y 軸旋轉，$A=\int_c^d 2\pi g(y)\sqrt{1+(g'(y))^2}dy$，$2\pi g(y)$：繞 y 軸一圈的周長；$\sqrt{1+(g'(y))^2}$：弧長。旋轉面指弧長 $\sqrt{1+(f'(x))^2}$ 或 $\sqrt{1+(g'(y))^2}$ 繞 x 軸或 y 軸一圈的曲面。

③ $r=f(\theta)$，$\alpha\le\theta\le\beta$ 極座標

(a) $A=\int_{\alpha}^{\beta}2\pi(r\sin\theta)\sqrt{r^2+(\frac{dr}{d\theta})^2}\,d\theta$ 爲繞極軸 $\theta=0°$（x 軸）旋轉的旋轉面積，旋轉半徑 $y=r\sin\theta$。

(b) $A=\int_{\alpha}^{\beta}2\pi(r\cos\theta)\sqrt{r^2+(\frac{dr}{d\theta})^2}\,d\theta$ 爲繞 $\theta=90°$（y 軸）旋轉的旋轉面積，旋轉半徑 $x=r\cos\theta$。

1. 求兩曲線 $y=x^2$ 及 $y^2=x$ 所圍區域的面積。

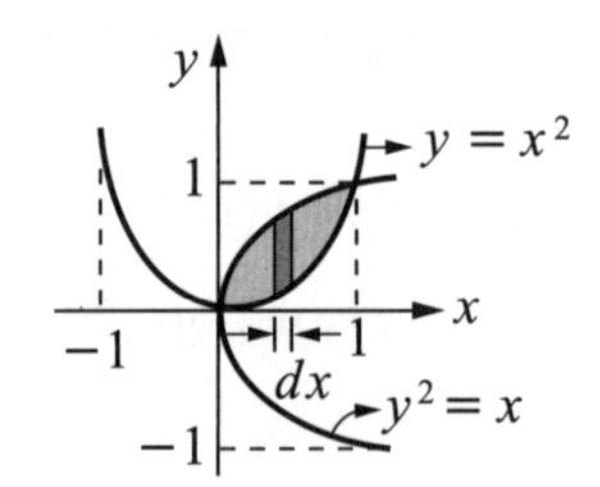

2. 求曲線 $xy=4$，$x=e$，$x=2e$ 與 x 軸所圍區域面積。

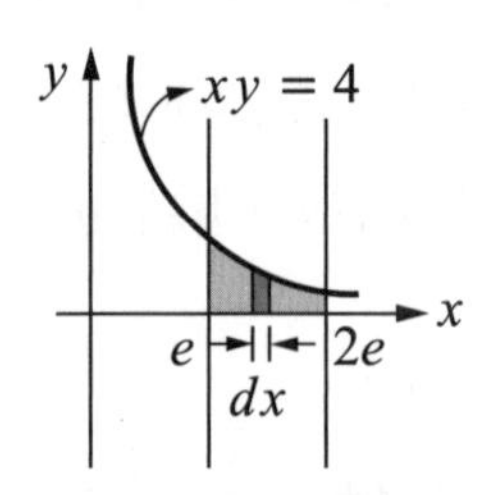

3. 求由 $x=(y-1)^2$ 及 $x=y+1$ 兩曲線所圍區域面積。

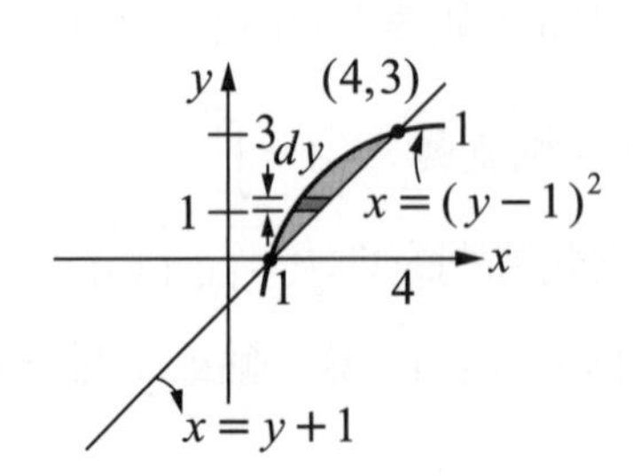

4. 求由三瓣玫瑰線 $r=\cos 3\theta$，$\theta\in[0,\pi]$所圍區域面積。

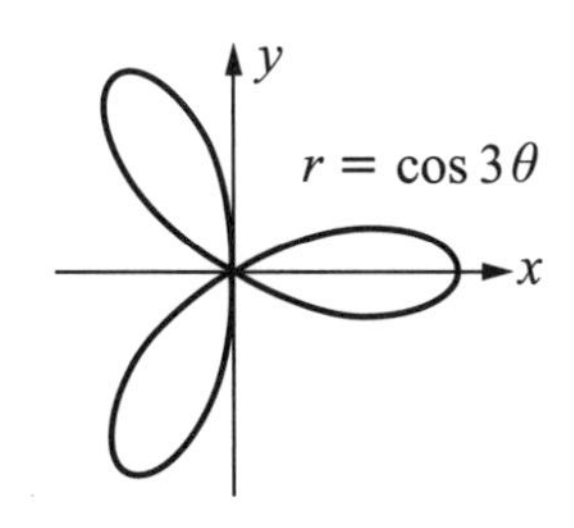

5. 求心臟線 $r=2(1+\cos\theta)$內部與圓 $r=3$ 外部所圍區域的面積。

6. 求位於曲線 $r=\cos\theta$ 之內，且於曲線 $r=1-\cos\theta$ 之外所圍區域面積。

7. 求圓 $r=3\cos\theta$ 與心臟線 $r=1+\cos\theta$ 交集部分的面積。

8. 求 $r=\sin\theta$，$\theta\in[0,\pi]$所圍區域面積。

9. 求拋物線 $y^2=2x-1$ 在 $y\in[0,1]$間的圖形，繞 x 軸旋轉的旋轉面面積。

10. $f(x)=x^2$，$x\in[0,\sqrt{2}]$間的圖形，繞 y 軸旋轉的旋轉面面積。

11. 求曲線 $r=2\sin\theta$，$\theta\in[0,\pi]$的圖形繞 x 軸（極軸，$\theta=0°$）旋轉的旋轉面面積。

簡答

1. $\frac{1}{3}$

2. $4\ln 2$

3. $\frac{9}{2}$

4. $\frac{\pi}{4}$

5. $-\pi+\frac{9\sqrt{3}}{2}$

6. $-\frac{\pi}{3}+\sqrt{3}$

7. $2\pi+\frac{9\sqrt{3}}{8}$

8. $\frac{\pi}{4}$

9. $\frac{2\pi}{3}(2\sqrt{2}-1)$

10. $\frac{13\pi}{3}$

11. $4\pi^2$

6-3 求體積(Determination of Volumes)

1. 圓盤法

(1) 繞 x 軸：微矩形垂直於 x 軸：

$\Omega = \{(x, y) | a \le x \le b, 0 \le y \le f(x)\}$，

$V = \int_a^b \pi [f(x)]^2 dx$，

$f(x)$：旋轉半徑，

$\pi [f(x)]^2$：圓盤面積，

dx：圓盤厚度。

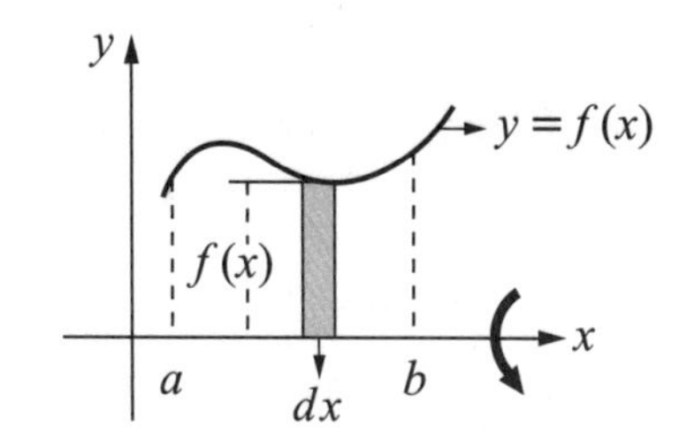

$\Omega = \{(x, y) | a \le x \le b, g(x) \le y \le f(x)\}$，

$V = \int_a^b \pi ([f(x)]^2 - [g(x)]^2) dx$，

$f(x) - g(x)$：旋轉半徑，

$\pi ([f(x)]^2 - [g(x)]^2)$：圓盤面積，

dx：圓盤厚度。

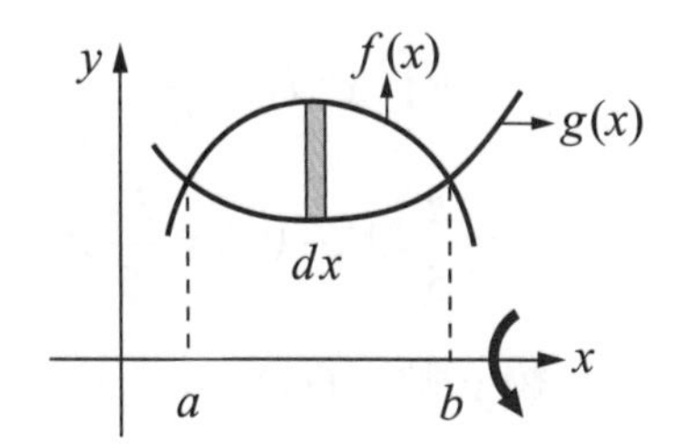

(2) 繞 y 軸：微矩形垂直於 y 軸：

$\Omega = \{(x, y) | c \le y \le d, 0 \le x \le f(y)\}$，

$V = \int_c^d \pi [f(y)]^2 dy$，

$f(y)$：旋轉半徑，

$\pi [f(y)]^2$：圓盤面積，

dy：圓盤厚度。

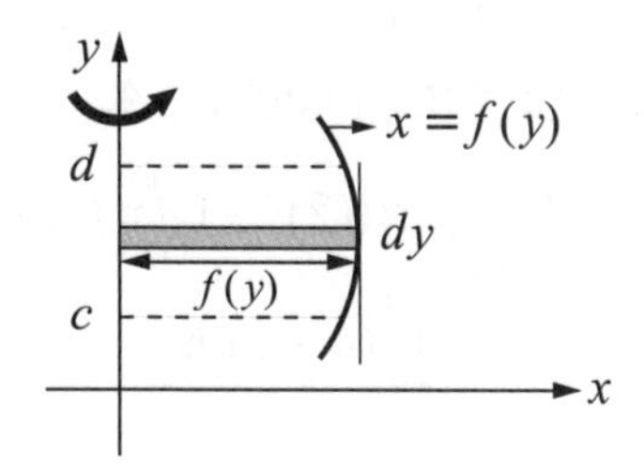

$\Omega = \{(x, y) | c \le y \le d, g(y) \le x \le f(y)\}$，

$V = \int_c^d \pi ([f(y)]^2 - [g(y)]^2) dy$，

$f(y) - g(y)$：旋轉半徑，

$\pi ([f(y)]^2 - [g(y)]^2)$：圓盤面積，

dy：圓盤厚度。

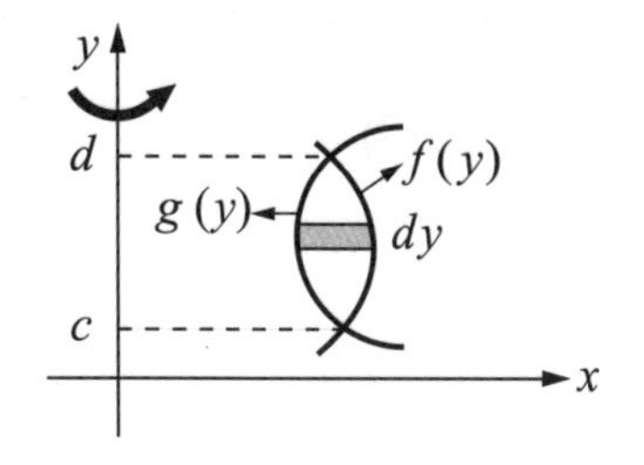

例題 1

$y=x^2$，x 軸及 $x=2$ 所圍區域(1)繞 x 軸(2)繞 y 軸，用圓盤法，求旋轉體積。

1. 決定 $f(x)$，$g(x)$，a, b。
2. 找出 Ω 區域。
3. $V=\int_a^b \pi[f(x)]^2-[g(x)]^2dx$。

解 (1) 繞 x 軸，$f(x)=y=x^2$，

$g(x)=y=0$，

$a=0$，$b=2$，

$\Omega=\{(x,y)|0\le x\le 2, 0\le y\le x^2\}$，

$$V=\int_0^2 \pi(x^2)^2dx$$

$$=\pi\int_0^2 x^4dx=\frac{\pi}{5}x^5\Big|_0^2$$

$$=\frac{\pi}{5}(2^5-0^5)=\frac{32}{5}\pi$$ 。

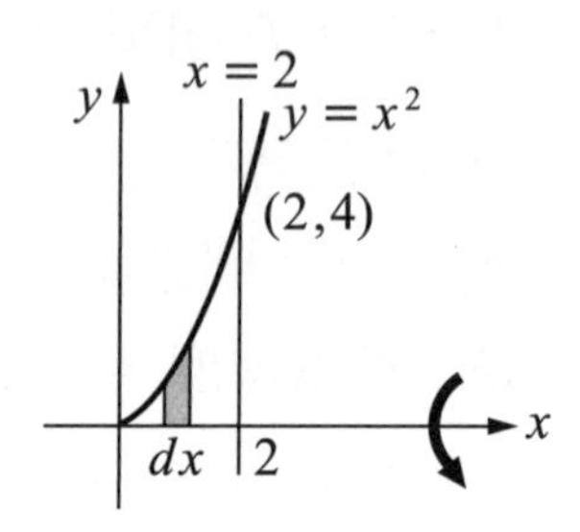

(2) 繞 y 軸，$f(y)=x=2$，

$g(y)=x=\sqrt{y}$，

$c=0$，$d=4$，

$\Omega=\{(x,y)|0\le y\le 4, \sqrt{y}\le x\le 2\}$，

$$V=\int_0^4 \pi((2)^2-(\sqrt{y})^2)dy$$

$$=\pi\int_0^4 (4-y)dy$$

$$=\pi(4y-\frac{1}{2}y^2)\Big|_0^4$$

$$=\pi(4(4)-\frac{1}{2}(4)^2)-(4\times 0-\frac{1}{2}(0)^2)$$

$$=\pi(8)=8\pi$$ 。

1. 決定 $f(y)$，$g(y)$，c, d。
2. 找出 Ω 區域。
3. $\int_c^d \pi[f(y)]^2-[g(y)]^2dy$。

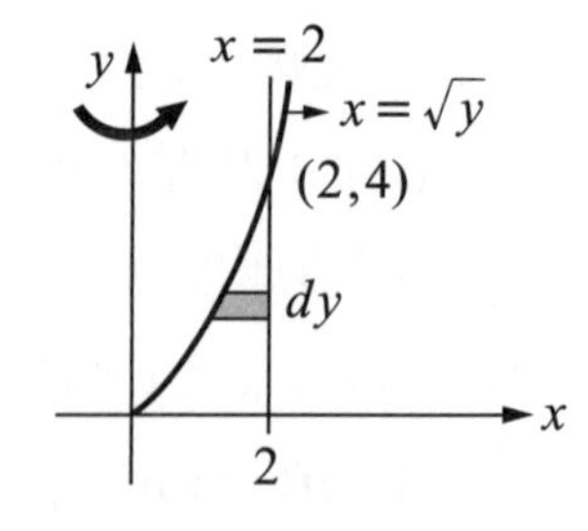

例題 2

兩曲線 $y = x^2$ 及 $y = x$ 所圍區域(1)繞 x 軸(2)繞 y 軸，用圓盤法，求旋轉體積。

1. 決定 $f(x)$，$g(x)$，a, b。
2. 找出 Ω 區域。
3. $V = \int_a^b \pi([f(x)]^2 - [g(x)]^2)dx$。

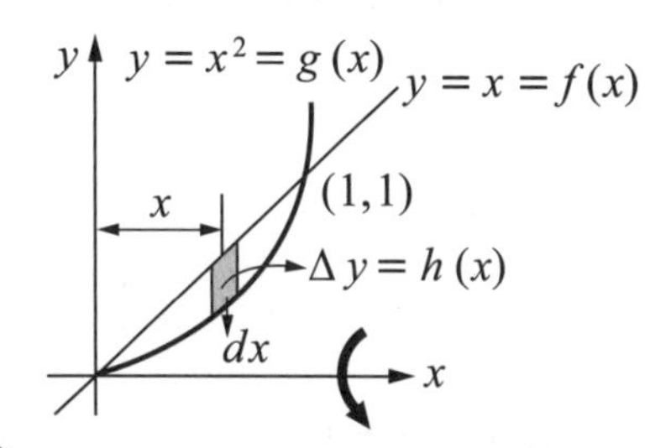

解 (1) 繞 x 軸，$f(x) = x$，$g(x) = x^2$，

$a = 0$，$b = 1$，

$\Omega = \{(x, y)|0 \le x \le 1, x^2 \le y \le x\}$，

$$V = \int_0^1 \pi(x^2 - (x^2)^2)dx = \pi\int_0^1 (x^2 - x^4)dx$$

$$= \pi(\frac{1}{3}x^3 - \frac{1}{5}x^5)\Big|_0^1$$

$$= \pi((\frac{1}{3}(1)^3 - \frac{1}{5}(1)^5) - 0) = \frac{2}{15}\pi$$ 。

(2) 繞 y 軸，$f(y) = \sqrt{y}$，$g(y) = y$，

$c = 0$，$d = 1$

$\Omega = \{(x, y)|0 \le y \le 1,\ \ y \le x \le \sqrt{y}\}$

$$V = \int_0^1 \pi(\sqrt{y})^2 - y^2)dy = \pi\int_0^1 (y - y^2)dy$$

$$= \pi(\frac{1}{2}y^2 - \frac{1}{3}y^3)\Big|_0^1$$

$$= \pi(\frac{1}{2}\times 1^2 - \frac{1}{3}\times 1^2) - 0 = \frac{\pi}{6}$$ 。

1. 決定 $f(y)$，$g(y)$，c, d。
2. 找出 Ω 區域。
3. $V = \int_c^d \pi([f(y)]^2 - [g(y)]^2)dy$。

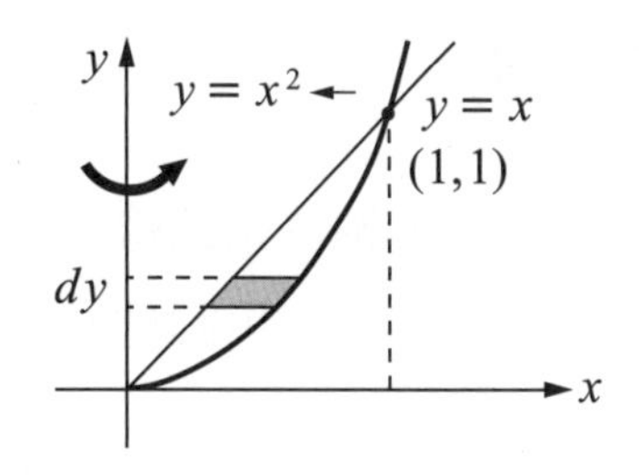

2. 圓柱殼法

(1) 繞 x 軸：圓柱殼若水平剪開並展平，可得厚度(Δy)，長($2\pi y$)，寬($h(y) = f(y) - g(y)$)的長方體，微長方體平行於 x 軸。

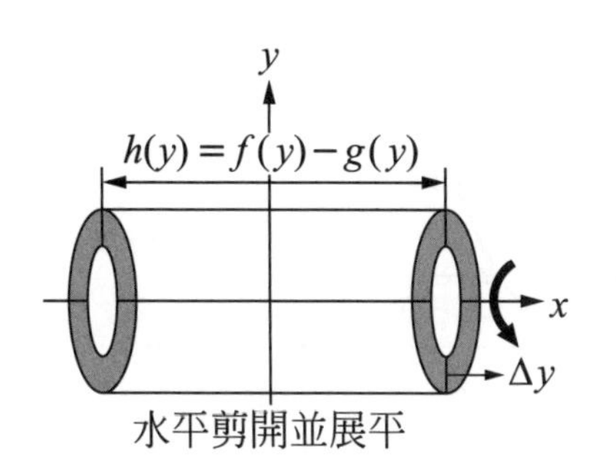

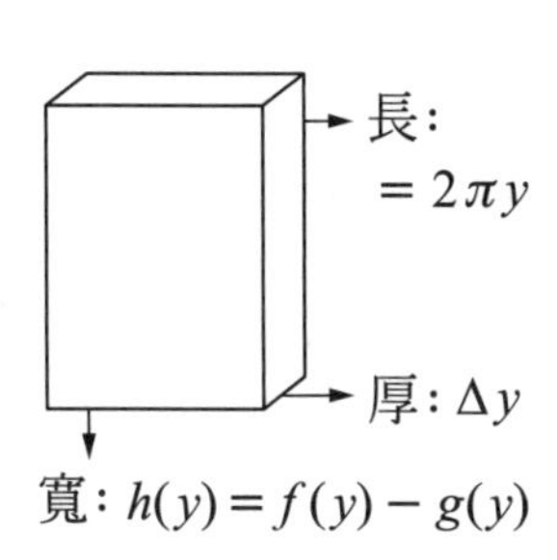

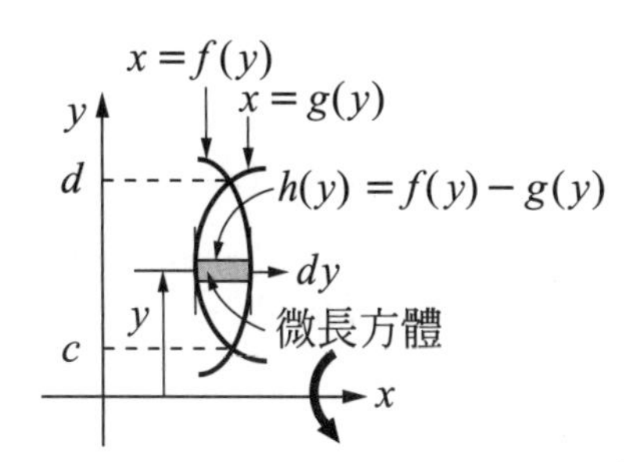

$\Omega = (x, y)|c \le y \le d, g(y) \le x \le f(y)\}$，$V = \int_c^d 2\pi y h(y)dy$，

厚度 dy；長（周長）$= 2\pi y$，寬 $h(y) = f(y) - g(y)$，

$2\pi y h(y)dy$：微長方體的體積。

(2) 繞 y 軸：圓柱殼若垂直剪開並展平，可得厚度Δx，長$(2\pi x)$，寬$(h(x) = f(x) - g(x))$的長方體，微長方體平行於 y 軸。

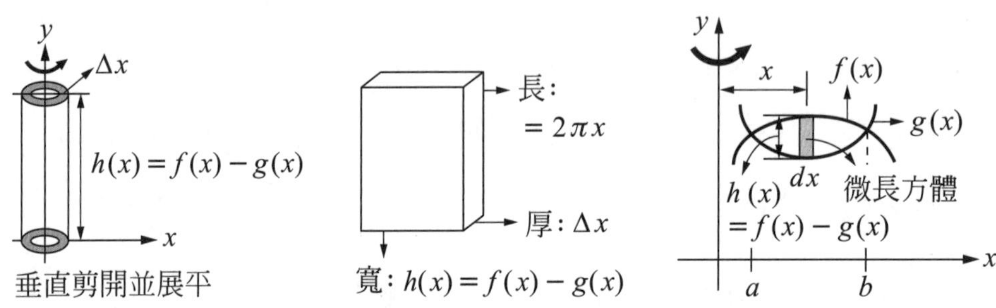

$\Omega = \{x, y\}|a \le x \le b, g(x) \le y \le f(x)\}$，$V = \int_a^b 2\pi x h(x)dx$，

厚度 dx；長（周長）$= 2\pi x$，寬 $h(x) = f(x) - g(x)$，

$2\pi x h(x)dx$：微長方體的體積。

例題 3

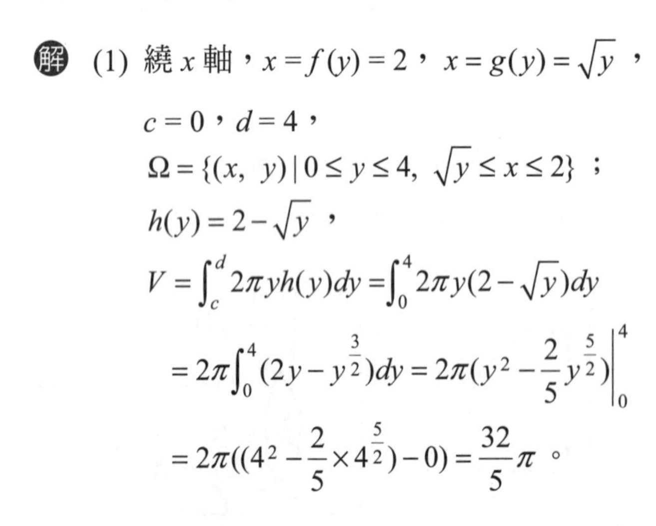

拋物線 $y = x^2$，x 軸及垂直線 $x = 2$ 所圍區域

(1)繞 x 軸(2)繞 y 軸，用圓柱殼法，求旋轉體體積。

解 (1) 繞 x 軸，$x = f(y) = 2$，$x = g(y) = \sqrt{y}$，

$c = 0$，$d = 4$，

$\Omega = \{(x, y) | 0 \le y \le 4, \sqrt{y} \le x \le 2\}$；

$h(y) = 2 - \sqrt{y}$，

$V = \int_c^d 2\pi y h(y)dy = \int_0^4 2\pi y(2 - \sqrt{y})dy$

$= 2\pi \int_0^4 (2y - y^{\frac{3}{2}})dy = 2\pi(y^2 - \frac{2}{5}y^{\frac{5}{2}})\Big|_0^4$

$= 2\pi((4^2 - \frac{2}{5} \times 4^{\frac{5}{2}}) - 0) = \frac{32}{5}\pi$。

1. 決定 $f(y)$，$g(y)$，c, d。
2. 找出 Ω 區域。
3. 找出 $h(y) = f(y) - g(y)$。
4. $V = \int_c^d 2\pi y h(y)dy$。

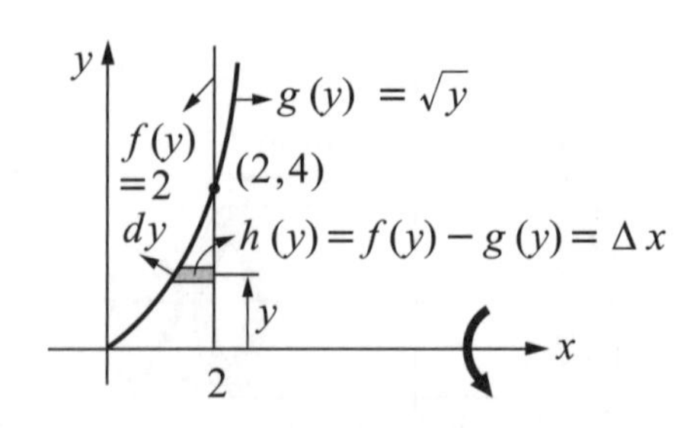

(2) 繞 y 軸，$y=f(x)=x^2$，

$y=g(x)=0$，

$a=0$，$b=2$，

$\Omega=\{(x,y)|0\le x\le 2,\ 0\le y\le x^2\}$，

$h(x)=x^2-0=x^2$，

$$V=\int_a^b 2\pi x h(x)dx=2\pi\int_0^2 x(x^2)dx$$

$$=2\pi\int_0^2 x^3dx=\frac{2\pi}{4}x^4\Big|_0^2$$

$$=\frac{\pi}{2}(2^4-0^4)=8\pi\text{ 。}$$

1. 決定 $f(x)$，$g(x)$，a,b。
2. 找出 Ω 區域。
3. 找出 $h(x)=f(x)-g(x)$。
4. $V=\int_a^b 2\pi x h(x)dx$ 。

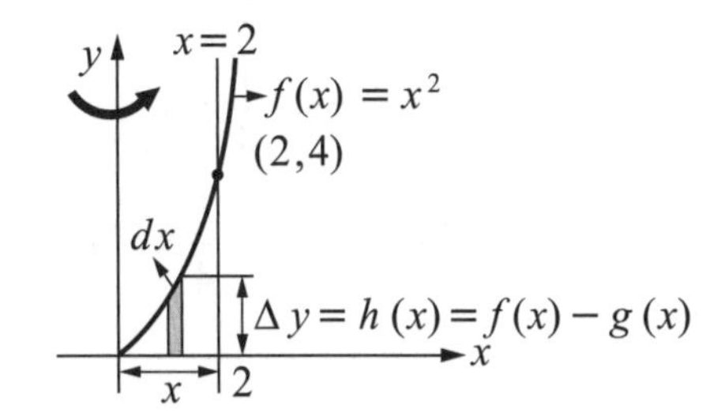

例題 4

拋物線 $y=x^2$，$y=x$ 所圍區域(1)繞 x 軸 (2)繞 y 軸，用圓柱殼法，求旋轉體體積。

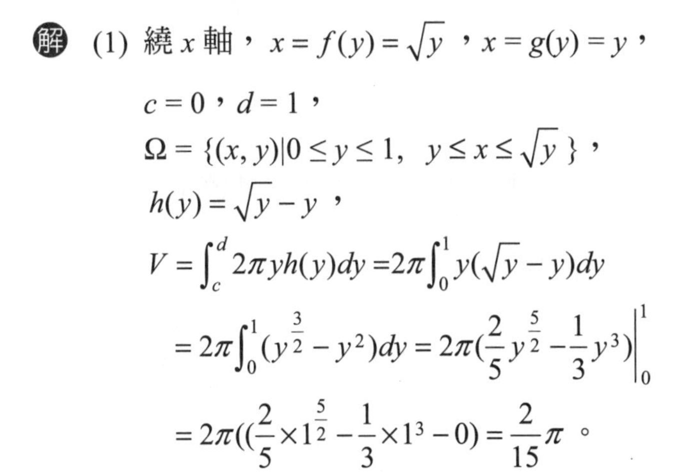

解 (1) 繞 x 軸，$x=f(y)=\sqrt{y}$，$x=g(y)=y$，

$c=0$，$d=1$，

$\Omega=\{(x,y)|0\le y\le 1,\ \ y\le x\le\sqrt{y}\}$，

$h(y)=\sqrt{y}-y$，

$$V=\int_c^d 2\pi y h(y)dy=2\pi\int_0^1 y(\sqrt{y}-y)dy$$

$$=2\pi\int_0^1(y^{\frac{3}{2}}-y^2)dy=2\pi(\frac{2}{5}y^{\frac{5}{2}}-\frac{1}{3}y^3)\Big|_0^1$$

$$=2\pi((\frac{2}{5}\times 1^{\frac{5}{2}}-\frac{1}{3}\times 1^3-0)=\frac{2}{15}\pi\text{ 。}$$

1. 決定 $f(y)$，$g(y)$，c,d。
2. 找出 Ω 區域。
3. 找出 $h(y)=f(y)-g(y)$。
4. $V=\int_c^d 2\pi y h(y)dy$ 。

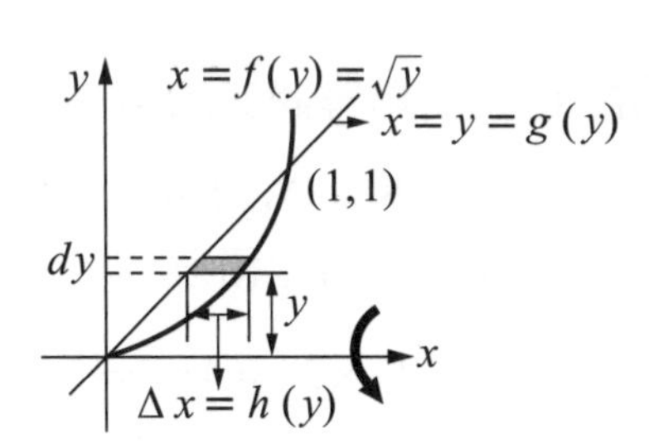

(2) 繞 y 軸，$y=f(x)=x$，$y=g(x)=x^2$，

$a=0$，$b=1$，

$\Omega=\{(x,y)|0\leq x\leq 1, x^2\leq y\leq x\}$，

$h(x)=f(x)-g(x)=x-x^2$，

$$V=\int_a^b 2\pi xh(x)dx=2\pi\int_0^1 x(x-x^2)dx$$

$$=2\pi\int_0^1(x^2-x^3)dx$$

$$=2\pi(\frac{1}{3}x^3-\frac{1}{4}x^4)\Big|_0^1$$

$$=2\pi((\frac{1}{3}\times 1^3-\frac{1}{4}\times 1^4)-0)=\frac{\pi}{6}$$ 。

1. 決定 $f(x)$，$g(x)$，a, b。
2. 找出 Ω 區域。
3. 找出 $h(x)=f(x)-g(x)$。
4. $V=\int_a^b 2\pi xh(x)dx$ 。

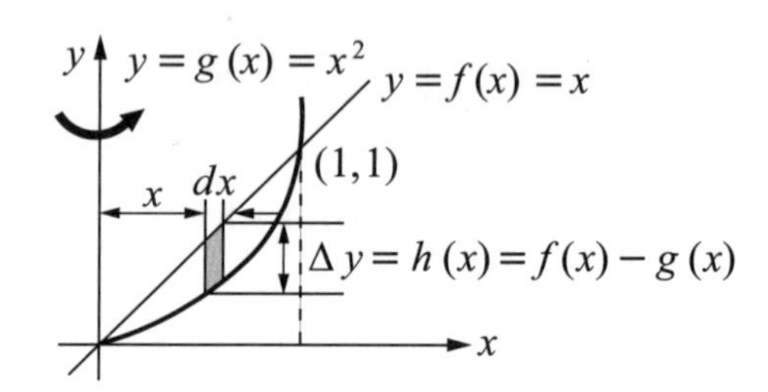

3. 有些立體並不是由旋轉而得，但其截面積卻有規則，故要找出截面積函數，對此積分可得立體的體積：

(1) 若立體 D 垂直於 x 軸的截面積 $A(x)$，$x\in[a,b]$，則體積 $V=\int_a^b A(x)dx$ 。

(2) 若立體 D 垂直於 y 軸的截面積 $A(y)$，$y\in[c,d]$，則體積 $V=\int_c^d A(y)dy$ 。

例題 5

正四角錐體（底面爲正方形）之截面垂直於 y 軸，高 h、底 a，求此體積。

解 把正四角錐體底的中心置於原點，則正四角錐體的橫截面在(x, y)點爲一正方形，其邊長爲 $2x$。

∴橫截面的面積爲

$$A(x)=2x\times 2x=4x^2\Rightarrow\frac{a^2}{h^2}(h-y)^2=A(y)$$ ，

故正四角錐體的體積 V 爲 $V=\int_0^h A(y)dy$

$$=\int_0^h\frac{a^2}{h^2}(h-y)^2dy=\frac{-a^2}{h^2}\int_0^h(h-y)d(h-y)$$

$$=-\frac{a^2}{3h^2}[(h-y)^3]\Big|_0^h=-\frac{a^2}{3h^2}(0-h^3)=\frac{1}{3}a^2h$$ 。

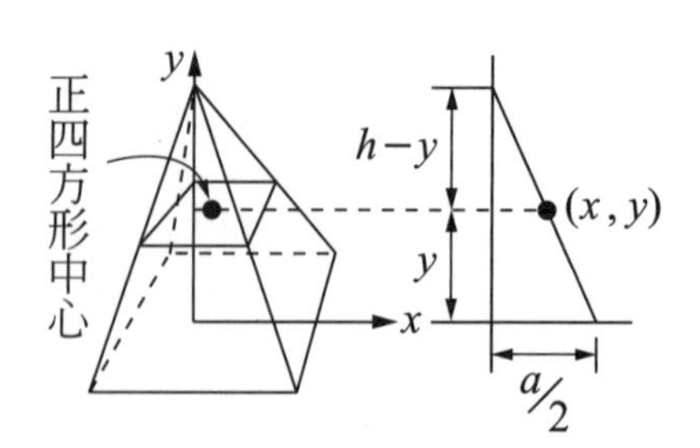

$$\frac{x}{\frac{a}{2}}=\frac{h-y}{h}，x=\frac{a}{2h}(h-y)$$

例題 6

求半徑 r 的球體體積。

解 立體 D 垂直於 x 軸，

其截面積 $A(x)$，$x \in [0, r]$，

截面為圓，圓面積

$A(x) = \pi y^2 = \pi(r^2 - x^2)$，

$$V = \int_{-r}^{r} A(x)dx = 2\int_0^r \pi(r^2 - x^2)dx$$

$$= 2\pi(r^2 x - \frac{1}{3}x^3)\Big|_0^r$$

$$= 2\pi[(r^2 \times r - \frac{1}{3}r^3) - 0]$$

$$= 2\pi(r^3 - \frac{r^3}{3}) = \frac{4}{3}\pi r^3$$ 。

1. 球體垂直於 x 軸，其截面積 $A(x)$。
2. 截面為圓，$\therefore A(x) = \pi y^2$。
3. $V = \int_a^b A(x)dx$。

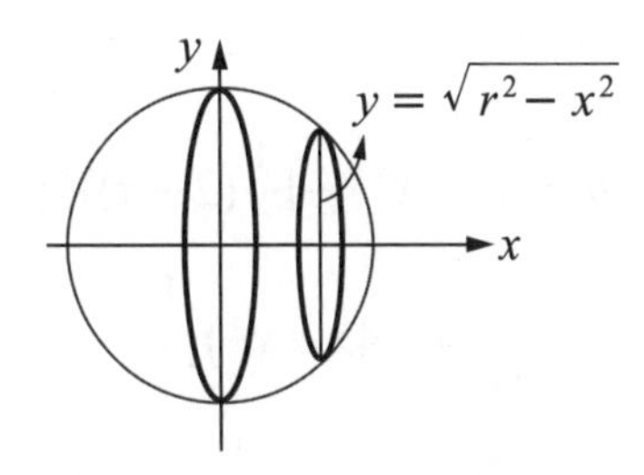

例題 7

正圓錐體垂直於 y，高 h、底半徑 r，求此體積。

解 立體 D 垂直於 y，

其截面積 $A(y)$，$y \in [0, h]$，

截面為圓，圓面積 $A(y) = \pi x^2$，

相似△，$\frac{x}{r} = \frac{y}{h} \Rightarrow x = \frac{r}{h}y$，

$$V = \int_0^h A(y)dy = \int_0^h \pi x^2 dy$$

$$= \int_0^h \pi(\frac{r^2}{h^2})y^2 dy = \frac{\pi r^2}{h^2}\int_0^h y^2 dy$$

$$= \frac{\pi r^2}{h^2}(\frac{1}{3}y^3)\Big|_0^h = \frac{\pi r^2 h}{3}$$ 。

1. 正圓錐體，底為圓，垂直於 y 軸，其截面積 $A(y) = \pi x^2$。
2. 利用相似△找出 y 與 x 的關係。
3. $V = \int_c^d A(y)dy$。

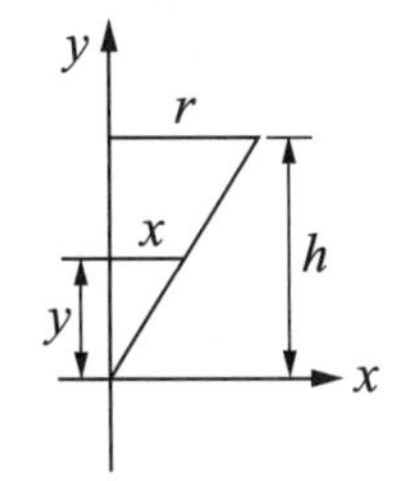

例題 8

有一立體三角錐，其底面是三直線 $y=1-\frac{x}{2}$，$y=-1+\frac{x}{2}$ 及 $x=0$（y 軸）所圍成的三角形，且其垂直於 x 軸的截面都爲正三角形，求此三角錐體積。

解 正三角之一邊長爲 $(1-\frac{x}{2})-(-1+\frac{x}{2})=2-x$

或正三角之一邊長爲 $2(1-\frac{x}{2})=2-x$，

三角形高

$$h=\{(2-x)^2-[\frac{1}{2}(2-x)]^2\}^{\frac{1}{2}}$$

$$=[\frac{3}{4}(4-4x+x^2)]^{\frac{1}{2}}$$

$$=\frac{\sqrt{3}}{2}[(2-x)^2]^{\frac{1}{2}}=\frac{\sqrt{3}}{2}(2-x)，$$

正三角形面積

$$A(x)=\frac{1}{2}[(2-x)\times\frac{\sqrt{3}}{2}(2-x)]=\frac{\sqrt{3}}{4}(2-x)^2，$$

$$V=\int_a^b A(x)dx=\int_0^2\frac{\sqrt{3}}{4}(2-x)^2dx$$

$$=\frac{\sqrt{3}}{4}\int_0^2(4-4x+x^2)dx$$

$$=\frac{\sqrt{3}}{4}(4x-2x^2+\frac{1}{3}x^3)\Big|_0^2$$

$$=\frac{\sqrt{3}}{4}[(8-8+\frac{8}{3})-0]=\frac{2}{3}\sqrt{3}。$$

1. 找出正三角形邊長、高。
2. 正三角形面積 $A(x)=\frac{1}{2}\times$底×高。
3. $V=\int_a^b A(x)dx$。

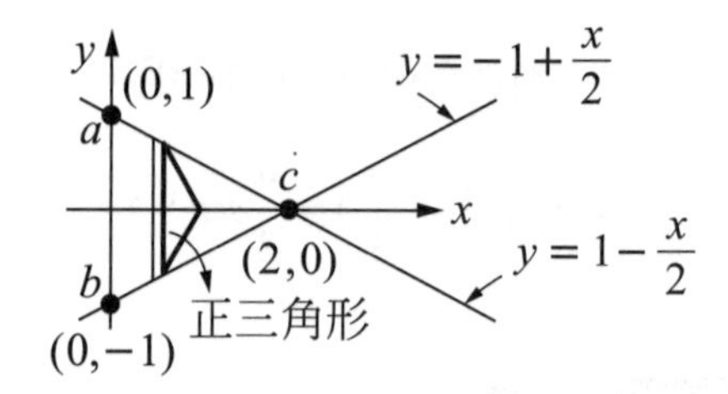

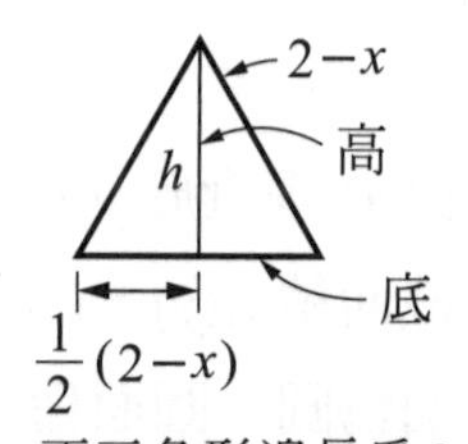

正三角形邊長爲 $2-x$

$\triangle abc$ 爲立體正三角形錐體之底

例題 9

拋物線 $y=x^2$，x 軸及 $x=2$ 所圍區域：

a.圓盤法(1)繞 x 軸(2)繞 y 軸，

b.圓柱殼法(1)繞 x 軸(2)繞 y 軸，求旋轉體的體積

解 a.圓盤法：

(1) 繞 x 軸，$f(x)=y=x^2$，$g(x)=y=0$，

$a=0$，$b=2$，

$\Omega=\{(x,y)|0\le x\le 2, 0\le y\le x^2\}$，

$$V=\int_0^2 \pi([f(x)]^2-[g(x)]^2)dx$$
$$=\pi\int_0^2 (x^2)^2-0^2)dx$$
$$=\pi\int_0^2 x^4dx=\frac{\pi}{5}x^5\Big|_0^2$$
$$=\frac{\pi}{5}(2^5-0^5)=\frac{32}{5}\pi\text{ 。}$$

1. 決定 $f(x)$，$g(x)$，a, b。
2. 找出Ω區域。
3. $V=\int_a^b \pi((f(x))^2-(g(x))^2)dx$ 。

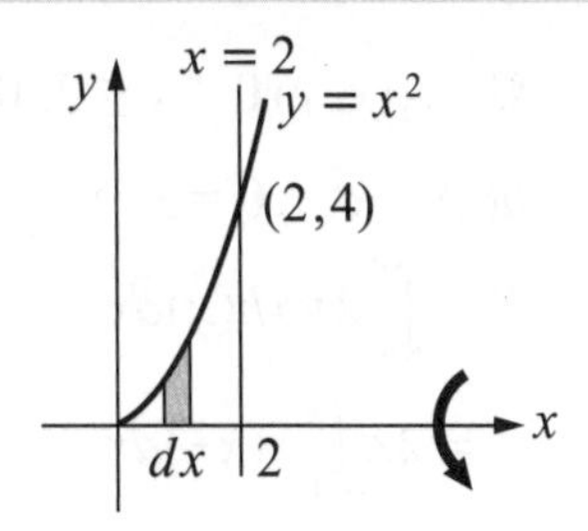

(2) 繞 y 軸，$f(y)=x=2$，$g(y)=x=\sqrt{y}$，

$c=0$，$d=4$，

$\Omega=\{(x,y)|0\le y\le 4, \sqrt{y}\le x\le 2\}$，

$$V=\int_c^d \pi([f(y)]^2-[g(y)]^2)dy$$
$$=\pi\int_0^4 (2)^2-(\sqrt{y})^2dy$$
$$=\pi(4y-\frac{1}{2}y^2)\Big|_0^4$$
$$=\pi((4(4)-\frac{1}{2}(4)^2)-0)=8\pi\text{ 。}$$

1. 決定 $f(y)$，$g(y)$，c, d。
2. 找出Ω區域。
3. $V=\int_c^d \pi((f(y))^2-(g(y))^2)dy$ 。

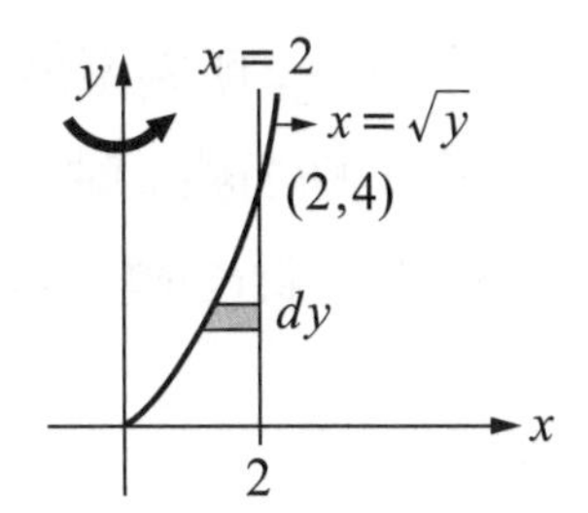

b.圓柱殼法：

(1) 繞 x 軸：$f(y)=x=2$，$g(y)=x=\sqrt{y}$，

$c=0$，$d=4$，

$\Omega=\{(x,y)|0\le y\le 4, \sqrt{y}\le x\le 2\}$，

$h(y) = 2-\sqrt{y}$ ，

$V = \int_c^d 2\pi y h(y)dy$

$= 2\pi\int_0^4 y(2-\sqrt{y})dy$

$= 2\pi\int_0^4 (2y - y^{\frac{3}{2}})dy$

$= 2\pi(y^2 - \frac{2}{5}y^{\frac{5}{2}})\Big|_0^4$

$= 2\pi((4^2 - \frac{2}{5}\times 4^{\frac{5}{2}}) - 0) = \frac{32}{5}\pi$ 。

$x = h(y) = f(y) - g(y)$

1. 決定 $f(y)$，$g(y)$，c, d。
2. 找出Ω區域。
3. $h(y) = f(y) - g(y)$。
4. $V = \int_c^d 2\pi y h(y)dy$ 。

(2) 繞 y 軸：$f(x) = y = x^2$，$g(x) = y = 0$，

$a = 0$，$b = 2$，

$\Omega = \{(x,y)|0 \le x \le 2, 0 \le y \le x^2\}$ ，

$h(x) = x^2 - 0 = x^2$，

$V = \int_a^b 2\pi x h(x)dx$

$= 2\pi\int_0^2 x(x^2)dx$

$= 2\pi\int_0^2 x^3 dx$

$= \frac{\pi}{2}x^4\Big|_0^2 = 8\pi$ 。

1. 決定 $f(x)$，$g(x)$，a, b。
2. 找出Ω區域。
3. $h(x) = f(x) - g(x)$。
4. $V = \int_a^b 2\pi x h(x)dx$ 。

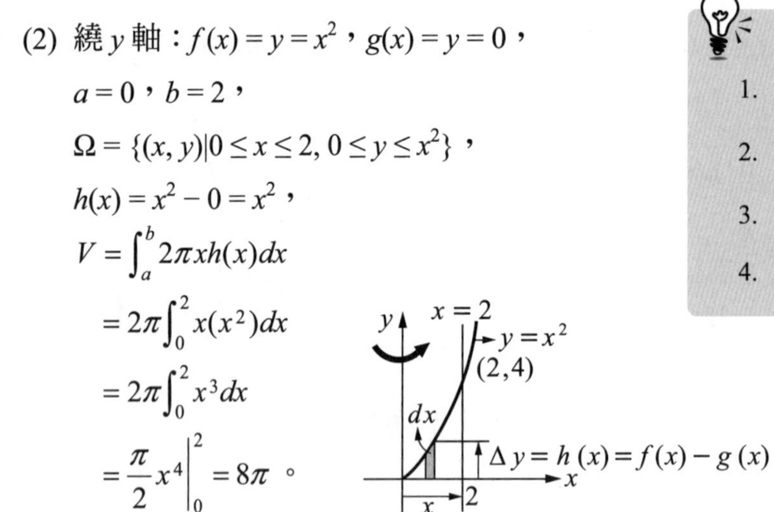

例題 10

拋物線 $y = x^2$，$y = x$ 所圍區域：

a.圓盤法(1)繞 x 軸(2)繞 y 軸，

b.圓柱殼法(1)繞 x 軸(2)繞 y 軸，求旋轉體的體積

解 a.圓盤法：

(1) 繞 x 軸，$f(x) = y = x$，$g(x) = y = x^2$，

$a = 0$，$b = 1$，

$\Omega = \{(x,y)|0 \le x \le 1, x^2 \le y \le x\}$ ，

1. 決定 $f(x)$，$g(x)$，a, b。
2. 找出Ω區域。
3. $V = \int_a^b \pi([f(x)]^2 - [g(x)]^2)dx$ 。

$$V=\int_a^b \pi([f(x)]^2-[g(x)]^2)dx$$
$$=\pi\int_0^1 (x^2-(x^2)^2)dx$$
$$=\pi\int_0^1 (x^2-x^4)dx=\pi(\frac{1}{3}x^3-\frac{1}{5}x^5)\Big|_0^1$$
$$=\pi((\frac{1}{3}(1)^3-\frac{1}{5}(1^5)-0)=\frac{2}{15}\pi \text{ 。}$$

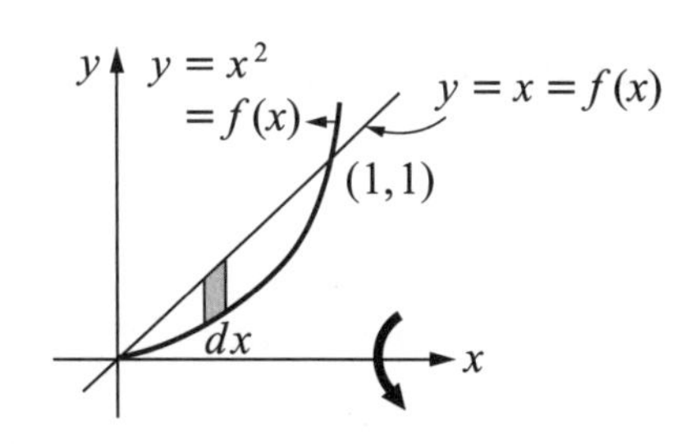

(2) 繞 y 軸，$f(y)=x=\sqrt{y}$，$g(y)=x=y$，

$c=0$，$d=1$，

$\Omega=\{(x,y)|0\le y\le 1,\ \ y\le x\le \sqrt{y}\}$，

$$V=\int_c^d \pi([f(y)]^2-[g(y)]^2)dy$$
$$=\pi\int_0^1 ((\sqrt{y})^2-y^2)dy$$
$$=\pi\int_0^1 (y-y^2)dy=\pi(\frac{1}{2}y^2-\frac{1}{3}y^3)\Big|_0^1$$
$$=\pi((\frac{1}{2}(1)^2-\frac{1}{3}(1)^3)-0)=\frac{\pi}{6} \text{ 。}$$

1. 決定 $f(y)$，$g(y)$，c, d。
2. 找出Ω區域。
3. $V=\int_c^d \pi([f(y)]^2-[g(y)]^2)dy$ 。

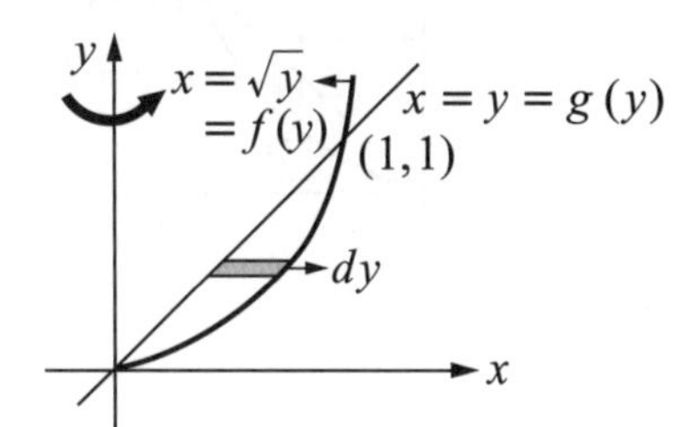

b.圓柱殼法：

(1) 繞 x 軸：$f(y)=x=\sqrt{y}$，$g(y)=x=y$，

$c=0$，$d=1$，

$\Omega=\{(x,y)|0\le y\le 1,\ \ y\le x\le \sqrt{y}\}$，

$h(y)=f(y)-g(y)=\sqrt{y}-y$，

$$V=\int_c^d 2\pi y h(y)dy$$
$$=2\pi\int_0^1 y(\sqrt{y}-y)dy$$
$$=2\pi\int_0^1 (y^{\frac{3}{2}}-y^2)dy$$
$$=2\pi(\frac{2}{5}y^{\frac{5}{2}}-\frac{1}{3}y^3)\Big|_0^1$$
$$=2\pi((\frac{2}{5}\times 1^{\frac{5}{2}}-\frac{1}{3}\times 1^3)-0)=\frac{2}{15}\pi \text{ 。}$$

1. 決定 $f(y)$，$g(y)$，c, d。
2. 找出Ω區域。
3. 找出 $h(y)=f(y)-g(y)$。
4. $V=\int_c^d 2\pi y h(y)dy$ 。

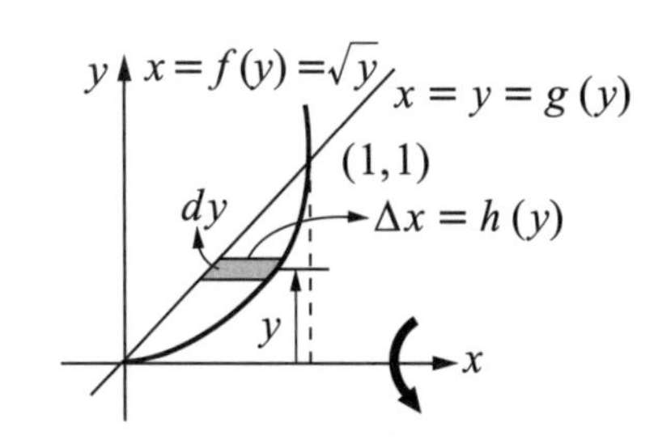

(2) 繞 y 軸：$f(x)=y=x$，$g(x)=y=x^2$，$a=0$，$b=1$，

$\Omega=\{(x,y)|0\le x\le 1, x^2\le y\le x\}$，

$h(x)=f(x)-g(x)=x-x^2$，

$$V=\int_a^b 2\pi xh(x)dx=2\pi\int_0^1 x(x-x^2)dx$$

$$=2\pi\int_0^1(x^2-x^3)dx=2\pi(\frac{1}{3}x^3-\frac{1}{4}x^4)\Big|_0^1$$

$$=2\pi((\frac{1}{3}\times 1^3-\frac{1}{4}\times 1^4)-0)=\frac{\pi}{6}$$ 。

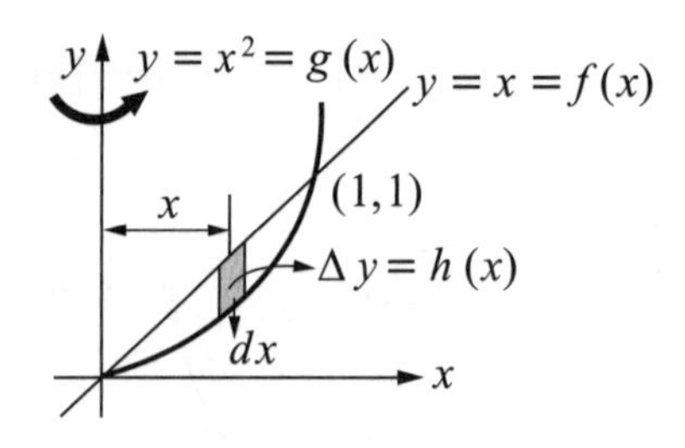

1. 決定 $f(x)$，$g(x)$，a, b。
2. 找出Ω區域。
3. 找出 $h(x)=f(x)-g(x)$。
4. $V=\int_a^b 2\pi xh(x)dx$ 。

習題

註：(1) 圓盤法

① 繞 x 軸：$\Omega=\{(x,y)|a\le x\le b, 0\le y\le f(x)\}$，

$V=\int_a^b \pi(f(x))^2dx$，$f(x)$：旋轉半徑，$\pi(f(x))^2$：圓盤面積，

dx：圓盤厚度，

$\Omega=\{(x,y)|a\le x\le b, g(x)\le y\le f(x)\}$，

$V=\int_a^b \pi[(f(x))^2-(g(x))^2]dx$，$f(x)-g(x)$：旋轉半徑，

$\pi[[f(x)]^2-[g(x)]^2]$：圓盤面積；dx：圓盤厚度。

② 繞 y 軸：$\Omega=\{(x,y)|c\le y\le d, 0\le x\le f(y)\}$，

$V=\int_c^d \pi(f(y))^2dy$，$f(y)$：旋轉半徑；$\pi(f(y))^2$：圓盤面積；

dy：圓盤厚度，

$\Omega=\{(x,y)|c\le y\le d, g(y)\le x\le f(y)\}$，

$V=\int_c^d \pi[(f(y))^2-(g(y))^2]dy$，$f(y)-g(y)$：旋轉半徑，

$\pi[(f(y))^2-(g(y))^2]$：圓盤面積；dy：圓盤厚度。

(2) 圓柱殼法

① 圓柱殼若垂直剪並展開可得厚度(Δx)，長$(2\pi x)$，寬$(f(x))$的長方體（繞 y 軸）。

② 圓柱殼若水平剪並展開可得厚度(Δy)，長$(2\pi y)$，寬$(f(y))$的長方體（繞 x 軸）。

(a) 繞 y 軸：$\Omega=\{(x,y)|a\le x\le b, g(x)\le y\le f(x)\}$，

$V=\int_a^b 2\pi xh(x)dx$，厚度 dx，長 $2\pi x$，寬 $h(x)=f(x)-g(x)$，

$2\pi xh(x)dx$：微長方體體積。

(b) 繞 x 軸：$\Omega=\{(x,y)|c\le y\le d, k(y)\le x\le h(y)\}$，

$V=\int_c^d 2\pi yf(y)dy$，厚度 dy，長 $2\pi y$，寬 $f(y)=h(y)-k(y)$，

$2\pi yf(y)dy$：微長方體體積。

1. 求曲線 $xy=6$ 與 x 軸在 $x=2$ 與 $x=4$ 之間所圍區域繞 x 軸旋轉的體積。

2. 求兩曲線 $f(x)=2-x^2$ 和 $g(x)=1$ 所圍區域，繞直線 $y=1$（與 x 軸平行）旋轉的體積。

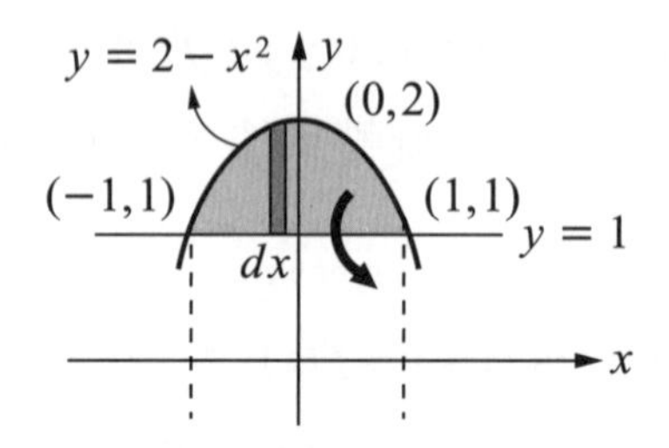

3. 求曲線 $y=x^2$ 與 x 軸在 $x=0$ 和 $x=1$ 所圍區域繞直線 $x=1$（與 y 軸平行）旋轉的體積。

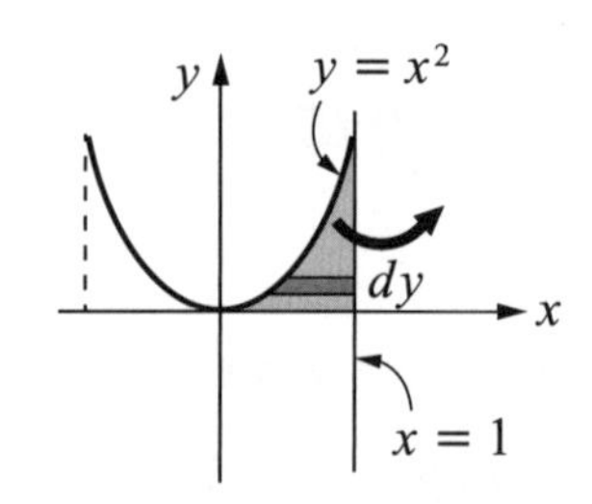

4. 求由兩曲線 $y=x^2$ 及 $y=2-x^2$ 所圍區域，繞 x 軸旋轉的體積。

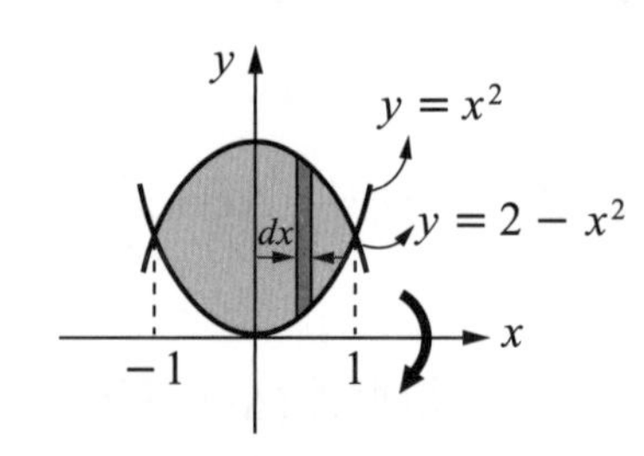

5. 設曲線 $y=2\sqrt{x}$ 與直線 $y=2$，$x=4$ 所圍區域爲Ω，

求(1) Ω 繞 $y=2$（平行 x 軸）旋轉的體積。

(2) Ω 繞 $x=4$（平行 y 軸）旋轉的體積。

(3) Ω 繞 x 軸旋轉的體積。

(4) Ω 繞 y 軸旋轉的體積。

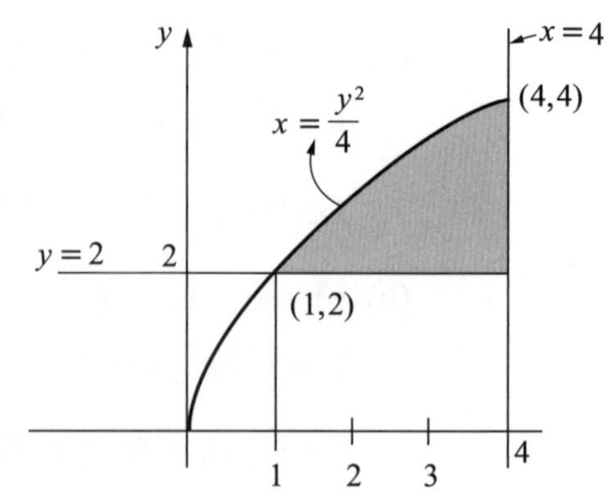

簡答

1. 9π
2. $\frac{16}{15}\pi$
3. $\frac{\pi}{6}$
4. $\frac{16}{3}\pi$
5. (1) $\frac{14\pi}{3}$

   (2) $\frac{106\pi}{15}$

   (3) 18π

   (4) $\frac{98\pi}{5}$

7 數列與級數

7-1 數列(Sequences)

7-2 級數(Series)

7-3 級數斂散性判別法(Convergence of Series)

7-4 交錯級數，絕對收斂與條件收斂(Alternative Series, Absolute Convergence and Conditional Convergence)

7-5 冪級數，收斂半徑及收斂區間(Power Series, Radius of Convergence and Interval of Convergence)

7-1 數列(Sequences)

把一組數$\{a_1, a_2, \cdots, a_n, \cdots\}$依序列出，即爲數列，記爲$\{a_n\}_{n=1}^{\infty}$，第一項$a_1$爲首項，其餘爲一般項，如：

$a_n=\dfrac{1}{2^n}$，即爲$\dfrac{1}{2}, \dfrac{1}{2^2}, \dfrac{1}{2^3}, \cdots, \dfrac{1}{2^n}, \cdots$。

$b_n=\dfrac{1}{n}$，即爲$1, \dfrac{1}{2}, \dfrac{1}{3}, \cdots, \dfrac{1}{n}, \cdots$。

$c_n=(-1)^{n+1}$，即爲$1, -1, 1, \cdots, (-1)^{n+1}, \cdots$。

$d_n=\dfrac{n}{n+1}$，即爲$\dfrac{1}{2}, \dfrac{2}{3}, \dfrac{3}{4}, \cdots, \dfrac{n}{n+1}, \cdots$。

定義：$a_n < a_{n+1}, n \in \mathrm{N}$，則稱數列$\{a_n\}$爲遞增。
$a_n > a_{n+1}, n \in \mathrm{N}$，則稱數列$\{a_n\}$爲遞減。

遞增或遞減數列，皆稱爲單調數列。

定義：$L, M \in \mathrm{R}$，而$L < a_n < M, n \in \mathrm{N}$，稱爲數列$\{a_n\}$有界，$L$爲$\{a_n\}$的下界，$M$爲$\{a_n\}$的上界。

定義：若對任意的正數ε，存在一自然數N，使得對任意自然數n，只要滿足$n < N$就必有$|L-a_n|<\varepsilon$，則稱數列$\{a_n\}_{n=1}^{\infty}$收斂且收斂值爲L，通常用符號$\lim\limits_{n\to\infty} a_n = L$表示。若$\lim\limits_{n\to\infty} a_n$不存在，則稱$\{a_n\}_{n=1}^{\infty}$發散。

數列的性質

1. 若$\lim\limits_{n\to\infty} a_n = L,\ \lim\limits_{n\to\infty} b_n = M$，則

   (1) $\lim\limits_{n\to\infty}(a_n \pm b_n) = L \pm M$；(2) $\lim\limits_{n\to\infty}(a_n\, b_n) = LM$；(3) $\lim\limits_{n\to\infty}\dfrac{a_n}{b_n} = \dfrac{L}{M},\ b_n \neq 0,\ M \neq 0$。

2. 若$a_n \le b_n \le c_n$，n足夠大，且$\lim\limits_{n\to\infty} a_n = \lim\limits_{n\to\infty} c_n = L$，則$\lim\limits_{n\to\infty} b_n = L$。

3. $\lim_{n\to\infty} a_n = 0 \Leftrightarrow \lim_{n\to\infty} |a_n| = 0$。

4. (1) $|r| < 1(-1 < r < 1)$時，$\lim_{n\to\infty} r^n = 0$。

   (2) $|r| > 1(r > 1, r < -1)$時，$\lim_{n\to\infty} |r^n| = \infty$。

5. $f(x) = a_n$，若 $\lim_{x\to\infty} f(x) = L$，則 $\lim_{n\to\infty} \{a_n\} = L$。

例題 1

判斷下列各數列是否為單調數列（遞增或遞減）。

(1) $\{a_n\} = 3 + (-1)^n$

(2) $\{a_n\} = \dfrac{2n}{1+n}$

(3) $\{a_n\} = \dfrac{n^2}{2^n - 1}$

(4) $\{a_n\} = \dfrac{1^{2n}}{(n+2)!}$。

解 (1) $\{a_n\} = 3 + (-1)^n = \{3 + (-1)^1, 3 + (-1)^2, 3 + (-1)^3, \cdots\}$

$= \{2, 4, 2, 4, \cdots\}$，故非單調數列。

(2) $\{a_n\} = \dfrac{2n}{1+n} = \{\dfrac{2\times1}{1+1}, \dfrac{2\times2}{1+2}, \cdots\} = \{1, \dfrac{4}{3}, \dfrac{6}{4}, \dfrac{8}{5}, \cdots\}$，

$a_1 < a_2 < a_3 < \cdots$，故遞增數列。

(3) $\{a_n\} = \dfrac{n^2}{2^n - 1} = \{\dfrac{1^2}{2^1 - 1}, \dfrac{2^2}{2^2 - 1}, \dfrac{3^2}{2^3 - 1}, \cdots\} = \{1, \dfrac{4}{3}, \dfrac{9}{7}, \cdots\}$，

$a_1 < a_2 > a_3$，非單調數列。

(4) $\{a_n\} = \dfrac{1^{2n}}{(n+2)!}$，$a_{n+1} = \dfrac{1^{2(n+1)}}{((n+1)+2)!} = \dfrac{1^{2n}\cdot 1^2}{(n+3)!}$

$\dfrac{a_{n+1}}{a_n} = \dfrac{1^{2n}\cdot 1^2}{(n+3)!} \times \dfrac{(n+2)!}{1^{2n}} = \dfrac{1^2}{n+3}$，

$\because \dfrac{1}{n+3} < 1$，即 $a_n > a_{n+1}$，故$\{a_n\}$為遞減數列。

1. 原題$\{a_n\}$，取$\{a_{n+1}\}$。
2. a_{n+1}與 a_n 作比較。

例題 2

求下列數列的極限。

(1) $\{a_n\}=\dfrac{\cos n}{4n}$ (2) $\{a_n\}=\dfrac{n^2}{n^2+1}$ (3) $\{a_n\}=\dfrac{\ln n}{n}$ 。

解 (1) $\because -1\le\cos n\le 1\Rightarrow\dfrac{-1}{4^n}\le\dfrac{\cos n}{4^n}\le\dfrac{1}{4^n}$ ，

$\lim\limits_{n\to\infty}\dfrac{-1}{4^n}=\lim\limits_{n\to\infty}\dfrac{1}{4^n}=0$ ，$\therefore \lim\limits_{n\to\infty}\{\dfrac{\cos n}{4^n}\}=0$ 。

(2) $\lim\limits_{n\to\infty}\{\dfrac{n^2}{n^2+1}\}=\lim\limits_{n\to\infty}\{\dfrac{1}{1+\dfrac{1}{n^2}}\}=1$ 。

(3) 令 $f(x)=\dfrac{\ln x}{x}$ ，

$\lim\limits_{x\to\infty}\dfrac{\ln x}{x}=\lim\limits_{x\to\infty}\dfrac{\frac{1}{x}}{1}=\lim\limits_{x\to\infty}\dfrac{1}{x}=0$ 。

$-1\le\cos n\le 1$ 。

分子、分母同除以 n^2。

例題 3

已知數列前 5 項爲 $\dfrac{2}{1}, \dfrac{4}{3}, \dfrac{8}{5}, \dfrac{16}{7}, \dfrac{32}{9}, \cdots$ ，

求一般項$\{a_n\}$並決定$\{a_n\}$的斂散性。

解 分子是 2^n，分母爲奇數$(2n-1)$，

$\therefore \{a_n\}=\dfrac{2^n}{2n-1}$ ，

令 $f(x)=\dfrac{2^x}{2x-1}$ ，

$\lim\limits_{x\to\infty}\dfrac{2^x}{2x-1}=\lim\limits_{x\to\infty}\dfrac{2^x\times\ln 2}{2}=\infty$ ，

$\therefore \lim\limits_{n\to\infty}\{a_n\}=\lim\limits_{n\to\infty}\dfrac{2^n}{2n-1}=\infty$ ，$\{a_n\}$爲發散。

例題 4

判斷數列$\{\frac{-1}{3}, \frac{2}{7}, \frac{-3}{11}, \frac{4}{15}, \cdots\}$為收斂數列。

解 $\{a_n\} = (-1)^n \frac{n}{4n-1}$，

$\lim_{n\to\infty}\{a_n\} = \lim_{n\to\infty}(-1)^n \frac{n}{4n-1} = \frac{1}{4}$，收斂。

例題 5

求下列各數列的斂散性

(1)$a_n = 3 + (-1)^n$

(2) $a_n = \frac{n^2}{2^n - 1}$ 。

解 (1) 此數列為 2, 4, 2, 4

$\therefore \lim_{n\to\infty}\{a_n\}$不存在，故$\{a_n\}$發散。

(2) 令 $f(x) = \frac{x^2}{2^x - 1}$, $\lim_{x\to\infty}\frac{x^2}{2^x - 1} = \lim_{x\to\infty}\frac{2x}{2^x \ln 2} = \lim_{x\to\infty}\frac{2}{2^x(\ln 2)^2} = 0$

$\therefore \{a_n\}$收斂。

習題

1. 求數列$\{\frac{n!}{n^n}\}$的極限。

2. 求數列$\{\frac{n}{\ln n}\}$的極限。

簡答

1. 0

2. 發散

7-2 級數(Series)

數列 $\{a_k\}_{k=1}^{\infty}=\{a_1,\ a_2,\ \cdots,\ a_k,\ \cdots\}$。

級數 $\sum_{k=1}^{\infty}a_k=a_1+a_2+\cdots+a_k+\cdots$。

級數的前 n 項和 $S_n=\sum_{k=1}^{n}a_k=a_1+a_2+\cdots+a_n$。

定義： $\lim_{n\to\infty}S_n=\lim_{n\to\infty}\sum_{k=1}^{n}a_k$。

若 $\lim_{n\to\infty}S_n=L$，則稱級數 $\sum_{k=1}^{\infty}a_k$ 收斂，L 爲 $\sum_{k=1}^{\infty}a_k$ 的和，即爲 $\sum_{k=1}^{\infty}a_k=L$。

若 $\lim_{n\to\infty}S_n$ 不存在，則稱 $\sum_{k=1}^{\infty}a_k$ 發散。

級數的性質

若 $\sum_{n=1}^{\infty}a_n$ 收斂，則 $\lim_{n\to\infty}a_n=0$。

若 $\lim_{n\to\infty}a_n=0$，則 $\sum_{n=1}^{\infty}a_n$ 不一定收斂，如 $\lim_{n\to\infty}\frac{1}{n}=0$，但 $\sum_{k=1}^{\infty}a_n$ 發散。

若 $\lim_{n\to\infty}a_n\neq 0$，則 $\sum_{n=1}^{\infty}a_n$ 發散。

爲何 $\sum_{n=1}^{\infty}\frac{1}{n}$ 發散，因 $\int_1^{\infty}\frac{1}{x}dx=\lim_{b\to\infty}\int_1^{b}\frac{1}{x}dx=\lim_{b\to\infty}(\ln x)\Big|_1^b=\lim_{b\to\infty}(\ln b-\ln 1)=\infty$。

設 $\sum_{n=1}^{\infty}a_n=a$，$\sum_{n=1}^{\infty}b_n=b$，c 爲常數，則 $\sum_{k=1}^{\infty}(a_n\pm b_n)=a\pm b,\ \sum_{n=1}^{\infty}(c\cdot a_n)=ca$。

1. $1+2+3+\cdots+n=\frac{n(n+1)}{2}$，等差級數，$n$ 表項數。
2. $1^2+2^2+3^2+\cdots+n^2=\frac{n(n+1)(2n+1)}{6}$。

3. $1^3+2^3+3^3+\cdots n^3=(\frac{n(n+1)}{2})^2$。

4. 等差級數：$a+(a+d)+(a+2d)+\cdots+(a+(n-1)d)=\frac{n(a+(a+(n-1)d))}{2}$，

   n：項數，a：首項，$a+(n-1)d$：末項，d：公差。

5. 無窮等比級數：$\sum_{n=1}^{\infty} ar^{n-1}=a+ar+ar^2+\cdots+ar^{n-1}+\cdots=\frac{a}{1-r}$，$|r|<1$，

   a：首項，r：公比（後項與前項的比）。

例題 1

求 $\sum_{n=1}^{\infty}\frac{3n-1}{2n+3}$。

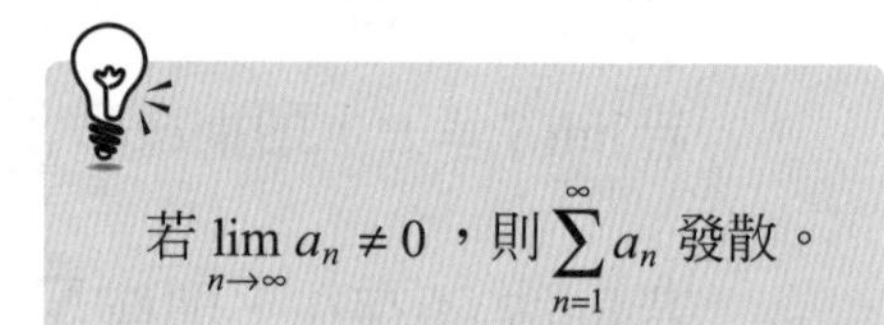

解 $\because \lim_{n\to\infty}\frac{3n-1}{2n+3}=\frac{3}{2}\neq 0$，$\therefore \sum_{n=1}^{\infty}\frac{3n-1}{2n+3}$ 發散。

例題 2

求 $\sum_{n=1}^{\infty}\ln\frac{n}{n+1}$。

$S_n=\sum_{n=1}^{n}\ln\frac{n}{n+1}$。

解 $S_n=\sum_{n=1}^{n}\ln\frac{n}{n+1}=\sum_{n=1}^{n}(\ln n-\ln(n+1))$，$\sum_{n=1}^{n}\ln n=\ln 1+\ln 2+\cdots+\ln n$，

$\sum_{n=1}^{n}\ln(n+1)=\ln 2+\ln 3+\cdots+\ln(n+1)$，

$\therefore \sum_{n=1}^{n}(\ln n-\ln(n+1))=\ln 1-\ln(n+1)=-\ln(n+1)$，$\because \lim_{n\to\infty}S_n=-\lim_{n\to\infty}\ln(n+1)=-\infty$，

$\therefore \sum_{n=1}^{n}\ln\frac{n}{n+1}$ 發散。

例題 3

求$\displaystyle\sum_{n=0}^{\infty}\frac{2^n+3^n}{7^n}$。

解 $\displaystyle\sum_{n=0}^{\infty}\frac{2^n+3^n}{7^n}=\sum_{n=0}^{\infty}\frac{2^n}{7^n}+\sum_{n=0}^{\infty}\frac{3^n}{7^n}$，

$\displaystyle\sum_{n=0}^{\infty}(\frac{2}{7})^n=1+\frac{2}{7}+(\frac{2}{7})^2+\cdots+(\frac{2}{7})^n+\cdots$，

無窮等比級數，首項 1，公比 $r=\frac{2}{7}$，

$\displaystyle\sum_{n=0}^{\infty}(\frac{3}{7})^n=1+\frac{3}{7}+(\frac{3}{7})^2+\cdots+(\frac{3}{7})^n+\cdots$，

無窮等比級數，首項 1，公比 $r=\frac{3}{7}$，

無窮等比級數$\displaystyle\sum_{n=1}^{\infty}ar^{n-1}=\frac{a}{1-r}$，首項 a，公比 $r<1$，

故$\displaystyle\sum_{n=0}^{\infty}(\frac{2}{7})^n=\frac{1}{1-\frac{2}{7}}=\frac{7}{5}$，$\displaystyle\sum_{n=0}^{\infty}(\frac{3}{7})^n=\frac{1}{1-\frac{3}{7}}=\frac{7}{4}$，$\displaystyle\therefore\sum_{k=0}^{\infty}\frac{2^n+3^n}{7^n}=\frac{7}{5}+\frac{7}{4}=\frac{63}{20}$。

本題可化成 2 個等比級數，其公比 $|r|$ 皆小於 1。

例題 4

把$0.\overline{31}$轉換成分數。

解 $0.\overline{31}=0.313131\cdots=0.31+0.0031+0.000031+\cdots$

為無窮等比級數，

公比 $r=\frac{0.0031}{0.31}=0.01$，$\displaystyle\sum_{n=1}^{\infty}ar^{n-1}=\frac{a}{1-r}$，

故$0.\overline{31}=\frac{0.31}{1-0.01}=\frac{31}{99}$。

本題是等比級數。

習題

1. 求$\sum_{n=1}^{\infty}(1+\frac{1}{n})^n$。

2. 化$12.34\overline{56}$爲分數。

3. 求$\sum_{n=1}^{\infty}\frac{1}{n(n+1)(n+2)}$。

4. 求$\sum_{n=1}^{\infty}\frac{1}{4n^2-1}$。

5. 求$\sum_{n=1}^{\infty}\ln(1+\frac{1}{n})$。

6. 求$\sum_{n=1}^{\infty}\frac{\sqrt{n}-\sqrt{n+1}}{\sqrt{n^2+n}}$。

簡答

1. 發散
2. $\frac{122222}{9900}$
3. $\frac{1}{4}$
4. $\frac{1}{2}$
5. ∞
6. -1

7-3 級數斂散性判別法(Convergence of Series)

正項級數的斂散判別有如積分有許多技巧，這些技巧若能熟練我們就有更多工具能判斷級數的斂散性。

若任一 $n \in \mathrm{N}$，$a_n > 0$，則 $\sum_{n=1}^{\infty} a_n$ 稱爲正項級數。

正項級數斂散性判別法：

1. 發散審斂法

(1) 若 $\sum_{n=1}^{n} a_n$ 收斂，則 $\lim_{n\to\infty} a_n = 0$。

(2) 若 $\lim_{n\to\infty} a_n = 0$，則 $\sum_{n=1}^{\infty} a_n$ 不一定收斂，如 $\lim_{n\to\infty}\frac{1}{n} = 0$，但 $\sum_{n=1}^{\infty} a_n$ 發散。

(3) 若 $\lim_{n\to\infty} a_n \neq 0$ 或不存在，則 $\sum_{n=1}^{\infty} a_n$ 發散。

例題 1

判斷下列級數的斂散性。

(1) $\sum_{n=1}^{\infty}\frac{n}{n+1}$　(2) $\sum_{n=1}^{\infty}(\frac{n}{n+1})^n$　(3) $\sum_{n=1}^{\infty}\frac{1}{(n+1)^{\frac{1}{n}}}$。

解 (1) 令 $a_n = \frac{n}{n+1}$，$\lim_{n\to\infty} a_n = \lim_{n\to\infty}\frac{n}{n+1} = 1 \neq 0$，

$\sum_{n=1}^{\infty}\frac{n}{n+1}$ 發散。

令 $a_n = \frac{n}{n+1}$。

(2) 令 $a_n=(\frac{n}{n+1})^n$, $\lim\limits_{n\to\infty}a_n=\lim\limits_{n\to\infty}(\frac{n}{n+1})^n=\lim\limits_{n\to\infty}(\frac{1}{1+\frac{1}{n}})^n=\frac{1}{\lim\limits_{n\to\infty}(1+\frac{1}{n})^n}$，

$$\lim_{n\to\infty}(1+\frac{1}{n})^n(1^\infty)=\lim_{n\to\infty}e^{(n)\ln(1+\frac{1}{n})}=\lim_{n\to\infty}e^{\frac{\ln(1+\frac{1}{n})}{\frac{1}{n}}}$$

$$=\lim_{n\to\infty}e^{\frac{\frac{\frac{-1}{n^2}}{1+\frac{1}{n}}}{-\frac{1}{n^2}}}=e^{\lim\limits_{n\to\infty}\frac{1}{1+\frac{1}{n}}}=e，$$

$\therefore\lim\limits_{n\to\infty}a_n=\frac{1}{e}\neq0$, $\lim\limits_{n\to\infty}(\frac{n}{n+1})^n$ 發散。

$\lim\limits_{n\to\infty}a_n\neq0$，∴發散。

(3) 令 $a_n=\frac{1}{(n+1)^{\frac{1}{n}}}$, $\lim\limits_{n\to\infty}a_n=\lim\limits_{n\to\infty}\frac{1}{(n+1)^{\frac{1}{n}}}$，

$$\lim_{n\to\infty}(n+1)^{\frac{1}{n}}(\infty^0)=\lim_{n\to\infty}e^{(\frac{1}{n})\ln(n+1)}=\lim_{n\to\infty}e^{\frac{\ln(n+1)}{n}}$$

$$=\lim_{n\to\infty}e^{\frac{\frac{-\frac{1}{n^2}}{n+1}}{-\frac{1}{n^2}}}=\lim_{n\to\infty}e^{\frac{1}{n+1}}=e^0=1，$$

$\therefore\lim\limits_{n\to\infty}a_n=\frac{1}{1}=1\neq0$，$\therefore\sum\limits_{n=1}^{\infty}a_n$ 發散。

$\lim\limits_{n\to\infty}a_n\neq0$，∴發散。

2. 積分審斂法

$f(x)$是連續且遞減，若 $f(x)>0$，$x\in[1,\infty)$，$a_n=f(x)$，

則 $\sum\limits_{n=1}^{\infty}a_n$ 與瑕積分 $\int_1^{\infty}f(x)dx$ 同爲收斂或發散。

3. *P* 級數審斂法

$$\sum_{n=1}^{\infty}\frac{1}{n^P}=\begin{cases}收斂\ P>1\\發散\ P\le1\end{cases}。$$

例題 2

證明 $P>1$ 時，$\sum_{n=2}^{\infty}\frac{1}{n(\ln n)^P}$ 收斂。

解 令 $f(x)=\frac{1}{x(\ln x)^P}$，$f(x)$在$[2,\infty)$為非負，且連續同時為遞減的函數，

$\therefore$利用積分審斂法，

$$P=1,\ \int_2^{\infty}\frac{1}{x(\ln x)}dx=\lim_{b\to\infty}\int_2^b\frac{1}{\ln x}d(\ln x)=\lim_{b\to\infty}(\ln(\ln x))\Big|_2^b$$

$$=\lim_{b\to\infty}(\ln(\ln b)-\ln(\ln 2))=\infty,$$

$$P\neq 1\int_2^{\infty}\frac{1}{x(\ln x)^P}dx=\lim_{b\to\infty}\int_2^b(\ln x)^{-P}d(\ln x)=\lim_{b\to\infty}(\frac{1}{1-P}\ln(x)^{1-P})\Big|_2^b$$

$$=\frac{1}{1-P}\lim_{b\to\infty}(\frac{1}{(\ln x)^{P-1}})\Big|_2^b=\frac{1}{1-P}\lim_{b\to\infty}(\frac{1}{(\ln b)^{P-1}}-\frac{1}{(\ln 2)^{P-1}}),$$

若 $P<1,\ \frac{1}{1-P}\lim_{b\to\infty}(\frac{1}{(\ln b)^{P-1}}-\frac{1}{(\ln 2)^{P-1}})=\frac{1}{1-P}\lim_{b\to\infty}((\ln b)^{1-P}-(\ln 2)^{1-P})=\infty$，

若 $P>1,\ \frac{1}{1-P}\lim_{b\to\infty}(\frac{1}{(\ln b)^{P-1}}-\frac{1}{(\ln 2)^{P-1}})=\frac{-1}{1-P}\lim_{b\to\infty}(\ln 2)^{1-P}=\frac{-(\ln 2)^{1-P}}{1-P}$，

故 $\sum_{n=2}^{\infty}\frac{1}{n(\ln n)^P}$ 在 $P>1$ 時為收斂。

例題 3

判斷下列各級數的斂散性

(1) $\sum_{n=1}^{\infty}\frac{1}{1+n^2}$　(2) $\sum_{n=1}^{\infty}\frac{n}{1+n^2}$　(3) $\sum_{n=2}^{\infty}\frac{1}{n(\ln n)^2}$　(4) $\sum_{n=1}^{\infty}\frac{n}{(n+1)^3}$ 。

解 (1) 令 $f(x)=\frac{1}{1+x^2}$ ，在$[1,\infty)$爲非負，且連續，同時爲遞減函數，

$$\int_1^{\infty}\frac{1}{1+x^2}dx=\lim_{b\to\infty}\int_1^b\frac{1}{1+x^2}dx=\lim_{b\to\infty}(\tan^{-1}x)\Big|_1^b$$

$$=\lim_{b\to\infty}(\tan^{-1}b-\tan^{-1}1)=\frac{\pi}{2}-\frac{\pi}{4}=\frac{\pi}{4}，$$

利用積分審斂法。

故 $\sum_{n=1}^{\infty}\frac{1}{1+n^2}$ 爲收斂，收斂值爲 $\frac{\pi}{4}$ 。

(2) 令 $f(x)=\frac{x}{1+x^2}$ ，在$[1,\infty)$爲非負，且連續，同時爲遞減函數，

$$\int_1^{\infty}\frac{x}{1+x^2}dx=\frac{1}{2}\lim_{b\to\infty}\int_1^b\frac{1}{1+x^2}d(1+x^2)=\frac{1}{2}\lim_{b\to\infty}(\ln(1+x^2))\Big|_1^b$$

$$=\frac{1}{2}\lim_{b\to\infty}(\ln(1+b^2)-\ln(2))=\infty ，$$

利用積分審斂法。

$\therefore\sum_{n=1}^{\infty}\frac{n}{1+n^2}$ 發散。

(3) 令 $f(x)=\frac{1}{x(\ln x)^2}$ 爲非負，且連續，同時爲遞減函數，

$$\int_2^{\infty}\frac{1}{x(\ln x)^2}dx=\lim_{b\to\infty}\int_2^b(\ln x)^{-2}d(\ln x)=-\lim_{b\to\infty}\frac{1}{\ln x}\Big|_2^b$$

$$=-\lim_{b\to\infty}(\frac{1}{\ln b}-\frac{1}{\ln 2})=\frac{1}{\ln 2}，$$

利用積分審斂法。

$\therefore\sum_{n=2}^{\infty}\frac{1}{n(\ln n)^2}$ 爲收斂，收斂值 $\frac{1}{\ln 2}$ 。

(4) 令 $f(x)=\dfrac{x}{(x+1)^3}$ 爲非負，且連續，同時爲遞減函數，

$$\int_1^\infty \frac{x}{(x+1)^3}dx=\int_1^\infty \frac{x+1-1}{(x+1)^3}dx=\int_1^\infty \frac{1}{(x+1)^2}-\int_1^\infty \frac{1}{(x+1)^3}dx，$$

$$\int_1^\infty \frac{1}{(x+1)^2}dx=\lim_{b\to\infty}\int_1^\infty (x+1)^{-2}d(x+1)$$

$$=-\lim_{b\to\infty}\frac{1}{x+1}\bigg|_1^b=-\lim_{b\to\infty}(\frac{1}{b+1}-\frac{1}{2})=\frac{1}{2}，$$

利用積分審斂法。

$$\int_1^\infty \frac{1}{(x+1)^3}dx=\lim_{b\to\infty}\int_1^b (x+1)^{-3}d(x+1)$$

$$=-\frac{1}{2}\lim_{b\to\infty}\frac{1}{(x+1)^2}\bigg|_1^b=-\frac{1}{2}\lim_{b\to\infty}(\frac{1}{(b+1)^2}-\frac{1}{4})=\frac{1}{8}，$$

$$\therefore \int_1^\infty \frac{x}{(x+1)^3}dx=\frac{1}{2}-\frac{1}{8}=\frac{3}{8}，$$

故 $\displaystyle\sum_{n=1}^\infty \frac{n}{(n+1)^3}$ 爲收斂，其值 $\dfrac{3}{8}$。

4. 比較審斂法

若 $\displaystyle\sum_{n=1}^\infty a_n$，$\displaystyle\sum_{n=1}^\infty b_n$ 皆爲正項級數，即 $a_n>0,\ b_n>0$, 任一 $n\in\mathrm{N}$，a_n 爲題目，b_n 爲自取。

(1) $0<a_n<b_n$，若 $\displaystyle\sum_{n=1}^\infty b_n$ 收斂，則 $\displaystyle\sum_{n=1}^\infty a_n$ 亦爲收斂。

(2) $0<b_n<a_n$，若 $\displaystyle\sum_{n=1}^\infty b_n$ 發散，則 $\displaystyle\sum_{n=1}^\infty a_n$ 亦爲發散。

例題 4

判斷下列各級數的斂散性

(1) $\sum_{n=1}^{\infty}\frac{2n-1}{2n}$　(2) $\sum_{n=1}^{\infty}\frac{1}{1+x^{2n}}$，$|x|>1$　(3) $\sum_{n=1}^{\infty}\frac{1}{1+x^{2n}}$，$|x|\le 1$

(4) $\sum_{n=1}^{\infty}\frac{1}{n^3+2n+1}$　(5) $\sum_{n=0}^{\infty}\frac{1}{n!}$。

解 (1) 令 $f(x)=\frac{2x-1}{2x}$，非遞減函數，

不能用積分審斂法，

令 $a_n=\frac{2n-1}{2n}$，取 $b_n=\frac{1}{2n}$，$a_n>b_n$，

$\sum_{n=1}^{\infty}b_n=\sum_{n=1}^{\infty}\frac{1}{2n}$，$\because \sum_{n=1}^{\infty}\frac{1}{n^P}$，$P=1$，發散，

$\therefore \sum_{n=1}^{\infty}\frac{2n-1}{2n}$ 發散。

自取 b_n，且知 $b_n<a_n$，同時又知 $\sum_{n=1}^{\infty}b_n$ 為發散，故 $\sum_{n=1}^{\infty}a_n$ 亦發散。

(2) $a_n=\frac{1}{1+x^{2n}}$，取 $b_n=\frac{1}{x^{2n}}$，$a_n<b_n$，

$\sum_{n=1}^{\infty}\frac{1}{x^{2n}}=\frac{1}{x^2}+\frac{1}{x^4}+\cdots$，$r$（公比）$=\frac{\frac{1}{x^4}}{\frac{1}{x^2}}=\frac{1}{x^2}$，

$\because |x|>1 \quad \therefore r<1$，無窮等比級數，

$\sum_{n=1}^{\infty}ar^{n-1}=\frac{a}{1-r}$，$a$：首項，$r$：公比，

$\sum_{n=1}^{\infty}\frac{1}{x^{2n}}=\frac{\frac{1}{x^2}}{1-\frac{1}{x^2}}=\frac{1}{x^2}\times\frac{x^2}{x^2-1}=\frac{1}{x^2-1}$，

$\therefore \sum_{n=1}^{\infty}\frac{1}{x^{2n}}$ 收斂，而 $a_n<b_n$，

故 $\sum_{n=1}^{\infty}\frac{1}{1+x^{2n}}$，$|x|>1$ 收斂。

1. 自取 $b_n=\frac{1}{x^{2n}}$，且知 $b_n>a_n$。
2. $\sum_{n=1}^{\infty}ar^{n-1}=\frac{a}{1-r}$ 知收斂。

(3) $a_n = \dfrac{1}{1+x^{2n}}$，$\because\ |x| \le 1$，$1+x^{2n} \le 2$，

$\therefore$取 $b_n = \dfrac{1}{2}$，且 $a_n > b_n$，

$\sum\limits_{n=1}^{\infty} b_n = \sum\limits_{n=1}^{\infty} \dfrac{1}{2} = \dfrac{1}{2} + \dfrac{1}{2} + \cdots$ 發散，

故 $\sum\limits_{n=1}^{\infty} \dfrac{1}{1+x^{2n}}$，$|x| \le 1$ 爲發散。

1. $a_n = \dfrac{1}{1+x^{2n}}$，$|x| \le 1$，

$\therefore 1 + x^{2n} \le 2$ 故取 $b_n = \dfrac{1}{2}$。

2. $a_n > b_n$，且 $\sum\limits_{n=1}^{\infty} b_n$ 發散。

(4) $a_n = \dfrac{1}{n^3+2n+1}$，取 $b_n = \dfrac{1}{n^3}$，$a_n < b_n$，

$\sum\limits_{n=1}^{\infty} b_n = \sum\limits_{n=1}^{\infty} \dfrac{1}{n^3}$，$P = 3$，故收斂，

$\therefore \sum\limits_{n=1}^{\infty} \dfrac{1}{n^3+2n+1}$ 收斂。

1. 取 $b_n = \dfrac{1}{n^3}$，$a_n < b_n$。

2. b_n 由 P 級數審斂法知收斂。

(5) $a_n = \dfrac{1}{n!}$，$\sum\limits_{n=0}^{\infty} \dfrac{1}{n!} = \dfrac{1}{0!} + \dfrac{1}{1!} + \dfrac{1}{2!} + \cdots$

取 b_n 爲幾何級數，幾何級數是可收斂，

故 $b_n = \dfrac{1}{2^{n-1}}$（或 $\dfrac{1}{3^{n-1}}$ 等），只要能判斷 $a_n < b_n$，

$\sum\limits_{n=1}^{\infty} \dfrac{1}{2^{n-1}} = 2 + \dfrac{1}{2^0} + \dfrac{1}{2^1} + \dfrac{1}{2^2} + \cdots$，$a_n < b_n$，

$\because \sum\limits_{n=1}^{\infty} \dfrac{1}{2^{n-1}}$ 收斂，$\therefore \sum\limits_{n=0}^{\infty} \dfrac{1}{n!}$ 收斂。

1. a_n 爲階乘級數，取 b_n 可收斂的幾何級數。

2. 只要 $a_n < b_n$。

5. 極限比值審斂法

若 $\sum\limits_{n=1}^{\infty} a_n$, $\sum\limits_{n=1}^{\infty} b_n$ 皆爲正項級數，且 $0 < \ell < \infty$，任一 $n \in \mathrm{N}$，a_n 爲題目，b_n 爲自取

令 $\lim\limits_{n\to\infty} \dfrac{a_n}{b_n} = \ell$（$a_n$ 比 b_n 的極限值）。

(1) 若 $\ell = \infty$，表 $a_n > b_n$，且 $\sum\limits_{n=1}^{\infty} b_n$ 發散，則 $\sum\limits_{n=1}^{\infty} a_n$ 發散。

(2) 若 $\ell = 0$，表 $a_n < b_n$，且 $\sum\limits_{n=1}^{\infty} b_n$ 收斂，則 $\sum\limits_{n=1}^{\infty} a_n$ 收斂。

(3) 若 $0 < \ell < \infty$，則 $\sum\limits_{n=1}^{\infty} b_n$ 與 $\sum\limits_{n=1}^{\infty} a_n$ 的斂散性一致。

例題 5

判斷下列各級數的斂散性

(1) $\sum_{n=1}^{\infty}\frac{\tan^{-1}2n}{n+1}$　(2) $\sum_{n=1}^{\infty}\frac{1}{n\sqrt{n}}$　(3) $\sum_{n=1}^{\infty}(1+\cos\frac{1}{n})$ 。

解 (1) 令 $a_n=\frac{\tan^{-1}2n}{n+1}$ ，取 $b_n=\frac{1}{n}$ ，

$$\lim_{n\to\infty}\frac{a_n}{b_n}=\lim_{n\to\infty}(\frac{\tan^{-1}2n}{n+1}\times\frac{n}{1})$$

$$=\lim_{n\to\infty}\frac{n}{n+1}\times\lim_{n\to\infty}\tan^{-1}2n$$

$$=1\times\lim_{n\to\infty}\tan^{-1}2n=\frac{\pi}{2}\text{，}$$

$\ell=\frac{\pi}{2}$ ，介於 $0<\frac{\pi}{2}<\infty$ ，$\because \sum_{n=1}^{\infty}b_n=\sum_{n=1}^{\infty}\frac{1}{n}$ ，$P=1$ 發散，

$\therefore \sum_{n=1}^{\infty}\frac{\tan^{-1}2n}{n+1}$ 發散。

1. 盡量取 b_n 是收斂或發散。
2. 因無法知 a_n 比 b_n 是哪個大。
3. 用極限比值審斂法求 ℓ。

(2) $a_n=\sum_{n=1}^{\infty}\frac{1}{n\sqrt{n}}=\sum_{n=1}^{\infty}\frac{1}{n^{\frac{3}{2}}}$ ，

$\because P>1$，$\therefore \sum_{n=1}^{\infty}\frac{1}{n\sqrt{n}}$ 收斂。

1. 取 b_n 為幾何級數，收斂。
2. $\lim_{n\to\infty}\frac{a_n}{b_n}=0$ 表 $a_n<b_n$。

(3) $a_n=1+\cos\frac{1}{n}$ ，取 $b_n=\frac{1}{n}$ ，

$$\lim_{n\to\infty}\frac{a_n}{b_n}=\lim_{n\to\infty}(1+\cos\frac{1}{n})\times\frac{n}{1}$$

$$=\lim_{n\to\infty}(n\cdot(1+\cos\frac{1}{n}))$$

$$=\lim_{n\to\infty}n\cdot\lim_{n\to\infty}(1+\cos\frac{1}{n})=\infty\text{，}$$

$\ell=\infty$表 $a_n>b_n$，$\sum_{n=1}^{\infty}\frac{1}{n}$ ，$P=1$ 發散，$\therefore \sum_{n=1}^{\infty}(1+\cos\frac{1}{n})$ 發散。

1. 取 $b_n=\frac{1}{n}$ ，$P=1$，發散。
2. $\lim_{n\to\infty}\frac{a_n}{b_n}=\infty$ ，表 $a_n>b_n$。
3. $\lim_{n\to\infty}(1+\cos\frac{1}{n})$ 振盪。

6. 極限根式審斂法

設 $\sum_{n=1}^{\infty} a_n$ 為一正項級數，且 $\lim_{n\to\infty} \sqrt[n]{a_n} = \ell$。

(1) 若 $\ell > 1$，則 $\sum_{n=1}^{\infty} a_n$ 發散。

(2) 若 $\ell < 1$，則 $\sum_{n=1}^{\infty} a_n$ 收斂。

(3) 若 $\ell = 1$，則 $\sum_{n=1}^{\infty} a_n$ 的斂散性無法判別。

例題 6

判別下列各級數的斂散性

(1) $\sum_{n=1}^{\infty} \frac{1}{n^n}$　(2) $\sum_{n=1}^{\infty} (\frac{3n+3}{n-2})^n$　(3) $\sum_{n=1}^{\infty} n^2(\frac{n}{2n+1})^n$。

解 (1) $a_n = \frac{1}{n^n} = (\frac{1}{n})^n$，

$\lim_{n\to\infty} \sqrt[n]{a_n} = \lim_{n\to\infty}((\frac{1}{n})^n)^{\frac{1}{n}} = \lim_{n\to\infty} \frac{1}{n} = 0$，

$\ell = 0 < 1$，$\therefore \sum_{n=1}^{\infty} \frac{1}{n^n}$ 收斂。

1. 利用極限根式審斂法。
2. $\lim_{n\to\infty} \sqrt[n]{a_n} = \ell$。
3. $\ell = 0 < 1$，$\therefore$收斂。

(2) $a_n = (\frac{3n+3}{n-2})^n$，

$\lim_{n\to\infty} \sqrt[n]{a_n} = \lim_{n\to\infty}((\frac{3n+3}{n-2})^n)^{\frac{1}{n}} = \lim_{n\to\infty} \frac{3n+3}{n-2} = 3$，

$\ell = 3 > 1$　$\therefore \sum_{n=1}^{\infty} (\frac{3n+3}{n-2})^n$ 發散。

1. 利用極限根式審斂法。
2. $\lim_{n\to\infty} \sqrt[n]{a_n} = \ell$。
3. $\ell = 3 > 1$　$\therefore$發散。

(3) $a_n = n^2(\frac{n}{2n+1})^n$，

$\lim_{n\to\infty} \sqrt[n]{a_n} = \lim_{n\to\infty}(n^2(\frac{n}{2n+1})^n)^{\frac{1}{n}} = \lim_{n\to\infty} n^{\frac{2}{n}} \times (\frac{n}{2n+1}) = \lim_{n\to\infty} n^{\frac{2}{n}} \times \lim_{n\to\infty}(\frac{n}{2n+1})$，

$\lim_{n\to\infty} n^{\frac{2}{n}} (\infty^0) = \lim_{n\to\infty} e^{\frac{2}{n}\ln n} = \lim_{n\to\infty} e^{\frac{\frac{2}{n}}{1}} = \lim_{n\to\infty} e^{\frac{2}{n}} = e^0 = 1$，

$$\lim_{n\to\infty}(\frac{n}{2n+1})=\lim_{n\to\infty}(\frac{1}{2+\frac{1}{n}})=\frac{1}{2}，$$

$$\lim_{n\to\infty}\sqrt[n]{a_n}=1\times\frac{1}{2}=\frac{1}{2}<1，$$

$\therefore\sum_{n=1}^{\infty}n^2(\frac{n}{2n+1})^n$ 收斂。

1. 利用極限根式審斂法。
2. $\lim_{n\to\infty}\sqrt[n]{a_n}=\ell$。
3. $\ell=\frac{1}{2}<1$ $\therefore$收斂。

7. 後項比前項的極限比值審斂法

設 $a_n>0$，任一 $n\in\mathrm{N}$，且 $\lim_{n\to\infty}\frac{a_{n+1}}{a_n}=\ell$。

(1) 若$\ell>1$，$a_{n+1}>a_n$，則$\sum_{n=1}^{\infty}a_n$ 發散。

(2) 若$\ell<1$，$a_{n+1}<a_n$，則$\sum_{n=1}^{\infty}a_n$ 收斂。

(3) 若$\ell=1$，則$\sum_{n=1}^{\infty}a_n$ 的斂散性無法判別。

例題 7

判別下列各級數的斂散性。

(1) $\sum_{n=1}^{\infty}\frac{(3n-1)!}{(n+1)!}$ (2) $\sum_{n=1}^{\infty}\frac{3^{n-1}}{2^{n-1}(2n+1)}$ (3) $\sum_{n=1}^{\infty}\frac{3^n\cdot(n!)^2}{(3n!)^2}$。

解 (1) $a_n=\frac{(3n-1)!}{(n+1)!}$，$a_{n+1}=\frac{(3(n+1)-1)!}{((n+1)+1)!}=\frac{(3n+2)!}{(n+2)!}$，

$$\lim_{n\to\infty}\frac{a_{n+1}}{a_n}=\lim_{n\to\infty}(\frac{(3n+2)!}{(n+2)!}\times\frac{(n+1)!}{(3n-1)!})$$

$$=\lim_{n\to\infty}\frac{3n+2}{n+2}=\lim_{n\to\infty}\frac{3+\frac{2}{n}}{1+\frac{2}{n}}=3，$$

$\ell=3>1$，$\therefore\sum_{n=1}^{\infty}\frac{(3n-1)}{(n+1)}$ 發散。

1. 利用後項比前項的極限比值審斂法。
2. $\lim_{n\to\infty}\frac{a_{n+1}}{a_n}=\ell$。
3. $\ell=3>1$ $\therefore$發散。

(2) $a_n = \dfrac{3^{n-1}}{2^{n-1}(2n+1)}$ ， $a_{n+1} = \dfrac{3^{(n+1)-1}}{2^{(n+1)-1}(2(n+1)+1)} = \dfrac{3^n}{2^n(2n+3)}$ ，

$$\lim_{n\to\infty}\frac{a_{n+1}}{a_n} = \lim_{n\to\infty}\left(\frac{3^n}{2^n(2n+3)}\times\frac{2^{n-1}(2n+1)}{3^{n-1}}\right)$$

$$= \lim_{n\to\infty}\frac{2^{-1}(2n+1)}{(2n+3)\cdot 3^{-1}} = \lim_{n\to\infty}\frac{3(2n+1)}{2(2n+3)}$$

$$= \lim_{n\to\infty}\frac{6n+3}{4n+6} = \lim_{n\to\infty}\frac{6+\frac{3}{n}}{4+\frac{6}{n}} = \frac{3}{2}\text{ ，}$$

$\ell = \dfrac{3}{2} > 1$ ， $\therefore \displaystyle\sum_{n=1}^{\infty}\frac{3^{n-1}}{2^{n-1}(2n+1)}$ 發散。

1. 利用後項比前項的極限比值審斂法。
2. $\lim\limits_{n\to\infty}\dfrac{a_{n+1}}{a_n} = \ell$ 。
3. $\ell = \dfrac{3}{2} > 1$ $\therefore$發散。

(3) $a_n = \dfrac{3^n\cdot(n!)^2}{(3n!)^2}$ ， $a_{n+1} = \dfrac{3^{n+1}\cdot((n+1)!)^2}{(3(n+1)!)^2}$

$$\lim_{n\to\infty}\frac{a_{n+1}}{a_n} = \lim_{n\to\infty}\left(\frac{3^{n+1}\cdot((n+1)!)^2}{(3(n+1)!)^2}\times\frac{(3n!)^2}{3^n\cdot(n!)^2}\right)$$

$$= \lim_{n\to\infty}\left(\frac{3^n\cdot 3\cdot((n+1)!)^2}{3^2\cdot((n+1)!)^2}\times\frac{3^2\cdot(n!)^2}{3^n\cdot(n!)^2}\right)$$

$$= \lim_{n\to\infty}\frac{3(n+1)}{(n+1)} = 3\text{ ，}$$

$\ell = 3 > 1$ ， $\therefore \displaystyle\sum_{n=1}^{\infty}\frac{3^n\cdot(n!)^2}{(3n!)^2}$ 發散。

1. 利用後項比前項的極限比值審斂法。
2. $\lim\limits_{n\to\infty}\dfrac{a_{n+1}}{a_n} = \ell$ 。
3. $\ell = 3 > 1$ ，發散。

習題

1. 用積分審斂法，證明 $\sum_{n=1}^{\infty}\frac{1}{\sqrt{3n-2}}$ 發散。

2. 用極限比值審斂法證明 $\sum_{n=1}^{\infty}\frac{n(n+1)}{n^3+2}$ 爲發散。

3. 用後項比前項的極限比值審斂法證明 $\sum_{n=1}^{\infty}\frac{4n-3}{\sqrt{3^n}}$ 爲收斂。

4. 用極限根式審斂法判定 $\sum_{n=3}^{\infty}(\ln n)^{-n}$ 收斂。

5～11 判斷下列級數的斂散性。

5. $\sum_{n=1}^{\infty}\frac{1}{\sqrt[3]{n^2+1}}$（極限比值審斂法）。

6. $\sum_{n=1}^{\infty}\frac{3n^2+5n}{2^n(n^2+1)}$（後項比前項的極限審斂法）。

7. $\sum_{n=1}^{\infty}\frac{n+1}{(n+2)(n+3)}$（極限比值審斂法）。

8. $\sum_{n=1}^{\infty}(\sqrt[n]{2}-1)$（極限比值審斂法）。

9. $\sum_{n=1}^{\infty}\frac{1}{(\ln n)^{10}}$（極限比值審斂法）。

10. $\sum_{n=2}^{\infty}\frac{1}{2^{\ln n}}$（比較審斂法）。

11. $\sum_{n=1}^{\infty}\frac{n!}{1\cdot 3\cdot 5\cdot\cdots\cdot(2n-1)}$（後項比前項的極限審斂法）。

簡答

1. 略
2. 略
3. 略
4. 略
5. 發散
6. 收斂
7. 發散
8. 發散
9. 發散
10. 發散
11. 收斂

7-4 交錯級數，絕對收斂與條件收斂 (Alternative Series, Absolute Convergence and Conditional Convergence)

若 $a_n > 0$，則 $\sum_{n=1}^{\infty}(-1)^{n+1}a_n$ 稱爲交錯級數。

交錯級數審斂法(Alternating Series Test)。

若 $a_{n+1} < a_n$， $\lim_{n\to\infty} a_n = 0$，則交錯級數 $\sum_{n=1}^{\infty}(-1)^{n+1}a_n$ 收斂。

1. 若 $\sum_{n=1}^{\infty}|a_n|$ 收斂，且 $\sum_{n=1}^{\infty}a_n$ 收斂，則稱 $\sum_{n=1}^{\infty}a_n$ 爲絕對收斂。
2. 若 $\sum_{n=1}^{\infty}|a_n|$ 發散，但 $\sum_{n=1}^{\infty}a_n$ 收斂，則稱 $\sum_{n=1}^{\infty}a_n$ 爲條件收斂。

例題 1

$\sum_{n=1}^{\infty}(-1)^{n+1}\frac{1}{n}$，判斷其斂散性。

解 令 $a_n = \frac{1}{n},\ a_{n+1} = \frac{1}{n+1}$，

$\because a_{n+1} < a_n$，且 $\lim_{n\to\infty} a_n = \lim_{n\to\infty}\frac{1}{n} = 0$，

由交錯級數審斂法知 $\sum_{n=1}^{\infty}(-1)^{n+1}\frac{1}{n}$ 爲收斂。

> 若 $a_{n+1} < a_n$，且 $\lim_{n\to\infty} a_n = 0$，
>
> 則交錯級數收斂。

例題 2

判斷 $\sum_{n=1}^{\infty}(-1)^{n+1}\frac{1}{(n+1)\ln(n+1)}$ 的斂散性。

若 $a_{n+1}<a_n$，且 $\lim_{n\to\infty}a_n=0$，則交錯級數收斂。

解 $a_n=\frac{1}{(n+1)\cdot\ln(n+1)}$，

$a_{n+1}=\frac{1}{((n+1)+1)\cdot\ln((n+1)+1)}=\frac{1}{(n+2)\cdot\ln(n+2)}$，

$\because a_{n+1}<a_n$，且 $\lim_{n\to\infty}a_n=\frac{1}{(n+1)\ln(n+1)}=0$，

由交錯級數審斂法知

$\sum_{n=1}^{\infty}(-1)^{n+1}\frac{1}{(n+1)\ln(n+1)}$ 收斂。

例題 3

判斷下列各級數爲絕對收斂，條件收斂或發散

(1) $\sum_{n=1}^{\infty}\frac{\cos n\pi}{n}$　(2) $\sum_{n=1}^{\infty}\frac{(-1)^n\cdot 2^n\cdot(n+1)!}{6\cdot 11\cdot 16\cdot\cdots\cdot(5n+1)}$。

解 (1) $\cos n\pi=(-1)^n$，$\sum_{n=1}^{\infty}\frac{\cos n\pi}{n}=\sum_{n=1}^{\infty}(-1)^n\frac{1}{n}$，

$a_n=\frac{1}{n},\ a_{n+1}=\frac{1}{n+1}$，$\because a_{n+1}<a_n$，且 $\lim_{n\to\infty}a_n=\lim_{n\to\infty}\frac{1}{n}=0$，

由交錯級數審斂法知 $\sum_{n=1}^{\infty}\frac{\cos n\pi}{n}$ 收斂，

但 $\sum_{n=1}^{\infty}|a_n|$（正項級數）$=\sum_{n=1}^{\infty}\frac{1}{n}$，$P=1$，

$\therefore\sum_{n=1}^{\infty}|a_n|$ 發散，故 $\sum_{n=1}^{\infty}\frac{\cos n\pi}{n}$ 爲條件收斂。

若 $a_{n+1}<a_n$，且 $\lim_{n\to\infty}a_n=0$，則交錯級數收斂，但 $\sum_{n=1}^{\infty}|a_n|$ 發散，故爲條件收斂。

(2) 原式$=\sum_{n=1}^{\infty}(-1)^n\dfrac{2^n\cdot(n+1)!}{(5n+1)!}$

$a_n=\dfrac{2^n\cdot(n+1)!}{(5n+1)!}$, $a_{n+1}\dfrac{2^{n+1}\cdot(n+2)!}{(5n+6)!}$

$\therefore a_{n+1}<a_n$，且 $\lim\limits_{n\to\infty}a_n=\lim\limits_{n\to\infty}\dfrac{2^n\cdot(n+1)!}{(5n+1)!}=0$，

$\therefore\sum_{n=1}^{\infty}(-1)^n\dfrac{2^n\cdot(n+1)!}{(5n+1)!}$收斂，

但$\sum_{n=1}^{\infty}|a_n|=\sum_{n=1}^{\infty}\dfrac{2^n\cdot(n+1)!}{(5n+1)!}$，

$$\lim_{n\to\infty}\frac{a_{n+1}}{a_n}=\lim_{n\to\infty}\left(\frac{2^n\cdot2\cdot(n+2)!}{(5n+6)!}\times\frac{(5n+1)!}{2^n\cdot(n+1)!}\right)$$

$$=\lim_{n\to\infty}\frac{2\cdot(n+2)}{5n+6}=\lim_{n\to\infty}\frac{2n+4}{5n+6}=\frac{2}{5}<1，$$

由後項比前項極限比值審斂法知$\sum_{n=1}^{\infty}|a_n|$收斂，故$\sum_{n=1}^{\infty}(-1)^n a_n$爲絕對收斂。

若 $a_{n+1}<a_n$，且 $\lim\limits_{n\to\infty}a_n=0$，則交錯級數收斂，但$\sum_{n=1}^{\infty}|a_n|$收斂，故爲絕對收斂。

習題

判斷下列 1～6 題中的級數為絕對收斂或條件收斂。

1. $\sum_{n=1}^{\infty}\frac{\sin n}{n^2}$。

2. $\sum_{n=2}^{\infty}\frac{\sin n}{n\cdot(\ln n)^2}$。

3. $\sum_{n=1}^{\infty}(-1)^n\frac{n}{n^2+1}$。

4. $\sum_{n=1}^{\infty}(-1)^n\frac{1}{\sqrt[n]{n}}$。

5. $\sum_{n=1}^{\infty}(-1)^{n+1}\frac{n+1}{n^2}$。

6. $\sum_{n=1}^{\infty}(-1)^n\frac{n}{(n+1)\cdot 3^n}$。

7. 證明 $\sum_{n=2}^{\infty}(-1)^n\frac{1}{n\ln n}$ 為條件收斂。

8. 證明 $\sum_{n=1}^{\infty}(-1)^n\frac{n^2}{2^n}$ 為絕對收斂。

簡答

1. 絕對收斂
2. 絕對收斂
3. 條件收斂
4. 發散
5. 條件收斂
6. 絕對收斂
7. 略
8. 略

7-5 冪級數，收斂半徑及收斂區間 (Power Series, Radius of Convergence and Interval of Convergence)

$\sum_{n=0}^{\infty} c_n(x-a)^n$ 稱爲 $x-a$ 的冪級數(Power Series)，c_n 爲係數。

1. 冪級數 $\sum_{n=0}^{\infty} c_n(x-a)^n$ 必恰有以下 3 種情形的一種成立：
   (1) 存在正數 r，使得 $|x-a|<r$ 時收斂，在 $|x-a|>r$ 時發散，r 稱爲此冪級數的收斂半徑，在兩端點 $a-r, a+r$，級數可能收斂，可能發散，故其收斂區間爲 $(a-r, a+r)$, $(a-r, a+r]$, $[a-r, a+r)$, $[a-r, a+r]$ 其中一種。
   (2) 若級數只有在 $x=a$ 時收斂，則 $r=0$（單點收斂）。
   (3) 若級數對任何 x 都收斂，則 $r=\infty$。
2. $c_n \neq 0$，$\lim_{n\to\infty}\left|\frac{c_{n+1}}{c_n}\right| = L$，則
   (1) $L\neq 0$，$\sum_{n=0}^{\infty} c_n(x-a)^n$ 的收斂半徑 $r=\frac{1}{L}$。
   (2) $L=0$ 時，$r=\infty$。
   (3) $L=\infty$ 時，$r=0$。
3. $r>0$ 爲 $\sum_{n=0}^{\infty} c_n(x-a)^n$ 的收斂半徑，

   令 $f(x)=\sum_{n=0}^{\infty} c_n(x-a)^n$，$x\in(a-r, a+r)$，則
   (1) $f'(x)=\sum_{n=0}^{\infty} nc_n(x-a)^{n-1}$，且收斂半徑爲 r。
   (2) $\int_a^x f(t)dt=\sum_{n=0}^{\infty}\frac{1}{n+1}c_n(x-a)^{n+1}$，且收斂半徑爲 r。

例題 1

求下列各級數的收斂區間，收斂半徑。

(1) $\sum_{n=0}^{\infty}\frac{1}{n+1}(x-2)^n$ (2) $\sum_{n=1}^{\infty}\frac{(x+1)^n}{n!}$ (3) $\sum_{n=0}^{\infty}(n!)(2x-1)^n$ (4) $\sum_{n=1}^{\infty}\frac{1}{n^2\cdot 3^n}(x+2)^n$

(5) $\sum_{n=1}^{\infty}\frac{(2x-5)^n}{n}$ (6) $\sum_{n=1}^{\infty}\frac{1}{3^n}(x-2)^n$ (7) $\sum_{n=0}^{\infty}\frac{1}{(n+1)2^n}x^n$ (8) $\sum_{n=1}^{\infty}n^2(\frac{x+1}{3})^n$ 。

解 (1) $\sum_{n=0}^{\infty}\frac{1}{n+1}(x-2)^n$，

$\lim_{n\to\infty}|\frac{c_{n+1}}{c_n}|=\lim_{n\to\infty}|\frac{\frac{1}{n+2}}{\frac{1}{n+1}}|=\lim_{n\to\infty}|\frac{n+1}{n+2}|=1$，

$L=1\neq 0$ $\therefore$收斂半徑 $r=\frac{1}{L}=1$，

$\because a=2$ $\therefore(a-r,a+r)=(1,3)$，

$x=1$，$\sum_{n=0}^{\infty}\frac{1}{n+1}(x-2)^n=\sum_{n=0}^{\infty}(-1)^n\frac{1}{n+1}=\sum_{n=1}^{\infty}(-1)^{n+1}\frac{1}{n}$（交錯級數），

$a_n=\frac{1}{n}$，$a_{n+1}=\frac{1}{n+1}$，$a_{n+1}<a_n$，$\lim_{n\to\infty}a_n=\lim_{n\to\infty}\frac{1}{n}=0$，故 $\sum_{n=0}^{\infty}(-1)^n\frac{1}{n+1}$ 收斂，

$x=3$，$\sum_{n=0}^{\infty}\frac{1}{n+1}(x-2)^n=\sum_{n=0}^{\infty}(1)^n\frac{1}{n+1}=\sum_{n=1}^{\infty}\frac{1}{n}$（正項級數），

$P=1$，故 $\sum_{n=0}^{\infty}\frac{1}{n+1}$ 發散，故收斂區間$[1,3)$。

> 1. 求收斂半徑 r。
> 2. 決定$(a-r,a+r)$。
> 3. 決定 $a-r,a+r$ 兩端點對級數的斂散性。

(2) $\sum_{n=1}^{\infty}\frac{(x+1)^n}{n!}=\sum_{n=1}^{\infty}\frac{1}{n!}(x+1)^n$，

$\lim_{n\to\infty}|\frac{c_{n+1}}{c_n}|=\lim_{n\to\infty}|\frac{\frac{1}{(n+1)!}}{\frac{1}{n!}}|=\lim_{n\to\infty}|\frac{1}{n+1}|=0$，

$L=0$，$r=\frac{1}{L}=\infty$ $\therefore$收斂半徑 $r=\infty$，收斂區間$(-\infty,\infty)$。

> 求收斂半徑 r。

(3) $\sum_{n=0}^{\infty}(n!)(2x-1)^n$ ，

求收斂半徑 r。

冪級數標準式，$\sum_{n=0}^{\infty}C_n(x-a)^n$ ，

$\sum_{n=0}^{\infty}(n!)(2x-1)^n=\sum_{n=0}^{\infty}(n!)(2^n)(x-\frac{1}{2})^n$ ，

$\lim_{n\to\infty}|\frac{c_{n+1}}{c_n}|=\lim_{n\to\infty}|\frac{(n+1)!\cdot 2^{n+1}}{n!\cdot 2^n}|=\lim_{n\to\infty}|(n+1)\cdot 2|=\lim_{n\to\infty}|2n+2|=\infty$ ，

$L=\infty$，$\therefore r=\frac{1}{L}=0$ ，收斂半徑 $r=0$，收斂區間只在 $x=\frac{1}{2}$ 收斂。

(4) $\sum_{n=1}^{\infty}\frac{1}{n^2\cdot 3^n}(x+2)^n$ ，

$\lim_{n\to\infty}|\frac{c_{n+1}}{c_n}|=\lim_{n\to\infty}|\frac{\frac{1}{(n+1)^2\cdot 3^{n+1}}}{\frac{1}{n^2\cdot 3^n}}|=\lim_{n\to\infty}|\frac{1}{(n+1)^2\cdot 3^n\cdot 3}\times\frac{n^2\cdot 3^n}{1}|$

$=\lim_{n\to\infty}|\frac{n^2}{(n+1)^2\cdot 3}|=\lim_{n\to\infty}|\frac{n^2}{3n^2+6n+3}|=\frac{1}{3}$ ，

$L=\frac{1}{3}\neq 0$ ，$r=\frac{1}{L}=3$ ，$\because a=-2$，$\therefore(a-r,a+r)=(-5,1)$，

$x=-5$，$\sum_{n=1}^{\infty}\frac{1}{n^2\cdot 3^n}(-5+2)^n=\sum_{n=1}^{\infty}\frac{1}{n^2\cdot 3^n}(-3)^n=\sum_{n=1}^{\infty}(-1)^n\frac{1}{n^2}$ （交錯級數），

$a_n=\frac{1}{n^2}$ ，$a_{n+1}=\frac{1}{(n+1)^2}$ ，$a_{n+1}<a_n$，$\lim_{n\to\infty}a_n=\lim_{n\to\infty}\frac{1}{n^2}=0$ ，$\therefore\sum_{n=1}^{\infty}(-1)^n\frac{1}{n^2}$ 收斂，

$x=1$，$\sum_{n=1}^{\infty}\frac{1}{n^2\cdot 3^n}(1+2)^n=\sum_{n=1}^{\infty}\frac{1}{n^2}$ （正項級數），

$P=2$，$\therefore\sum_{n=1}^{\infty}\frac{1}{n^2}$ 收斂，

故收斂區間[− 5, 1]，收斂半徑 $r=3$。

1. 求收斂半徑 r。
2. 決定$(a-r,a+r)$。
3. 決定 $a-r$, $a+r$ 兩端點對級數的斂散性。

(5) $\sum_{n=1}^{\infty}\frac{(2x-5)^n}{n}$，

冪級數標準式 $\sum_{b=0}^{\infty}c_n(x-a)^n$，$\sum_{n=1}^{\infty}\frac{(2x-5)^n}{n}=\sum_{n=1}^{\infty}\frac{2^n}{n}(x-\frac{5}{2})^n$，

$\lim_{n\to\infty}|\frac{c_{n+1}}{c_n}|=\lim_{n\to\infty}|\frac{\frac{2^{n+1}}{n+1}}{\frac{2^n}{n}}|=\lim_{n\to\infty}|\frac{2^n\cdot 2}{n+1}\times\frac{n}{2^n}|=\lim_{n\to\infty}|\frac{2n}{n+1}|=2$，

$L=2$，$r=\frac{1}{L}=\frac{1}{2}$，$\because a=\frac{5}{2}$，

$\therefore(a-r,\ a+r)=(\frac{5}{2}-\frac{1}{2},\ \frac{5}{2}+\frac{1}{2})=(2,\ 3)$，

$x=2$，$\sum_{n=1}^{\infty}\frac{2^n}{n}(2-\frac{5}{2})^n=\sum_{n=1}^{\infty}\frac{2^n}{n}(\frac{-1}{2})^n$

$=\sum_{n=1}^{\infty}(-1)^n\frac{2^n\cdot(\frac{1}{2})^n}{n}$

$=\sum_{n=1}^{\infty}(-1)^n\frac{1}{n}$ 交錯級數，

1. 收斂半徑 r。
2. 決定$(a-r, a+r)$。
3. 決定 $a-r, a+r$ 兩端點對級數的斂散性。

$a=\frac{1}{n}$，$a_{n+1}=\frac{1}{n+1}$，$a_{n+1}<a_n$，$\lim_{n\to\infty}\frac{1}{n}=0$，$\therefore\sum_{n=1}^{\infty}(-1)^n\frac{1}{n}$ 收斂，

$x=3$，$\sum_{n=1}^{\infty}\frac{2^n}{n}(3-\frac{5}{2})^n=\sum_{n=1}^{\infty}\cdot\frac{2^n\cdot(\frac{1}{2})^n}{n}=\sum_{n=1}^{\infty}\frac{1^n}{n}$ 正項級數，

$P=1$，$\therefore\sum_{n=1}^{\infty}\frac{1}{n}$ 爲發散，$\therefore$收斂區間$[2, 3)$，收斂半徑 $r=\frac{1}{2}$。

(6) $\sum_{n=1}^{\infty}\frac{1}{3^n}(x-2)^n$，

$\lim_{n\to\infty}|\frac{c_{n+1}}{c_n}|=\lim_{n\to\infty}|\frac{\frac{1}{3^{n+1}}}{\frac{1}{3^n}}|=\lim_{n\to\infty}|\frac{1}{3^n\cdot 3}\times\frac{3^n}{1}|=\frac{1}{3}$，

$L=\frac{1}{3}$，$r=\frac{1}{L}=3$，$a=2$，

$(a-r, a+r)=(2-3, 2+3)=(-1, 5)$，

$x=-1$，$\sum_{n=1}^{\infty}\frac{1}{3^n}(-1-2)^n=\sum_{n=1}^{\infty}(-1)^n\frac{3^n}{3^n}=\sum_{n=1}^{\infty}(-1)^n$，振盪，發散，

1. 決定收斂半徑 r。
2. 決定$(a-r, a+r)$。
3. 決定 $a-r, a+r$ 兩端點對級數的斂散性。

$x=5$，$\sum_{n=1}^{\infty}\frac{1}{3^n}(5-2)^n=\sum_{n=1}^{\infty}\frac{3^n}{3^n}=\sum_{n=1}^{\infty}1=1$ 收斂，

收斂半徑$(-1, 5]$，收斂半徑 $r=3$。

(7) $\sum_{n=0}^{\infty}\frac{1}{(n+1)(2^n)}x^n$，

1. 求收斂半徑 r。
2. 決定$(a-r, a+r)$。
3. 決定 $a-r, a+r$ 兩端點對級數的斂散性。

$$\lim_{n\to\infty}\left|\frac{c_{n+1}}{c_n}\right|=\lim_{n\to\infty}\left|\frac{1}{(n+2)\cdot 2^n\cdot 2}\times\frac{(n+1)\cdot 2^n}{1}\right|$$

$$=\lim_{n\to\infty}\left|\frac{n+1}{(n+2)\cdot 2}\right|$$

$$=\lim_{n\to\infty}\left|\frac{n+1}{2n+4}\right|=\frac{1}{2}，$$

$L=\frac{1}{2}$，$r=\frac{1}{L}=2$，$a=0$，$(a-r, a+r)=(-2, 2)$，

$$x=-2，\sum_{n=0}^{\infty}\frac{1}{(n+1)2^n}(-2)^n=\sum_{n=1}^{\infty}\frac{1}{n\cdot 2^{n-1}}(-2)^{n-1}=\sum_{n=1}^{\infty}(-1)^{n-1}\frac{2^{n-1}}{(n)\cdot(2^{n-1})}$$

$$=\sum_{n=1}^{\infty}(-1)^{n-1}\frac{1}{n}\text{ 交錯級數，}$$

$a_n=\frac{1}{n}$，$a_{n+1}=\frac{1}{n+1}$，$a_{n+1}<a_n$，$\lim_{n\to\infty}a_n=\lim_{n\to\infty}\frac{1}{n}=0$，

$\therefore\sum_{n=0}^{\infty}\frac{1}{(n+1)2^n}(-2)^n$ 收斂，

$x=2$，$\sum_{n=0}^{\infty}\frac{1}{(n+1)2^n}(2)^n=\sum_{n=1}^{\infty}\frac{1}{n\cdot 2^{n-1}}(2)^{n-1}=\sum_{n=1}^{\infty}\frac{1}{n}$（正項級數），

$P=1$，$\therefore\sum_{n=0}^{\infty}\frac{1}{(n+1)2^n}(2)^n$ 發散，

故收斂區間$[-2, 2)$，收斂半徑 $r=2$。

(8) $\sum_{n=1}^{\infty} n^2 (\frac{x+1}{3})^n = \sum_{n=1}^{\infty} \frac{n^2}{3^n} (x+1)^n$，

$$\lim_{n\to\infty} \left|\frac{c_{n+1}}{c_n}\right| = \lim_{n\to\infty} \left|\frac{(n+1)^2}{3^{n+1}} \times \frac{3^n}{n^2}\right| = \lim_{n\to\infty} \left|\frac{(n+1)^2}{3n^2}\right|$$

$$= \lim_{n\to\infty} \left|\frac{n^2+2n+1}{3n^2}\right|$$

$$= \lim_{n\to\infty} \left|\frac{1+\frac{2}{n}+\frac{1}{n^2}}{3}\right| = \frac{1}{3}，$$

1. 求收斂半徑 r。
2. 決定$(a-r, a+r)$。
3. 決定 $a-r, a+r$ 兩端點對級數的斂散性。

$L=\frac{1}{3}$，$r=\frac{1}{L}=3$，$a=-1$，$(a-r, a+r)=(-1-3, -1+3)=(-4, 2)$，

$x=-4$，$\sum_{n=1}^{\infty} \frac{n^2}{3^n}(-4+1)^n = \sum_{n=1}^{\infty} (-1)^n \frac{n^2 \cdot 3^n}{3^n} = \sum_{n=1}^{\infty} (-1)^n n^2$ 交錯級數，

$a_n = n^2$，$a_{n+1} = (n+1)^2$，$a_{n+1} > a_n$ 非遞減，發散，

$x=2$，$\sum_{n=1}^{\infty} \frac{n^2}{3^n}(2+1)^3 = \sum_{n=1}^{\infty} n^2$（正項級數），發散，

$\therefore$收斂區間$(-4, 2)$，收斂半徑 $r=3$。

習題

求下列各級數的收斂區間、收斂半徑：

1. 無窮級數 $1 + 2(x-3) + 3(x-3)^2 + 4(x-3)^3 + \cdots$。

2. $1+\dfrac{x^2}{2!}+\dfrac{x^4}{4!}+\cdots+\dfrac{x^{2n}}{(2n)!}+\cdots$ 。

3. $\displaystyle\sum_{n=1}^{\infty}\frac{7^n}{n!}x^n$ 。

4. 證明 $\ln\dfrac{1+x}{1-x}=2(x+\dfrac{x^3}{3}+\dfrac{x^5}{5}+\cdots)=2\displaystyle\sum_{n=0}^{\infty}\frac{x^{(2n+1)}}{2n+1}$ ，$|x|<1$。

簡答

1. 收斂半徑 1，收斂區間(2, 4)
2. 收斂半徑∞，收斂區間∞
3. 收斂半徑∞，收斂區間∞
4. 略

偏導函數

8-1 多變數函數的極限與連續
(Limits and Continuity for Functions of Multiple Variables)

8-2 偏導函數(Partial Derivatives)

8-3 方向導數與切平面
(Directional Derivatives and Tangent Planes)

8-4 全微分與連鎖律
(Total Differentials and The Chain Rule)

8-5 極值(Extreme Values)

8-1 多變數函數的極限與連續 (Limits and Continuity for Functions of Multiple Variables)

1～6 章是微積分的範圍，講的是單變數函數，8、9 兩章是工程數學的基礎，屬於多變數函數。

單變數函數 $y = f(x)$定義在 x 軸上的子集合，$y = f(x)$的圖形是二維平面上的一曲線。

雙變數函數 $z = f(x, y)$，$(x, y) \in D$ 是三維空間的一個曲面，利用與 x 軸或 y 軸垂直的平面與曲面相交而得的交線。爲了解曲面如圖(1)，(2)，(3)。

曲面：$z = f(x, y)$。

交線(曲線)：$z = f(x, y_0) = A(x)$(x 軸方向)。

平面：與 y 軸垂直的平面 $y = y_0$ // xz 平面。

平面$y = y_0$與曲面$z = f(x, y)$的交線爲曲線，

$A(x) = z = f(x, y_0)$，如圖(1)。

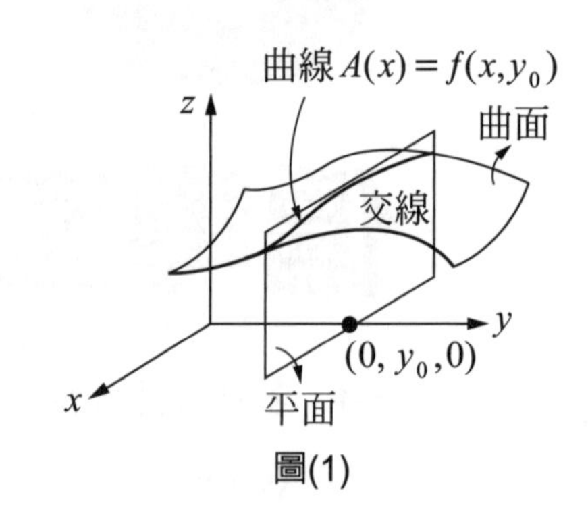

圖(1)

曲面：$z = f(x, y)$。

交線(曲線)：$z = f(x_0, y) = B(y)$(y 軸方向)。

平面：與 x 軸垂直的平面，$x = x_0$ // yz 平面。

平面$x = x_0$與曲面$z = f(x, y)$的交線爲曲線，

$B(y) = z = f(x_0, y)$，如圖(2)。

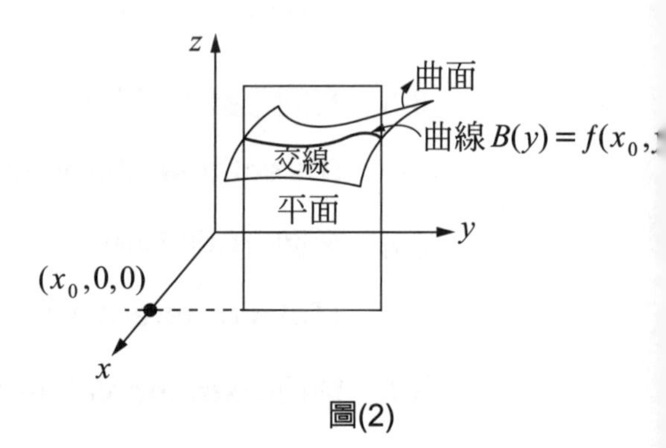

圖(2)

$A(x) = f(x, y_0)$爲平面 $y = y_0$ 與曲面 $z = f(x, y)$的交線爲曲線。

$B(y) = f(x_0, y)$爲平面 $x = x_0$ 與曲面 $z = f(x, y)$的交線爲曲線。

設 $P_0(x_0, y_0)$為 $z = f(x, y)$的定義域 D 中的一點。

則單變數函數

$A(x) = f(x, y_0)$切平面函數，x 軸方向。

$B(y) = f(x_0, y)$切平面函數，y 軸方向，如圖(3)。

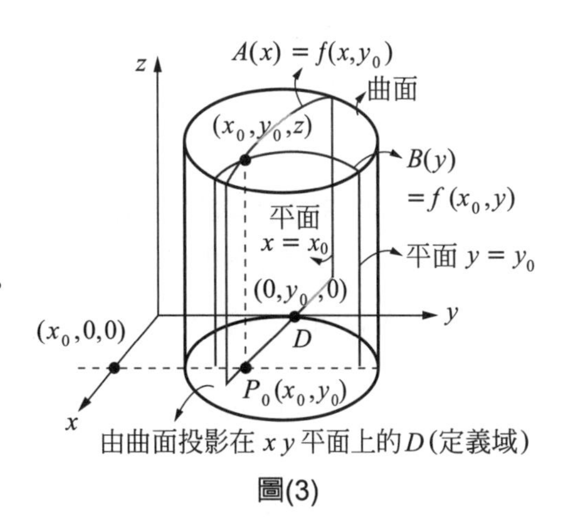

圖(3)

切平面函數：曲面 $z = f(x, y)$與平面 $x = x_0$ 及平面 $y = y_0$ 的交線，此交線所建立的平面分別稱為 x 軸，y 軸方向的切平面函數。

單變數函數的極限

$\lim\limits_{x\to a} f(x) = L$，當 $x \to a$，但 $x \neq a$，此時變數 x 在 x 軸上 a 點的左、右兩側，$f(x)$在這些點 x 的函數值 $f(x)$可任意接近一定值 L。

雙變數函數的極限

$z = f(x, y)$在其定義域 D 中的一點 $P_0(x_0, y_0)$，若極限存在，且極限值 L，即 $\lim\limits_{P\to P_0} f(P) = L \Rightarrow \lim\limits_{(x, y)\to(x_0, y_0)} f(x, y) = L$，意指當 $P \to P_0$ 的函數值 $f(P)$可任意程度接近一定值 L。

在單變函數極限有一重要性質

$\lim\limits_{x\to a} f(x) = L \Leftrightarrow \lim\limits_{x\to a^-} f(x) = L$ 及 $\lim\limits_{x\to a^+} f(x) = L$ 表 x 在 x 軸上 a 之左、右兩側靠近 a 點。在雙變數函數極限有一重要性質 $\lim\limits_{P\to P_0} f(P) = L$ 的 $P \to P_0$ 表示 P 很靠近 P_0，以 P_0 為圓心，畫極小半徑的圓，在圓內靠近 P_0（圓心）的路徑有無限多種。

$$\lim_{(x, y)\to(x_0, y_0)} f(x, y) = L \Rightarrow \lim_{\substack{y=b+m(x-a)\\ x\to a}} f(x, y) = L$$

$m \in \mathbb{R}$，$y = b + m(x - a)$為直線方程式，m 為斜率。

$$\lim_{(x,y)\to(a,b)} f(x,y)=\begin{cases}\lim\limits_{x\to a}(\lim\limits_{y\to b} f(x,y))=\lim\limits_{\substack{y=b\\x\to a}} f(x,y)\\ \lim\limits_{y\to b}(\lim\limits_{x\to a} f(x,y))=\lim\limits_{\substack{x=a\\y\to b}} f(x,y)\end{cases}。$$

註：單變數函數爲連續表示曲線沒中斷。
雙變數函數爲連續表示曲面沒破洞。

極限四則運算：若 $\lim\limits_{(x,y)\to(a,b)} f(x,y)=L$，$\lim\limits_{(x,y)\to(a,b)} g(x,y)=M$，則

(1) $\lim\limits_{(x,y)\to(a,b)}[f(x,y)\pm g(x,y)]=L\pm M$。

(2) $\lim\limits_{(x,y)\to(a,b)}[f(x,y)\times g(x,y)]=L\times M$。

(3) $\lim\limits_{(x,y)\to(a,b)}\dfrac{f(x,y)}{g(x,y)}=\dfrac{L}{M},\ M\neq 0$。

(4) $c\in\mathbb{R},\ \lim\limits_{(x,y)\to(a,b)} cf(x,y)=cL$。

(5) $\lim\limits_{(x,y)\to(a,b)}\sqrt[n]{(f(x,y))^n}=L$。

例題 1

$\lim\limits_{(x,y)\to(0,0)} f(x,y)=0,\ f(x,y)=\sqrt{x^2+y^2}$，試證明。

解 (1) $\lim\limits_{(x,y)\to(0,0)}\sqrt{x^2+y^2}=\lim\limits_{\substack{x=0\\y\to 0}}\sqrt{x^2+y^2}=\lim\limits_{y\to 0}\sqrt{y^2}=0$。

(2) $\lim\limits_{(x,y)\to(0,0)}\sqrt{x^2+y^2}=\lim\limits_{\substack{y=0\\x\to 0}}\sqrt{x^2+y^2}=\lim\limits_{x\to 0}\sqrt{x^2}=0$。

(3) $\lim\limits_{(x,y)\to(0,0)}\sqrt{x^2+y^2}=\lim\limits_{\substack{y=x\\x\to 0}}\sqrt{x^2+y^2}=\lim\limits_{x\to 0}\sqrt{2x^2}=0$。

(4) $\lim\limits_{(x,y)\to(0,0)}\sqrt{x^2+y^2}=\lim\limits_{\substack{y=2x\\x\to 0}}\sqrt{x^2+y^2}=\lim\limits_{x\to 0}\sqrt{5x^2}=0$。

雙變函數的極限，本題圓心爲(0, 0)，用極小半徑畫圓，圓內各點靠近圓心有許多路徑（限直線），本題以 $x=0$，$y=0$，$y=x$，$y=2x$ 共 4 個路徑皆爲 0，就足以說明。

故 $\lim\limits_{(x,y)\to(0,0)}\sqrt{x^2+y^2}=0$ 得證。

例題 2

$f(x, y)=\dfrac{2x-y}{x+y}$，$x+y\neq 0$，證明 $\lim\limits_{(x, y)\to(0, 0)} f(x, y)$ 不存在。

解 (1) $\lim\limits_{(x, y)\to(0, 0)}\dfrac{2x-y}{x+y}=\lim\limits_{x\to 0}(\lim\limits_{y\to 0}\dfrac{2x-y}{x+y})=\lim\limits_{x\to 0}(\dfrac{2x}{x})=2$。

(2) $\lim\limits_{(x, y)\to(0, 0)}\dfrac{2x-y}{x+y}=\lim\limits_{y\to 0}(\lim\limits_{x\to 0}\dfrac{2x-y}{x+y}=\lim\limits_{y\to 0}(\dfrac{-y}{y})=-1$，因(1)(2)值不同

$\therefore \lim\limits_{(x, y)\to(0, 0)}\dfrac{2x-y}{x+y}$ 不存在。

例題 3

求 $\lim\limits_{(x, y)\to(0, 0)}\dfrac{xy}{x^2+y^2}$。

解 $\lim\limits_{(x, y)\to(0, 0)}\dfrac{xy}{x^2+y^2}=\lim\limits_{\substack{y=0\\x\to 0}}\dfrac{xy}{x^2+y^2}=\lim\limits_{x\to 0}0=0$，

$\lim\limits_{(x, y)\to(0, 0)}\dfrac{xy}{x^2+y^2}=\lim\limits_{\substack{x=0\\y\to 0}}\dfrac{xy}{x^2+y^2}=\lim\limits_{y\to 0}0=0$，

$\lim\limits_{(x, y)\to(0, 0)}\dfrac{xy}{x^2+y^2}=\lim\limits_{\substack{y=x\\x\to 0}}\dfrac{xy}{x^2+y^2}=\lim\limits_{x\to 0}\dfrac{x^2}{2x^2}=\dfrac{1}{2}$，

$\lim\limits_{(x, y)\to(0, 0)}\dfrac{xy}{x^2+y^2}=\lim\limits_{\substack{y=2x\\x\to 0}}\dfrac{xy}{x^2+y^2}=\lim\limits_{x\to 0}\dfrac{2x^2}{5x^2}=\dfrac{2}{5}$，

以(0, 0)爲圓心，有許多路徑（限直線）趨近(0, 0)，

本題取 $y=0$，$x=0$，$y=x$，$y=2x$，

結果有不同値，故不存在。

$\therefore \lim\limits_{(x, y)\to(0, 0)}\dfrac{xy}{x^2+y^2}$ 不存在。

例題 4

求 $\lim\limits_{(x,y)\to(1,2)} \dfrac{x^2+y^2}{2xy}$。

解 先探討 $f(x,y)$在點(1, 2)是否連續，若連續，則極限存在，故可求得極限值。

令 $f(x,y)=\dfrac{x^2+y^2}{2xy}$，$f(1,2)=\dfrac{1^2+2^2}{2(1)(2)}=\dfrac{5}{4}$，

故 $f(x,y)$在點(1, 2)為連續，

亦即 $\lim\limits_{(x,y)\to(1,2)} \dfrac{x^2+y^2}{2xy}$ 存在，

故極限值 $\lim\limits_{(x,y)\to(1,2)} \dfrac{x^2+y^2}{2xy}=\dfrac{1^2+2^2}{2(1)(2)}=\dfrac{5}{4}$。

例題 5

求 $\lim\limits_{(x,y)\to(0,1)} \dfrac{\sqrt{x+y}-\sqrt{y}}{x}$。

解 $f(x,y)=\dfrac{\sqrt{x+y}-\sqrt{y}}{x}$，先有理化，

$f(x,y)=\dfrac{(x+y)-y}{x(\sqrt{x+y}+\sqrt{y})}=\dfrac{1}{\sqrt{x+y}+\sqrt{y}}$，

$f(0,1)=\dfrac{1}{1+1}=\dfrac{1}{2}$，

$\therefore f(x,y)$在點(0, 1)為連續，

亦即 $\lim\limits_{(x,y)\to(0,1)} \dfrac{\sqrt{x+y}-\sqrt{y}}{x}$ 存在，

極限值為 $\dfrac{1}{2}$。

例題 6

求 $\lim\limits_{(x,y)\to(0,0)} \dfrac{x^2+y^2}{\sqrt{x^2+y^2+1}-1}$。

解 令 $f(x,y)=\dfrac{x^2+y^2}{\sqrt{x^2+y^2+1}-1}$，有理化得

$$f(x,y)=\frac{(x^2+y^2)(\sqrt{x^2+y^2+1}+1)}{(x^2+y^2)}=\sqrt{x^2+y^2+1}+1\text{，}$$

$f(0,0)=\sqrt{0^2+0^2+1}+1=2$，

$\therefore f(x,y)$在點$(0,0)$連續，

亦即 $\lim\limits_{(x,y)\to(0,0)}\left(\dfrac{x^2+y^2}{\sqrt{x^2+y^2+1}-1}\right)$存在，極限值爲 2。

例題 7

討論下列雙變數函數的連續性

(1)$f(x,y)=2x+3y+1$

(2)$f(x,y)=\ln(2x+y-5)$

(3) $f(x,y)=\dfrac{x+y+3}{x^2+y^2}$

(4) $f(x,y)=\dfrac{xy}{3+x^2}$。

解 (1) $f(x,y)$爲多項式函數，$\therefore$在 R^2 連續。

(2) $2x+y-5>0$（對數性質），$\therefore 2x+y>5$，

故$f(x,y)$在$\{(x,y)\mid 2x+y>5\}$連續。

(3) $f(x,y)$爲有理函數，其定義域$\{(x,y)\mid (x,y)\neq(0,0)\}$爲連續。

(4) $f(x,y)$爲有理函數，且 $3+x^2>0$，$\forall x\in R$，

$\therefore f(x,y)$定義域$\{(x,y)\mid 3+x^2>0\}$爲連續。

習題

1～2 題的極限是否存在？若存在，求其極限。

1. $\lim\limits_{(x,y)\to(0,0)} \dfrac{\sin(x^2+y^2)}{x^2+y^2}$。

2. $\lim\limits_{(x,y)\to(0,0)} \dfrac{3xy}{x^2+y^2}$。

3. 設 $f(x,y)=\begin{cases} \dfrac{1}{x}\sin xy, & x\neq 0 \\ y & ,x=0 \end{cases}$，

   求(1) $\lim\limits_{y\to 0}\lim\limits_{x\to 0} f(x,y)$；(2) $\lim\limits_{x\to 0}\lim\limits_{y\to 0} f(x,y)$；(3) $\lim\limits_{(x,y)\to(0,0)} f(x,y)$。

4～6 討論其連續性。

4. $f(x,y)=\dfrac{xy}{\sin x+\cos y+3}$。

5. $f(x,y)=\dfrac{1}{\sqrt{x^2+y^2-1}}$。

6. $f(x,y)=\begin{cases} \dfrac{x^2y^2}{x^2+y^2}, & (x,y)\neq(0,0) \\ 0 & ,(x,y)=(0,0) \end{cases}$。

7. $f(x,y)=\begin{cases} \dfrac{y}{x}, & x\neq 0 \\ 0, & x=0 \end{cases}$，試問 $f(x,y)$在$(0,0)$處是否連續？

簡答

1. 存在，1
2. 不存在
3. (1) 0　(2) 0　(3) 0
4. 連續函數
5. 不連續
6. 連續函數
7. 不連續

8-2 偏導函數(Partial Derivatives)

我們已學過單變數函數 $f(x)$ 的導函數 $\frac{d}{dx}f(x)$，$\frac{d}{dx}f(x)$ 表函數 $f(x)$ 對 x 的導函數，雙變數函數 $f(x, y)$ 的導函數有對 x 的導函數 $f_x(x, y)$ 及對 y 的導函數 $f_y(x, y)$。

偏導函數的符號記爲

1. 對 x，$f_x(x, y)$ 及 $\frac{\partial}{\partial x}f(x, y)$。
2. 對 y，$f_y(x, y)$ 及 $\frac{\partial}{\partial y}f(x, y)$。

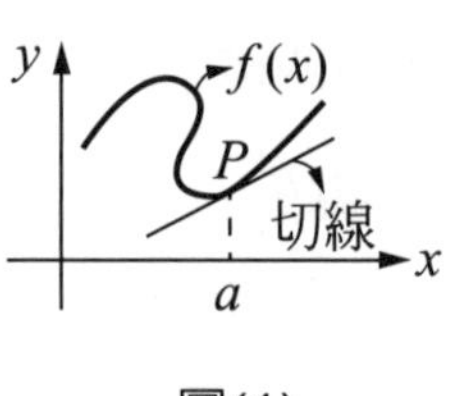

圖(1)

單變數函數 $f(x)$ 的圖形在二維平面上是一曲線，$f(x)$ 在 $x = a$ 的導數 $f'(a)$，表示圖形上在切點 $P(a, f(a))$ 的切線斜率，其方程式 $y - f(a) = f'(a)(x - a)$，如圖(1)。

雙變數函數 $f(x, y)$ 的圖形在三維空間是一曲面，此曲面與切平面 $(y = y_0, x = x_0)$ 的交線（曲線）上任一點 P（切點）$(x_0, y_0, f(x_0, y_0))$，通過 P 的切線斜率 $f_x(x_0, y_0)$ 或 $f_y(x_0, y_0)$。

圖(2)，$P(x_0, y_0, f(x_0, y_0))$（切點）。切線指通過曲線（交線）$z = A(x) = f(x, y_0)$ 上切點 P 的直線，其方向爲 x 軸斜率 $f_x(x_0, y_0)$。方程式爲

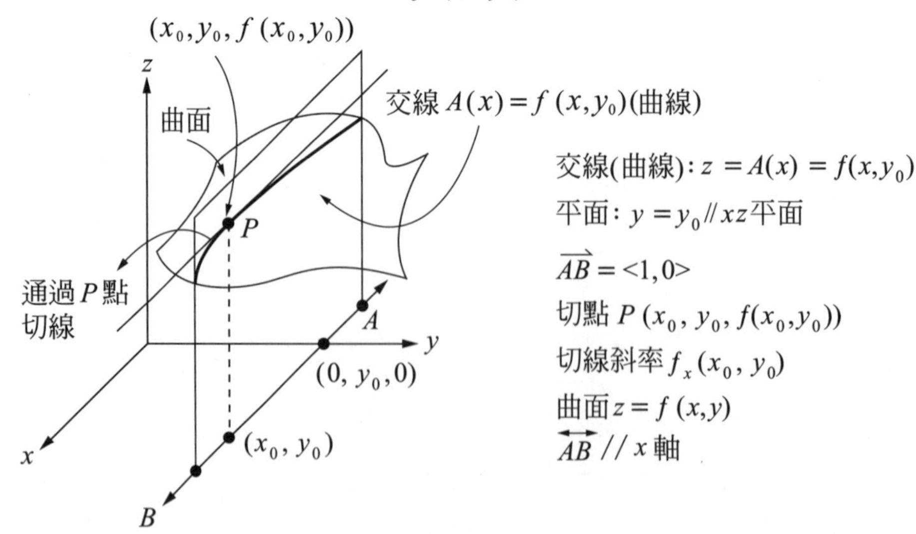

圖(2)

$z-f(x_0, y_0)=f_x(x_0, y_0)[(x-x_0), (y-y_0)]$

當 $y=y_0$，$\therefore x-x_0=\dfrac{z-f(x_0,y_0)}{f_x(x_0,y)}$。切線斜率指 $f(x, y)$ 在 (x_0, y_0) 處對 x 的偏導數，即 $f_x(x_0, y_0)$。曲線：$z=f(x, y_0)=A(x)$ 指曲面 $f(x, y)$ 與切平面 $y=y_0$ 的交線。

圖(3)，$P(x_0, y_0, f(x_0, y_0))$（切點）切線指通過曲線（交線）$z=B(y)=f(x_0, y)$ 上切點 P 的直線，其方向為 y 軸，斜率 $f_y(x_0, y_0)$，方程式，$z-f(x_0, y_0)=f_y(x_0, y_0)[(x-x_0)(y-y_0)]$。

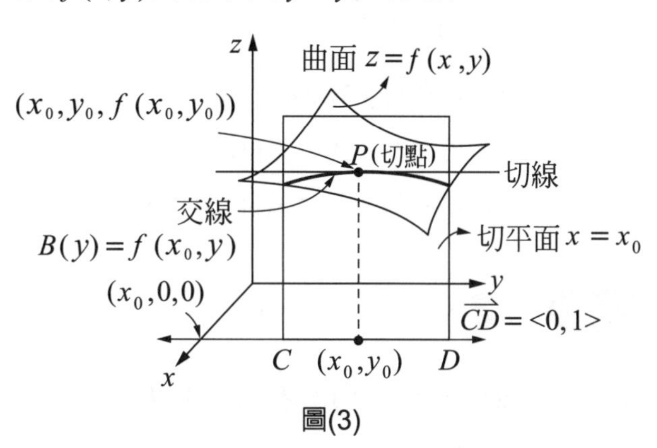

圖(3)

當 $x=x_0$，$\therefore y-y_0=\dfrac{z-f(x_0,y_0)}{f_y(x_0,y_0)}$ 切線斜率在 (x_0, y_0) 處對 y 的偏導數，即 $f_y(x_0, y_0)$。曲線：$z=B(y)=f(x_0, y)$ 指曲面 $z=f(x, y)$ 與切平面 $x=x_0$ 的交線。

註 1.：(1) $f_x(x, y)=\dfrac{\partial}{\partial x}f(x, y)$。

(2) $f(x, y)$ 對 x 偏微分時，視 y 為常數；$f(x, y)$ 對 y 偏微分時，視 x 為常數。

(3) f_x, f_y, f_{xy}, f_{yx} 均存在且連續時，則 $f_{xy}=f_{yx}$。

註 2.：(1)圖(2) $\overleftrightarrow{AB}$，曲線(交線) $A(x)=z=f(x, y_0)$。

(2)圖(3) $\overleftrightarrow{CD}$，曲線(交線) $B(y)=z=f(x_0, y)$。

單變數函數 $f(x)$ 圖形上的切點 $P(a, f(a))$，通過 P 點之切線斜率 $f'(a)$

雙變數函數 $f(x,y)$ 圖形上的切點 $P(x_0,y_0,f(x_0,y_0))$，通過 P 點之切線斜率有① $f_x(x_0,y_0)$，② $f_y(x_0,y_0)$

例題 1

若$f(x, y) = x^2 + 3xy + 2y^2$，求$f_x(1, 1)$及$f_y(1, 3)$。

解 (1) $f_x(x, y)$表對 x 偏微分，y 視爲常數。

(2) $f_y(x, y)$表對 y 偏微分，x 視爲常數。

$f_x(x, y) = 2x + 3y$，$f_x(1, 1) = 2 \times 1 + 3 \times 1 = 5$，

$f_y(x, y) = 3x + 4y$，$f_y(1, 3) = 3 \times 1 + 4 \times 3 = 15$。

例題 2

$f(x, y) = \ln(x^2 + xy + y^2)$，求$f_x(-1, 4)$及$f_y(-1, 4)$。

解

$$f_x(x, y) = \frac{2x+y}{x^2+xy+y^2}，f_x(-1, 4) = \frac{2(-1)+4}{(-1)^2+(-1)(4)+(4)^2} = \frac{2}{13}，$$

$$f_y(x, y) = \frac{x+2y}{x^2+xy+y^2}，f_y(-1, 4) = \frac{(-1)+2(4)}{(-1)^2+(-1)(4)+(4)^2} = \frac{7}{13}。$$

例題 3

$f(x, y) = e^{xy}$，求$f_x(x, y)$及$f_y(x, y)$。

解 $f_x(x, y) = e^{xy} \cdot y$，$f_y(x, y) = e^{xy} \cdot x$。

例題 4

$f(x, y) = x \cdot \ln y$，求$f_x(x, y)$，$f_y(x, y)$。

解 $f_x(x, y) = \ln y$，$f_y(x, y) = \dfrac{x}{y}$。

例題 5

$f(x, y) = \sqrt{x+2y}$，求 $f_x(x, y)$及 $f_y(x, y)$。

解 $f_x(x, y) = \dfrac{1}{2\sqrt{x+2y}}$，$f_y(x, y) = \dfrac{2}{2\sqrt{x+2y}} = \dfrac{1}{\sqrt{x+2y}}$。

例題 6

$f(x, y) = \sin(xy^2)$，求 $f_x(x, y)$及 $f_y(x, y)$。

解 $f_x(x, y) = \cos(xy^2) \cdot y^2 = y^2\cos(xy^2)$，$f_y(x, y) = \cos(xy^2) \cdot 2xy = 2xy\cos(xy^2)$。

例題 7

$f(x, y, z) = x^4 + y^3 + z^2 + 3xy^2z^3$，求 $f_x(x, y, z)$，$f_y(x, y, z)$，$f_z(x, y, z)$。

解 $f_x(x, y, z) = 4x^3 + 3y^2z^3$，（對 x 偏微分，y、z 視爲常數），

$f_y(x, y, z) = 3y^2 + 6xyz^3$，（對 y 偏微分，x、z 視爲常數），

$f_z(x, y, z) = 2z + 9xy^2z^2$，（對 z 偏微分，x、y 視爲常數）。

例題 8

$f(x, y) = xe^{xy}$，求 $f_x(x, y)$及 $f_y(x, y)$。

解 $f_x(x, y) = e^{xy} + xe^{xy} \cdot y = e^{xy} + xye^{xy}$，$f_y(x, y) = xe^{xy} \cdot x = x^2e^{xy}$。

例題 9

$f(x, y) = 5x^4 + 3x^2y^3 + 2y^5$，求 f_{xx}、f_{yy}、f_{xy}、f_{yx}。

解 1. f_{xx} 表對 x 作二階偏微分。

2. f_{yy} 表對 y 作二階偏微分。

3. f_{xy} 表先對 x，再對 y 作偏微分。

4. f_{yx} 表先對 y，再對 x 作偏微分。

5. 若 $f(x, y)$為連續，則 $f_{xy} = f_{yx}$。

$f_x(x, y) = 20x^3 + 6xy^3$，$f_{xx}(x, y) = \dfrac{\partial}{\partial x}(f_x(x, y)) = \dfrac{\partial}{\partial x}(20x^3 + 6xy^3) = 60x^2 + 6y^3$，

$f_y(x, y) = 9x^2y^2 + 10y^4$，$f_{yy}(x, y) = \dfrac{\partial}{\partial y}(f_y(x, y)) = \dfrac{\partial}{\partial y}(9x^2y^2 + 10y^4) = 18x^2y + 40y^3$，

$$f_{xy}(x, y) = \frac{\partial}{\partial y}(f_x(x, y)) = \frac{\partial}{\partial y}(20x^3 + 6xy^3) = 18xy^2，$$

$$f_{yx}(x, y) = \frac{\partial}{\partial x}(f_y(x, y)) = \frac{\partial}{\partial x}(9x^2y^2 + 10y^4) = 18xy^2。$$

例題 10

$f(x, y) = x^3e^{xy^2}$，求 f_{xx}、f_{yy}、f_{xy}、f_{yx}。

解

$$f_x(x, y) = \frac{\partial}{\partial x}(x^3e^{xy^2}) = 3x^2e^{xy^2} + x^3e^{xy^2} \cdot y^2 = 3x^2e^{xy^2} + x^3y^2e^{xy^2}，$$

$$f_{xx}(x, y) = \frac{\partial}{\partial x}(f_x(x, y) = \frac{\partial}{\partial x}(3x^2e^{xy^2} + x^3y^2e^{xy^2})$$

$$= 6xe^{xy^2} + 3x^2e^{xy^2} \cdot y^2 + 3x^2y^2e^{xy^2} + x^3y^2e^{xy^2} \cdot y^2$$

$$= 6xe^{xy^2} + 6x^2y^2e^{xy^2} + x^3y^4e^{xy^2}，$$

$$f_y(x, y) = \frac{\partial}{\partial y}(x^3e^{xy^2}) = x^3e^{xy^2} \cdot 2xy = 2x^4ye^{xy^2}，$$

$$f_{yy}(x, y) = \frac{\partial}{\partial y}(f_y(x, y)) = \frac{\partial}{\partial y}(2x^4ye^{xy^2})$$

$$= 2x^4e^{xy^2} + 2x^4ye^{xy^2} \cdot 2xy = 2x^4e^{xy^2} + 4x^5y^2e^{xy^2}，$$

$$f_{xy}(x, y) = \frac{\partial}{\partial y}(f_x(x, y)) = \frac{\partial}{\partial y}(3x^2e^{xy^2} + x^3y^2e^{xy^2})$$

$$= 3x^2e^{xy^2} \cdot 2xy + 2x^3ye^{xy^2} + x^3y^2e^{xy^2} \cdot 2xy$$

$$= 6x^3ye^{xy^2} + 2x^3ye^{xy^2} + 2x^4y^3e^{xy^2} = 8x^3ye^{xy^2} + 2x^4y^3e^{xy^2}，$$

$$f_{yx}(x, y) = \frac{\partial}{\partial x}(f_y(x, y)) = \frac{\partial}{\partial x}(2x^4ye^{xy^2})$$

$$= 8x^3ye^{xy^2} + 2x^4ye^{xy^2} \cdot y^2 = 8x^3ye^{xy^2} + 2x^4y^3e^{xy^2}。$$

例題 11

$f(x, y, z) = x^4 + y^3 + z^3 + 5xy^2z^3$，求 f_{xyyz} 及 f_{xxyz}。

解 $f_x(x, y, z) = 4x^3 + 5y^2z^3$，

$$f_{xx}(x, y, z) = \frac{\partial}{\partial x}(f_x(x, y, z)) = \frac{\partial}{\partial x}(4x^3 + 5y^2z^3) = 12x^2 ，$$

$$f_{xy}(x, y, z) = \frac{\partial}{\partial y}(f_x(x, y, z) = \frac{\partial}{\partial y}(4x^3 + 5y^2z^3) = 10yz^3 ，$$

$$f_{xyy}(x, y, z) = \frac{\partial}{\partial y}(f_{xy}(x, y, z)) = \frac{\partial}{\partial y}(10yz^3) = 10z^3 ，$$

$$f_{xyyz}(x, y, z) = \frac{\partial}{\partial z}(f_{xyy}(x, y, z)) = \frac{\partial}{\partial z}(10z^3) = 30z^2 ，$$

$$f_{xxy}(x, y, z) = \frac{\partial}{\partial y}(f_{xx}(x, y, z)) = \frac{\partial}{\partial y}(12x^2) = 0 ，$$

$$f_{xxyz}(x, y, z) = \frac{\partial}{\partial z}(f_{xxy}(x, y, z)) = \frac{\partial}{\partial x}(0) = 0 。$$

例題 12

$f(x, y) = \dfrac{xy}{\sqrt{x^2 + y^3}}$，求 $f_x(x, y)$及 $f_y(x, y)$。

解
$$f_x(x, y) = \frac{\sqrt{x^2 + y^3}(y) - (xy)\cdot\dfrac{2x}{2\sqrt{x^2 + y^3}}}{(\sqrt{x^2 + y^3})^2} = \frac{y\sqrt{x^2 + y^3} - \dfrac{x^2y}{\sqrt{x^2 + y^3}}}{x^2 + y^3}$$

$$= \frac{y(x^2 + y^3) - x^2y}{(x^2 + y^3)^{\frac{3}{2}}} = \frac{y^4}{(x^2 + y^3)^{\frac{3}{2}}} ，$$

$$f_y(x,y) = \frac{\sqrt{x^2 + y^3}(x) - (xy)\cdot\dfrac{3y^2}{2\sqrt{x^2 + y^3}}}{(\sqrt{x^2 + y^3})^2} = \frac{x\sqrt{x^2 + y^3} - \dfrac{3}{2}(xy)\cdot\dfrac{y^2}{\sqrt{x^2 + y^3}}}{x^2 + y^3}$$

$$= \frac{x(x^2 + y^3) - \dfrac{3}{2}xy^3}{(x^2 + y^3)^{3/2}} = \frac{x^3 - \dfrac{1}{2}xy^3}{(x^2 + y^3)^{3/2}} 。$$

例題 13

$f(x, y) = x^{2y} + y^x + e^{xy} + \ln(x + y^2)$，求 $f_x(x, y)$，$f_y(x, y)$。

解 $D_x x^{2y} = 2yx^{2y-1}$（x 爲變數，y 爲常數），

$D_x y^x = y^x \ln y$（x 爲變數，y 爲常數），

$D_x e^{xy} = e^{xy} \cdot y = ye^{xy}$，$D_x \ln(x+y^2) = \dfrac{1}{x+y^2}$，

$D_y x^{2y} = D_y (x^2)^y = (x^2)^y \ln x^2 = 2x^{2y} \ln x$（$x$ 爲常數，y 爲變數），

$D_y y^x = xy^{x-1}$（x 爲常數，y 爲變數），

$D_y e^{xy} = e^{xy} \cdot x = xe^{xy}$，$D_y \ln(x+y^2) = \dfrac{2y}{x+y^2}$，

$\therefore f_x(x, y) = 2yx^{2y-1} + y^x \ln y + ye^{xy} + \dfrac{1}{x+y^2}$，

$f_y(x, y) = 2x^{2y} \ln x + xy^{x-1} + xe^{xy} + \dfrac{2y}{x+y^2}$。

例題 14

$f(x, y) = x^2 \sin y + y \cos x^2$，求 $f(x, y)$的所有二階偏微分。

解 $f_x(x, y) = 2x\sin y + y(-\sin x^2) \cdot 2x = 2x\sin y - 2xy\sin x^2$，

$$f_{xx}(x, y) = \frac{\partial}{\partial x}(f_x(x, y)) = \frac{\partial}{\partial x}(2x\sin y - 2xy\sin x^2)$$

$$= 2\sin y - 2(y\sin x^2 + xy\cos x^2 \cdot 2x)$$

$$= 2\sin y - 2y\sin x^2 - 4x^2 y\cos x^2$$ 。

$f_y(x, y) = x^2\cos y + \cos x^2$。

$$f_{yy}(x, y) = \frac{\partial}{\partial y}(f_y(x, y)) = \frac{\partial}{\partial y}(x^2\cos y + \cos x^2) = -x^2 \sin y$$ 。

$$f_{xy} = \frac{\partial}{\partial y}(f_x(x, y)) = \frac{\partial}{\partial y}(2x\sin y - 2xy\sin x^2) = 2x\cos y - 2x\sin x^2$$ 。

$$f_{yx}=\frac{\partial}{\partial x}(f_y(x,y))=\frac{\partial}{\partial x}(x^2\cos y+\cos x^2)$$
$$=2x\cos y-\sin x^2\cdot 2x=2x\cos y-2x\sin x^2\text{。}$$

$\therefore f_{xy}=f_{yx}$ 表 $f(x,y)$ 連續。

例題 15

設 $xy+yz+zx=1$，求 $\frac{\partial z}{\partial x}$ 及 $\frac{\partial z}{\partial y}$ 。

解 $xy+yz+zx=1$ 爲 z 是 x,y 的隱函數，$\therefore z$ 對 x 及 y 作偏微分，

$$\frac{\partial}{\partial x}(xy+yz+zx)=\frac{\partial}{\partial x}(1)$$
$$\Rightarrow \frac{\partial}{\partial x}(xy)+\frac{\partial}{\partial x}(yz)+\frac{\partial}{\partial x}(zx)=0$$
$$\Rightarrow (\frac{\partial x}{\partial x}y+x\frac{\partial y}{\partial x})+(\frac{\partial y}{\partial x}z+y\frac{\partial z}{\partial x})+(\frac{\partial z}{\partial x}x+z\frac{\partial x}{\partial x})=0$$
$$\Rightarrow y+y\frac{\partial z}{\partial x}+x\frac{\partial z}{\partial x}+z=0$$
$$\Rightarrow (x+y)\frac{\partial z}{\partial x}=-(y+z)\Rightarrow \frac{\partial z}{\partial x}=-\frac{y+z}{x+y}\text{，}$$

$$\frac{\partial}{\partial y}(xy+yz+zx)=\frac{\partial}{\partial y}(1)$$
$$\Rightarrow \frac{\partial}{\partial y}(xy)+\frac{\partial}{\partial y}(yz)+\frac{\partial}{\partial y}(zx)=0$$
$$\Rightarrow (\frac{\partial x}{\partial y}y+x\frac{\partial y}{\partial y})+(\frac{\partial y}{\partial y}z+y\frac{\partial z}{\partial y})+(\frac{\partial z}{\partial y}x+z\frac{\partial x}{\partial y})=0$$
$$\Rightarrow x+z+y\frac{\partial z}{\partial y}+\frac{\partial z}{\partial y}x=0$$
$$\Rightarrow (x+y)\frac{\partial z}{\partial y}=-(x+z)$$
$$\Rightarrow \frac{\partial z}{\partial y}=-\frac{x+z}{x+y}\text{。}$$

習題

1～4 求 f_x, f_y（一階偏導函數）。

1. $f(x,y)=x\sqrt{x^2+2y^2}$。

2. $f(x,y)=\tan^{-1}(\frac{y}{x^2})$。

3. $f(x, y) = \exp(\ln(x^3y^2 + 2x))$。

4. $f(x, y) = \sin(\cos(x^2y))$。

5. $f(x, y, z) = x^2\ln(yz) + ze^{(2x+y)} + \cos(xyz)$，求 f_x, f_{xz}, f_{xzy}。

6. $f(x,y)=\dfrac{x-y}{x+y}$，求 $f_{xx}, f_{xy}, f_{yx}, f_{yy}$。

7. $x^2y^3z^4+xy+z+1=0$，求 $\dfrac{\partial z}{\partial x}, \dfrac{\partial z}{\partial y}$。

8. $f(x, y) = 2x^5 + 3y^3 + 5x^2 - 6y + 8$，求 $f_x(1, -1)$及 $f_y(1, -1)$。

9. $f(x,y)=\dfrac{y-1}{x+1}$，求 $f_x(x, y), f_y(x, y)$。

10. $f(x, y) = \ln(2x + 5y + 1)$，求 $f_x(x, y), f_y(x, y)$。

11. $f(x,y)=\ln\dfrac{y}{x}$，求 $f_x(x, y), f_y(x, y)$。

12. $f(x, y) = e^{(x+y)}$，求 $f_x(x, y)$，$f_y(x, y)$。

13. $f(x, y) = 2x^2y^3 + 6x^3y^2$，求 f_{xx}, f_{xy}, f_{yy}。

14. $f(x, y, z) = x^4y^5z^6$，求 f_{xxyz}, f_{xyzz}。

15. $f(x,y)=x^2e^{y^2}$，求 f_{xx}, f_{xy}, f_{yy}。

16. 求曲面 $z=\sqrt{x^2+y^2-4}$ 與平面 $x=1$（與 yz 平面平行）相交的曲線在點 $P(1, 2, 1)$ 處沿$+y$ 軸的切線方式。

17. 求球面 $x^2 + y^2 + z^2 = 14$，與平面 $y = 2$（與 xz 平面平行）相交的曲線在點 $P(1, 2, 3)$處沿$+x$ 軸的切線方程式。

簡答

1. $f_x(x, y)=\dfrac{2x^2+2y^2}{\sqrt{x^2+2y^2}}$，$f_y(x, y)=\dfrac{2xy}{\sqrt{x^2+2y^2}}$

2. $f_x(x, y)=\dfrac{-2xy}{x^4+y^2}$，$f_y(x, y)=\dfrac{x^2}{x^4+y^2}$

3. $f_x(x, y) = 3x^2y^2 + 2$，$f_y(x, y) = 2x^3y$

4. $f_x(x, y) = -2xy\cos(\cos(x^2y))(\sin(x^2y))$，$f_y(x, y) = -x^2\cos(\cos(x^2y))(\sin(x^2y))$

5. $f_x(x, y, z)=2x\ln(yz)+2ze^{(2x+y)}-yz\sin(xyz)$，

   $f_{xz}(x, y, z)=\dfrac{2x}{z}+2e^{(2x+y)}-y\sin(xyz)-xy^2z\cos(xyz)$，

   $f_{xzy}(x, y, z)=2e^{(2x+y)}-\sin(xyz)-3xyz\cos(xyz)+x^2y^2z^2\sin(xyz)$

6. $f_{xy}(x, y)=\dfrac{2(x-y)}{(x+y)^3}$，

   $f_{yx}(x, y)=\dfrac{2(x-y)}{(x+y)^3}$，

   $f_{yy}(x, y)=\dfrac{+4x}{(x+y)^3}$，

   $f_{xx}(x, y)=\dfrac{-4y}{(x+y)^3}$

7. $\dfrac{\partial z}{\partial x}=-\dfrac{2xy^3z^4+y}{4x^2y^3z^3+1}$，$\dfrac{\partial z}{\partial y}=-\dfrac{3x^2y^2z^4+x}{4x^2y^3z^3+1}$

8. $f_x(1, -1) = 20$，$f_y(1, -1) = 3$

9. $f_x(x, y)=\dfrac{1-y}{(x+1)^2}$，$f_y(x, y)=\dfrac{1}{x+1}$

10. $f_x(x, y)=\dfrac{2}{2x+5y+1}$，$f_y(x, y)=\dfrac{5}{2x+5y+1}$

11. $f_x(x, y)=-\dfrac{1}{x}$，$f_y(x, y)=\dfrac{1}{y}$

12. $f_x(x, y) = e^{x+y}$，$f_y(x, y) = e^{x+y}$

13. $f_{xx}(x, y) = 4y^3 + 36xy^2$，$f_{xy}(x, y) = 12xy^2 + 36x^2y$，$f_{yy}(x, y) = 12x^2y + 12x^3$

14. $f_{xxyz} = 360x^2y^4z^5$，$f_{xyzz} = 600x^3y^4z^4$

15. $f_{xx}(x, y) = 2e^{y^2}$，
$f_{xy}(x, y) = 4xye^{y^2}$，
$f_{yy}(x, y) = 2x^2e^{y^2} + 4x^2y^2e^{y^2}$

16. $z - 1 = 2(y - 2)$

17. $z - 1 = -\frac{1}{3}(x - 1)$

8-3 方向導數與切平面 (Directional Derivatives and Tangent Planes)

本節我們以幾何觀點來看偏導數，如圖(1)、(2)、(3)。

如圖(1)，$f_x(x_0, y_0)$為交線 $A(x) = f(x, y_0)$（曲面 $z = f(x, y)$與平面 $y = y_0$的交線）在切點 $P_0(x_0, y_0, f(x_0, y_0))$處的切線斜率。

$f_x(x_0, y_0) = f_{\overrightarrow{AB}}(x_0, y_0)$為曲面$f(x, y)$的 D 在 E 點$(x_0, y_0, 0)$處沿方向向量 $\overrightarrow{AB} = <1, 0>$的方向導數（純量）。$D$ 爲曲面 $f(x, y)$投影在 xy 平面的區域，即曲面 $f(x, y)$的定義域。

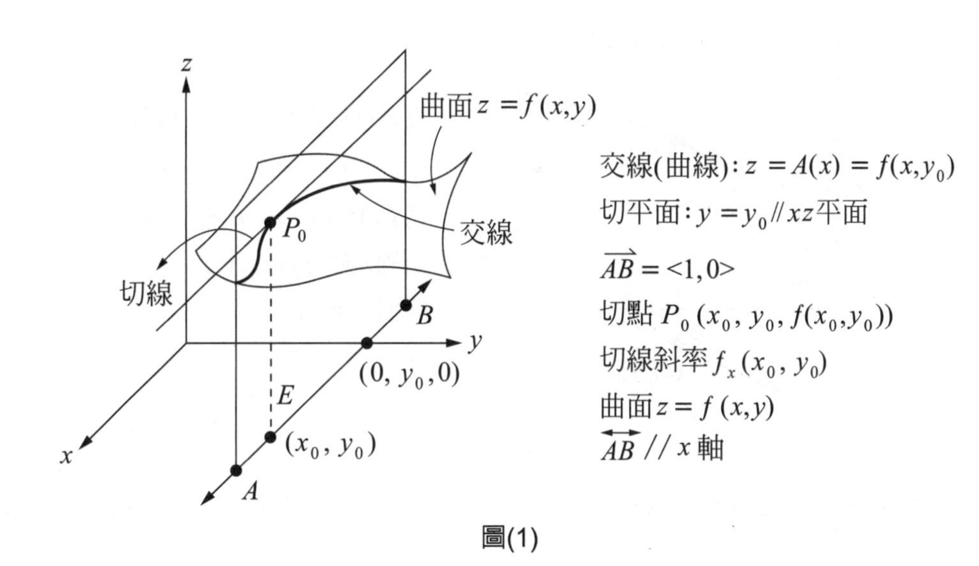

圖(1)

如圖(2)，$f_y(x_0, y_0)$爲交線 $B(y) = f(x_0, y)$（曲面 $z = f(x, y)$與平面 $x = x_0$的交線）在切點 $P_0(x_0, y_0, f(x_0, y_0))$處的切線斜率。

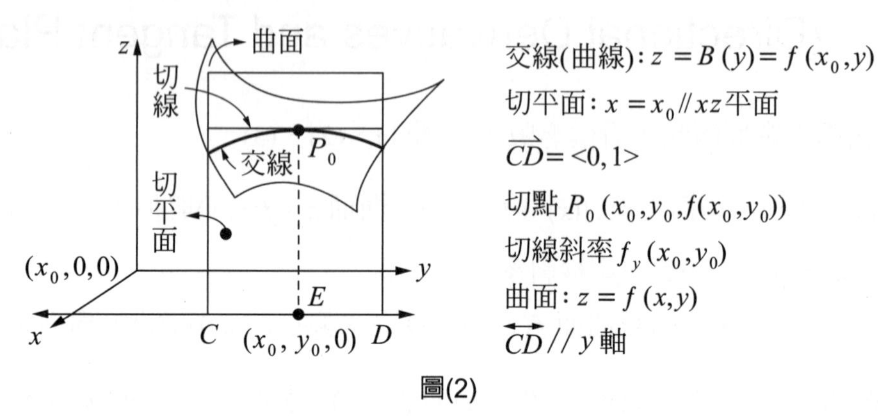

圖(2)

$f_y(x_0, y_0) = f_{\overrightarrow{CD}}(x_0, y_0)$爲曲面 $z = f(x, y)$的 D 在 E 點$(x_0, y_0, 0)$處沿方向向量 $\overrightarrow{CD} = <0, 1>$的方向導數（純量）。

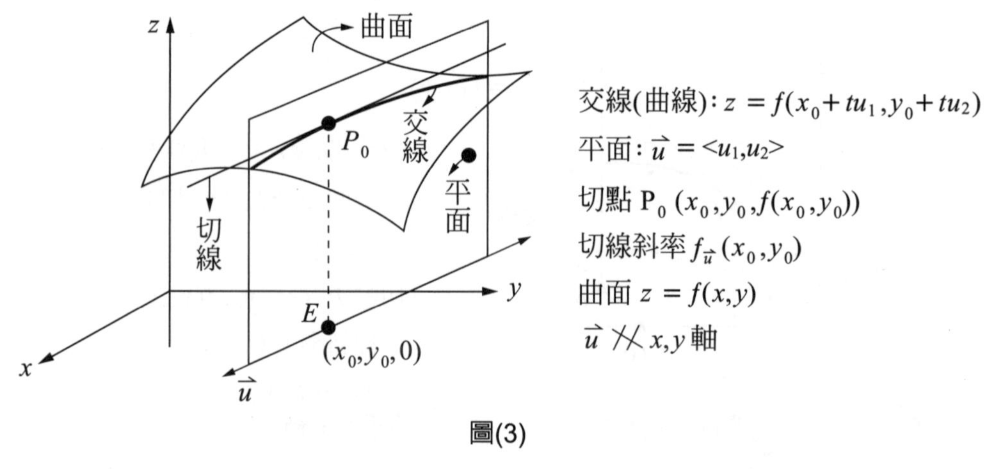

圖(3)

如圖(3)，$f_{\vec{u}}(x_0, y_0)$爲交線 $z = f(x_0 + tu_1, y_0 + tu_2)$（曲面 $z = f(x, y)$與平面 u 的交線）在切點 $P_0(x_0, y_0, f(x_0, y_0))$處的切線斜率。

$f_{\vec{u}}(x_0, y_0)$爲曲面 $z = f(x, y)$的 D 在 E 點(x_0, y_0)處沿方向向量 $\vec{u} = <u_1, u_2>$的方向導數（純量）。

定義：對任意向量 $\overrightarrow{u}=<u_1,u_2>\neq 0$ 的極限 $\lim\limits_{t\to 0}\dfrac{f(x_0+tu_1,y_0+tu_2)-f(x_0,y_0)}{|t\overrightarrow{u}|}$ 存在，

則其極限值稱爲 $f(x,\ y)$ 在 $(x_0,\ y_0)$ 處沿方向向量 $\overrightarrow{u}$ 的方向導數，記爲 $f_{\overrightarrow{u}}(x_0,y_0)$（純量）。

$f_{\overrightarrow{u}}(x_0,y_0)$（方向導數）的性質：

設 $f(x,y)$ 的一階偏導函數 $f_x(x,y)$ 及 $f_y(x,y)$ 在點 (x_0,y_0) 處均連續則 $f(x,y)$ 在點 (x_0,y_0) 沿任意方向向量 $\overrightarrow{u}=<u_1,u_2>\neq 0$ 的方向導數。

$f_{\overrightarrow{u}}(x_0,y_0)$（純量）$=[f_x(x_0,y_0)][\dfrac{u_1}{|\overrightarrow{u}|}]+[f_y(x_0,y_0)][\dfrac{u_2}{|\overrightarrow{u}|}]$

$=<f_x(x_0,y_0),\ f_y(x_0,y_0)>\bullet<\dfrac{u_1}{|\overrightarrow{u}|},\ \dfrac{u_2}{|\overrightarrow{u}|}>$（兩向量的點積）。

$\dfrac{u_1}{|\overrightarrow{u}|}$：沿 x 軸的單位分量；$\dfrac{u_2}{|\overrightarrow{u}|}$：沿 y 軸的單位分量。

$\overrightarrow{u}$ 的單位向量 $=\dfrac{\overrightarrow{u}}{|\overrightarrow{u}|}=<\dfrac{u_1}{|\overrightarrow{u}|},\ \dfrac{u_2}{|\overrightarrow{u}|}>$。

$f_{\overrightarrow{u}}(x_0,y_0)$（方向導數）$=<f_x(x_0,\ y_0),\ f_y(x_0,\ y_0)>\bullet\dfrac{\overrightarrow{u}}{|\overrightarrow{u}|}$。

$<f_x(x_0,y_0),f_y(x_0,y_0)>$ 稱爲 $f(x,y)$ 在 (x_0,y_0) 處的梯度，以 $grad\,f(x_0,y_0)$ 或 $\nabla f(x_0,y_0)$ 表示，即 $<f_x(x_0,y_0),f_y(x_0,y_0)>=grad\,f(x_0,y_0)=\nabla f(x_0,y_0)$。

$<f_x(x_0,y_0),f_y(x_0,y_0)>=gradf(x_0,y_0)=\nabla f(x_0,y_0)$ 的性質：

設 $f(x,y)$ 的一階偏導函數 $f_x(x,y)$ 及 $f_y(x,y)$ 在點 (x_0,y_0) 均連續

(1) $f_{\overrightarrow{u}}(x_0,y_0)$（方向導數）$=|\nabla f(x_0,y_0)|\cos\theta$，$\theta$ 爲 $\nabla f(x_0,y_0)$ 與 $\overrightarrow{u}$ 的夾角。

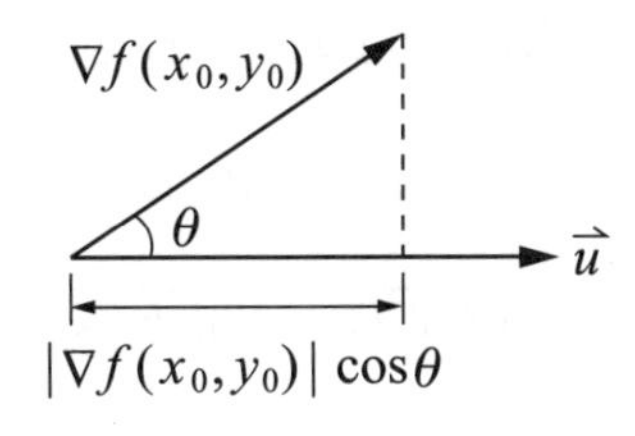

(2) $\overrightarrow{u}\neq 0$，有$-|\nabla f(x_0,y_0)|\leq f_{\overrightarrow{u}}(x_0,y_0)\leq|\nabla f(x_0,y_0)|$。

(3) 若$\overrightarrow{u}$與$\nabla f(x_0,y_0)$的方向相同，則$f_{\overrightarrow{u}}(x_0,y_0)=|\nabla f(x_0,y_0)|$。

(4) 若$\overrightarrow{u}$與$\nabla f(x_0,y_0)$的方向相反，則$f_{\overrightarrow{u}}(x_0,y_0)=-|\nabla f(x_0,y_0)|$。

例題 1

$z=f(x,y)=x^2+2y^2$，求$f(x,y)$在$(1,2)$處沿方向向量$\overrightarrow{u}=<1,\ 1>$的方向導數。

解 $z=f(x,y)$在(x_0,y_0)處的梯度，$\nabla f(x_0,y_0)=<f_x(x_0,y_0),f_y(x_0,y_0)>$。

$f_x=2x, f_y=4y$，$\therefore f_x(1,2)=2\times 1=2$，

$f_y(1,2)=4\times 2=8$，$\therefore \nabla f(1,2)=<2,8>$，

$$f_{\overrightarrow{u}}(1,2)=\nabla f(1,2)\cdot\frac{\overrightarrow{u}}{|\overrightarrow{u}|}=<2,8>\cdot\frac{<1,1>}{\sqrt{1^2+1^2}}=<2,8>\cdot<\frac{1}{\sqrt{2}},\frac{1}{\sqrt{2}}>$$

$$=2\times\frac{1}{\sqrt{2}}+8\times\frac{1}{\sqrt{2}}=\frac{2}{\sqrt{2}}+\frac{8}{\sqrt{2}}=\frac{10}{\sqrt{2}}=5\sqrt{2}\text{。}$$

若$f_x(x,y), f_y(x,y)$在點(x_0,y_0)處均連續，則曲面$z=f(x,y)$在過點(x_0,y_0)的任一方向向量$\overrightarrow{u}=<u_1,u_2>\neq 0$的交線$z=f(x_0+tu_1,\ y_0+tu_2)$（曲面$z=f(x,\ y)$與切平面$\overrightarrow{u}=<u_1,u_2>$的交線）。

$f(x_0+tu_1,y_0+tu_2)$在點$(x_0,y_0,f(x_0,y_0))$處的切線存在，且共面，設此面為E，則平面E稱為曲面$z=f(x,y)$在點$P_0(x_0,y_0,f(x_0,y_0))$處的**切平面**。

E為曲面$z=f(x,y)$在切點$P_0(x_0,y_0,f(x_0,y_0))$的切平面（含切線$\overrightarrow{a}$與$\overrightarrow{b}$），即$\overrightarrow{a}$與$\overrightarrow{b}$的共面。

$\overrightarrow{n}$（法向量）為切平面E的指向，即$\overrightarrow{n}=\overrightarrow{a}\times\overrightarrow{b}$。

$\overrightarrow{a}$（切線）為平面$y=y_0$的向量$(\overrightarrow{AB})$，即$\overrightarrow{a}=<1,0,f_x(x_0,y_0)>$亦即$\overrightarrow{a}\,//\,\overrightarrow{AB}$。

$\overrightarrow{b}$（切線）為平面$x=x_0$的向量$(\overrightarrow{CD})$，即$\overrightarrow{b}=<0,1,\ f_y(x_0,y_0)>$亦即$\overrightarrow{b}\,//\,\overrightarrow{CD}$。

曲面 $z=f(x,y)$，曲線 1：$z=A(x)=f(x,y_0)=u_1$；曲線 2：$z=B(y)=f(x_0,y)=u_2$
切平面 E：以 $\overrightarrow{a}, \overrightarrow{b}$（兩切線）爲邊的平行四邊形，其方向 $\overrightarrow{n}$，D': 曲面的投影面，
$\overrightarrow{AB}=<1,0>,\ \overrightarrow{CD}=<0,1>,\ \overrightarrow{a}=<1,0,f_x(x_0,y_0)>,\ \overrightarrow{b}=<0,1,f_y(x_0,y_0)>$。

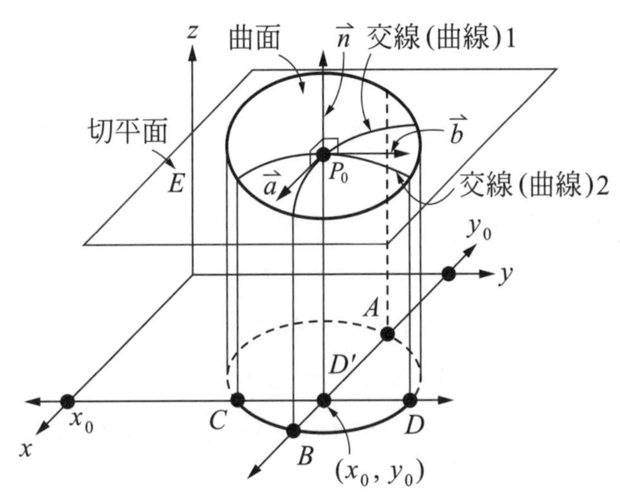

$$\overrightarrow{n}=\overrightarrow{a}\times\overrightarrow{b}=\begin{vmatrix}\hat{i} & \hat{j} & \hat{k}\\ 1 & 0 & f_x(x_0,y_0)\\ 0 & 1 & f_y(x_0,y_0)\end{vmatrix}=-f_x(x_0,y_0)\hat{i}-f_y(x_0,y_0)\hat{j}+\hat{k}$$

$=<-f_x(x_0,y_0),\ -f_y(x_0,y_0),\ 1>$。

E（切平面）方程式：$a(x-x_0)+b(y-y_0)+c(z-z_0)=0$。

$a=-f_x(x_0,y_0)$，$b=-f_y(x_0,y_0)$，$c=1$。

$\therefore -f_x(x_0,y_0)(x-x_0)-f_y(x_0,y_0)(y-y_0)+(z-z_0)=0$。

$\Rightarrow f_x(x_0,y_0)(x-x_0)+f_y(x_0,y_0)(y-y_0)-(z-f(x_0,y_0))=0$（**$E$ 的方程式**）。

E（切平面）成立的條件：

設 $f(x,y)$的一階偏導函數 $f_x(x,y)$與 $f_y(x,y)$在點(x_0,y_0)處均連續，則在曲面 $z=f(x,y)$上的一點 $P_0(x_0,y_0,f(x_0,y_0))$處有切平面 E，且 E 的方程式爲
$f_x(x_0,y_0)(x-x_0)+f_y(x_0,y_0)(y-y_0)-(z-f(x_0,y_0))=0$（顯函數）。

$f_x(x_0,y_0)$：平行 x 軸的切線斜率。

$f_y(x_0, y_0)$：平行 y 軸的切線斜率。

$f(x_0, y_0)$：表示 z_0。

例題 2

求曲面 $z = f(x, y) = x^2y^3$ 在點(1, 2, 8)處的切平面方程式（顯函數）。

解 切平面 E 方程式：$f_x(x_0, y_0)(x - x_0) + f_y(x_0, y_0)(y - y_0) - (z - f(x_0, y_0)) = 0$，

切點 $P_0(x_0, y_0, z_0)$：$x_0 = 1, y_0 = 2, z_0 = 8 = f(x_0, y_0)$，

$f_x(x, y) = 2xy^3 \Rightarrow f_x(1, 2) = 2 \times 1 \times 2^3 = 16$，

$f_y(x, y) = 3x^2y^2 \Rightarrow f_y(1, 2) = 3 \times 1 \times 2^2 = 12$，

∴切平面方程式：$(16)(x - 1) + (12)(y - 2) - (z - 8) = 0 \Rightarrow 16x + 12y - z = 32$。

若曲面 $z = f(x, y)$以隱函數 $F(x, y, z) = c$，c 爲常數。

則切平面方程式：

$F_x(x_0, y_0, z_0)(x - x_0) + F_y(x_0, y_0, z_0)(y - y_0) + F_z(x_0, y_0, z_0)(z - z_0) = 0$。

例題 3

求曲面 $xy + yz + zx = 11$ 在點(1, 2, 3)處的切平面方程式（隱函數）。

解 $F(x, y, z) = xy + yz + zx - 11 = 0$，

切平面 E 的方程式：

$F_x(x_0, y_0, z_0)((x - x_0) + F_y(x_0, y_0, z_0)(y - y_0) + F_z(x_0, y_0, z_0)(z - z_0) = 0$，

切點 $P_0(x_0, y_0, z_0)$：$x_0 = 1, y_0 = 2, z_0 = 3$，

$F_x(x, y, z) = y + z \Rightarrow F_x(1, 2, 3) = 2 + 3 = 5$，

$F_y(x, y, z) = x + z \Rightarrow F_y(1, 2, 3) = 1 + 3 = 4$，

$F_z(x, y, z) = y + x \Rightarrow F_z(1, 2, 3) = 2 + 1 = 3$，

∴切平面方程式 $5(x - 1) + 4(y - 2) + 3(z - 3) = 0 \Rightarrow 5x + 4y + 3z = 22$。

習題

1. 曲面 S：$z = f(x, y) = x^2 + y^2 + 10$：
   (1)於曲面 S 上在點(1, 2, 15)處，求上升最快方向及其斜率。
   (2)於曲面 S 上在點(1, 2, 15)處，求下降最快方向及其斜率。

2. 曲面 S：$z = f(x, y) = x^2 + y^2$，平面 E_1：$x = 1$；平面 E_2：$y = 2$，點 $P(1, 2, 5)$若 L_1 爲曲面 S 與平面 E_1 的交線在 P 點處的切線，
   L_2 爲曲面 S 與平面 E_2 的交線在 P 點處的切線，
   請寫出各與 L_1 及 L_2 平行的方向向量。

3～5 題，求函數 $f(x, y)$在點 P 沿著 $\vec{u}$ 的方向導數。

3. $f(x, y) = xy + y^3$，$P(2, -1)$，$\vec{u} = <1, -1>$。

4. $f(x, y) = \sqrt{xy}$，$P(1, 4)$，$\vec{u} = <-1, 2>$。

5. $f(x, y) = x\tan^{-1}y$，$P(2, \sqrt{3})$，$\vec{u} = <-3, 4>$。

6. 有一金屬板放置在 xy 平面上，金屬板在點(x, y)的溫度 $T(x, y) = 50 - x^2 - 2y^2$
   求(1)板面在點 $A(\frac{5}{2}, 3)$ 沿哪一方向，溫度上升最快？
   (2)在點 A 平行於 y 軸的正向的溫度變化率，
   (3)在點 A 沿著與 $\nabla T(\frac{5}{2}, 3)$ 夾 $\frac{\pi}{6}$ 的方向的溫度變化率。

7～9 題求曲面在點(a, b, c)處的切平面方程式。

7. $x^2 + y^2 + z^2 = 9$，$(a, b, c) = (1, -2, 2)$（顯函數）。

8. $z = \sin x + \sin(x + y)$，$(a, b, c) = (0, 0, 0)$（顯函數）。

9. $xyz + 2xy^2 + y^2z = 14$，$(a, b, c) = (3, 1, 2)$（隱函數）。

簡答

1. (1) $2\sqrt{5}$ (2) $-2\sqrt{5}$
2. $<0, 1, 4>$爲平行 L_1 的方向向量，$<1, 0, 2>$爲平行 L_2 的方向向量
3. $-3\sqrt{2}$
4. $\dfrac{-\sqrt{5}}{10}$
5. $\dfrac{8-\pi}{5}$
6. (1) $<-5, -12>$ (2) -12 (3) $\dfrac{13\sqrt{3}}{2}$
7. $x-2y+2z=9$
8. $2x+y+z=0$
9. $2x+11y+2z=21$

8-4 全微分與連鎖律 (Total Differentials and The Chain Rule)

在單變數函數有學習到全微分與連鎖律，在多變數函數亦有此類。

在單變數

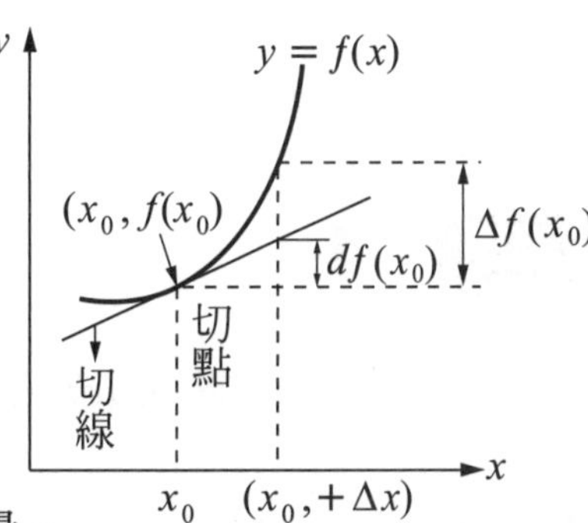

曲線 $f(x)$在 x_0 的增量$\Delta f(x_0) = f(x_0 + \Delta x) - f(x_0)$，$\Delta f(x_0)$表曲線 $y = f(x)$在 x_0 改變到 $x_0 + \Delta x$ 時的高度變化量。

曲線 $f(x)$在 x_0 的微分 $df(x_0) = f'(x_0)\Delta x$。

$df(x_0)$表切線 L 在 x_0 改變到 $x_0 + \Delta x$ 時的高度變化量。

$\Delta x \to 0, \Delta f(x_0) \doteqdot df(x_0) \Rightarrow f(x_0 + \Delta x) - f(x_0) = f'(x_0)\Delta x$。

在雙變數

曲面 $z = f(x, y)$在(x_0, y_0)之改變量 $\Delta z = \Delta f(x_0, y_0；\Delta x, \Delta y)$爲 $\Delta x, \Delta y$ 的全增量，$\Delta z = \Delta f(x_0, y_0；\Delta x, \Delta y) = f(x_0 + \Delta x, y_0 + \Delta y) - f(x_0, y_0)$。

故全增量 $\Delta f(x_0, y_0) = \Delta f(x_0, y_0；\Delta x, \Delta y)$表曲面 $z = f(x, y)$，由(x_0, y_0)到$(x_0 + \Delta x, y_0 + \Delta y)$時的高度變化量，即 $\Delta z = \Delta f(x_0, y_0) = f(x_0 + \Delta x, y_0 + \Delta y) - f(x_0, y_0)$。

曲面 $f(x, y)$在(x_0, y_0)的改變量 $dz = df(x_0, y_0)$爲 $\Delta x, \Delta y$ 的全微分。

$dz = df(x_0, y_0) = f_x(x_0, y_0)\Delta x + f_y(x_0, y_0)\Delta y$。$\Delta x = x - x_0, \Delta y = y - y_0$。

$dz = df(x_0, y_0) = f_x(x_0, y_0)(x - x_0) + f_y(x_0, y_0)(y - y_0)\cdots\cdots(A)$。

曲面 $z = f(x, y)$在點$(x_0, y_0, f(x_0, y_0))$處的切平面方程式。

$f_x(x_0, y_0)(x - x_0) + f_y(x_0, y_0)(y - y_0) - (z - f(x_0, y_0)) = 0$。(§8-3 介紹過)

$\Rightarrow z - f(x_0, y_0) = f_x(x_0, y_0)(x - x_0) + f_y(x_0, y_0)(y - y_0)\cdots\cdots(B)$。

由(A)，(B)兩式得 $df(x_0, y_0) = z - f(x_0, y_0)$，$z$ 表切平面在$(x, y) = (x_0 + \Delta x, y + \Delta y_0)$處的高度，故 $\Delta z = \Delta f(x_0, y_0)$表切平面，由$(x_0, y_0)$到$(x_0 + \Delta x, y_0 + \Delta y)$時的高度變化量。當$(\Delta x, \Delta y) \to (0, 0)$時 $\Delta f(x_0, y_0)$(全增量) $= df(x_0, y_0)$(全微分)。

$\Rightarrow f(x_0 + \Delta x, y_0 + \Delta y) - f(x_0, y_0) = f_x(x_0, y_0)(x - x_0) + f_y(x_0, y_0)(y - y_0)$。

$\Delta f(x_0, y_0) = df(x_0, y_0)$改為 $\Delta f(x, y) = df(x, y)$。

故 $f(x + \Delta x, y + \Delta y) - f(x, y) = f_x(x, y)dx + f_y(x, y)dy$。

例題 1

$f(x, y) = x^3 + y^2$。求 dz $(df(x, y))$

解 $dz = f_x(x, y)dx + f_y(x, y)dy$，
$f_x(x, y) = 3x^2, f_y(x, y) = 2y$，
$\therefore dz = 3x^2dx + 2ydy$。

例題 2

$f(x, y) = x^3 + xy - y^2$ (1)求 dz (2)若 x 由 2 變到 2.05，且 y 由 3 變到 2.96，計算 Δz 與 dz 的值。

解 (1) $dz = f_x(x, y)dx + f_y(x, y)dy, f_x(x, y) = 3x^2 + y$，
$f_y(x, y) = x - 2y$，$\therefore dz = (3x^2 + y)dx + (x - 2y)dy$。

(2) 取 $x_0 = 2, y_0 = 3, dx = \Delta x = 2.05 - 2 = 0.05$，
$dy = \Delta y = 2.96 - 3 = -0.04$，
$\Delta z = \Delta f(x_0, y_0) = f(x_0 + \Delta x, y_0 + \Delta y) - f(x_0, y_0)$
$= f(2 + 0.05, 3 + (-0.04)) - f(2, 3) = f(2.05, 2.96) - f(2, 3)$
$= [(2.05)^3 + (2.05)(2.96) - (2.96)^2] - [2^3 + (2)(3) - 3^2] = 0.92153$。
$dz = f_x(x_0, y_0)dx + f_y(x_0, y_0)dy = f_x(2, 3)(0.05) + f_y(2, 3)(-0.04)$
$= (3(2)^2 + 3)(0.05) + (2 - 2 \times 3)(-0.04) = 0.91$。

例題 3

求 $\sqrt{5(2.03)^2+(3.94)^2}$ 的近似值。

解 設 $f(x,y)=\sqrt{5x^2+y^2}$，

$$f_x(x,y)=\frac{10x}{2\sqrt{5x^2+y^2}}=\frac{5x}{\sqrt{5x^2+y^2}}，f_y(x,y)=\frac{2y}{2\sqrt{5x^2+y^2}}=\frac{y}{\sqrt{5x^2+y^2}}，$$

取 $(x_0,y_0)=(2,4)$，則 $\Delta x=0.03,\ \Delta y=-0.06$，

$$\Delta f(x_0,y_0)\doteq df(x_0,y_0)$$

$$\Rightarrow f(x_0+\Delta x,y_0+\Delta y)-f(x_0,y_0)=f_x(x_0,y_0)\Delta x+f_y(x_0,y_0)\Delta y$$

$$\Rightarrow f(x_0+\Delta x,y_0+\Delta y)=f(x_0,y_0)+f_x(x_0,y_0)\Delta x+f_y(x_0,y_0)\Delta y$$

$$\Rightarrow f(2.03,3.94)=f(2,4)+f_x(2,4)(0.03)+f_y(2,4)(-0.06)，$$

$$f(x_0,y_0)=f(2,4)=\sqrt{5\times2^2+4^2}=6，$$

$$f_x(x_0,y_0)=f_x(2,4)=\frac{5x}{\sqrt{5x^2+y^2}}=\frac{5\times2}{\sqrt{5\times2^2+4^2}}=\frac{5}{3}，$$

$$f_y(x_0,y_0)=f_y(2,4)=\frac{y}{\sqrt{5x^2+y^2}}=\frac{4}{\sqrt{5\times2^2+4^2}}=\frac{2}{3}，$$

故 $\sqrt{5(2.03)^2+(3.94)^2}=6+\frac{5}{3}(0.03)+\frac{2}{3}(-0.06)=6.01$。

在單變數函數

利用連鎖律求合成函數的導函數，

$$\frac{d}{dx}f(g(x))=\left(\frac{df(g(x))}{dg(x)}\right)\times\left(\frac{dg(x)}{dx}\right)=f'(g(x))\cdot g'(x)。$$

在多變數函數

利用連鎖律求合成函數的導函數

設函數 $f(x,y)$ 中，$x=x(r,s)$，$y=y(r,s)$，且 f_x，f_y 及 $x(r,s), y(r,s)$ 兩者的一階偏導函數都連續，則 $\frac{\partial f}{\partial r}=\frac{\partial f}{\partial x}\times\frac{\partial x}{\partial r}+\frac{\partial f}{\partial y}\times\frac{\partial y}{\partial r}$；$\frac{\partial f}{\partial s}=\frac{\partial f}{\partial x}\times\frac{\partial x}{\partial s}+\frac{\partial f}{\partial y}\times\frac{\partial y}{\partial s}$。

其它型的連鎖律：

1. 設 $f(x, y)$ 中，$x = x(t)$，$y = y(t)$，則 $\dfrac{\partial f}{\partial t} = \dfrac{\partial f}{\partial x} \times \dfrac{\partial x}{\partial t} + \dfrac{\partial f}{\partial y} \times \dfrac{\partial y}{\partial t}$ 。

2. 設 $f(x)$ 中，$x = x(r, s)$，則 $\dfrac{\partial f}{\partial r} = \dfrac{\partial f}{\partial x} \times \dfrac{\partial x}{\partial r} = f'(\dfrac{\partial x}{\partial r})$ ；$\dfrac{\partial f}{\partial s} = \dfrac{\partial f}{\partial x} \times \dfrac{\partial x}{\partial s} = f'(\dfrac{\partial x}{\partial s})$ 。

例題 1

設 $f(x, y) = 3xy$，且 $x = r + s$，$y = 2r - s$，

證明 $\dfrac{\partial f}{\partial r} = \dfrac{\partial f}{\partial x} \times \dfrac{\partial x}{\partial r} + \dfrac{\partial f}{\partial y} \times \dfrac{\partial y}{\partial r}$ 及 $\dfrac{\partial f}{\partial s} = \dfrac{\partial f}{\partial x} \times \dfrac{\partial x}{\partial s} + \dfrac{\partial f}{\partial y} \times \dfrac{\partial y}{\partial s}$ 。

解 $f(x, y) = 3xy$，$x = r + s$，$y = 2r - s$，

$f(x(r, s), y(r, s)) = 3(r + s)(2r - s)$，

$$\therefore \frac{\partial f}{\partial r} = \frac{\partial}{\partial r}[3(r+s)(2r-s)] = 3\{[\frac{\partial}{\partial r}(r+s)](2r-s) + (r+s)\frac{\partial}{\partial r}(2r-s)\}$$

$$= 3\{(1)(2r-s) + (r+s)(2)\} = 3(2r - s + 2r + 2s) = 12r + 3s \text{，}$$

$$\frac{\partial f}{\partial x} \times \frac{\partial x}{\partial r} + \frac{\partial f}{\partial y} \times \frac{\partial y}{\partial r} = \frac{\partial(3xy)}{\partial x} \times \frac{\partial(r+s)}{\partial r} + \frac{\partial(3xy)}{\partial y} \times \frac{\partial(2r-s)}{\partial r} = (3y) \times (1) + (3x)(2)$$

$$= 3y + 6x = 3(2r - s) + 6(r + s) = 12r + 3s \text{，}$$

$$\therefore \frac{\partial f}{\partial r} = \frac{\partial f}{\partial x} \times \frac{\partial x}{\partial r} + \frac{\partial f}{\partial y} \times \frac{\partial y}{\partial r} \text{。}$$

續證明 $\dfrac{\partial f}{\partial s} = \dfrac{\partial f}{\partial x} \times \dfrac{\partial x}{\partial s} + \dfrac{\partial f}{\partial y} \times \dfrac{\partial y}{\partial s}$，

$$\frac{\partial f}{\partial s} = \frac{\partial}{\partial s}[3(r+s)(2r-s)] = 3\{[\frac{\partial}{\partial s}(r+s)](2r-s) + (r+s)\frac{\partial}{\partial s}(2r-s)\}$$

$$= 3\{(1)(2r-s) + (r+s)(-1)\} = 3(2r - s - r - s) = 3r - 6s \text{，}$$

$$\frac{\partial f}{\partial x} \times \frac{\partial x}{\partial s} + \frac{\partial f}{\partial y} \times \frac{\partial y}{\partial s} = \frac{\partial(3xy)}{\partial x} \times \frac{\partial(r+s)}{\partial s} + \frac{\partial(3xy)}{\partial y} \times \frac{\partial(2r-s)}{\partial s} = (3y)(1) + (3x)(-1)$$

$$= 3y - 3x = 3(2r - s) - 3(r + s) = 6r - 3s - 3r - 3s = 3r - 6s \text{，}$$

$$\therefore \frac{\partial f}{\partial s} = \frac{\partial f}{\partial x} \times \frac{\partial x}{\partial s} + \frac{\partial f}{\partial y} \times \frac{\partial y}{\partial s} \text{。}$$

例題 2

設 $f(x, y) = xy + y^2$，$x = r\sin s, y = s\cos r$，求 $\frac{\partial f}{\partial r}$ 及 $\frac{\partial f}{\partial s}$ 。

解 $\frac{\partial f}{\partial r} = \frac{\partial f}{\partial x} \times \frac{\partial x}{\partial r} + \frac{\partial f}{\partial y} \times \frac{\partial y}{\partial r} = \frac{\partial (xy + y^2)}{\partial x} \times \frac{\partial (r\sin s)}{\partial r} + \frac{\partial (xy + y^2)}{\partial y} \times \frac{\partial (s\cos r)}{\partial r}$

$= (y)(\sin s) + (x + 2y)(-s\sin r) = (s\cos r)(\sin s) - (r\sin s + 2s\cos r)(s\sin r)$

$= s\cos r\sin s - rs\sin s\sin r - 2s^2\cos r\sin r$，

$\frac{\partial f}{\partial s} = \frac{\partial f}{\partial x} \times \frac{\partial x}{\partial s} + \frac{\partial f}{\partial y} \times \frac{\partial y}{\partial s} = \frac{\partial (xy + y^2)}{\partial x} \times \frac{\partial (r\sin s)}{\partial s} + \frac{\partial (xy + y^2)}{\partial y} \times \frac{\partial (s\cos r)}{\partial s}$

$= (y)(r\cos s) + (x + 2y)(\cos r) = (s\cos r)(r\cos s) + (r\sin s + 2s\cos r)(\cos r)$

$= sr\cos r\cos s + r\sin s\cos r + 2s\cos^2 r$ 。

例題 3

有一長方體，其三邊長爲 x, y, z，若此長方體的三邊分別以每秒 0.1, 0.2, 0.3 cm 的速率縮短，求當三邊長爲 30 cm, 40cm, 50cm 時，長方體的表面積及體積瞬間變化率。

解 表面積 $f(x, y, z) = 2xy + 2yz + 2zx$，$\because \frac{dx}{dt} = -0.1$，$\frac{dy}{dt} = -0.2$，$\frac{dz}{dt} = -0.3$，

$\frac{df}{dt} = \frac{\partial f}{\partial x} \times \frac{dx}{dt} + \frac{\partial f}{\partial y} \times \frac{dy}{dt} + \frac{\partial f}{\partial z} \times \frac{dz}{dt}$

$= (2y + 2z)(-0.1) + (2x + 2z)(-0.2) + (2y + 2x)(-0.3)$，

當 $x = 30, y = 40, z = 50$，表面積瞬間變化率，

$\frac{df}{dt} = (2 \times 40 + 2 \times 50)(-0.1) + (2 \times 30 + 2 \times 50)(-0.2) + (2 \times 40 + 2 \times 30)(-0.3)$

$= (-18) + (-32) + (-42) = -92\ \text{cm}^2/\text{s}$，

體積 $f(x, y, z) = xyz$，

$\frac{df}{dt} = \frac{\partial f}{\partial x} \times \frac{dx}{dt} + \frac{\partial f}{\partial y} \times \frac{dy}{dt} + \frac{\partial f}{\partial z} \times \frac{dz}{dt} = (yz)(-0.1) + (xz)(-0.2) + (xy)(-0.3)$，

當 $x = 30, y = 40, z = 50$，體積瞬間變化率，

$\frac{df}{dt} = (40 \times 50)(-0.1) + (30 \times 50)(-0.2) + (30 \times 40)(-0.3)$

$= (-200) + (-300) + (-360) = -860\ \text{cm}^3/\text{s}$ 。

單變數函數之隱函數

y 為 x 的可微分函數，顯函數 $y=f(x)$，$\dfrac{dy}{dx}=f'(x)$。隱函數 $F(x,y)=0$，

$\dfrac{dy}{dx}=-\dfrac{F_x}{F_y}$，$F_y\neq 0$。

多變數函數之隱函數

z 為 x,y 的可微分函數，顯函數 $z=f(x,y)$，$f_x(x,y)$表對 x 微分，y 視為常數；$f_y(x,y)$表對 y 微分，x 視為常數。隱函數 $F(x,y,z)=0$。

$\dfrac{\partial z}{\partial x}=-\dfrac{F_x}{F_z}$；$\dfrac{\partial z}{\partial y}=-\dfrac{F_y}{F_z}$，$F_z\neq 0$。

例題 4

設 $x^2+xyz^2+x\sin z^3=0$，求 $\dfrac{\partial z}{\partial x}$ 及 $\dfrac{\partial z}{\partial y}$。

解 令 $F(x,y,z)=x^2+xyz^2+x\sin z^3=0$，

$F_x(x,y,z)=2x+yz^2+\sin z^3$，

$F_y(x,y,z)=xz^2$，

$F_z(x,y,z)=2xyz+x\cos z^3\cdot 3z^2$，

$\dfrac{\partial z}{\partial x}=-\dfrac{F_x}{F_z}=-\dfrac{2x+yz^2+\sin z^3}{2xyz+3xz^2\cos z^3}$，

$\dfrac{\partial z}{\partial y}=-\dfrac{F_y}{F_z}=-\dfrac{xz^2}{2xyz+3xz^2\cos z^3}$。

習題

1～3 題，求 df；$df = f_x dx + f_y dy$。

1. $f(x, y) = x^2 y\sin(2x + y) + \dfrac{x}{y}$。

2. $f(x, y) = x^2 e^{xy} + \ln x^{2y}$。

3. $f(x, y) = \dfrac{xy}{x^2 + y^2}$。

4. 利用 $dy \doteq \Delta f$ 的性質，求 $\sqrt{(3.02)(2.98)^3}$ 的近似值。

5. 設 $f(x, y) = xy$，$x = r\cos\theta$，$y = r\sin\theta$，求 $\dfrac{\partial f}{\partial r}$ 與 $\dfrac{\partial f}{\partial \theta}$ 在點 $(1, \dfrac{\pi}{6})$ 的值。

6～8 題，求 $\dfrac{\partial z}{\partial x}$，$\dfrac{\partial z}{\partial y}$。

6. $z = u^2\sin v$，$u = x^2 y$，$v = \dfrac{y}{x} = x^{-1}y$。

7. $z = u\ln\dfrac{w}{v}$，$u = x + 5$，$v = xy$，$w = \sqrt{xy}$。

8. $z = uv + u + v$，$u = \sin(xy)$，$v = \cos(xy)$。

9～10 題，求 $\dfrac{du}{dt}$。

9. $u = x^2 + y^3$，$x = \dfrac{t}{t+1}$，$y = \sqrt{t^2 + t}$。

10. $u = \sqrt{x^2 + y^3 + z^4}$，$x = 2t + 1$，$y = t - 1, z = 3t - 1$。

11. $x^2 y + y^2 z + z^2 x + xyz = 0$ 隱函數，求 $\dfrac{\partial z}{\partial x}$，$\dfrac{\partial z}{\partial y}$。

12. 有一長方體，其三邊爲 x, y, z，若此三邊分別以 $\dfrac{dx}{dt} = 1\text{ cm/s}$，$\dfrac{dy}{dt} = 2\text{ cm/s}$ 增長及 $\dfrac{dz}{dt} = -1\text{ cm/s}$ 縮短，求當三邊長爲 $x = 100\text{ cm}$，$y = 200\text{ cm}$，$z = 300\text{ cm}$ 時，
(1)體積 (2)表面積 (3)對角線的瞬間變化率。

簡答

1. $=(2xy\sin(2x+y)+2x^2y\cos(2x+y)+\frac{1}{y})dx$

   $+(x^2\sin(2x+y)+x^2y\cos(2x+y)-\frac{x}{y^2})dy$

2. $(2xe^{xy}+x^2ye^{xy}+\frac{2y}{x})dx+(x^3e^{xy}+2\ln x)dy$

3. $\frac{y^3-x^2y}{(x^2+y^2)^2}dx+\frac{x^3-xy^2}{(x^2+y^2)^2}dy$

4. 8.94

5. $\frac{\partial f}{\partial r}=\frac{\sqrt{3}}{2}$，$\frac{\partial f}{\partial \theta}=\frac{1}{2}$

6. $\frac{\partial z}{\partial x}=4x^3y^2\sin\frac{y}{x}-x^2y^3\cos\frac{y}{x}$，$\frac{\partial z}{\partial y}=2x^4y\sin\frac{y}{x}+x^3y^2\cos\frac{y}{x}$

7. $\frac{\partial z}{\partial x}=-\frac{1}{2}\ln(xy)-\frac{3x+15}{2x}$

   $\frac{\partial z}{\partial y}=(x+5)(\frac{1}{2y})$

8. $\frac{\partial z}{\partial x}=y(\cos(2xy)+\cos(xy)-\sin(xy))$，$\frac{\partial z}{\partial y}=x(\cos(2xy)+\cos(xy)-\sin(xy))$

9. $\frac{du}{dt}=\frac{2t}{(t+1)^3}+\frac{3\sqrt{t^2+t}\times(2t+1)}{2}$

10. $\frac{du}{dt}=\frac{4(2t+1)+3(t-1)^2+12(3t-1)^3}{2\sqrt{(2t+1)^2+(t-1)^3+(3t-1)^4}}$

11. $\frac{\partial z}{\partial x}=-\frac{2xy+z^2+yz}{y^2+2zx+xy}$，$\frac{\partial z}{\partial y}=-\frac{x^2+2yz+xz}{y^2+2zx+xy}$

12. (1) 100000 cm^3/s，(2) 2000 cm^2/s，(3) $\frac{\sqrt{14}}{7}$

8-5 極值(Extreme Values)

令函數 $f(x, y)$定義於 $D \subset \mathbb{R}^2$ 上，且 $P_0(x_0, y_0) \in D$。若存在以 P_0 為圓心的一個小圓上，使得 $f(x_0, y_0) \geq f(x, y)$ （($f(x_0, y_0) \geq f(x, y)$表在曲面 $z = f(x, y)$上的相對高點），對該小圓內所有點(x, y)都成立（不含邊界），則稱 $f(x_0, y_0)$為 $f(x, y)$的相對極大值（局部極大值）。

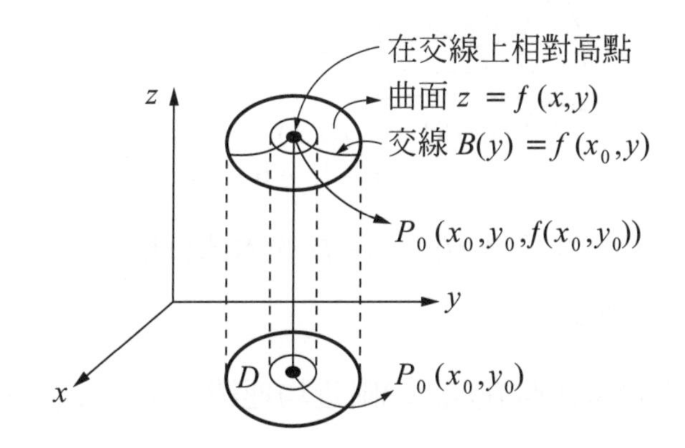

性質 1： 設 $f(x, y)$定義於 $D \subset \mathbb{R}^2$，若 D 為有界閉集合（指含邊界的集合），且 $f(x, y)$在 D 上連續，則 $f(x, y)$在 D 上一定存在絕對極值。

由上圖知，函數 $f(x, y)$在點 $P_0(x_0, y_0)$處，若 $f_x(x_0, y_0), f_y(x_0, y_0)$存在，則曲面 $z = f(x, y)$在點$(x_0, y_0, f(x_0, y_0))$處有水平切平面，因$(x_0, y_0, f(x_0, y_0))$為曲面 $z = f(x, y)$的頂點，故 $f_x(x_0, y_0) = 0$ 及 $f_y(x_0, y_0) = 0$。

性質 2： 設函數 $f(x, y)$定義於 $D \subset \mathbb{R}^2$ 上，$f(x, y)$在 D 的內點(x_0, y_0) （內點(x_0, y_0)不在 D 的邊界）處，而 $f_x(x_0, y_0)$及 $f_y(x_0, y_0)$皆存在，且 $f(x, y)$在(x_0, y_0)處有相對極值，則 $f_x(x_0, y_0) = 0, f_y(x_0, y_0) = 0$。

欲求連續函數在有界閉集合上的絕對極值，先求「臨界點」，再比較所有臨界點及邊界上所有的函數值，最大者稱為「絕對極大值」，最小者稱為「絕對極小值」。

$f_x(x_0, y_0) = 0, f_y(x_0, y_0) = 0$ 只表示 $f(x, y)$在(x_0, y_0)處「可能有」「絕對極值」，但不保證 $f(x_0, y_0)$一定是「相對極值」。

如下圖，曲面 $z = f(x, y) = y^2 - x^2$，在定義域中，當$(x, y) = (0, 0)$時，曲面有水平切平面，故 $z = f(x, y)$的 $f_x(x_0, y_0) = 0$ 及 $f_y(x_0, y_0) = 0$，點 O 並不是曲面的相對極值所在處，故稱點$(0, 0, f(0, 0))$爲鞍點。

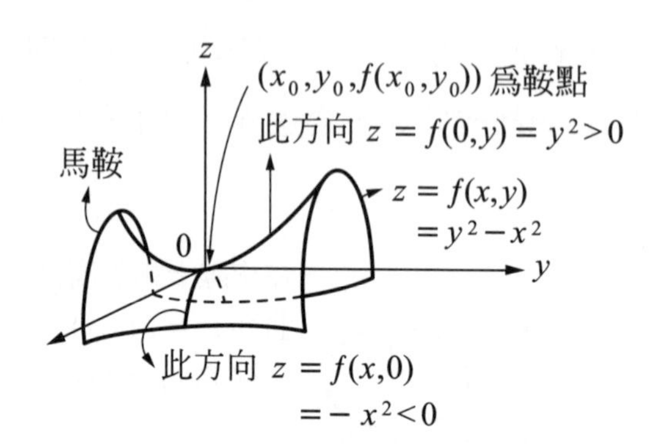

$f_x(x_0, y_0) = f_y(x_0, y_0) = 0$ 只是$f(x, y)$在 D 的內部有相對極值的「必要條件」，至於「充要條件」爲以下性質 3。

性質 3： $f(x, y)$的二階偏導函數在(x_0, y_0)附近均連續，且 $f_x(x_0, y_0) = 0$ 及 $f_y(x_0, y_0) = 0$，

$$\Delta(\text{判別式}) = \begin{vmatrix} f_{xx}(x_0, y_0) & f_{xy}(x_0, y_0) \\ f_{xy}(x_0, y_0) & f_{yy}(x_0, y_0) \end{vmatrix} = f_{xx}(x_0, y_0)f_{yy}(x_0, y_0) - (f_{xy}(x_0, y_0))^2$$

故 $\Delta = f_{xx}(x_0, y_0)f_{yy}(x_0, y_0) - (f_{xy}(x_0, y_0))^2$（二階偏導函數判斷法（無條件限制））。

(1) 若$\Delta > 0$，且 $f_{xx}(x_0, y_0) > 0$ (+ +)，則 $f(x_0, y_0)$爲 $f(x, y)$的相對極小值。

(2) 若 $\Delta > 0$，且 $f_{xx}(x_0, y_0) < 0$ (− −)，則 $f(x_0, y_0)$爲 $f(x, y)$的相對極大值。

(3) 若 $\Delta < 0$，則 $f(x_0, y_0)$不是 $f(x, y)$的相對極值，此時點$(x_0, y_0, f(x_0, y_0))$爲 $f(x, y)$的一個鞍點。

(4) 若 $\Delta = 0$，則無法確定 $f(x_0, y_0)$是否爲 $f(x, y)$的相對極值。

例題 1

$f(x, y) = x + y + 5$，求 $f(x, y)$在橢圓 $\frac{x^2}{3^2}+\frac{y^2}{4^2} \le 1$ 上的絕對極值。

解 $f(x, y) = x + y + 5$，$f_x(x, y) = 1 \ne 0$，$f_y(x, y) = 1 \ne 0$，

$\therefore f(x, y)$在橢圓內部不存在有相對極值，

但只要 $f(x, y)$為連續在 D 閉集合 $\frac{x^2}{3^2}+\frac{y^2}{4^2} \le 1$ 上有絕對極值，

故絕對極值出現在橢圓邊界，

即 $\frac{x^2}{3^2}+\frac{y^2}{4^2}=1$，故在 $\frac{x^2}{3^2}+\frac{y^2}{4^2}=1$ 的限制下可求出 $f(x, y) = x + y + 5$ 的極值，

最常用的方法為拉格朗日乘數法（有限制條件），

設 $f(x, y), g(x, y)$的一階偏導函數都連續，

求出 $f(x, y)$在限制式 $g(x, y) = 0$ 的相對極值，

$F(x, y, \lambda) = f(x, y) + \lambda g(x, y)$，求出滿足，

$F_x(x, y, \lambda) = f_x(x, y) + \lambda g_x(x, y) = 0$；$F_y(x, y, \lambda) = f_y(x, y) + \lambda g_y(x, y) = 0$；

$F_\lambda(x, y, \lambda) = g(x, y) = 0$ 的點，此點即為 $f(x, y)$在限制式 $g(x, y) = 0$ 的相對極值所在處。

例題 2

求 $f(x, y) = x + y + 5$ 在限制式 $\frac{x^2}{3^2}+\frac{y^2}{4^2}=1$ 的絕對極值。

解 令 $g(x, y)=\frac{x^2}{3^2}+\frac{y^2}{4^2}-1=0$，

$F(x, y, \lambda) = f(x, y)+\lambda g(x, y) = (x+y+5)+\lambda(\frac{x^2}{3^2}+\frac{y^2}{4^2}-1)$，

$F_x(x, y, \lambda) = f_x(x, y) + \lambda g_x(x, y) = 0$，

$\Rightarrow F_x(x, y, \lambda) = 1+\lambda(\frac{2}{9}x) = 1+\frac{2}{9}\lambda x = 0 \cdots (1)$

$F_y(x, y, \lambda) = f_y(x, y) + \lambda g_y(x, y) = 0$，

$\Rightarrow F_y(x,y,\lambda)=1+\lambda(\frac{2}{16}y)=1+\frac{2}{16}\lambda y=0\cdots(2)$

$F_\lambda(x,y,\lambda)=g(x,y)=0$，$\Rightarrow F_\lambda(x,y,\lambda)=\frac{x^2}{9}+\frac{y^2}{16}-1=0\cdots(3)$

$$\begin{cases} F_x(x,y,\lambda)=1+\frac{2}{9}\lambda x=0\cdots\cdots(1) \\ F_y(x,y,\lambda)=1+\frac{2}{16}\lambda y=0\cdots\cdots(2) \\ F_\lambda(x,y,\lambda)=\frac{x^2}{9}+\frac{y^2}{16}-1=0\cdots(3) \end{cases}$$

由(1)得 $x=-\frac{9}{2\lambda}$，由(2)得 $y=-\frac{16}{2\lambda}$ 代入(3)，

$\frac{(-\frac{9}{2\lambda})^2}{9}+\frac{(-\frac{16}{2\lambda})^2}{16}-1=0\Rightarrow 4\lambda^2-25=0\Rightarrow \lambda=\pm\frac{5}{2}$，

$\lambda=\frac{5}{2}$，得 $x=-\frac{9}{2\lambda}=-\frac{9}{2(\frac{5}{2})}=-\frac{9}{5}$；$y=-\frac{16}{2\lambda}=-\frac{16}{2(\frac{5}{2})}=-\frac{16}{5}$，

$\lambda=-\frac{5}{2}$，得 $x=\frac{9}{5}$，$y=\frac{16}{5}$，故 $(-\frac{9}{5},-\frac{16}{5})$ 及 $(\frac{9}{5},\frac{16}{5})$ 有相對極值，

$f(-\frac{9}{5},-\frac{16}{5})=-\frac{9}{5}-\frac{16}{5}+5=0$，$f(\frac{9}{5},\frac{16}{5})=\frac{9}{5}+\frac{16}{5}+5=10$，

故絕對極大值 10，絕對極小值 0。

例題 3

$f(x,y)=1-x^2-y^2$，求 $f(x,y)$的相對極值。

解 $f_x(x,y)=-2x$，$f_y(x,y)=-2y$，

$f_{xy}(x,y)=\frac{\partial}{\partial y}(f_x(x,y))=\frac{\partial}{\partial y}(-2x)=0$，

$f_{xx}(x,y)=\frac{\partial}{\partial x}(f_x(x,y))=\frac{\partial}{\partial x}(-2x)=-2$，

$f_{yy}(x,y)=\frac{\partial}{\partial y}(f_y(x,y))=\frac{\partial}{\partial y}(-2y)=-2$，

令 $f_x(x, y) = 0$，$f_y(x, y) = 0$，

$$\begin{cases} -2x = 0 \\ 2y = 0 \end{cases} \Rightarrow \begin{cases} x = 0 \\ y = 0 \end{cases},$$

$\therefore (x, y) = (0, 0)$臨界點，

判別式 $\Delta(x, y) = f_{xx}(x, y) f_{yy}(x, y) - (f_{xy}(x, y))^2 = (-2)(-2) - 0 = 4 > 0$，

且 $f_{xx}(0, 0) = -2 < 0$ ☹，故 $f(0, 0) = 1 - 0^2 - 0^2 = 1$ 爲相對極大值。

例題 4

$f(x, y) = y^2 - x^2$，求 $f(x, y)$的相對極值。

解 $f_x(x, y) = -2x, f_y(x, y) = 2y$，

$$f_{xy}(x, y) = \frac{\partial}{\partial y}(f_x(x, y)) = \frac{\partial}{\partial y}(-2x) = 0,$$

$$f_{xx}(x, y) = \frac{\partial}{\partial x}(f_x(x, y)) = \frac{\partial}{\partial x}(-2x) = -2,$$

$$f_{yy}(x, y) = \frac{\partial}{\partial y}(f_y(x, y)) = \frac{\partial}{\partial y}(2y) = 2,$$

令 $f_x(x, y) = 0, f_y(x, y) = 0$，

$$\begin{cases} -2x = 0 \\ 2y = 0 \end{cases} \Rightarrow \begin{cases} x = 0 \\ y = 0 \end{cases},$$

$\therefore$臨界點(0, 0)，判別式，

$\Delta = f_{xx}(x, y) f_{yy}(x, y) - [f_{xy}(x, y)]^2 = (-2)(2) - 0 = -4$，

$\because \Delta < 0$ $\therefore f(0, 0)$不是 $f(x, y)$的相對極值，

$x_0 = 0, y_0 = 0, f(x_0, y_0) = f(0, 0) = 0$，

故點(0, 0, 0)爲 $f(x, y)$的一個鞍點。

例題 5

$f(x, y) = 3x^2 + 2y^2 - 4y + 9$，求 $f(x, y)$的相對極值。

解 $f_x(x, y) = 6x$，$f_y(x, y) = 4y - 4$，

$f_{xx}(x, y) = \dfrac{\partial}{\partial x}(f_x(x, y) = 6$，$f_{yy}(x, y) = \dfrac{\partial}{\partial y}(f_y(x, y)) = 4$，$f_{xy} = \dfrac{\partial}{\partial y} f_x(x, y) = 0$，

令 $f_x(x, y) = 0$，$f_y(x, y) = 0$，

$\begin{cases} 6x = 0 \\ 4y - 4 = 0 \end{cases} \Rightarrow \begin{cases} x = 0 \\ y = 1 \end{cases}$ ∴臨界點$(x, y) = (0, 1)$，

判別式 $D = f_{xx}(x, y) f_{yy}(x, y) - [f_{xy}(x, y)]^2 = (6)(4) - 0^2 = 24 > 0$，

$f_{xx}(x, y) = 6$，∴$f(0, 1) = 3(0)^2 + 2(1)^2 - 4(1) + 9 = 7$ 為相對極小值。

例題 6

$f(x, y) = x^3 + y^3 + 3xy$，求 $f(x, y)$的相對極值。

解 $f_x(x, y) = 3x^2 + 3y$，$f_y(x, y) = 3y^2 + 3x$，

$f_{xx}(x, y) = \dfrac{\partial}{\partial x}(f_x(x, y)) = \dfrac{\partial}{\partial x}(3x^2 + 3y) = 6x$，

$f_{xy}(x, y) = \dfrac{\partial}{\partial y}(f_x(x, y)) = \dfrac{\partial}{\partial y}(3x^2 + 3y) = 3$，

$f_{yy}(x, y) = \dfrac{\partial}{\partial y}(f_y(x, y)) = \dfrac{\partial}{\partial y}(3y^2 + 3x) = 6y$，

令 $f_x(x, y) = 0$，$f_y(x, y) = 0$，

$\begin{cases} 3x^2 + 3y = 0 \\ 3y^2 + 3x = 0 \end{cases} \Rightarrow \begin{cases} x^2 + y = 0 \cdots (1) \\ y^2 + x = 0 \cdots (2) \end{cases}$，

由(1)得 $y = -x^2$ 代入(2)，$(-x^2)^2 + x = 0 \Rightarrow x(x^3 + 1) = 0$，

得 $x = 0$ 及 $x = -1$ 代入(1)，$x = 0$，$y = 0$；$x = -1$，$y = -1$，

∴臨界點$(x, y) = (0, 0)$及$(-1, -1)$，

判別式 $\Delta = f_{xx}(x, y) f_{yy}(x, y) - [f_{xy}(x, y)]^2 = (6x)(6y) - 3^2 = 36xy - 9$，

$x=0$，$y=0$，$\Delta(0,0)=-9<0$，

$\because \Delta<0$，$\therefore f(0,0)$不是$f(x,y)$的相對極值，

$x_0=0$，$y_0=0$，$f(x_0,y_0)=f(0,0)=0$，

故點$(0,0,0)$爲$f(x,y)$的一個鞍點，

$x=-1$，$y=-1$, $\Delta(-1,-1)=6(-1)\cdot 6(-1)-3^2=27>0$，

$\because \Delta>0$，$f_{xx}(-1,-1)=6(-1)=-6$。

$\therefore f(-1,-1)=(-1)^3+(-1)^3+3(-1)(-1)=1$ 爲相對極大值。

例題 7

當 $x+y+z=12$，求 $f(x,y,z)=x^3y^2z$ 的最大值。

解 目標函數：$f(x,y,z)=x^3y^2z$，

限制函數：$g(x,y,z)=x+y+z-12=0$，

令 $F(x,y,z,\lambda)=f(x,y,z)+\lambda g(x,y,z)=x^3y^2z+\lambda(x+y+z-12)$，

$$\begin{cases} F_x(x,y,z,\lambda)=3x^2y^2z+\lambda=0\Rightarrow -\lambda=3x^2y^2z\cdots(1) \\ F_y(x,y,z,\lambda)=2x^3yz+\lambda=0\Rightarrow -\lambda=2x^3yz\cdots\cdots(2) \\ F_z(x,y,z,\lambda)=x^3y^2+\lambda=0\Rightarrow -\lambda=x^3y^2\cdots\cdots\cdots(3) \\ F_\lambda(x,y,z,\lambda)=x+y+z-12=0\cdots\cdots\cdots\cdots\cdots\cdots\cdots(4) \end{cases},$$

由(1)，(2)得 $3x^2y^2z=2x^3yz\Rightarrow 3y=2x\Rightarrow x=\dfrac{3}{2}y$，

由(2)，(3)得 $2x^3yz=x^3y^2\Rightarrow 2z=y$，

而 $x=\dfrac{3}{2}y=\dfrac{3}{2}(2z)=3z$，

把 $x=3z$，$y=2z$ 代入(4)，

$F_\lambda(x,y,z,\lambda)=x+y+z-12=0\Rightarrow 3z+2z+z-12=0\Rightarrow z=2$，

$\therefore x=3\times 2=6$，$y=2\times 2=4$，

$z=2, f(6,4,2)=6^3\cdot 4^2\cdot 2=6912$ 最大值。

例題 8

求三正數，其和爲 48，且其乘積爲最大。

解 設三正數分別爲 x, y, z，則 $x+y+z=48$，

目標函數：$f(x, y, z)=xyz$，

限制函數：$g(x, y, z)=x+y+z-48=0$，

令 $F(x, y, z, \lambda)=f(x, y, z)+\lambda g(x, y, z)=xyz+\lambda(x+y+z-48)$，

$$\begin{cases} F_x(x, y, z, \lambda)=yz+\lambda=0 \Rightarrow -\lambda=yz \cdots(1) \\ F_y(x, y, z, \lambda)=xz+\lambda=0 \Rightarrow -\lambda=xz \cdots(2) \\ F_z(x, y, z, \lambda)=xy+\lambda=0 \Rightarrow -\lambda=xy \cdots(3) \\ F_\lambda(x, y, z, \lambda)=x+y+z-48=0 \cdots\cdots\cdots(4) \end{cases},$$

由(1)(2)(3) $-\lambda=yz=xz=xy \Rightarrow x=y=z$ 代入(4)，$x+y+z-48=0 \Rightarrow z=16$，

$\therefore x=y=z=16$，$\therefore f(16, 16, 16)=16\times 16\times 16=4096$ 最大值。

例題 9

當 $x^2+y^2=32$，求 $f(x, y)=xy$ 的極值。

解 目標函數：$f(x, y)=xy$，

限制函數：$g(x, y)=x^2+y^2-32=0$，

令 $F(x, y, \lambda)=f(x, y)+\lambda g(x, y)=xy+\lambda(x^2+y^2-32)$，

$$\begin{cases} F_x(x, y, \lambda)=y+2x\lambda=0 \cdots\cdots\cdots(1) \\ F_y(x, y, \lambda)=x+2y\lambda=0 \cdots\cdots\cdots(2) \\ F_\lambda(x, y, \lambda)=x^2+y^2-32=0 \cdots(3) \end{cases},$$

$(1)\times y$，$y^2+2xy\lambda=0$，

$(2)\times x$，$x^2+2xy\lambda=0$，

$\therefore \begin{cases} y^2=-2xy\lambda \\ x^2=-2xy\lambda \end{cases} \Rightarrow x^2=y^2$ 代入(3)，

$x^2+x^2=32 \Rightarrow x=\pm 4$，$\because x^2=y^2$ $\therefore x=4$ 得 $y=\pm 4$；$x=-4$ 得 $y=\pm 4$，

$\therefore (x, y)=(4, 4)$，$(4, -4)$，$(-4, 4)$，$(-4, -4)$，

$f(4, 4)=4\times 4=16$（極大值），$f(4, -4)=4\times(-4)=-16$（極小值）。

習題

1. 試求下列各函數的相對極值與鞍點所在處。

   (1) $f(x, y) = x^2 + xy + y^2$。

   (2) $f(x, y) = x^2 - 12x + y^2 + 4$。

2. 設 $f(x, y) = x^2 - 6x + y^2 - 8y + 10$，求 $f(x, y)$在圓 $x^2 + y^2 \leq 1$ 上的絕對極值。

3. 設 x，$y \geq 0$，且 $x + y = 18$，求在前面的限制下$(x + 3)(y - 6)^2$的絕對極值。

4. 求容積爲 500 立方單位的長方體無蓋箱子所需的最少材料爲多少？

簡答

1. (1)絕對極小值 0，無鞍點

   (2)絕對極小值 20，$(-2, 0, 20)$爲鞍點

2. 絕對極大值 21，絕對極小值 1

3. 絕對極大值 500，絕對極小值 0

4. 長 10、寬 10、寬 5

重積分

9-1 二重積分的定義 (The Definition of Double Integrals)

單變數積分：$y=f(x)$在$[a, b]$上的定積分 $\int_a^b f(x)dx=\lim\limits_{n\to\infty}\sum\limits_{k=1}^{n}\frac{b-a}{n}f(x_k)$，

$x_k\in[a+\frac{(k-1)(b-a)}{n}, a+\frac{k(b-a)}{n}]$，推廣到兩個變數可積分函數 $z=f(x, y)$在閉區域 D 上的積分，即為二重積分 $\iint_D f(x, y)dA$。

定義：設 D 為 xy 平面上一閉區域，$z=f(x, y)$為定義在 D 上的有界函數，
$\Delta=\{D_1, D_2, \cdots, D_n\}$為 D 的分割，令 ΔA_k 為 D_k 的面積，$(x_k, y_k)\in D_k$。

若 $\lim\limits_{\|\Delta\|\to 0}\sum\limits_{k=1}^{n}f(x_k, y_k)\Delta A_k$ 存在，稱 $f(x, y)$在 D 上可積分，記為 $\iint_D f(x, y)dA$（$\|\Delta\|$ 範數表區域分割的最大面積），$\therefore\iint_D f(x, y)dA=\lim\limits_{\|\Delta\|\to 0}\sum\limits_{k=1}^{n}f(x_k, y_k)\Delta A_k$，$A$ 為 D 的面積，

$\|\Delta\|\to 0$ 表 $n\to\infty$，D_k 縮成一點。

$f(x, y)$：被積函數；D：積分區域；x、y：積分變量；dA：面積元素。

如圖(一)：$z=f(x, y)>0$，$(x, y)\in D$，則柱頂為曲面，$z=f(x, y)$，柱底為 xy 平面上閉區域 D 的柱體體積 $V=\iint_D f(x, y)dA$。

（$\|\Delta\|\to 0$ 時，n 個平頂柱體（即柱體的頂為平面）的體積和的極限值）。

若 $f(x, y)=1$，則 $\iint_D dA=$高度為 1 的平頂柱體體積$=1\times A$，即 $\iint_D dA=D$ 為閉區域的面積。

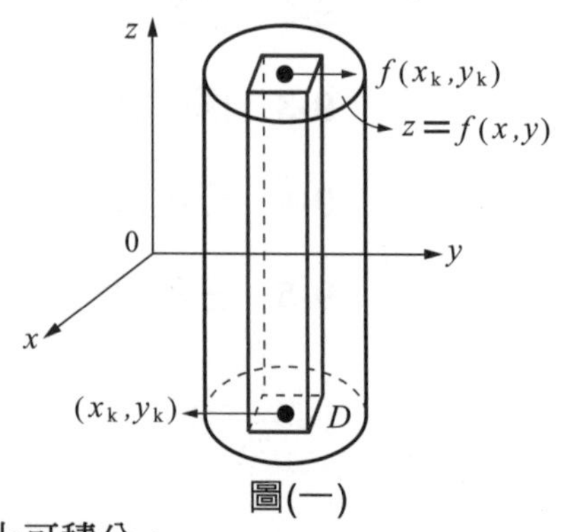

圖(一)

註：1. $f(x, y)$在有界閉區域 D 上為連續，則 $f(x, y)$在 D 上可積分。

2. 設 $f(x), g(x)$在 D 上可積分，則

(1) $\iint_D[\alpha f(x, y)\pm\beta g(x, y)]dA=\alpha\iint_D f(x, y)dA\pm\beta\iint_D g(x, y)dA$，$\alpha$、$\beta\in\mathbb{R}$。

(2) $\{D_1, D_2\}$為 D 的分割，則 $\iint_D f(x, y)dA=\iint_{D_1}f(x, y)dA+\iint_{D_2}f(x, y)dA$。

9-2 二重積分的運算 (Calculations of Double Integrals)

我們已學過單變數積分，它是在某一區間 I（線段）作運算，但雙變數積分，它是在某一區域 D（平面）作運算，還是須藉兩次單變數的定積分求其值。

性質：設 $f(x, y)$在 D 上為連續，

1. $D = \{ (x, y) \mid g(x) \le y \le h(x), a \le x \le b\}$，則 $\iint_D f(x, y)dA = \int_a^b [\int_{g(x)}^{h(x)} f(x, y)dy]dx$，而 $\int_{g(x)}^{h(x)} f(x, y)dy$ 表示對 y 積分得 x 的函數。
2. $D = \{ (x, y) \mid g(y) \le x \le h(y), c \le y \le d\}$，則 $\iint_D f(x, y)dA = \int_c^d [\int_{g(y)}^{h(y)} f(x, y)dx]dy$，而 $\int_{g(y)}^{h(y)} f(x, y)dx$ 表示對 x 積分得 y 的函數。

$\int_a^b \int_{g(x)}^{h(x)} f(x, y)dydx$ 稱為累次積分，第一次內層對 y 積分視 x 為常數，所得結果為 x 的函數，然後第二次外層再對 x 積分。

如圖(二)，$z = B(y) = f(x_0, y)$（曲線）（平面 $x = x_0$ 與曲面 $z = f(x, y)$的交線）。

$A(x_0)$（截面積）：為曲線 $z = f(x_0, y)$與 $y_1 = g(x_0)$、$y_2 = h(x_0)$及 xy 平面在 $x = x_0$ 所圍區域（粗線條所圍區域）。

$A(x_0) = \int_{g(x_0)}^{h(x_0)} f(x_0, y)dy$ 在 $x = x_0$ 的 x 的函數值。

故平行截面的截面積 $A(x) = \int_{g(x)}^{h(x)} f(x, y)dy$。

若柱體的截面的截面積為已知，可求出柱體頂為曲面的柱體體積 $V = \int_a^b A(x)dx = \int_a^b [\int_{g(x)}^{h(x)} f(x, y)dy]dx$。

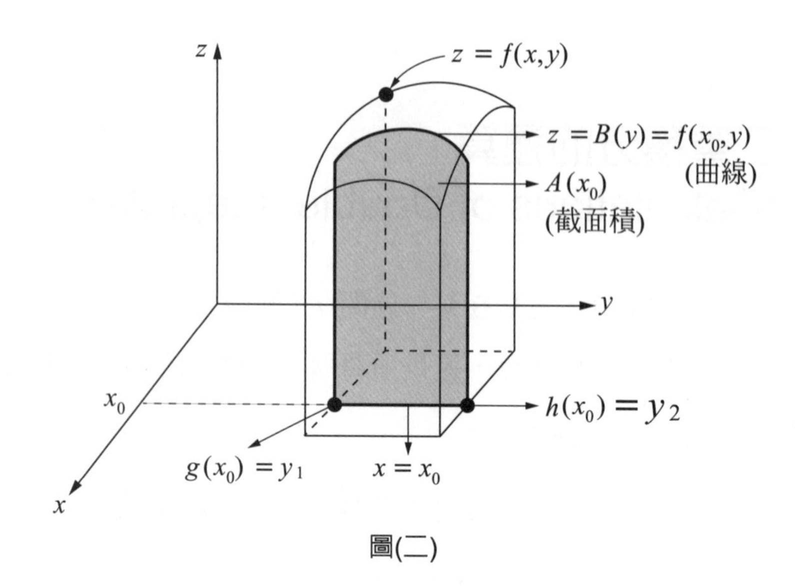

圖(二)

例題 1

求由平面 $x = 0$（y 軸）、$y = 0$（x 軸）、$x + y = 1$ 所圍成的柱體被平面 $z = 0$ 及拋物面 $z = 6 - x^2 - y^2$ 截得的立體體積 V。

解　畫出平面 $x = 0, y = 0, x + y = 1$ 所圍的柱體被平面 $z = 0$ 及拋物面 $z = 6 - x^2 - y^2$ 截得的立體圖，就可決定區域 D。

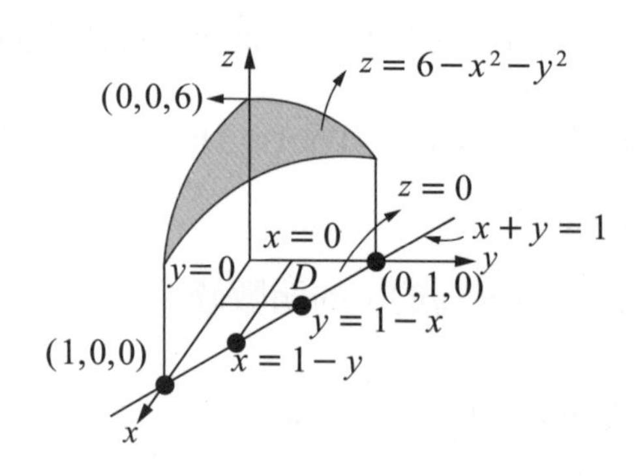

$x = 0$ 表 yz 平面，

$y = 0$ 表 xz 平面，

$z = 0$ 表 xy 平面，

$D = \{ (x, y) \mid 0 \le y \le 1 - x, 0 \le x \le 1\} \cdots (1)$，

或 $D = \{ (x, y) \mid 0 \le x \le 1 - y, 0 \le y \le 1\} \cdots (2)$，

杜體的頂爲 $z = 6 - x^2 - y^2$，

底爲 xy 平面的閉區域 D，

取(1)，$D = \{(x, y) \mid 0 \le y \le 1 - x，0 \le x \le 1\}$，

$$V = \iint_D (6 - x^2 - y^2)dA = \int_0^1 [\int_0^{1-x} (6 - x^2 - y^2)dy]dx$$

$$= \int_0^1 (6y - x^2 y - \frac{1}{3}y^3)\Big|_0^{1-x} dx = \int_0^1 [6(1-x) - x^2(1-x) - \frac{1}{3}(1-x)^3 - 0]dx$$

$$= \int_0^1 (\frac{4}{3}x^3 - 2x^2 - 5x + \frac{17}{3})dx = (\frac{1}{3}x^4 - \frac{2}{3}x^3 - \frac{5}{2}x^2 + \frac{17}{3}x)\Big|_0^1$$

$$= \frac{1}{3} - \frac{2}{3} - \frac{5}{2} + \frac{17}{3} = \frac{17}{6}$$ 。

取(2)，$D = \{(x, y) \mid 0 \le x \le 1 - y，0 \le y \le 1\}$

$$V = \iint_D (6 - x^2 - y^2)dA = \int_0^1 [\int_0^{1-y} (6 - x^2 - y^2)dx]dy$$

$$= \int_0^1 (6x - \frac{1}{3}x^3 - xy^2)\Big|_0^{1-y} dy = \int_0^1 [6(1-y) - \frac{1}{3}(1-y)^3 - x(1-y)^2 - 0]dy$$

$$= \int_0^1 (\frac{4}{3}y^3 - 2y^2 - 5y + \frac{17}{3})dy = (\frac{1}{3}y^4 - \frac{2}{3}y^3 - \frac{5}{2}y^2 + \frac{17}{3}y)\Big|_0^1 = \frac{1}{3} - \frac{2}{3} - \frac{5}{2} + \frac{17}{3} = \frac{17}{6}$$ 。

例題 2

D 爲 $y = x$、$y = 1$、$x = 0$ 所圍區域，求 $V = \iint_D e^{y^2} dA$ 。

解 畫出 $y = x, y = 1, x = 0$ 所圍區域 D，而 D 爲 e^{y^2} 圖投影在 xy 平面上的區域，

$D = \{ (x, y) \mid 0 \le x \le y, 0 \le y \le 1\}$，

$$V = \iint_D e^{y^2} dA = \int_0^1 [\int_0^y e^{y^2} dx]dy$$

$$= \int_0^1 e^{y^2} [\int_0^y dx]dy = \int_0^1 x e^{y^2}\Big|_0^y dy$$

$$= \int_0^1 y e^{y^2} dy = \frac{1}{2}\int_0^1 e^{y^2} dy^2 = \frac{1}{2}e^{y^2}\Big|_0^1$$

$$= \frac{1}{2}(e^{1^2} - e^{0^2}) = \frac{1}{2}(e - 1)$$ 。

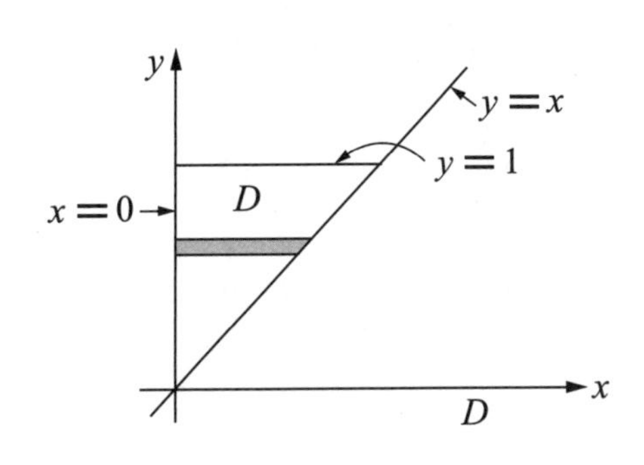

例題 3

求平面 $x=0$、$y=0$、$z=0$、$x+y+z=1$ 所圍四面體的體積 V。

解 畫出平面 $x=0, y=0, z=0$ 及 $x+y+z=1$ 所圍四面體投影在 xy 平面的區域 D。

$x=0$ 表 yz 平面，$y=0$ 表 xz 平面，$z=0$ 表 xy 平面，

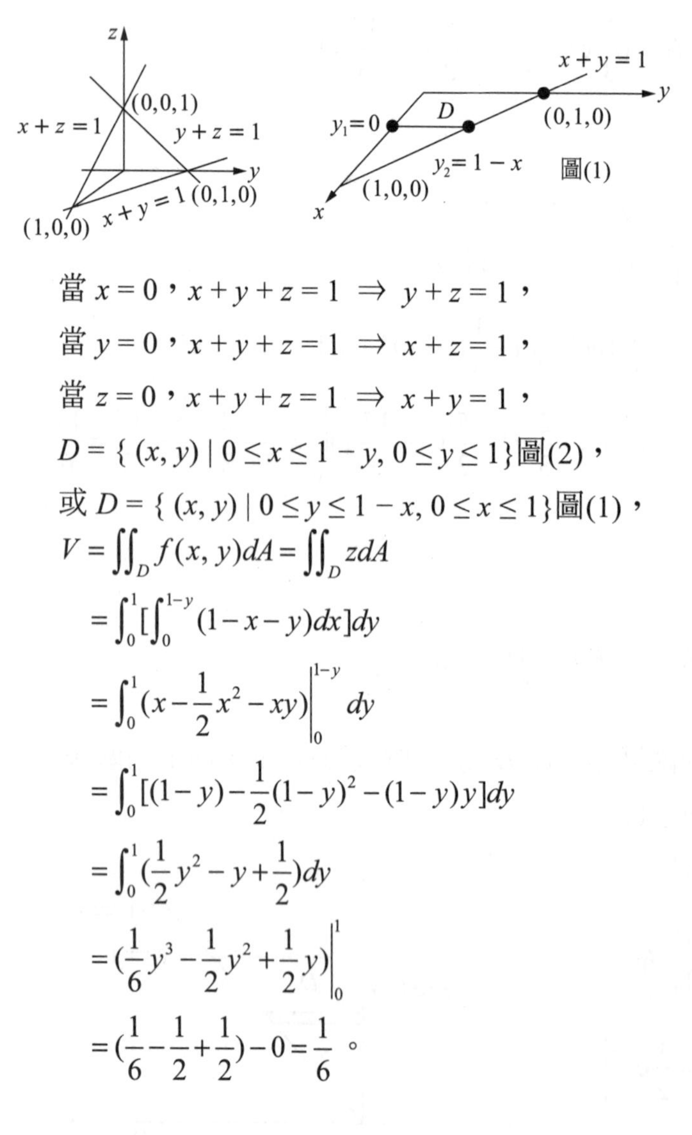

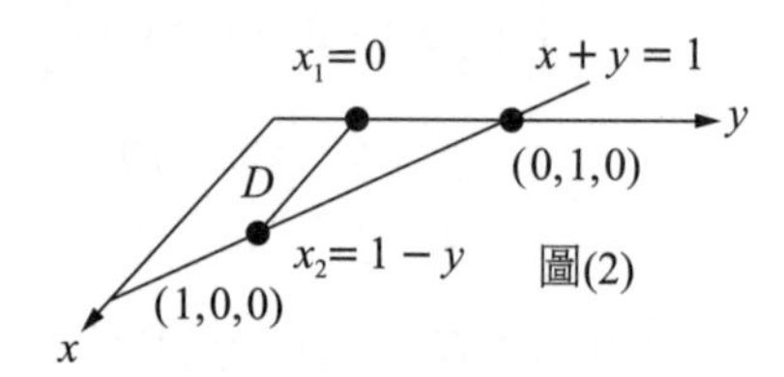

當 $x=0$，$x+y+z=1 \Rightarrow y+z=1$，

當 $y=0$，$x+y+z=1 \Rightarrow x+z=1$，

當 $z=0$，$x+y+z=1 \Rightarrow x+y=1$，

$D=\{(x,y)\mid 0\le x\le 1-y, 0\le y\le 1\}$圖(2)，

或 $D=\{(x,y)\mid 0\le y\le 1-x, 0\le x\le 1\}$圖(1)，

$$V=\iint_D f(x,y)dA=\iint_D z\,dA$$

$$=\int_0^1\left[\int_0^{1-y}(1-x-y)dx\right]dy$$

$$=\int_0^1 \left(x-\frac{1}{2}x^2-xy\right)\Big|_0^{1-y} dy$$

$$=\int_0^1\left[(1-y)-\frac{1}{2}(1-y)^2-(1-y)y\right]dy$$

$$=\int_0^1\left(\frac{1}{2}y^2-y+\frac{1}{2}\right)dy$$

$$=\left(\frac{1}{6}y^3-\frac{1}{2}y^2+\frac{1}{2}y\right)\Big|_0^1$$

$$=\left(\frac{1}{6}-\frac{1}{2}+\frac{1}{2}\right)-0=\frac{1}{6}$$ 。

(1)、(2)為四面體的 D。

(1) $0\le y\le 1-x$。

(2) $0\le x\le 1-y$。

例題 4

D 為 $x=2$、$y=x$、$xy=1$ 所圍區域，求 $\iint_D \frac{x^2}{y^2}dA$。

解 畫出 $x=2, y=x, xy=1$ 所圍區域 D，而 D 為 $\frac{x^2}{y^2}$ 圖投影在 xy 平面上的區域。

(1, 1)為 $xy=1$ 與 $y=x$ 的交點。

$(2, \frac{1}{2})$為 $xy=1$ 與 $x=2$ 的交點。

$D=\{(x,y)\mid \frac{1}{x}\le y\le x, 1\le x\le 2\}$，

$$V=\iint_D \frac{x^2}{y^2}dA=\int_1^2\int_{\frac{1}{x}}^{x}\frac{x^2}{y^2}dydx$$

$$=\int_1^2\int_{\frac{1}{x}}^{x}x^2y^{-2}dydx=\int_1^2\left(\frac{-x^2}{y}\right)\Bigg|_{\frac{1}{x}}^{x}dx$$

$$=\int_1^2-\left(\frac{x^2}{x}-\frac{x^2}{\frac{1}{x}}\right)dx=-\int_1^2(x-x^3)dx$$

$$=-\left(\frac{x^2}{2}-\frac{x^4}{4}\right)\Bigg|_1^2=-\left[\left(\frac{2^2}{2}-\frac{2^4}{4}\right)-\left(\frac{1^2}{2}-\frac{1^4}{4}\right)\right]$$

$$=-\left(-2-\frac{1}{4}\right)=\frac{9}{4}$$。

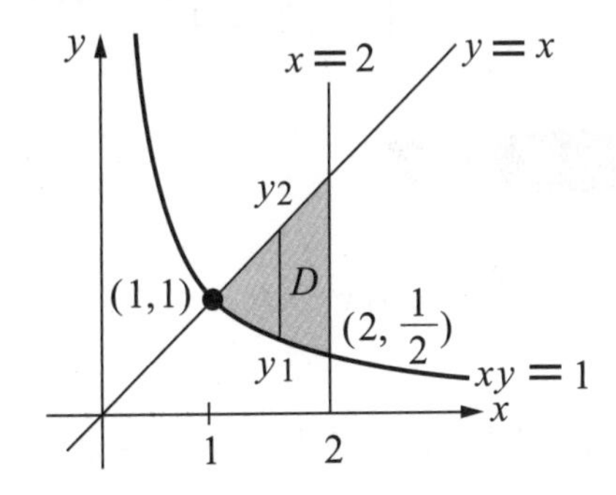

例題 5

證明：$\iint\limits_{\substack{a\le x\le b\\ c\le y\le d}} f(x)g(y)dxdy=\int_a^b f(x)dx\times\int_c^d g(y)dy$。

解 從略。

例題 6

$D=[1,4]\times[0,\frac{\pi}{6}]$，求 $I=\iint_D(x)(\sin y)dA$ 。

解 $\iint\limits_{\substack{a\le x\le b\\ c\le y\le d}} f(x)g(y)dxdy=\int_a^b f(x)dx\times\int_c^d g(y)dy$ ，

$$I=\iint_D(x)(\sin y)dA=\int_1^4 xdx\times\int_0^{\frac{\pi}{6}}\sin ydy=\frac{1}{2}x^2\Big|_1^4\times(-\cos y)\Big|_0^{\frac{\pi}{6}}$$

$$=\frac{1}{2}(4^2-1^2)\times[-(\cos\frac{\pi}{6}-\cos 0)]=-\frac{15}{2}\times(\frac{\sqrt{3}}{2}-1)$$

$$=-\frac{15\sqrt{3}}{4}+\frac{15}{2}=\frac{15}{4}(2-\sqrt{3})$$ 。

例題 7

求 $I=\int_0^1\int_{2y}^2\cos x^2dxdy$ 。

解 由圖知，其 $D=\{(x,y)|2y\le x\le 2, 0\le y\le 1\}$ 不能積分，

理由 $\int_{2y}^2\cos x^2dx$ 無法積分，

$\therefore D=\{(x,y)\mid 2y\le x\le 2, 0\le y\le 1\}$ ，

改爲 $D'=\{(x,y)\mid 0\le y\le\frac{x}{2}, 0\le x\le 2\}$ ，

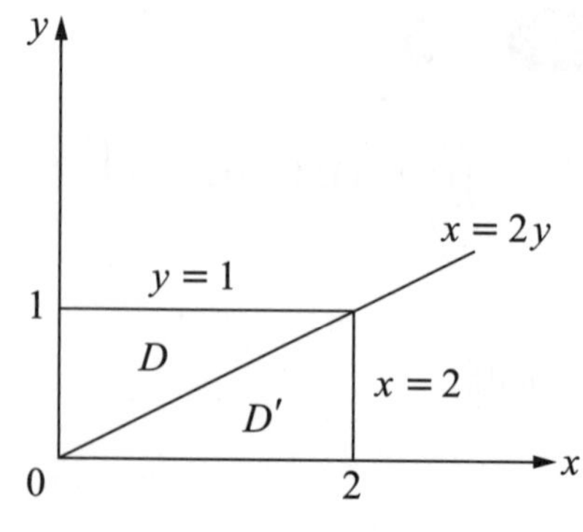

$$V=\iint_D f(x,y)dA=\int_0^2\int_0^{\frac{x}{2}}\cos x^2dydx$$

$$=\int_0^2(y\cos x^2)\Big|_0^{\frac{x}{2}}dx=\frac{1}{2}\int_0^2 x\cos x^2dx$$

$$=\frac{1}{4}\int_0^2\cos x^2d(x^2)=\frac{1}{4}\sin x^2\Big|_0^2$$

$$=\frac{1}{4}(\sin 2^2-\sin 0)=\frac{1}{4}\sin 4$$ 。

例題 8

求 $\int_0^2\int_1^2 xy^2dydx$ 。

解 （解一）

$$\iint_{\substack{a\le x\le b\\ c\le y\le d}} f(x)g(y)dxdy=\int_a^b f(x)dx\times\int_c^d g(y)dy$$

$$\int_0^2\int_1^2 xy^2dydx=\int_0^2 xdx\times\int_1^2 y^2dy=\frac{1}{2}x^2\Big|_0^2\times\frac{1}{3}y^3\Big|_1^2$$

$$=\frac{1}{2}(2^2-0^2)\times\frac{1}{3}(2^3-1^3)=2\times\frac{7}{3}=\frac{14}{3}\text{ 。}$$

（解二）

$$\int_0^2\int_1^2 xy^2dydx=\int_0^2\frac{1}{3}xy^3\Big|_1^2dx=\int_0^2\frac{1}{3}x(2^3-1^3)dx$$

$$=\frac{7}{3}\int_0^2 xdx=\frac{7}{6}x^2\Big|_0^2=\frac{7}{6}(2^2-0^2)=\frac{14}{3}\text{ 。}$$

若 $\int_0^2\int_1^2 xy^2dydx$ 改為 $\int_1^2\int_0^2 xy^2dxdy$ ，其結果一樣。

例題 9

$f(x, y)=6x^2y$，$D=\{(x, y)\mid y\le x\le y^2, 1\le y\le 2\}$，求 $\iint_D f(x, y)dA$ 。

解 $\iint_D f(x, y)dA$

$$=\int_1^2\int_y^{y^2}6x^2ydxdy=6\int_1^2\frac{1}{3}x^3y\Big|_y^{y^2}dy=2\int_1^2[(y^2)^3y-(y)^3y]dy=2\int_1^2(y^7-y^4)dy$$

$$=2(\frac{1}{8}y^8-\frac{1}{5}y^5)\Big|_1^2=2\{[\frac{1}{8}(2)^8-\frac{1}{5}(2)^5]-[\frac{1}{8}(1)^8-\frac{1}{5}(1)^5]\}=2[(\frac{256}{8}-\frac{32}{5})-(\frac{1}{8}-\frac{1}{5})]$$

$$=2[\frac{128}{5}-(-\frac{3}{40})]=\frac{256}{5}+\frac{3}{20}=\frac{1024+3}{20}=\frac{1027}{20}\text{ 。}$$

例題 10

求介於曲面 $z = 2y - x$ 下，且在 xy 平面上，由 $y = 2x$ 及 $y = x^2$ 所圍區域 D 上所形成的立體體積。

解 畫出 $y = 2x, y = x^2$ 所圍區域 D，而 D 爲曲面 $z = 2y - x$ 在 xy 平面上投影區域。

$D = \{ (x, y) \mid x^2 \le y \le 2x, 0 \le x \le 2\}$，

$$V = \iint_D z dA = \int_0^2 \int_{x^2}^{2x} (2y - x) dy dx$$

$$= \int_0^2 (y^2 - xy)\Big|_{x^2}^{2x} dx$$

$$= \int_0^2 \{[(2x)^2 - (x)(2x)] - [(x^2)^2 - x(x^2)]\} dx$$

$$= \int_0^2 [(4x^2 - 2x^2) - (x^4 - x^3)] dx = \int_0^2 (-x^4 + x^3 + 2x^2) dx$$

$$= (-\frac{1}{5}x^5 + \frac{1}{4}x^4 + \frac{2}{3}x^3)\Big|_0^2 = [-\frac{1}{5}(2)^5 + \frac{1}{4}(2)^4 + \frac{2}{3}(2)^3] - 0 = \frac{44}{15}$$ 。

習題

1. $\int_0^1 \int_0^x (x+3y)dydx$。

2. $\int_{\frac{\pi}{4}}^{\frac{\pi}{2}} \int_{\cos\theta}^1 (r\sin\theta)drd\theta$。

3. $\int_0^1 \int_x^1 \sin y^2 dydx$。

4. D 爲 $y=x^2$、$y=x$ 所圍區域，求 $I=\iint_D \frac{\sin x}{x}dxdy$。

5. D 爲 $y=x$、$y^2=x$ 所圍區域，求 $I=\iint_D xydxdy$。

6. $D=\{(x,y) \mid 0\le x\le 2, 0\le y\le 3\}$，$f(x,y)=6x^2y$，求 $I=\iint_D f(x,y)dA$。

7. $D=\{(x,y) \mid 0\le x\le 2y, 0\le y\le 2\}$，$f(x,y)=12x^2y^2$，求 $I=\iint_D f(x,y)dA$。

8. 求介於曲面 $z=2xy$ 下，且在 xy 平面由(0, 0)、(0, 1)、(1, 1)所成形的三角形 R 上的立體體積。

9. 求介於曲面 $z=xy^2$ 下，且在 xy 平面由 $y=x^2$ 及 $y=1$ 所圍的區域 D，所形成的立體體積。

10. 求曲線 $y=x^2$ 與 $y=2x-x^2$ 所圍區域的面積。

簡答

1. $\frac{5}{6}$

2. $\frac{5\sqrt{2}}{24}$

3. $\frac{1}{2}(1-\cos 1)$

4. $1-\sin 1$

5. $\frac{1}{24}$

6. 72

7. $\frac{1024}{3}$

8. $\frac{1}{4}$

9. 0

10. $\frac{1}{3}$

9-3 極座標的二重積分 (Double Integrals in Polar Form)

函數圖形爲球、圓、弧等圖形，以直角座標處理會很繁雜，若以極座標解題就簡單多了。

$ABCD$ 的區域，半徑 r 與 $r+dr$ 的圓弧與 θ 與 $\theta+d\theta$ 射線所圍。

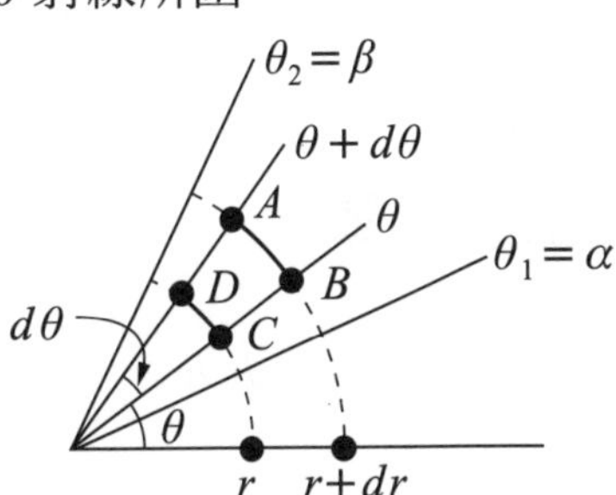

當 $dr, d\theta \to 0$，把 $ABCD$ 視爲小矩形，

$\therefore \overline{AB}=\overline{CD}=rd\theta$，$\overline{AD}=\overline{BC}=dr$，

故小矩形面積 $dA=(rd\theta)(dr)=rdrd\theta$。

$\iint_D zdA=\iint_D f(x,y)dA=\iint_D f(r\cos\theta, r\sin\theta)rdrd\theta$。

性質：極座標區域 $D=\{(r,\theta)\mid \alpha\le\theta\le\beta,\ \phi_1(\theta)=r_1\le r\le\phi_2(\theta)=r_2\}$。

$\iint_D f(x,y)dA=\int_\alpha^\beta\int_{\phi_1(\theta)}^{\phi_2(\theta)} f(r\cos\theta, r\sin\theta)rdrd\theta$，$dA=rdrd\theta$。

例題 1

$D=\{(x,y)\mid x^2+2y^2\le 2y\}$，$f(x,y)=\dfrac{1}{\sqrt{x^2+y^2}}$，求 $\iint_D f(x,y)dA$。

解 把 $\iint_D f(x,y)dA$ 換成 $\iint_D f(r\cos\theta, r\sin\theta)rdrd\theta$，

令 $x=r\cos\theta$，$y=r\sin\theta$，

$\dfrac{1}{\sqrt{x^2+y^2}}=\dfrac{1}{\sqrt{r^2(\cos^2\theta+\sin^2\theta)}}=\dfrac{1}{r}$，

$x^2+2y^2\le 2y \Rightarrow (r\cos\theta)^2+(r\sin\theta)^2\le 2r\sin\theta$，

$D=\{(r,\theta)\mid 0\le r\le 2\sin\theta, 0\le\theta\le\pi\}$，

$x^2+2y^2=2y \Rightarrow x^2+y^2-2y+1=1 \Rightarrow (x-0)^2+(y-1)^2=1$，

$\therefore$圓心$(0,1)$，半徑 $r=1$，

$$\iint_D f(x, y)dA = \iint_D \frac{1}{\sqrt{x^2+y^2}}dxdy = \int_0^{\pi}\int_0^{2\sin\theta}\frac{1}{r}rdrd\theta \text{，}$$

$$\frac{1}{\sqrt{x^2+y^2}} = \frac{1}{r} \text{，} dA = rdrd\theta \text{，}$$

$$\int_0^{\pi}\int_0^{2\sin\theta}\frac{1}{r}rdrd\theta = \int_0^{\pi}\int_0^{2\sin\theta}drd\theta = \int_0^{\pi}(r\Big|_0^{2\sin\theta})d\theta$$

$$= \int_0^{\pi}2\sin\theta d\theta = 2(-\cos\theta)\Big|_0^{\pi}$$

$$= -2(\cos\pi - \cos 0) = -2(-1-1) = 4 \text{。}$$

例題 2

求 $\int_0^{\infty}\int_0^{\infty}e^{-(x^2+y^2)}dxdy$ 。

解 把 $\iint_D f(x, y)dA$ 換成 $\iint_D f(r\cos\theta, r\sin\theta)rdrd\theta$ ，

$D = \{ (x, y) \mid 0 \le x \le \infty, 0 \le y \le \infty\}$ ，

令 $x = r\cos\theta$，$y = r\sin\theta$，$x^2 + y^2 = r^2 (\cos^2\theta + \sin^2\theta) = r^2$，

∴圓心(0, 0)，半徑 r，∵在第一象限，∴$0 \le r \le \infty$，$0 \le \theta \le \frac{\pi}{2}$ ，

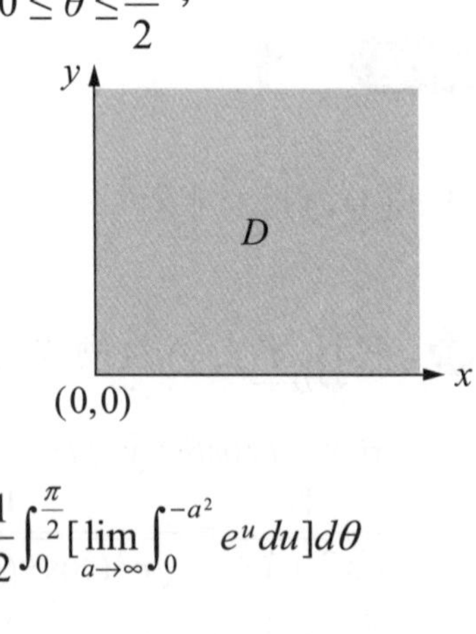

故 $\int_0^{\infty}\int_0^{\infty}e^{-(x^2+y^2)}dxdy = \int_0^{\frac{\pi}{2}}\int_0^{\infty}e^{-r^2}rdrd\theta$

$$= \int_0^{\frac{\pi}{2}}[\lim_{a\to\infty}\int_0^{a}e^{-r^2}rdr]d\theta \text{，}$$

令 $u = -r^2$，$du = -2rdr$，$\frac{-1}{2}du = rdr$ ，

$r = 0 \rightarrow u = 0$ 及 $r = a \rightarrow u = -a^2$，

$$\therefore \int_0^{\frac{\pi}{2}}[\lim_{a\to\infty}\int_0^{a}e^{-r^2}rdr]d\theta = \int_0^{\frac{\pi}{2}}[\lim_{a\to\infty}\int_0^{-a^2}e^{u}(\frac{-1}{2})du]d\theta = -\frac{1}{2}\int_0^{\frac{\pi}{2}}[\lim_{a\to\infty}\int_0^{-a^2}e^{u}du]d\theta$$

$$= -\frac{1}{2}\int_0^{\frac{\pi}{2}}(\lim_{a\to\infty}e^{u}\Big|_0^{-a^2})d\theta = -\frac{1}{2}\int_0^{\frac{\pi}{2}}[\lim_{a\to\infty}(e^{-a^2} - e^0)]d\theta$$

$$= \frac{1}{2}\int_0^{\frac{\pi}{2}}1d\theta = \frac{1}{2}\theta\Big|_0^{\frac{\pi}{2}} = \frac{1}{2}(\frac{\pi}{2} - 0) = \frac{\pi}{4} \text{。}$$

例題 3

$D=\{(x,y)\mid 1\le x^2+y^2\le 4\}$，求 $\iint_D \frac{1}{\sqrt{x^2+y^2}}dA$。

解 把 $\iint_D f(x,y)dA$ 改為 $\iint_D f(r\cos\theta, r\sin\theta)rdrd\theta$，

$x=r\cos\theta$，$y=r\sin\theta$，$\frac{1}{\sqrt{x^2+y^2}}=\frac{1}{\sqrt{r^2(\cos^2\theta+\sin^2\theta)}}=\frac{1}{r}$，

$\therefore D=\{(r,\theta)\mid 1\le r\le 2, 0\le\theta\le 2\pi\}$，

$$\iint_D \frac{1}{\sqrt{x^2+y^2}}dA=\int_0^{2\pi}\int_1^2(\frac{1}{r})(rdrd\theta)=\int_0^{2\pi}\int_1^2 drd\theta$$

$$=\int_0^{2\pi}1d\theta\times\int_1^2 1dr=\theta\Big|_0^{2\pi}\times r\Big|_1^2=2\pi\times 1=2\pi。$$

或 $\int_0^{2\pi}\int_1^2 1drd\theta=\int_0^{2\pi}(r\Big|_1^2)d\theta=\int_0^{2\pi}d\theta=\theta\Big|_0^{2\pi}=2\pi$。

例題 4

求柱面 $x^2+y^2\le 1$，球面 $x^2+y^2+z^2=2^2$ 所圍立體的體積。

解 畫出圓柱與球面所圍區域 D，$z=\sqrt{4-x^2-y^2}$ 為圓柱頂曲面亦是球面一部分，而畫出的立體只是上半部。

圓柱頂為 $z=\sqrt{4-x^2-y^2}$，底為 xy 平面上的單位圓的立體上半部，

$z=\sqrt{4-x^2-y^2}$ 表球面，單位圓 $x^2+y^2=1$，

$D=\{(r,\theta)\mid 0\le r\le 1, 0\le\theta\le 2\pi\}$，

$$V=2\iint_D\sqrt{4-x^2-y^2}dA=2\int_0^{2\pi}\int_0^1\sqrt{4-r^2}rdrd\theta$$

$$=2(\int_0^{2\pi}d\theta\times\int_0^1\sqrt{4-r^2}rdr)，$$

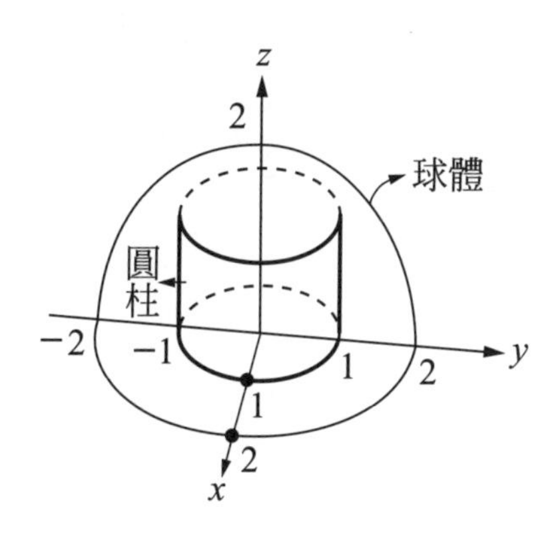

$$\int_0^{2\pi} 1 d\theta = \theta \Big|_0^{2\pi} = 2\pi \text{，}$$

$$\int_0^1 \sqrt{4-r^2}\, r dr = -\frac{1}{2}\int_0^1 (4-r^2)^{\frac{1}{2}} d(4-r^2) = -\frac{1}{2}\times\frac{2}{3}\times(4-r^2)^{\frac{3}{2}}\Big|_0^1$$

$$= \frac{1}{3}[(4-1^2)^{\frac{3}{2}} - (4-0^2)^{\frac{3}{2}}] = \frac{-1}{3}(3^{\frac{3}{2}} - 4^{\frac{3}{2}}) = \frac{1}{3}(8-3\sqrt{3}) \text{，}$$

$$\therefore V = 2[2\pi \times \frac{1}{3}(8-3\sqrt{3})] = \frac{4\pi}{3}(8-3\sqrt{3}) \text{。}$$

例題 5

求心臟線 $r = a(1 - \cos\theta)$所圍的區域面積。

解 畫出心臟線圖形，

$D = \{ (r, \theta) \mid 0 \le r \le a(1 - \cos\theta)\text{，}0 \le \theta \le 2\pi\}$，

$$\iint_D dA = 2\int_0^{\pi}\int_0^{a(1-\cos\theta)} r dr d\theta = \int_0^{\pi} r^2 \Big|_0^{a(1-\cos\theta)} d\theta$$

$$= a^2\int_0^{\pi}(1-\cos\theta)^2 d\theta = a^2\int_0^{\pi}(1-2\cos\theta+\cos^2\theta)d\theta \text{，}$$

$\int 1 d\theta = \theta + c$，$2\int \cos\theta d\theta = 2\sin\theta + c$，

$$\int \cos^2\theta d\theta = \frac{1}{2}\int(1+\cos 2\theta)d\theta = \frac{1}{2}[\int d\theta + \frac{1}{2}\int \cos 2\theta d(2\theta)]$$

$$= \frac{1}{2}\theta + \frac{1}{4}\sin 2\theta + c \text{，}$$

$$\therefore A = a^2\int_0^{\pi}(1-2\cos\theta+\cos^2\theta)d\theta = a^2(\frac{3}{2}\theta - 2\sin\theta + \frac{1}{4}\sin 2\theta \Big|_0^{\pi})$$

$$= a^2[(\frac{3}{2}\pi - 2\sin\pi + \frac{1}{4}\sin 2\pi) - (0 - 2\sin 0 + \frac{1}{4}\sin 0)] = a^2(\frac{3}{2}\pi) = \frac{3}{2}\pi a^2 \text{。}$$

習題

1. $D=\{(x,y)\mid x^2+y^2\le 1, x,y\le 0\}$，求 $I=\iint_D \sqrt{x^2+y^2}\,dA$。
2. 求 $r=a(1-\cos\theta)$外部與 $r=a$ 內部所圍區域面積 A。
3. 求拋物面 $z=1-x^2-y^2$ 與 xy 平面所圍立體的體積 V。
4. $D=\{(x,y)\mid 1\le x^2+y^2\le 4\}$，求 $I=\iint_D e^{-(x^2+y^2)}dA$。
5. D 為 $r=2\cos\theta$ 內部、$r=1$ 外部的區域，求 $I=\iint_D \frac{1}{\sqrt{x^2+y^2}}dA$。
6. 求 $\iint_{x^2+y^2\le 1} e^{x^2+y^2}dA$。
7. $D=\{(x,y)\mid x^2+y^2\le 2y\}$，求 $I=\iint_D \frac{x}{\sqrt{x^2+y^2}}dA$。

簡答

1. $\frac{\pi}{6}$
2. $a^2(\frac{3}{4}\pi-2)$
3. $\frac{\pi}{2}$
4. $\pi(\frac{1}{e}-\frac{1}{e^4})$
5. $4\sqrt{3}-\frac{4}{3}\pi$
6. $\pi(e-1)$
7. 0

9-4 三重積分(Triple Integrals)

二重積分在幾何上表立體的體積。三重積分已沒幾何意義，但求不均勻物體的質量、重心等要用到三重積分。

定義： 設 V 爲空間閉區域（D 表平面閉區域，I 表線段閉區間），V 亦表體積，$f(x, y, z)$爲定義在 V 上的有界函數，$\Delta = \{V_1, V_2, \cdots, V_n\}$爲 V 的分割，

$(x_k, y_k, z_k) \in V_k$，$\|\Delta\| \to 0$ 表 $n \to \infty$，且 V_k縮成一點，

若 $\lim\limits_{\|\Delta\|\to 0}\sum\limits_{k=1}^{n} f(x_k, y_k, z_k)\Delta V_k$ 存在，則其極限稱爲 $f(x, y, z)$在 V 上的三重積分，即爲 $\iiint_V f(x, y, z)dV$，$f(x, y, z)$稱爲積分函數，V 叫做積分區域。

若物體佔有空間區域 V，V 內的點(x, y, z)處的密度爲 $f(x, y, z)$，則物體的質量 M 就是密度函數 $\rho = f(x, y, z)$在區域 V 上的三重積分。

均質物體的質量 $M =$ 密度 $\rho \times$ 體積 V，

即 $M = \iiint_V dV = 1 \times V = V$，亦即三重積分 $\iiint_V dV$ 的值等於區域 V 的體積。

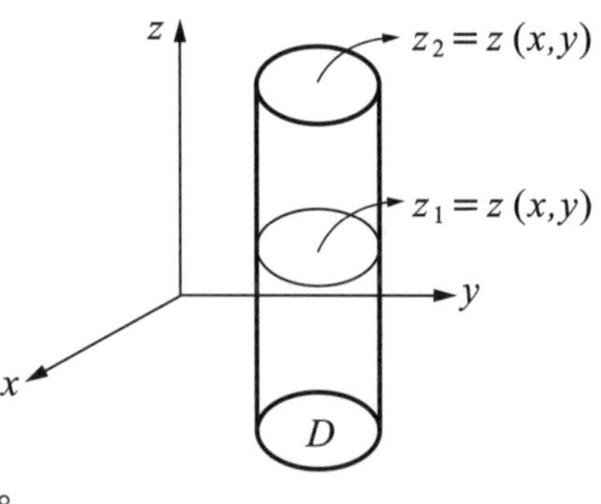

性質 1： V（空間閉區域）

$= \{ (x, y, z) \mid z_1(x, y) \le z \le z_2(x, y), (x, y) \in D\}$，

D 爲 V 在 xy 平面上的投影區域，則

$\iiint_V f(x,y,z)dV = \iint_D [\int_{z_1(x,y)}^{z_2(x,y)} f(x,y,z)dz]dxdy$。

例題 1

設 V 爲 $x=0$、$y=0$、$z=1$、$z=x+y$ 所圍的四面體，求 $I=\iiint_V xdV$。

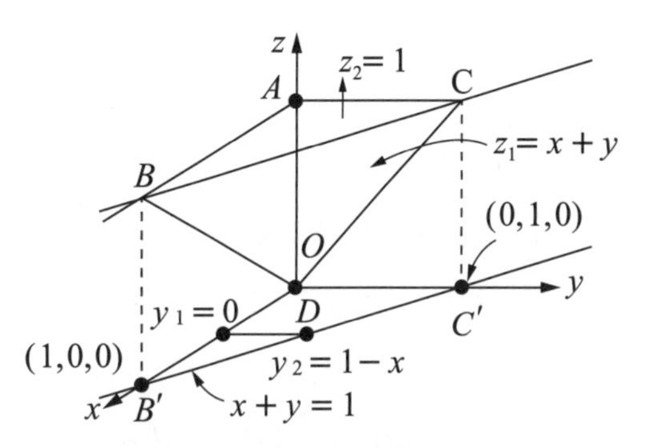

解 V（空間閉區域）

$$=\{(x,y,z)\mid x+y\le z\le 1,\ x,y\in D\}，$$

$$D=\{(x,y)\mid 0\le y\le 1-x,\ 0\le x\le 1\}，$$

$$I=\iiint_V f(x,y,z)dV$$

$$=\iint_D[\int_{z_1(x,y)}^{z_2(x,y)} f(x,y,z)dz]dxdy$$

$$=\int_0^1\int_0^{1-x}[\int_{x+y}^{1} xdz]dydx=\int_0^1\int_0^{1-x}[xz\Big|_{x+y}^{1}]dydx$$

$$=\int_0^1\int_0^{1-x}[x(1)-x(x+y)]dydx$$

$$=\int_0^1\int_0^{1-x}(x-x^2-xy)dydx$$

$$=\int_0^1(xy-x^2y-\frac{1}{2}xy^2)\Big|_0^{1-x}dx$$

$$=\int_0^1\{[x(1-x)-x^2(1-x)-\frac{1}{2}x(1-x)^2]-0\}dx$$

$$=\int_0^1(\frac{1}{2}x^3-x^2+\frac{1}{2}x)dx$$

$$=(\frac{1}{8}x^4-\frac{1}{3}x^3+\frac{1}{4}x^2)\Big|_0^1$$

$$=(\frac{1}{8}-\frac{1}{3}+\frac{1}{4})-0$$

$$=\frac{3-8+6}{24}=\frac{1}{24}。$$

ABC 爲四面體的頂 $z=1$，

OBC 爲四面體的底 $z=x+y$，

OAC 爲四面體的右側，

OAB 爲四面體的左側，

$OB'C'$爲四面體在 xy 平面的投影 $B'C'$爲 $x+y=1$。

性質 2：$V=\{(x,y,z)\mid z\in[e,f]，(x,y)\in D(z)\}$，$[e,f]$爲 V 在 z 軸的投影區間，即 $z\in[e,f]$，過點 z 與 z 軸垂直的平面（即與 xy 平面平行）與 V 的截面爲 $D(z)$。則 $\iiint_V f(x,y,z)dV=\int_e^f[\iint_{D(z)} f(x,y,z)dxdy]dz$。

例題 2

V（空間區域）$= \{ (x, y, z) \mid x \ge 0, y \ge 0, z \ge 0, x^2 + y^2 + z^2 \le R^2 \}$，$x^2 + y^2 + z^2$ 表球體，求 $I = \iiint_V z dV$。

解 $\iiint_V f(x,y,z)dV = \int_e^f [\iint_{D(z)} f(x,y,z)dxdy]dz$，

V 在 z 軸的投影區間為$[0, R]$，$\therefore e = 0$，$f = R$，

對應 $z \in [0, R]$的平面區域

$D(z) = \{ (x, y) \mid x \ge 0, y \ge 0, x^2 + y^2 \le R^2 - z^2 \}$，

$$I = \iiint_V zdV = \int_0^R [\iint_{D(z)} zdxdy]dz$$

$$= \int_0^R z[\iint_{D(z)} dxdy]dz，$$

$$\iint_{D(z)} dxdy = \frac{\pi}{4}(\sqrt{R^2 - z^2})^2，$$

$$\therefore I = \int_0^R z[\frac{\pi}{4}(\sqrt{R^2 - z^2})^2]dz = \frac{\pi}{4}\int_0^R (R^2 z - z^3)dz$$

$$= \frac{\pi}{4}(\frac{R^2}{2}z^2 - \frac{1}{4}z^4)\Big|_0^R = \frac{\pi}{4}[(\frac{1}{2}R^4 - \frac{1}{4}R^4) - 0]$$

$$= \frac{\pi}{4} \times \frac{R^2}{4} = \frac{\pi R^2}{16}。$$

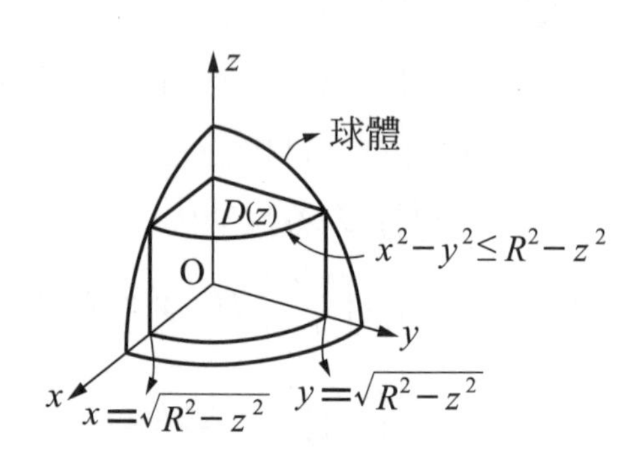

例題 3

求 $I = \iiint_V zdxdydz$，V 由錐面 $z = \frac{h}{R}\sqrt{x^2 + y^2}$ 與平面 $z = h$，$R > 0$，$h > 0$ 所圍的閉區域。

解 （解一）利用性質 1

$$I = \iiint_V f(x,y,z)dV = \iint_D [\int_{z_1(x,y)}^{z_2(x,y)} f(x,y,z)dz]dxdy，$$

$z_1(x, y) = \frac{h}{R}\sqrt{x^2 + y^2}$，$z_2(x, y) = h$，

V 在 xy 平面上的投影區域，

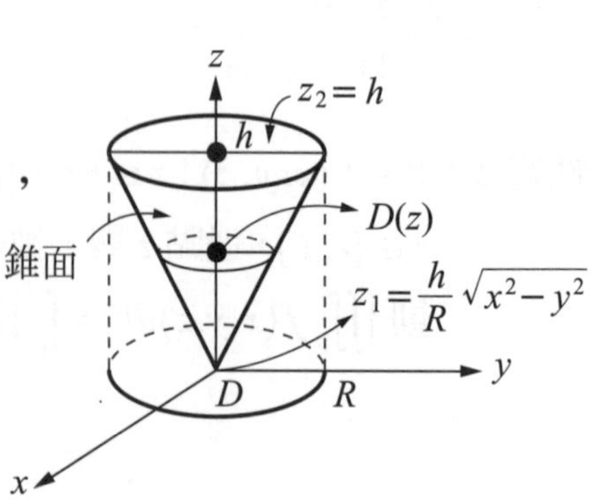

$\because \frac{h}{R}\sqrt{x^2+y^2}=h \Rightarrow x^2+y^2=R^2$，

$\therefore D$（圓）$=\{(x,y)\mid x^2+y^2=R^2\}$，

$V=\{(x,y,z)\mid \frac{h}{R}\sqrt{x^2+y^2}\le z\le h\ (x,y)$，$x$、$y\in D\}$，

$D=\{(x,y)\mid 0\le x<R$，$0\le y\le R\}$，

$$I=\iiint_V zdxdydz=\iint_D[\int_{\frac{h}{R}\sqrt{x^2+y^2}}^{h} zdz]dxdy=\frac{1}{2}\iint_D(z^2\Big|_{\frac{h}{R}\sqrt{x^2+y^2}}^{h})dxdy$$

$$=\frac{1}{2}\iint_D(h^2-\frac{h^2}{R^2}(x^2+y^2)dxdy=\frac{1}{2}h^2\iint_D dxdy-\frac{h^2}{2R^2}\iint_D(x^2+y^2)dxdy$$，

$$\frac{1}{2}h^2\iint_D dxdy=\frac{h^2}{2}(\pi R^2)=\frac{\pi R^2h^2}{2}$$，

$$\frac{h^2}{2R^2}\iint_D(x^2+y^2)dxdy=\frac{h^2}{2R^2}\int_0^{2\pi}\int_0^R r^2(rdrd\theta)=\frac{h^2}{2R^2}\int_0^{2\pi}\int_0^R r^3drd\theta$$

$$=\frac{h^2}{2R^2}(\int_0^{2\pi}d\theta\times\int_0^R r^3dr)=\frac{h^2}{2R^2}(2\pi-\frac{1}{4}r^4\Big|_0^R)$$

$$=\frac{h^2}{2R^2}(\frac{2\pi R^4}{4})=\frac{\pi R^2h^2}{4}$$，

$$\therefore I=\iiint_V zdxdydz=\frac{\pi R^2h^2}{2}-\frac{\pi R^2h^2}{4}=\frac{\pi R^2h^2}{4}$$。

（解二）利用性質 2：

$$I=\iiint_V f(x,y,z)dz=\int_e^f[\iint_{D(z)}f(x,y,z)dxdy]dz$$，

過點$(0, 0, z)$作平行 xy 平面（即與 z 軸垂直）的平面

與 V 的截面爲圓區域 $D(z)$，半徑 $\sqrt{x^2+y^2}=\frac{R}{h}z$（即 $z=\frac{h}{R}\sqrt{x^2+y^2}$），面積

$\pi(\frac{R}{h}z)^2=\frac{\pi R^2}{h^2}z^2$。

$V=\{(x,y,z)\mid 0\le z\le h, z\in[e,f], (x,y)\in D(z)\}$，

$D(z)=\{(x,y)\mid \sqrt{x^2+y^2}\le\frac{R}{h}z\}$，

$$I=\iiint_V zdxdydz=\int_0^h[\iint_{D(z)}dxdy]zdz=\int_0^h(\frac{\pi R^2}{h^2}z^2)zdz=\frac{\pi R^2}{h^2}\int_0^h z^3dz$$

$$=\frac{\pi R^2}{h^2}\times\frac{1}{4}h^4\Big|_0^h=\frac{\pi R^2}{4h^2}\times h^4=\frac{\pi R^2h^2}{4}$$。

例題 4

$\int_0^1\int_0^2\int_0^3 xyzdzdydx$ 。

解 $\int_0^1\int_0^2\int_0^3 xyzdzdydx$ ，表 $0\le z\le 3$，$0\le y\le 2$，$0\le x\le 1$

$$=\int_0^1\int_0^2 \frac{1}{2}xyz^2\Big|_0^3 dydx=\int_0^1\int_0^2[\frac{1}{2}(xy)(3^2-0^2)]dydx$$

$$=\frac{9}{2}\int_0^1\int_0^2 xydydx=\frac{9}{2}\int_0^1\frac{1}{2}xy^2\Big|_0^2 dx=\frac{9}{4}\int_0^1 x(2^2-0^2)dx$$

$$=9\int_0^1 xdx=\frac{9}{2}x^2\Big|_0^1=\frac{9}{2}(1^2-0^2)=\frac{9}{2}$$ 。

例題 5

$R=\{(x,y,z)\mid 1\le x\le 2,-1\le y\le 1,0\le z\le 2\}$，求 $\iiint_V(2x+y)dV$ 。

解 $\iiint_V(2x+y)dV=\int_1^2\int_{-1}^1[\int_0^2(2x+y)dz]dydx$

$$=\int_1^2\int_{-1}^1(2xz+yz)\Big|_0^2 dydx$$

$$=\int_1^2\int_{-1}^1\{[2x(2)+y(2)]-0\}dydx$$

$$=\int_1^2\int_{-1}^1(4x+2y)dydx=\int_1^2(4xy+y^2)\Big|_{-1}^2 dx$$

$$=\int_1^2\{[4x(1)+(1)^2]-[4x(-1)+(-1)^2]\}dx$$

$$=\int_1^2 8xdx=4x^2\Big|_{-1}^2=4(2)^2-4(1)^2=12$$ 。

例題 6

$R = \{ (x, y, z) \mid 0 \le x \le 3y, 0 \le y \le 2, x^2 + 3y^2 \le z \le 3 - x^2 - y^2 \}$，求 $\iiint_V dV$。

解

$$\iiint_V dV = \int_0^2 \int_0^{3y} [\int_{x^2+3y}^{3-x^2-y^2} dz] dxdy = \int_0^2 \int_0^{3y} (z \Big|_{x^2+3y^2}^{3-x^2-y^2}) dxdy$$

$$= \int_0^2 \int_0^{3y} [(3 - x^2 - y^2) - (x^2 + 3y^2)] dxdy$$

$$= \int_0^2 [\int_0^{3y} (3 - 2x^2 - 4y^2) dx] dy$$

$$= \int_0^2 (3x - \frac{2}{3}x^3 - 4y^2 x) \Big|_0^{3y} dy$$

$$= \int_0^2 [3(3y) - \frac{2}{3}(3y)^3 - 4y^2(3y)] dy$$

$$= \int_0^2 (9y - 30y^3) dy = (\frac{9}{2}y^2 - \frac{30}{4}y^4) \Big|_0^2$$

$$= [\frac{9}{2}(2)^2 - \frac{30}{4}(2)^4] - 0 = 18 - 120 = -102$$ 。

習題

1. V 爲平面 $x+y+z=1$、$x=0$、$y=0$、$z=0$ 所圍成的四面體，求 $\iiint_V zdV$。

2. $V=\{(x,y,z)\mid 0\le x\le 1,-1\le y\le 2,0\le z\le 3\}$，求 $\iiint_V xyz^2dV$。

3. V 爲球面 $x^2+y^2+z^2=1$ 在第一卦限的閉區域，$V=\{(x,y,z)\mid 0\le z\le\sqrt{1-x^2-y^2}$, $0\le y\le\sqrt{1-x^2}$, $0\le x\le 1\}$，求 $\iiint_V xyzdV$。

簡答

1. $\frac{1}{24}$
2. $\frac{27}{4}$
3. $\frac{1}{48}$

9-5 三重積分變換(Substitutions in Triple Integrals)

一般座標都是以直角座標(x, y, z)表示，但能了解柱面座標(r, θ, z)及球面座標(ρ, θ, ϕ)，它們之間的互換，對解題就得心應手。

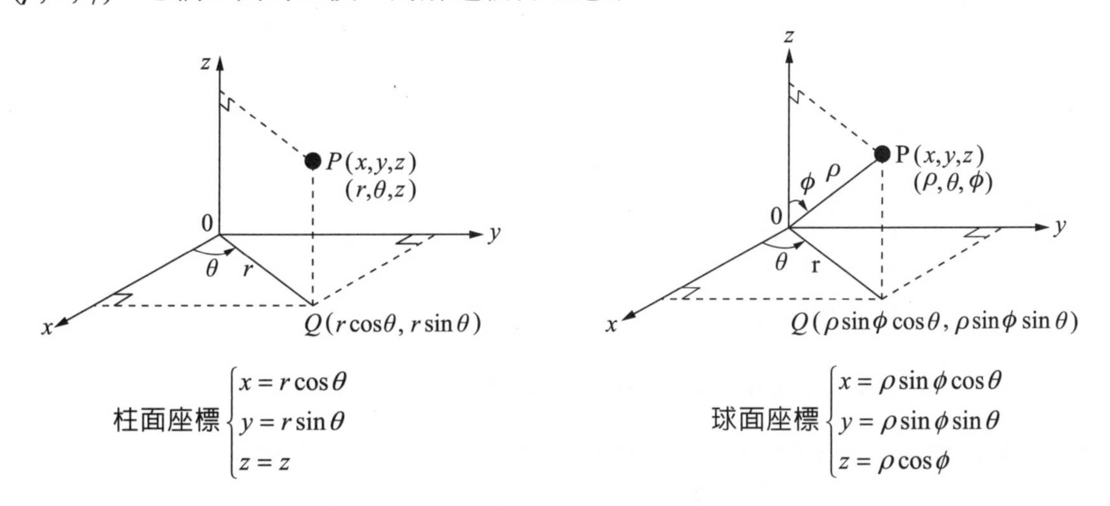

柱面座標 $\begin{cases} x = r\cos\theta \\ y = r\sin\theta \\ z = z \end{cases}$　　球面座標 $\begin{cases} x = \rho\sin\phi\cos\theta \\ y = \rho\sin\phi\sin\theta \\ z = \rho\cos\phi \end{cases}$

設 $f(x, y, z)$在空間有界閉區域 V 上連續，變換 $x = x(u, v, w)$，$y = y(u, v, w)$，$z = z(u, v, w)$，把 S（空間）一一對應到 V，且變換及其逆變換在各自區域 S、V 上連續可微，

則 $J(u, v, w) = \dfrac{\partial(x,y,z)}{\partial(u,v,w)} = \begin{vmatrix} \dfrac{\partial x}{\partial u} & \dfrac{\partial x}{\partial v} & \dfrac{\partial x}{\partial w} \\ \dfrac{\partial y}{\partial u} & \dfrac{\partial y}{\partial v} & \dfrac{\partial y}{\partial w} \\ \dfrac{\partial z}{\partial u} & \dfrac{\partial z}{\partial v} & \dfrac{\partial z}{\partial w} \end{vmatrix} \neq 0$，

J（雅可比(Jacobian)）行列式的絕對值$|J(u, v, w)|$表示點(u, v, w)處體積的伸縮係數。

性質：

$$\iiint_V f(x,y,z)dxdydz = \iiint_S f(x(u,v,w),y(u,v,w),z(u,v,w))\,|J(u,v,w)|\,dudvdw$$

對柱面座標(r, θ, z)變換

$$\begin{cases} x = r\cos\theta & (0 \le r \le \infty) \\ y = r\sin\theta & (0 \le \theta \le 2\pi) \\ z = z & (-\infty < z < \infty) \end{cases}，$$

$$J(r,\ \theta,\ z) = \begin{vmatrix} \dfrac{\partial x}{\partial r} & \dfrac{\partial x}{\partial \theta} & \dfrac{\partial x}{\partial z} \\ \dfrac{\partial y}{\partial r} & \dfrac{\partial y}{\partial \theta} & \dfrac{\partial y}{\partial z} \\ \dfrac{\partial z}{\partial r} & \dfrac{\partial z}{\partial \theta} & \dfrac{\partial z}{\partial z} \end{vmatrix} = \begin{vmatrix} \cos\theta & -r\sin\theta & 0 \\ \sin\theta & r\cos\theta & 0 \\ 0 & 0 & 1 \end{vmatrix} = (r\cos^2\theta + 0 + 0) - (0 - r\sin^2\theta)$$

$$= r\cos^2\theta + r\sin^2\theta = r(\cos^2\theta + \sin^2\theta) = r，$$

故 $\iiint_V f(x,y,z)dxdydz = \iiint_S f(r\cos\theta, r\sin\theta, z)\,|J(r,\theta,z)|\,drd\theta dz$

$= \iiint_S f(r\cos\theta, r\sin\theta, z)\,|r|\,drd\theta dz$，

體積元素 $dV = rdrd\theta dz$，$J(r,\ \theta,\ z) = r$，

對球面座標(ρ, ϕ, θ)變換

$$\begin{cases} x = \rho\sin\phi\cos\theta & (0 \le \rho < \infty) \\ y = \rho\sin\phi\sin\theta & (0 \le \theta \le 2\pi) \\ z = \rho\cos\phi & (0 \le \phi \le \pi) \end{cases}$$

$$J(\rho,\ \theta,\ \phi) = \begin{vmatrix} \dfrac{\partial x}{\partial \rho} & \dfrac{\partial x}{\partial \phi} & \dfrac{\partial x}{\partial \theta} \\ \dfrac{\partial y}{\partial \rho} & \dfrac{\partial y}{\partial \phi} & \dfrac{\partial y}{\partial \theta} \\ \dfrac{\partial z}{\partial \rho} & \dfrac{\partial z}{\partial \phi} & \dfrac{\partial z}{\partial \theta} \end{vmatrix} = \begin{vmatrix} \sin\phi\cos\theta & \rho\cos\phi\cos\theta & -\rho\sin\phi\sin\theta \\ \sin\phi\sin\theta & \rho\cos\phi\sin\theta & \rho\sin\phi\cos\theta \\ \cos\phi & -\rho\sin\phi & 0 \end{vmatrix}$$

$$= \{0 + [(\rho\cos\phi\cos\theta)(\rho\sin\phi\cos\theta)(\cos\phi)] + [(-\rho\sin\phi\sin\theta)(-\rho\sin\phi)(\sin\phi\sin\theta)]\}$$

$$-[(-\rho\sin\phi\sin\theta)(\rho\cos\phi\sin\theta)(\cos\phi)] + 0 + [(\sin\phi\cos\theta)(-\rho\sin\phi)(\rho\sin\phi\cos\theta)]\}$$

$$= \rho^2 \cos^2\phi \sin\phi \cos^2\theta + \rho^2 \sin^3\phi \sin^2\theta + \rho^2 \sin\phi \cos^2\phi \sin^2\theta + \rho^2 \sin^3\phi \cos^2\theta$$

$$= (\rho^2 \sin\phi)(\cos^2\phi \cos^2\theta + \sin^2\phi \sin^2\theta + \cos^2\phi \sin^2\theta + \sin^2\phi \cos^2\theta)$$

$$= (\rho^2 \sin\phi)[(\cos^2\theta)(\cos^2\phi + \sin^2\phi) + (\sin^2\theta)(\cos^2\phi + \sin^2\phi)]$$

$$= (\rho^2 \sin\phi)(\cos^2\theta + \sin^2\theta) = \rho^2 \sin\phi，$$

$$\iiint_V f(x,y,z)dxdydz = \iiint_S f(\rho\sin\phi\cos\theta, \rho\sin\phi\sin\theta, \rho\cos\phi)\,|J(\rho,\theta,\phi)|\,d\rho d\phi d\theta$$
$$= \iiint_S f(\rho\sin\phi\cos\theta, \rho\sin\phi\sin\theta, \rho\cos\phi)(\rho^2\sin\phi)d\rho d\phi d\theta \text{ 。}$$

體積元素 $dV = (\rho^2 \sin\phi)d\rho d\phi d\theta$，$J(\rho, \theta, \phi) = +\rho^2 \sin\phi$。

例題 1

S 爲拋物面 $z = x^2 + y^2$ 與平面 $z = 1$ 圍成的立體，求 S 的體積 V。

解 $S = \{ (x, y, z) \mid x^2 + y^2 \le z \le 1, (x, y) \in D\}$，

D 爲 S 在 xy 平面上的投影爲一單位圓 $r^2 = x^2 + y^2$，$z_1 = x^2 + y^2$，$z_2 = 1$，

柱面座標：

$S = \{ (r, \theta, z) \mid 0 \le r \le 1, 0 \le \theta \le 2\pi, r^2 \le z \le 1\}$，

$$V = \iiint_S dV = \iiint_S dxdydz = \iiint_S rdrd\theta dz (dV = rdrd\theta dz, J(r,\theta,z) = r)$$

$$= \int_0^{2\pi}\int_0^1\int_{r^2}^1 rdzdrd\theta = \int_0^{2\pi}\int_0^1 \left(rz\Big|_{r^2}^1\right)drd\theta$$

$$= \int_0^{2\pi}\int_0^1 [r(1-r^2)]drd\theta = \int_0^{2\pi}\int_0^1 (r - r^3)drd\theta$$

$$= \int_0^{2\pi} \left(\frac{1}{2}r^2 - \frac{1}{4}r^4\right)\Big|_0^1 d\theta = \int_{v0}^{2\pi} \left[\frac{1}{2}(1)^2 - \frac{1}{4}(1)^4 - 0\right]d\theta$$

$$= \int_0^{2\pi} \frac{1}{4}d\theta = \frac{1}{4}\theta\Big|_0^{2\pi} = \frac{1}{4}(2\pi - 0) = \frac{\pi}{2} \text{ 。}$$

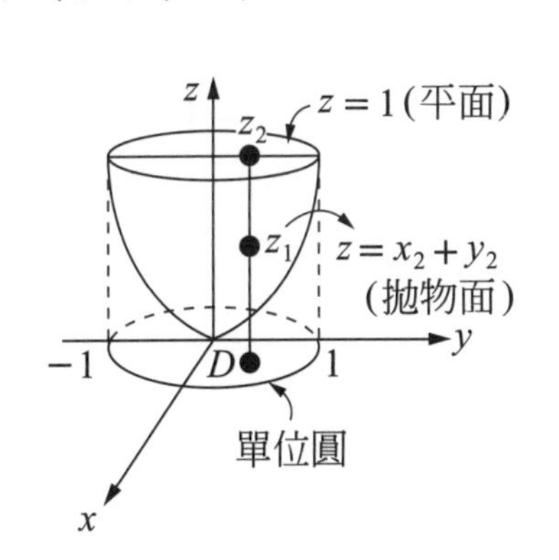

例題 2

V 為上半球面 $z=\sqrt{2-x^2-y^2}$ 與拋物面 $z=x^2+y^2$ 所圍成的閉區域，求 $\iiint_V zdV$ 。

解 $\begin{cases} z=\sqrt{2-x^2-y^2}\cdots(1) \\ z=x^2+y^2\cdots\cdots\cdots(2) \end{cases}$ ，(1)代入(2)，

$\sqrt{2-x^2-y^2}=x^2+y^2 \Rightarrow 2-x^2-y^2=(x^2+y^2)^2$

$\Rightarrow (x^2+y^2)^2+(x^2+y^2)-2=0$ ，令 $u=x^2+y^2$ ，

$\therefore u^2+u-2=0 \ \Rightarrow \ (u+2)(u-1)=0$

$\Rightarrow \ u+2=0 \ \Rightarrow \ u=-2$（不合），

$u-1=0 \ \Rightarrow \ u=1 \ \Rightarrow \ x^2+y^2=1$ ，

故 V 在 xy 平面上投影區域 $D=\{\,(x,y)\mid x^2+y^2\le 1\}$ ，

柱面座標 $S=\{\,(r,\theta,z)\mid 0\le r\le 1,\ 0\le\theta\le 2\pi,\ r^2\le z\le\sqrt{2-r^2}\,\}$ ，

$$\iiint_V zdV=\iiint_V zrdrd\theta dz=\int_0^{2\pi}\int_0^1\int_{r^2}^{\sqrt{2-r^2}} zrdzdrd\theta(dV=rdrd\theta dz,J(r,\theta,z)=r)$$

$$=\int_0^{2\pi}\int_0^1 \frac{1}{2}z^2r\Big|_{r^2}^{\sqrt{2-r^2}}drd\theta=\frac{1}{2}\int_0^{2\pi}\int_0^1 r[(\sqrt{2-r^2})^2-(r^2)^2]drd\theta$$

$$=\frac{1}{2}\int_0^{2\pi}\int_0^1(2r-r^3-r^5)drd\theta=\frac{1}{2}\int_0^{2\pi}(r^2-\frac{1}{4}r^4-\frac{1}{6}r^6)\Big|_0^1 d\theta$$

$$=\frac{1}{2}\int_0^{2\pi}\{[1^2-\frac{1}{4}(1)^4-\frac{1}{6}(1)^6]-0\}d\theta=\frac{1}{2}\int_0^{2\pi}\frac{7}{12}d\theta=\frac{7}{24}\int_0^{2\pi}1d\theta$$

$$=\frac{7}{24}\theta\Big|_0^{2\pi}=\frac{7}{24}(2\pi-0)=\frac{7\pi}{12}$$ 。

例題 3

S 爲單位球（$\rho=1$）在第一卦限部分，求 $\iiint_S \sqrt{x^2+y^2+z^2}\,dV=\iiint_S \rho dV$。

解 球面座標：$S=\{(\rho,\phi,\theta)\mid 0\le\rho\le 1,\ 0\le\phi\le\frac{\pi}{2},\ 0\le\theta\le\frac{\pi}{2}\}$，

$$\iiint_S \sqrt{x^2+y^2+z^2}\,dV=\iiint_S \rho dV=\iiint_S \rho[(\rho^2\sin\phi)d\rho d\phi d\theta]$$

$$(dV=\rho^2\sin\phi dpd\phi d\theta,\ J(\rho,\phi,\theta)=\rho^2\sin\phi)$$

$$=\int_0^{\frac{\pi}{2}}\int_0^{\frac{\pi}{2}}\int_0^1 \rho^3\sin\phi d\rho d\phi d\theta=\frac{1}{4}\int_0^{\frac{\pi}{2}}\int_0^{\frac{\pi}{2}}(\rho^4\sin\phi)\Big|_0^1 d\phi d\theta$$

$$=\frac{1}{4}\int_0^{\frac{\pi}{2}}\int_0^{\frac{\pi}{2}}\sin\phi d\phi d\theta=\frac{1}{4}\int_0^{\frac{\pi}{2}}(-\cos\phi)\Big|_0^{\frac{\pi}{2}} d\theta$$

$$=-\frac{1}{4}\int_0^{\frac{\pi}{2}}(\cos\frac{\pi}{2}-\cos 0)d\theta=\frac{1}{4}\int_0^{\frac{\pi}{2}}d\theta=\frac{1}{4}\theta\Big|_0^{\frac{\pi}{2}}=\frac{\pi}{8}\text{。}$$

例題 4

一球體 $S=\{(x,y,z)\mid 1\le x^2+y^2+z^2\le 9\}$，$\rho^2=x^2+y^2+z^2$，

密度 $\rho(x,y,z)=\dfrac{1}{\sqrt{x^2+y^2+z^2}}$，求質量 m。

解 $S=\{(x,y,z)\mid 1\le x^2+y^2+z^2\le 9\}=\{(\rho,\phi,\theta)\mid 1\le\rho\le 3,\ 0\le\phi\le\pi,\ 0\le\theta\le 2\pi\}$，

$$\text{質量 } m=\iiint_V \rho dV=\iiint_V \frac{1}{\sqrt{x^2+y^2+z^2}}dxdydz=\int_0^{2\pi}\int_0^{\pi}\int_1^3 \frac{1}{\rho}(\rho^2\sin\phi)d\rho d\phi d\theta$$

$$(dV=\rho^2\sin\phi d\rho d\phi d\theta\ \ J(\rho,\phi,\theta)=\rho^2\sin\phi)$$

$$=\int_0^{2\pi}\int_0^{\pi}\int_1^3 \rho\sin\phi d\rho d\phi d\theta=\frac{1}{2}\int_0^{2\pi}\int_0^{\pi}\rho^2\sin\phi\Big|_1^3 d\phi d\theta$$

$$=\frac{1}{2}\int_0^{2\pi}\int_0^{\pi}(3^2-1^2)\sin\phi d\phi d\theta=4\int_0^{2\pi}\int_0^{\pi}\sin\phi d\phi d\theta=-4\int_0^{2\pi}\cos\phi\Big|_0^{\pi}d\theta$$

$$=-4\int_0^{2\pi}(\cos\pi-\cos 0)d\theta=8\int_0^{2\pi}d\theta=8\theta\Big|_0^{2\pi}=16\pi\text{。}$$

例題 5

均質薄片 $D=\{(r,\theta)\mid 0\le\theta\le\pi,\ 2\sin\theta\le r\le 4\sin\theta\}$，求形心$(\overline{X},\overline{Y})$。

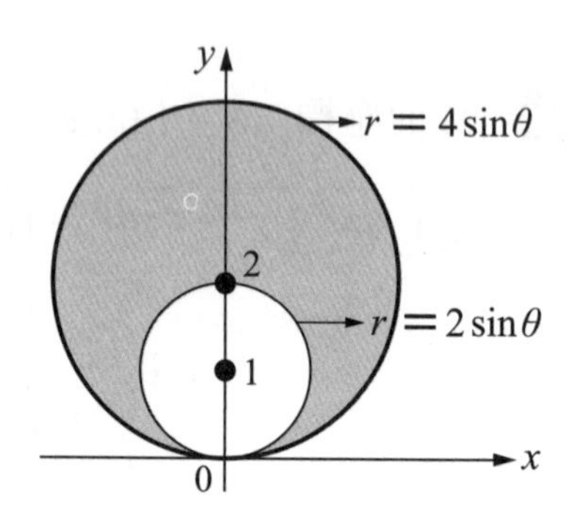

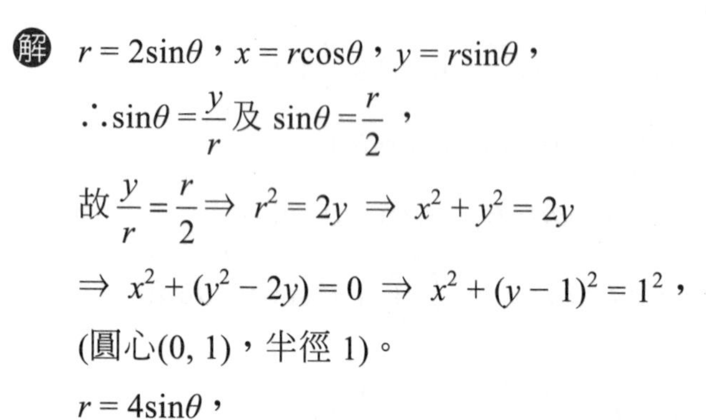

解 $r=2\sin\theta$，$x=r\cos\theta$，$y=r\sin\theta$，

$\therefore \sin\theta=\dfrac{y}{r}$ 及 $\sin\theta=\dfrac{r}{2}$，

故 $\dfrac{y}{r}=\dfrac{r}{2}\Rightarrow r^2=2y\Rightarrow x^2+y^2=2y$

$\Rightarrow x^2+(y^2-2y)=0\Rightarrow x^2+(y-1)^2=1^2$，

(圓心(0, 1)，半徑 1)。

$r=4\sin\theta$，

$\sin\theta=\dfrac{r}{4}$ 及 $\sin\theta=\dfrac{y}{r}$，$\therefore \dfrac{r}{4}=\dfrac{y}{r}\Rightarrow r^2=4y\Rightarrow x^2+(y^2-4y)=0$

$\Rightarrow x^2+(y-2)^2=2^2$，(圓心(0, 2)，半徑 2)。。

D 為兩圓之間，因 D 對稱 y 軸，所以$(\overline{X},\overline{Y})$位在 y 軸上，即 $\overline{X}=0$，

$D=\{(r,\theta)\mid 0\le\theta\le\pi,\ 2\sin\theta\le r\le 4\sin\theta\}$

(1)面積 $\iint_D dA=\pi(r_2^2-r_1^2)=\pi(2^2-1^2)=3\pi$ 。

(2) $M_x=\iint_D y\,dA=\int_0^\pi\int_{2\sin\theta}^{4\sin\theta}(y)(r\,dr\,d\theta)=\int_0^\pi\int_{2\sin\theta}^{4\sin\theta}(r\sin\theta)(r\,dr\,d\theta)$

$$=\int_0^\pi\int_{2\sin\theta}^{4\sin\theta}r^2\sin\theta\,dr\,d\theta=\frac{1}{3}\int_0^\pi (r^3\sin\theta)\Big|_{2\sin\theta}^{4\sin\theta}d\theta$$

$$=\frac{1}{3}\int_0^\pi(\sin\theta)[(4\sin\theta)^3-(2\sin\theta)^3]d\theta=\frac{56}{3}\int_0^\pi\sin^4\theta\,d\theta$$ 。

$\because \sin^2\theta=\dfrac{1-\cos2\theta}{2}$　$\therefore \sin^4\theta=(\dfrac{1-\cos2\theta}{2})^2$，

$\int\sin^4\theta\,d\theta=\dfrac{1}{4}\int(1-\cos2\theta)^2d\theta=\dfrac{1}{4}\int(1-2\cos2\theta+\cos^2 2\theta)d\theta$，

$\int 1\,d\theta=\theta+c$，

$2\int\cos2\theta\,d\theta=\int\cos2\theta\,d(2\theta)=\sin2\theta+c$，

$\int\cos^2 2\theta\,d\theta=\int\dfrac{1+\cos4\theta}{2}d\theta=\dfrac{1}{2}[\int 1\,d\theta+\dfrac{1}{4}\int\cos4\theta\,d(4\theta)]=\dfrac{1}{2}\theta+\dfrac{1}{8}\sin4\theta$，

$\therefore \int\sin^4\theta\,d\theta=\dfrac{1}{4}(\theta-\sin2\theta+\dfrac{1}{2}\theta+\dfrac{1}{8}\sin4\theta)=\dfrac{3}{8}\theta-\dfrac{1}{4}\sin2\theta+\dfrac{1}{32}\sin4\theta$，

$$\int_0^{\pi}\sin^4\theta d\theta=(\frac{3}{8}\theta-\frac{1}{4}\sin 2\theta+\frac{1}{32}\sin 4\theta)\Big|_0^{\pi}=\frac{3}{8}\pi\text{，}$$

$$M_x=\frac{56}{3}\int_0^4\sin^4\theta d\theta=\frac{56}{3}\times\frac{3\pi}{8}=7\pi\text{，}$$

$$\overline{Y}=\frac{M_x}{A}=\frac{7\pi}{3\pi}=\frac{7}{3}\text{，}$$

故形心$(\overline{X},\overline{Y})=(0,\frac{7}{3})$。

例題 6

求曲面 $z_1=z^2=x^2+y^2$、$z_2=z=1$ 所圍均質立體的質心$(\overline{x},\overline{y},\overline{z})$。

解 立體 S 為圓錐體，其頂點在原點，對稱 z 軸，

所以質心在 z 軸上，即$\overline{x}=\overline{y}=0$，

圓錐體體積 $V=\frac{\pi}{3}r^3=\frac{\pi}{3}(1)^3=\frac{\pi}{3}$，

$$\iiint_S zdV=\iiint_S zdzdxdy=\iint_D(\int_{\sqrt{x^2+y^2}}^1 zdz)dxdy$$

$$=\frac{1}{2}\iint_D z^2\Big|_{\sqrt{x^2+y^2}}^1 dxdy=\frac{1}{2}\iint_D[1^2-(x^2+y^2)]dxdy$$

$$=\frac{1}{2}\int_0^{2\pi}\int_0^1(1-r^2)rdrd\theta=\frac{1}{2}\int_0^{2\pi}\int_0^1(r-r^3)drd\theta$$

$$=\frac{1}{2}\int_0^{2\pi}(\frac{1}{2}r^2-\frac{1}{4}r^4)\Big|_0^1 d\theta=\frac{1}{2}\int_0^{2\pi}\{[2(1)^2-\frac{1}{4}(1)^2]-0\}d\theta$$

$$=\frac{1}{8}\int_0^{2\pi}d\theta=\frac{1}{8}\theta\Big|_0^{2\pi}=\frac{1}{8}(2\pi-0)=\frac{\pi}{4}\text{，}$$

$$\overline{z}=\frac{\iiint_V zdV}{\iiint_V dV}=\frac{\frac{\pi}{4}}{\frac{\pi}{3}}=\frac{3}{4}\text{，}$$

$\therefore$質心$(\overline{x},\overline{y},\overline{z})=(0,0,\frac{3}{4})$。

習題

1. S 爲 $z=9-x^2-y^2$；$z=0$ 所圍區域，求 $\iiint_S (x^2+y^2)dV$ 。

2. S 爲球面 $x^2+y^2+z^2=1$ 所圍成的閉區域，求 $\iiint_S (x^2+y^2+z^2)dV$ 。

3. $D=\{(x,y)\,|\,\frac{x^2}{a^2}+\frac{y^2}{b^2}\le 1\}$，求 $\iint_D (\frac{x^2}{a^2}+\frac{y^2}{b^2})dxdy$ 。

簡答

1. $\frac{243\pi}{2}$

2. $\frac{4}{5}\pi$

3. $\frac{\pi}{2}$

國家圖書館出版品預行編目資料

微積分/王心德, 李正雄, 張高華編著. -- 再版. -- 新北市：全華圖書股份有限公司, 2022.11

面； 公分

ISBN 978-626-328-361-9(平裝)

1.CST: 微積分

314.1 111018771

微積分(第二版)

作者 / 王心德、李正雄、張高華
發行人 / 陳本源
執行編輯 / 羅涵之
封面設計 / 盧怡瑄
出版者 / 全華圖書股份有限公司
郵政帳號 / 0100836-1 號
印刷者 / 宏懋打字印刷股份有限公司
圖書編號 / 0635801
再版一刷 / 2023 年 2 月
定價 / 新台幣 450 元
ISBN / 978-626-328-361-9
全華圖書 / www.chwa.com.tw
全華網路書店 Open Tech / www.opentech.com.tw
若您對本書有任何問題，歡迎來信指導 book@chwa.com.tw

臺北總公司(北區營業處)
地址：23671 新北市土城區忠義路 21 號
電話：(02) 2262-5666
傳真：(02) 6637-3695、6637-3696

南區營業處
地址：80769 高雄市三民區應安街 12 號
電話：(07) 381-1377
傳真：(07) 862-5562

中區營業處
地址：40256 臺中市南區樹義一巷 26 號
電話：(04) 2261-8485
傳真：(04) 3600-9806(高中職)
(04) 3601-8600(大專)

歡迎加入 **全華會員**

● 會員獨享

會員享購書折扣、紅利積點、生日禮金、不定期優惠活動…等。

● 如何加入會員

掃 QRcode 或填妥讀者回函卡直接傳真（02）2262-0900 或寄回，將由專人協助登入會員資料，待收到 E-MAIL 通知後即可成為會員。

如何購買 **全華書籍**

1. 網路購書

全華網路書店「http://www.opentech.com.tw」，加入會員購書更便利，並享有紅利積點回饋等各式優惠。

2. 實體門市

歡迎至全華門市（新北市土城區忠義路 21 號）或各大書局選購。

3. 來電訂購

(1) 訂購專線：(02) 2262-5666 轉 321-324
(2) 傳真專線：(02) 6637-3696
(3) 郵局劃撥（帳號：0100836-1　戶名：全華圖書股份有限公司）
※ 購書未滿 990 元者，酌收運費 80 元。

全華網路書店 www.opentech.com.tw
E-mail: service@chwa.com.tw

※ 本會員制如有變更則以最新修訂制度為準，造成不便請見諒。

廣　告　回　信
板橋郵局登記證
板橋廣字第540號

行銷企劃部　收

23671 新北市土城區忠義路 21 號
全華圖書股份有限公司

讀者回函卡

掃 QRcode 線上填寫 ▶▶▶

姓名：＿＿＿＿＿＿　生日：西元＿＿＿年＿＿＿月＿＿＿日　性別：□男 □女

電話：（　）＿＿＿＿＿　手機：＿＿＿＿＿＿

e-mail：（必填）＿＿＿＿＿＿＿＿＿＿＿＿

註：數字零，請用 Φ 表示，數字 1 與英文 L 請另註明並書寫端正，謝謝。

通訊處：□□□□□＿＿＿＿＿＿＿＿＿＿

學歷：□高中・職　□專科　□大學　□碩士　□博士

職業：□工程師　□教師　□學生　□軍・公　□其他

學校／公司：＿＿＿＿＿＿＿　科系／部門：＿＿＿＿＿＿＿

・需求書類：

□ A. 電子 □ B. 電機 □ C. 資訊 □ D. 機械 □ E. 汽車 □ F. 工管 □ G. 土木 □ H. 化工 □ I. 設計

□ J. 商管 □ K. 日文 □ L. 美容 □ M. 休閒 □ N. 餐飲 □ O. 其他

・本次購買圖書為：＿＿＿＿＿＿＿＿＿＿　書號：＿＿＿＿＿＿

・您對本書的評價：

封面設計：□非常滿意　□滿意　□尚可　□需改善，請說明＿＿＿＿＿＿

內容表達：□非常滿意　□滿意　□尚可　□需改善，請說明＿＿＿＿＿＿

版面編排：□非常滿意　□滿意　□尚可　□需改善，請說明＿＿＿＿＿＿

印刷品質：□非常滿意　□滿意　□尚可　□需改善，請說明＿＿＿＿＿＿

書籍定價：□非常滿意　□滿意　□尚可　□需改善，請說明＿＿＿＿＿＿

整體評價：請說明＿＿＿＿＿＿＿＿＿＿＿＿＿＿＿＿＿＿

・您在何處購買本書？

□書局　□網路書店　□書展　□團購　□其他＿＿＿＿＿＿＿＿

・您購買本書的原因？（可複選）

□個人需要　□公司採購　□親友推薦　□老師指定用書　□其他＿＿＿＿＿＿

・您希望全華以何種方式提供出版訊息及特惠活動？

□電子報　□ DM　□廣告（媒體名稱＿＿＿＿＿＿＿＿＿＿＿＿）

・您是否上過全華網路書店？（www.opentech.com.tw）

□是　□否　您的建議＿＿＿＿＿＿＿＿＿＿＿＿＿＿＿＿

・您希望全華出版哪方面書籍？＿＿＿＿＿＿＿＿＿＿＿＿＿＿

・您希望全華加強哪些服務？＿＿＿＿＿＿＿＿＿＿＿＿＿＿

感謝您提供寶貴意見，全華將秉持服務的熱忱，出版更多好書，以饗讀者。

填寫日期：　　/　　/

2020.09 修訂

親愛的讀者：

感謝您對全華圖書的支持與愛護，雖然我們很慎重的處理每一本書，但恐仍有疏漏之處，若您發現本書有任何錯誤，請填寫於勘誤表內寄回，我們將於再版時修正，您的批評與指教是我們進步的原動力，謝謝！

全華圖書　敬上

勘　誤　表

書　號		書　名		作　者	
頁　數	行　數	錯誤或不當之詞句		建議修改之詞句	

我有話要說：（其它之批評與建議，如封面、編排、內容、印刷品質等・・・）